中国地质调查成果 CGS 2021－039

中国地质调查局"湖南 1∶5 万浯口、金井、沙市街、灰山港、煤炭坝幅区域地质调查"项目(No. DD20160031－04)
湖南省地质矿产勘查开发局"湖南常德-安仁断裂的地质特征、构造背景及控岩控矿研究"项目(No. 201901)
联合资助

湖南常德-安仁断裂及其控岩控矿特征

HUNAN CHANGDE－ANREN DUANLIE JIQI KONGYAN KONGKUANG TEZHENG

柏道远　陈　迪　凌跃新　吴能杰　李　彬　李银敏　杨　俊　著

图书在版编目(CIP)数据

湖南常德-安仁断裂及其控岩控矿特征/柏道远等著．—武汉：中国地质大学出版社，2021.11

ISBN 978-7-5625-5132-4

Ⅰ．①湖… Ⅱ．①柏… Ⅲ．①断裂带-成岩作用-研究-湖南②断裂带-成矿控制-研究-湖南

Ⅳ．①P588.2②P611

中国版本图书馆 CIP 数据核字(2021)第 214840 号

湖南常德-安仁断裂及其控岩控矿特征 柏道远 **等著**

责任编辑：龙昭月 责任校对：杨 念

出版发行：中国地质大学出版社(武汉市洪山区鲁磨路 388 号) 邮编：430074

电 话：(027)67883511 传真：(027)67883580 E-mail：cbb @ cug.edu.cn

经 销：全国新华书店 http://www.cugp.cug.edu.cn

开本：787mm×1092mm 1/16 字数：343 千字 印张：13.75 插页：1

版次：2021 年 11 月第 1 版 印次：2021 年 11 月第 1 次印刷

印刷：武汉市籍缘印刷厂

ISBN 978-7-5625-5132-4 定价：168.00 元

前　言

湖南东部由N（N）E向和NW向主干断裂组成的网状断裂系统是中生代最醒目的构造变形。NW向主干断裂主要有常德–安仁断裂、邵阳–郴州断裂、新宁–蓝山断裂等3条，均表现为基底隐伏断裂；其中以常德–安仁断裂规模最大，为一条切入岩石圈的大断裂，表现为极为醒目的大型构造–岩浆隆起带，曾被视为扬子陆块与华夏陆块的缝合线和转换断层，对区域构造格局和大地构造演化具有十分重要的意义。此外，该断裂是一重要的控矿构造带，沿断裂带发育有钨、铅、锌、锰、铁、金、稀有、萤石、长石、煤等矿床。雪峰构造带内金矿的类型和特征在断裂东侧和西侧存在着明显差异。然而，由于断裂具隐伏特征，关于常德–安仁断裂的地质特征、活动历史、构造性质及变形机制等的研究严重缺乏，断裂对岩浆活动和成矿的控制作用也缺少系统研究，具体可归结为以下几方面。

（1）断裂的地表构造特征不清。由于具有基底隐伏断裂特征，目前除认识到常德–安仁断裂为NW向构造隆起带和岩浆带外，沿断裂带分布的同走向次级断裂是否发育、发育程度如何尚不清楚。此外，作为如此大规模的断裂构造，其两盘的相对运动（尤其是走滑运动）理当派生一些地表可见的褶皱、断裂等次级构造，但目前尚未对这些次级构造进行识别、厘定和解析。尤其是该断裂被多条NE—NNE向主干断裂分割成多段，但各段构造表现出来的差异尚无详细的调查研究。

（2）断裂的剖面结构不清。尽管地球物理资料让研究者初步认识到常德–安仁断裂是一向NE陡倾且切穿岩石圈地幔的深大断裂，但自上地壳至中下地壳的断裂及两盘剖面结构并不清楚。主断裂在中—深构造层次的宽度、产状，主断裂两盘与断裂内部次级断片的叠置结构以及主断裂与两盘围岩中褶皱、断裂之间的几何关联和动力学联系等均有待探索。

（3）断裂的活动历史和性质不清。常德–安仁断裂两侧冷家溪群沉积期物质组成具显著差异，板溪群沉积期早期、南华纪早期、震旦纪—寒武纪、奥陶纪、晚古生代等时代沉积盆地的岩相带展布方向在常德-安仁断裂一带与断裂走向大体一致，暗示断裂在多个沉积阶段具有伸展活动。断裂南段表现为上古生界下伏不整合面被卷入的构造隆起带，说明印支期以来断裂发生过冲断隆起；隆起带在湘乡地区被NWW向棋梓-乌石逆断裂横切，而棋梓-乌石断裂又被白垩纪—古近纪NE向湘乡断陷盆地掩覆，暗示印支期后又经历了多期挤压或伸展事件，常德-安仁断裂作为构造不连续面（带）在这些构造事件中理当发生过活动。总之，常德-安仁断裂应具有长期活动历史，在不同地质阶段或构造事件中有过多次构造活动。但目前对该断裂的详细活动历史，各期次活动的运动学特征、构造表现、地质背景等缺乏野外调查、深入研究和系统总结。

（4）断裂的变形机制不清。常德-安仁断裂长期活动且规模巨大（大型构造-岩浆隆起带），但却具有隐伏特征，沿断裂缺乏同走向的地表断裂发育。造成这一“悖论”的原因是什么？空间上的重叠表明NW向隆起带的形成与常德-安仁断裂的活动有关，但重叠具体由断裂逆冲还是汇聚走滑抑或其他形式的活动造成？常德-安仁断裂被多条大型NNE向断裂截切，两者在活动过程中的控制与改造关系怎样？这些都是需要回答的、涉及断裂变形机制的重要地质问题。

（5）断裂的控岩控矿机制不清。自NW往SE，沿常德-安仁断裂发育岩坝桥、桃江、沩山、歇马、紫云山、南岳、将军庙、川口、五峰仙等印支期花岗岩体。其中，岩坝桥岩体和五峰仙岩体发育花岗闪长岩，物源以地壳为主但显示有地幔物质加入；而其他岩体则为壳源S型花岗岩。从空间相关性考虑，上述印支期花岗岩的形成与常德-安仁断裂应密切相关。常德-安仁断裂控制两种不同成因类型花岗岩形成的构造、侵位机制等有待研究。沿断裂发育与花岗岩相关的川口钨矿、双江口萤石矿、东岗山铅多金属矿、马迹长石矿等矿床，可能与花岗质岩浆活动或常德-安仁断裂活动相关的板溪锑金矿、半边山金矿等热液型矿床以及桃江响涛源锰矿、湘潭九潭冲锰矿、宁乡陶家湾铁矿、茶陵潞水铁矿和湘潭谭家山煤矿等沉积型矿床。这些矿床的形成与被常德-安仁断裂控制的岩浆活动、盆地特征和相关沉积作用等有关，但断裂控矿的具体机制和成矿规律尚不清晰。此外，雪峰构造带上金矿类型的分布似乎与常德-安仁断裂有关，体现在断裂以东的成矿类型以蚀变交代型为主，而断裂以西的成矿类型则以构造充填型为主。这一分布特征是否与常德-安仁断裂的活动有关，若有关，作用机制是什么，科学问题值得研究。

鉴于常德-安仁断裂对区域构造格局、构造演化和成岩成矿等具有重要地质意义但却存在上述大量相关的地质问题，本书著者在2016—2018年的中国地调局地质调查项目“湖南1∶5万浯口、金井、沙市街、灰山港、煤炭坝幅区域地质调查”（No. DD20160031－04）实施过程中对常德-安仁断裂进行了初步研究，后面又申报了湖南省地质矿产勘查开发局2019年科研项目“湖南常德-安仁断裂的地质特征、构造背景及控岩控矿研究”（No. 201901），对该断裂进行了更全面的调查与研究。

本书研究范围为北起常德（石门）、南至安仁的常德-安仁断裂所在的NW向带状区域，其长约500km，宽约50km。此外，与常德-安仁断裂相关的地质背景、构造变形、沉积环境、岩浆活动和成矿作用等方面的研究范围根据需要往NW向带状区域两侧扩展。

本书主要取得了10个方面研究成果或进展，具体如下。

（1）确定常德-安仁断裂为一倾向NE的基底隐伏断裂，与断裂同走向的表露断裂仅局部发育。分别查明了常德-安仁断裂安仁-衡山段、湘乡段、桃江段和常德-石门段的地表构造特征，识别出断裂派生的各种次级构造并确定了其形成的构造背景和变形机制。

（2）初步揭示常德-安仁断裂在前中生代和中生代以来两个时期具有不同的剖面结构特征。断裂在前中生代总体表现为一产状近直立的深大断裂，部分时段的部分地段表现为向SW陡倾的伸展正断裂；断裂中生代以来暨现今总体表现为向NE陡倾的基底隐伏断裂。

（3）重塑了常德-安仁断裂的活动历史，断裂自早至晚经历了新元古界冷家溪群沉积期同沉积期走滑、武陵运动中右行走滑、雪峰期（板溪群沉积期）—早古生代伸展、加里东运动中右行走滑、晚古生代伸展、印支运动主幕中左行走滑兼逆冲、晚三叠世—早侏罗世印支运动晚幕中右行走滑、早燕山运动中左行走滑、白垩纪—古近纪伸展等9期构造活动。

（4）从常德-安仁构造隆起带形成时间及机制、常德-安仁断裂地表断裂形迹缺乏的原因、断裂对白垩纪—古近纪盆地边界的控制、断裂中生代分段运动特征及变形机制等方面，探讨了常德-安仁断裂的构造变形机制。

（5）系统研究并揭示了常德-安仁断裂对武陵期、雪峰期（板溪群沉积期）、南华纪、震旦纪—寒武纪、奥陶纪、晚古生代、白垩纪—古近纪等不同地质时期沉积盆地和岩相古地理的控制作用。

（6）对常德-安仁断裂带上加里东期花岗岩、印支期岩浆岩、燕山期花岗岩、白垩纪基性—超基性火山岩的地质学、年代学、地球化学特征及岩石成因和形成环境进行了系统研究，探讨了断裂对各期岩浆岩的控制作用。

（7）探讨了常德-安仁断裂对大塘坡组锰矿、奥陶纪沉积型锰矿、泥盆纪—二叠纪非金属矿床、晚泥盆世“宁乡式铁矿”、晚白垩世车江铜矿、古近纪膏盐矿等沉积型矿床的控制作用。从剪切引发深部地壳熔融、幔源热量传递、岩浆运移通道和就位空间、导矿构造和容矿构造等角度，探讨了常德-安仁断裂对岩浆相关内生热液矿床的控制作用。

（8）提出常德-安仁断裂在3个方面对雪峰金矿带金矿形成具控制作用：一是武陵期矿源地层，二是金矿赋矿层位，三是含矿构造类型。

（9）就常德-安仁断裂带主要找矿方向和思路提出了建议。

（10）重塑了湘东北隆起区内临湘、岳阳、金井、长沙、醴陵等5个抬升-剥蚀区的前中生代抬升剥蚀过程，计算了武陵运动、雪峰运动和加里东运动等构造事件于各抬升-剥蚀区对应的抬升剥蚀量，为构造运动特征提供了一定的约束；初步揭示了常德-安仁断裂对湘东北隆起区前中生代构造抬升具有一定控制作用。

本书由柏道远、陈迪、凌跃新、李彬、李银敏、杨俊分工撰写而成：前言、第一章、第六章、第七章由柏道远撰写；第二章第二节由柏道远、李银敏、李彬、杨俊撰写，其他各节由柏道远撰写；第三章由凌跃新撰写；第四章由陈迪撰写；第五章由柏道远、吴能杰撰写。全书由柏道远统稿。本书可供基础地质和矿床地质专业的调查与研究人员阅读参考。

姜文、钟响、何禹、曹创华、彭云益、蒋启生、伍贵华等参与了本书所属项目的野外调查工作，笔者所在单位湖南省地质调查院为本书的出版提供了资金支持，在此一并向相关人员、单位及领导表示衷心的感谢。

著　者

2021年8月

目 录

第一章　区域地质背景

第一节　区域构造单元划分

据《中国区域地质志·湖南志》（湖南省地质调查院，2017），湖南省大地构造单元可综合划分为4级，具体见图1-1。

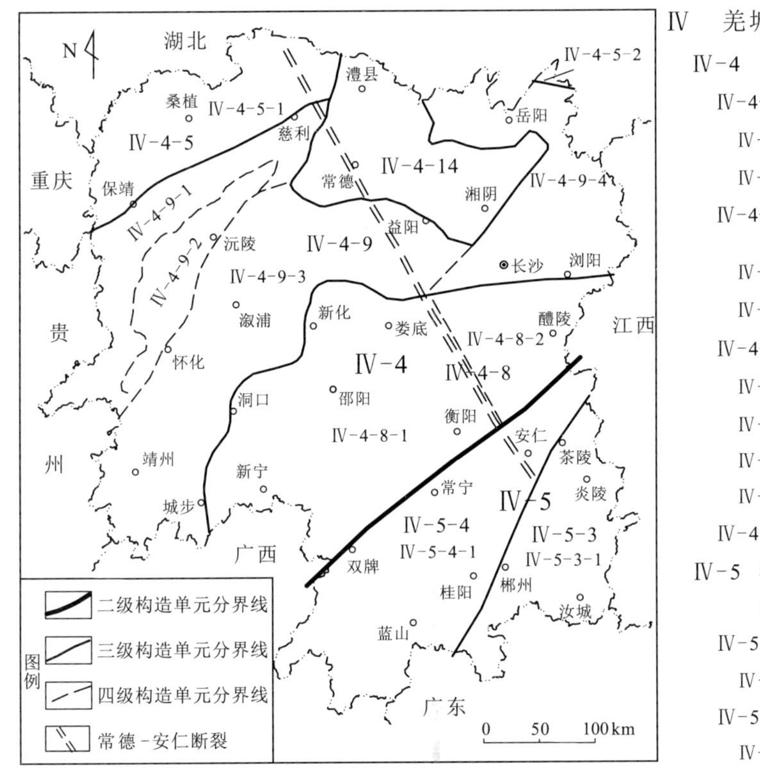

Ⅳ　羌塘-扬子-华南板块
- Ⅳ-4　扬子陆块
  - Ⅳ-4-5　湘北断褶带(八面山陆缘盆地)
    - Ⅳ-4-5-1　石门-桑植复向斜
    - Ⅳ-4-5-2　沅潭褶冲带
  - Ⅳ-4-8　邵醴坳-隆带(桂湘早古生代陆缘沉降带)
    - Ⅳ-4-8-1　邵阳坳褶带
    - Ⅳ-4-8-2　醴陵断隆带
  - Ⅳ-4-9　雪峰构造带(江南新元古代造山带)
    - Ⅳ-4-9-1　武陵断弯褶皱带
    - Ⅳ-4-9-2　沅麻盆地
    - Ⅳ-4-9-3　雪峰冲断带
    - Ⅳ-4-9-4　湘东北断隆带
  - Ⅳ-4-14　洞庭盆地
- Ⅳ-5　华南新元古代—早古生代造山带(华夏板块)
  - Ⅳ-5-3　粤湘赣早古生代沉陷带
    - Ⅳ-5-3-1　炎陵-汝城冲断褶隆带
  - Ⅳ-5-4　云开晚古生代沉陷带
    - Ⅳ-5-4-1　宁远-桂阳坳褶带

图1-1　湖南地区大地构造位置及区域构造单元划分

一级构造单元：湖南省整体属羌塘-扬子-华南板块（Ⅳ）。

二级构造单元：以川口—双牌一线（基底隐伏断裂）为界划分为扬子陆块（Ⅳ-4）和华南新元古代—早古生代造山带（Ⅳ-5）（习称华夏板块）2个二级构造单元。

三级构造单元：扬子陆块（Ⅳ-4）划分为湘北断褶带（Ⅳ-4-5）（区域上称八面山陆缘盆地）、邵醴坳-隆带（Ⅳ-4-8）（区域上称桂湘早古生代陆缘沉降带）、雪峰构造带（Ⅳ-

4－9)（区域上称江南新元古代造山带)、洞庭盆地（Ⅳ－4－14）等4个三级构造单元。华夏板块（Ⅳ－5）以茶陵-郴州大断裂为界划分为粤湘赣早古生代沉陷带（Ⅳ－5－3）和云开晚古生代沉陷带（Ⅳ－5－4）2个三级构造单元。

四级构造单元：在三级构造单元的基础上进行分解，具体根据不同时期隆-坳构造格局或构造变形分带，结合构造-岩浆活动特征等进行厘定，详细划分情况见图1－1。

常德-安仁断裂自湘东南延伸至湘北，跨湘北断褶带（Ⅳ－4－5)、洞庭盆地（Ⅳ－4－14)、雪峰构造带（Ⅳ－4－9)、邵醴坳-隆带（Ⅳ－4－8）及云开晚古生代沉陷带（Ⅳ－5－4）等5个三级构造单元（图1－1)。

第二节　地质构造发展史

鉴于本书研究区域即常德-安仁断裂带及其邻区，实际涵盖了湖南省中东部的大部分地区，并考虑到各时期构造格局在横向上的变化特征及构造机制的关联性，本节从湖南省地域尺度对区域地质构造发展历史予以介绍。

区域构造演化阶段及构造旋回划分如表1－1所示。湖南省境内自早至晚经历了武陵期（冷家溪群沉积期）活动大陆边缘盆地、雪峰期（板溪群沉积期）—南华纪陆内裂谷盆地、震旦纪—早奥陶世被动陆缘盆地、中奥陶世—志留纪前陆盆地、泥盆纪—中三叠世陆表海盆地、晚三叠世—第四纪陆相盆地及山体抬升等6个大的构造阶段，相应可分为武陵、扬子—加里东、海西—印支、早燕山、晚燕山—喜马拉雅等5个构造旋回，其中扬子—加里东旋回进一步分为雪峰亚旋回和扬子—加里东亚旋回，晚燕山—喜马拉雅旋回进一步分为晚燕山亚旋回和喜马拉雅晚亚旋回。以下以构造旋回为主线，自早至晚阐述构造演化过程。

1. 武陵旋回

武陵期，湖南地区处于扬子陆块东南活动陆缘，沉积与岩浆活动记录主要分布于雪峰（江南）造山带。880～820Ma期间为岛弧岩浆作用阶段，构造环境总体上应受控于华南洋洋壳向NNW的俯冲（柏道远等，2010a)，弧后盆地环境下形成了冷家溪群以浅海—深海复理石、类复理石为主的火山-沉积建造。835～820Ma期间，可能因俯冲板片的折断、拆沉引发深部地幔上涌，导致具岛弧火山岩特征的基性—超基性火山岩喷发或侵位（王孝磊等，2003)，并使基底岩石部分熔融而形成花岗闪长岩（王孝磊等，2006)。820～810Ma期间，扬子陆块与其东南缘的岛弧碰撞而发生武陵运动，造成冷家溪群的变形变质及其与上覆板溪群之间的角度不整合。810～800Ma期间，雪峰构造带进入挤压减弱、应力松弛的后碰撞阶段，形成了湘东北大围山岩体、葛藤岭岩体等强过铝（黑云母）S型花岗岩。至此，武陵构造旋回结束。

2. 扬子—加里东旋回

扬子—加里东旋回指新元古代中期武陵运动与志留纪加里东运动之间的地质演化阶段。鉴于期间存在南华系与板溪群之间的显著不整合构造事件，将此构造旋回进一步分为雪峰和

表 1-1　湖南省构造演化阶段及构造旋回划分

年龄/Ma	地质时代	构造演化阶段	构造旋回		构造运动		矿产	
					湘北	湘中、湘南		
2.6	Q	陆相沉积盆地及山体抬升阶段	晚燕山—喜马拉雅旋回	喜马拉雅亚旋回	喜马拉雅运动Ⅱ		黏土矿、稀土矿、砂锡矿、金刚石矿等	
23.0	N				喜马拉雅运动Ⅰ			
65.5	E			晚燕山亚旋回			沉积型石膏矿、盐矿	
99.6	K_2						沉积-改造型铜矿	
145.5	K_1				早燕山运动		有色金属、萤石等热液型矿床及长石等岩浆型矿床	
175.6	J_{2-3}		早燕山旋回					
199.6	J_1						煤矿	
228.7	T_3				印支运动		有色金属、萤石等热液型矿床及长石等岩浆型矿床	
245.9	T_2	陆表海盆地阶段	海西—印支旋回					
251.0	T_1							灰岩矿、白云岩矿、砂岩矿、黏土等
260.4	P_3				东吴上升		龙潭组煤矿	
270.6	P_2				黔桂上升		孤峰组沉积型锰矿	
299.0	P_1						梁山组煤矿	
318.1	C_2				淮南上升			
359.2	C_1				柳江上升		测水组煤矿、梓门桥组石膏矿	
385.3	D_3						岳麓山组、欧家冲组、黄家磴组沉积型铁矿	
397.5	D_2						棋梓桥组沉积型锰矿	
416.0	D_1				加里东运动(晚幕)		热液型金、锑、铅锌矿	
443.7	S	前陆盆地阶段	扬子—加里东旋回	扬子—加里东亚旋回	加里东运动(早幕)(宜昌上升)			
488.3	O	被动大陆边缘盆地阶段					烟溪组、天马山组锰矿	灰岩矿、白云岩矿、玉石矿等
542.0	∈				桐湾上升		牛蹄塘组中钒多金属矿及重晶石矿、石煤矿	
635.0	Z						陡山沱组沉积型磷矿	
720.0	Nh	陆内裂谷盆地阶段			雪峰运动		大塘坡组沉积型锰矿	
800.00	Qb^2			雪峰亚旋回	武陵运动		富禄组江口式铁矿 马底驿组沉积型锰矿	
	Qb^1	活动陆缘盆地阶段	武陵旋回					
	?							

扬子—加里东2个亚旋回。

(1) 雪峰亚旋回。800Ma开始，湖南地区及邻区整体进入板溪群沉积期裂谷伸展阶段(雪峰亚旋回)，主要物质记录为800～720Ma的板溪群及相当地层沉积与火山喷发。板溪群沉积期裂谷盆地总体呈北西高、南东低的构造格局，古地理环境自北西往南东依次为湘北陆相河流—滨海、湘中浅海陆棚—斜坡、湘东南次深海—深海，3个区域分界线大致为永顺—石门—临湘和零陵—耒阳。湘北地区，板溪群由以紫红色、灰绿色为主的浅变质砾岩、砂砾岩、砂岩、粉砂岩及板岩组成，形成两个大的沉积旋回，厚300～700m。湘中地区以芷江—

溆浦—双峰—衡山一线为界划分为沅陵-安化小区和黔阳-双峰小区，沅陵-安化小区内沉积板溪群，黔阳-双峰小区沉积高涧群。湘东南地区在本期沉积大江边群。约760Ma存在一次显著的基性—超基性岩浆活动，于古丈、黔阳、通道等地形成了基性—超基性岩。

板溪末期（约720Ma；柏道远等，2015a）因伸展体制下的差异升降与断块旋转而发生强度不均衡的雪峰运动，造成南华纪长安组与板溪群之间呈现角度不整合—平行不整合接触关系。

（2）扬子—加里东亚旋回。扬子—加里东亚旋回对应的地质时代为南华纪—志留纪，自长安期伸展作用开始，至志留纪晚期加里东运动结束。自早至晚可分为裂谷盆地阶段（Nh）、被动大陆边缘盆地阶段（Z—O_1）、前陆盆地阶段（早、晚两期）（O_2—S）和陆内造山-岩浆活动阶段（S晚期）。

南华纪，湖南地区处于陆内裂谷盆地阶段。岩相古地理格局受雪峰运动造成的古地势及冰川性海退控制，总体上NW高、SE低，并因受NNE向深大断裂伸展活动控制而形成“堑-垒”构造格局。南华纪自早至晚可分为长安冰期、富禄间冰期、古城冰期、大塘坡间冰期、南沱冰期等5个时段。

震旦纪，湖南地区处于陆内裂谷盆地向被动大陆边缘盆地转化阶段，湘西北区为台地，湘中区主体为广海陆棚，湘东南区为深海盆地。

寒武纪—早奥陶世，湖南地区处于被动大陆边缘盆地阶段。大致以凤凰—张家界—岳阳和攸县—永州两线为界，省内可分为湘西北、湘中和湘东南三大沉积区，主体沉积环境分别为台地—陆棚、半深海盆地、活动型陆缘斜坡—半深海盆地。

中—晚奥陶世，湖南地区处于属前陆盆地早期阶段（陈洪德等，2006）。盆地发展和水体深度受控于华夏与扬子之间拼合导致的岩石圈板块挠曲和华夏地块向北西的推覆、扩增，以及全球三级海平面升降（苏文博等，2007）。中奥陶世，湘西北区先期台地转化为陆棚盆地，湘中和湘东南区成为欠补偿饥饿盆地。晚奥陶世，湘东南区为槽盆环境，湘中区相继为陆棚盆地—盆缘缓坡和局限残留盆地，湘西北区相继为淹没台地或陆棚—陆棚斜坡及滞流盆地。晚奥陶世末，省内加里东运动早幕（北流运动）发动，城步-新化断裂以东地区因陆内碰撞挤压而发生褶皱并伴生逆断裂，同时诱发了越城岭、苗儿山等地430Ma的花岗岩质岩浆活动（柏道远等，2015a，2015b）。晚奥陶世末—早志留世初，湘西北地区一度抬升出水面（宜昌上升）。

志留纪早、中期，湖南地区处于属前陆盆地晚期阶段，城步—新化—湘潭一线以东（南）块体逆冲抬升而遭受剥蚀（柏道远等，2015a），该线西北为沉积海域，湘中地区为次深海浊积扇，湘西北地区以陆棚和潮坪为主。

晚志留纪晚期，湖南地区处于陆内造山-岩浆活动阶段。加里东运动晚幕（广西运动）发动，省内整体隆升成陆并遭受剥蚀。在慈利-保靖断裂以南地区，加里东运动表现为陆内造山运动；在慈利-保靖断裂以北地区，该运动仅表现为构造抬升而未产生褶皱变形。加里东运动后期，城步-新化断裂以东地区在后碰撞环境下发生大规模花岗质岩浆活动（柏道远等，2015a），岩体主要围绕湘中晚古生代盆地展布，同时发生与构造和岩浆相关的热液成矿作用。

3. 海西—印支旋回

海西—印支旋回指加里东运动和印支运动（主幕）之间的地质演化阶段。

泥盆纪—中三叠世，古地理环境分异较大，湖南地区总体属陆表海盆地环境，部分地区的部分时段处于暴露剥蚀状态。期间广泛发育了碳酸盐和滨浅海陆源碎屑沉积，相带分异明显，并形成较丰富的煤、铁、锰、盐等沉积矿产。陆表海盆在发展过程中经历了较复杂的扩张/收缩或沉降/抬升交替过程。

中三叠世晚期为印支运动主幕，湖南地区整体抬升成陆并遭受剥蚀，从此结束海相沉积历史；上古生界—中三叠统发生褶皱和同走向逆断裂，湘西北和湘东北尚包括板溪群—下古生界。印支运动中，省内大部分地区受NWW向挤压而形成以NNE向为主的褶皱（柏道远等，2005a，2005b，2006a，2006b，2008a，2008b，2009a，2012a），雪峰构造带以北形成近EW向褶皱。晚三叠世，在挤压减弱、应力松弛的后碰撞环境下，省内形成了印支晚期强过铝花岗岩（柏道远等，2007a，2007b，2014a，2016a），它主要分布于雪峰构造带东南部及湘东南地区。顺便指出，印支晚期花岗岩为海西—印支旋回向早燕山旋回过渡阶段产物，但考虑到它与印支运动主幕变形密切相关，将它归入印支旋回地质作用。

4. 早燕山旋回

早燕山旋回指印支运动主幕结束至白垩纪断陷活动之前的构造演化阶段。

晚三叠世早期早时，继印支运动主幕抬升之后，省内整体遭受剥蚀。

晚三叠世早期晚时—早侏罗世为印支运动晚幕，省内总体受南北向挤压，湘中—湘南地区形成近EW向、NE向隆起；湘南永州地区、湘北石门一带、雪峰山西侧（柏道远等，2013）形成挤压类前陆盆地，湘东南地区因NNE向断裂产生EW向伸展而形成拉张盆地（柏道远等，2011a），盆地中充填碎屑含煤沉积物。晚三叠世，省内发生大规模后碰撞花岗质岩浆活动，并因此发生热液成矿和岩浆成矿作用。中侏罗世早期，陆相沉积盆地多持续发展。

中侏罗世中晚期发生早燕山运动，受古太平洋板块俯冲影响而具NWW向强挤压，省内形成NNE向的褶皱与逆冲断裂，先期沉积盆地也因此封闭。

晚侏罗世，省内继续整体遭受剥蚀，缺乏沉积。在后造山伸展构造环境下，华容—安化—城步一线以东发生大规模花岗质岩浆活动并常有基性岩脉侵位（柏道远等，2005a），同时伴生强烈的岩浆热液成矿作用，形成一批大型—超大型金属矿床。

5. 晚燕山—喜马拉雅旋回

晚燕山—喜马拉雅旋回指白垩纪伸展断陷作用以来的陆相沉积盆地演化阶段，进一步分为晚燕山亚旋回（白垩纪—古近纪）和喜马拉雅亚旋回（新近纪以来）。

（1）晚燕山亚旋回。早白垩世早期，省内继续处于整体暴露剥蚀环境，湘东北幕阜山、桃花山和望湘等地区有花岗质岩浆侵位。早白垩世中期—古新世区域构造体制转为强烈伸展，形成众多陆相断陷盆地，盆地旁侧则抬升隆起，从而形成盆-岭构造景观。衡阳盆地冠市街、醴攸盆地新市、长平盆地应家山、湘阴凹陷南端青华铺等地因强拉张作用导致了玄武岩的喷发，宁乡云影窝形成钾镁煌斑岩。始新世区域构造体制由伸展断陷转为挤压，先期断陷盆地大多收缩消亡。始新世末—渐新世发生喜马拉雅运动（Ⅰ），太平洋板块向西俯冲、挤压引起区域近EW向挤压和缩短，省内全部抬升并遭受剥蚀。挤压造成白垩纪—古近纪地层褶皱，并形成 NE—NNE 向右行平移断裂、NW 向左行平移断裂等。

（2）喜马拉雅亚旋回。省内新近纪继渐新世抬升之后整体遭受剥蚀。上新世末期洞庭盆地开始断陷沉降并接受沉积。早更新世—中更新世中期洞庭盆地处于断陷阶段，盆地及周缘多组方向正断裂活动、盆内次级凹陷区产生幕式沉降并接受沉积（柏道远等，2010b）。除洞庭盆地以外，湖南省其他地区、盆地边缘及盆内隆起区也产生脉动式抬升，形成多级河流阶地并常为冲积层所覆。中更新世晚期洞庭盆地及周缘均构造抬升并遭受剥蚀，同时产生构造掀斜与挤压褶皱变形（柏道远等，2011b）。晚更新世—全新世，洞庭盆地部分地区存在小幅沉降与沉积作用。第四纪期间，省内形成了较多的风化残积型矿床和冲积砂矿。

第三节　区域地质概况

一、地　层

常德-安仁断裂及邻侧地区地层发育较齐全，自早至晚出露有新元古界青白口系冷家溪群和板溪群、南华系、震旦系、寒武系—志留系、泥盆系—二叠系—下三叠统、上三叠统—中侏罗统、白垩系—古近系、第四系等（图 1－2）。

冷家溪群（青白口纪早期）主要分布于湘东和湘中北地区，主要为一套由浅灰—浅灰绿色浅变质细碎屑岩、黏土岩及含凝灰质细碎屑岩组成的复理石建造，局部夹基性、中酸性熔岩，属弧后盆地沉积。冷家溪群中金含量高，为湘东北金矿的重要矿源层。

板溪群（青白口纪晚期）是由浅变质砂砾岩或长石石英砂岩、砂岩、板岩及沉凝灰岩等组成的两个大沉积旋回，局部夹基性至中酸性火山岩。中部和南部地区的下部旋回中夹有碳酸盐岩及碳质板岩。板溪群自北向南有如下变化趋势：颜色由以紫红色为主变为以灰绿色、灰黑色为主；碎屑颗粒由粗变细，泥质、碳质渐增；地层厚度由 300m 增至 4000m 以上。据此，本书将省内中部地区与板溪群相当的地层改称高涧群。

南华系主要为严寒气候条件下形成的冰成泥砾岩建造，夹少量间冰期板岩、含锰碳酸盐岩。自北向南由以大陆冰川沉积为主过渡到以海洋冰川沉积为主，至湘南地区则以正常海洋沉积为主，只夹少量海洋冰川沉积物。下南华统富禄组砂岩中可形成江口式铁矿，中南华统大塘坡组中产沉积型锰矿。

震旦系在北部主要为碳酸盐岩，向南硅质岩、板岩、砂岩增加，至湘南地区则以砂岩、板岩为主，仅夹少量硅质岩，局部偶见基性火山岩。下震旦统陡山沱组是重要的沉积型磷矿产出层位。

寒武系纽芬兰统主要为一套黑色板岩；第二统在北部为黄绿色板状砂页岩（下部）、碳酸盐岩（上部），向南碳酸盐岩逐渐减少乃至消失，硅质岩、砂岩增加，至湘南地区则以砂岩为主，夹板岩和少量硅质岩。寒武系第三统、芙蓉统在北部主要为白云岩及少量灰岩，向南呈以下变化：始为灰岩增加，白云岩减少；继而所含泥质、硅质、碳质增加，而形成不纯灰岩；再往南，砂、泥质更多，碎屑颗粒变粗，至湘南地区则全为砂岩、板岩。寒武系牛蹄塘组中产钒多金属矿、重晶石矿和石煤矿。

奥陶系在北部主要为碳酸盐岩，向南泥质成分增高，页岩逐渐居于主要地位，至湘南地区则全为砂岩、板岩、黑色板岩与硅质岩。湘中南地区中—上奥陶统烟溪组和天马山组中可形成沉积型锰矿。

志留系主要集中于湘西北以及雪峰山东南缘地区，城步-新化断裂以东、涟源—双峰—衡阳—攸县以南未见发育。湘西北地区的志留系主要为大套的页岩和砂岩，夹有少量含钙质较高的砂岩、页岩和碳酸盐岩；湘东北地区仅见部分下志留统，基本上全为页岩；雪峰山东南缘地区只有下志留统，但厚度巨大，为一套浅变质的巨厚泥砂质复理石沉积。

泥盆系在湘西北区仅见上泥盆统和部分中泥盆统，为碎屑岩夹碳酸盐岩。湘中—湘南地区泥盆系分布广，厚度大，岩性在南部除下泥盆统和中泥盆统下部为碎屑岩外，其余部分均以碳酸盐岩占绝对优势；向北泥质增加，主要为泥灰岩和页岩；在该区的最北部则以砂岩为主，夹页岩。上泥盆统岳麓山组、欧家冲组和黄家磴组中产沉积型铁矿。

石炭系在湘西北区仅局部分布厚度很小的部分下石炭统和中石炭统碎屑岩和碳酸盐岩。在湘西北区以南的广大地区，石炭系广泛发育且厚度大，南部以较纯的碳酸盐岩占绝对优势，向北泥质成分渐增，安化、湘乡、醴陵一线以北，其下石炭统变为以泥砂碎屑岩为主，夹少量不纯碳酸盐岩和硅质岩。

二叠系在湘西北区以碳酸盐岩占绝对优势，夹少量含煤的砂岩、页岩及硅质岩。向南含煤的砂岩、页岩及硅质岩比例大增，其占比超过了碳酸盐岩。

中—下三叠统在湘西北区分布较为集中，厚度巨大，下三叠统以碳酸盐岩为主，中三叠统以紫红色砂、泥岩为主。其他地区分布零散，发育不全，大部分地区均只见下三叠统，为含泥质碳酸盐岩夹页岩。

中三叠世后期的印支运动结束了省内以海相为主的沉积历史，代之而出现的是以河、湖为主的陆相沉积。

上三叠统—中侏罗统主要为陆相的砂、砾、泥质含煤沉积，偶见少量泥灰岩。

白垩系主要为陆相湖盆沉积的紫红色砂泥岩，其次为山麓相砾岩、砂岩，局部有泥膏岩、含铜砂岩、火山岩。衡阳盆地上白垩统中局部产有沉积-改造型铜矿。

古近系主要为紫红色砂泥岩，其次有岩盐、泥膏岩、钙芒硝，局部有碳酸盐岩及油页岩。第四系均为陆相沉积，可分为四水（湘江、资江、沅江、澧水）流域和洞庭湖区，前者主要为河流相砂、砾沉积，常组成阶地；后者主要为河、湖相泥、砂及砾质沉积，多呈上、下叠覆的连续沉积。

二、岩浆岩

常德-安仁断裂及邻侧地区岩浆岩以中酸性侵入岩（即花岗岩）为主，局部发育基性—超基性侵入岩、火山岩，规模很小的各类岩脉也有广泛发育。

1. 侵入岩

侵入岩自早至晚有新元古代、加里东期、印支期、燕山期等多个时代。

新元古代侵入岩包括基性—超基性侵入岩和中性—酸性侵入岩。基性—超基性侵入岩出露于安化—桃源一带，岩石类型以辉绿岩和辉长辉绿岩为主，部分辉长岩，少量辉石岩、橄榄岩等。中—酸性侵入岩分布于湘东北浏阳—平江一带，由石英闪长岩、英云闪长岩、花岗闪长岩等I型花岗岩，以及粗中粒斑状黑云母二长花岗岩、微细粒斑状黑云母二长花岗岩、二云母二长花岗岩等S型花岗岩组成，I型和S型花岗岩分别形成于岛弧和后碰撞构造环境。

加里东期侵入岩有板杉铺、宏厦桥、吴集、狗头岭等岩体，岩石类型有角闪石黑云母石英闪长岩、石英二长闪长岩、英云闪长岩、花岗闪长岩、黑云母二长花岗岩、二云母二长花岗岩等，成因类型有I型花岗岩和S型花岗岩。岩体中常见岩浆成因的镁铁质微粒包体。

印支期侵入岩包括晚三叠世基性—超基性侵入岩、晚三叠世（少量中三叠世）中酸性侵入岩。晚三叠世基性—超基性侵入岩出露较少，分布在湘东北的桃江地区、湘东的枫林—东冲铺等地，一般以残留体存在于晚三叠世花岗岩体中或者呈包体状产出，少部分呈岩脉或岩墙状产出。中酸性侵入岩（花岗岩类）分布广，以白马山-瓦屋塘-越城岭岩体区、桃江-沩山-紫云山-关帝庙岩体区、丫江桥-邓阜仙岩体区等最为集中，岩体呈单独岩株或岩基产出。岩石类型有角闪石黑云母石英闪长岩、英云闪长岩、角闪石黑云母花岗闪长岩、角闪石黑云母二长花岗岩、黑云母二长花岗岩等。各岩体早期侵入岩中常见以石英闪长岩为主的包体。成因类型以强过铝质S型花岗岩为主，在后碰撞构造环境下因减压熔融而形成。印支期中酸性侵入岩伴随铀矿的预集矿化以及钨、锡弱成矿，后者以川口钨矿、司徒铺钨矿、木瓜园钨矿、大溶溪钨矿等为代表。

燕山期侵入岩包括基性侵入岩和中性—酸性侵入岩（花岗岩类）。基性侵入岩以辉绿岩为主，主要分布在湘东望湘花岗岩体内、板杉铺花岗岩体东侧等地，形成于晚侏罗世、早白垩世和晚白垩世。燕山期中性—酸性侵入岩包括侏罗纪和白垩纪等2个时代花岗岩类，并以前者为主。侏罗纪花岗岩主要形成于晚侏罗世，主要分布于湘东北地区，湘中地区零星出露，岩石类型有角闪石黑云母石英闪长岩、英云闪长岩、角闪石黑云母二长花岗岩、黑云母花岗闪长岩、黑云母二长花岗岩、二云母二长花岗岩等，形成于后造山或后碰撞构造环境。白垩纪花岗岩主要侵位于早白垩世，出露于湘东北幕阜山、望湘、桃花山等复式岩体内，以黑云母二长花岗岩、二云母二长花岗岩及碱长花岗岩为主。燕山期花岗岩伴随大规模成矿作用。

2. 火山岩

火山岩总体发育很少，形成于新元古代青白口纪和南华纪及晚白垩世。

新元古代火山岩主要集中在新元古代中期青白口纪，有浏阳涧溪冲变火山岩，以及文家市、南桥和益阳赫山、宝林冲等地火山岩；新元古代晚期南华纪也有少量火山岩发育，出露于湘中的新化云溪高桥、湘乡雷祖殿、宁乡大湖、望城麻田、古丈、石门杨家坪等地。涧溪冲变火山岩产于涧溪冲岩群的片岩-角闪岩等中深变质岩中，夹有部分绿帘石阳起石（片）岩、阳起石绿帘石（片）岩。文家市、南桥等地火山岩夹于新元古界冷家溪群中，呈似层状或小熔岩流产出，并有变凝灰岩、变沉凝灰岩相伴产出，面积均很小；岩石类型有变石英角斑岩、角斑岩、安山岩。益阳赫山地区火山岩可划分为两个旋回，每个旋回的下部为含橄榄石或单斜辉石斑晶的玄武质科马提岩，上部为玄武安山岩。宝林冲火山岩产于冷家溪群顶部，主要岩性有英安质火山集块岩-火山角砾岩-凝灰岩及安山质火山集块岩-火山角砾岩-凝灰岩，以及它们之间的过渡性岩石。新元古代晚期火山岩以玄武岩为主，多呈似层状产于南华系中。

晚白垩世火山岩发育在长平、醴攸、衡阳等红层盆地中，以玄武质和玄武安山质熔岩为主，少量响岩质碱玄岩、碱玄质响岩及玄武质火山岩。火山岩层主要位于下、上白垩统交界区附近，呈喷发接触。

三、变质岩

常德-安仁断裂及邻侧地区变质岩主要包括区域变质岩、热力变质岩、动力变质岩和混合岩。

区域变质岩广泛分布于新元古界仓溪岩群、连云山岩群、冷家溪群、板溪群及南华系—志留系中，与武陵运动、加里东运动有关。湘东北仓溪岩群是一套变质沉积较深的区域变质和韧性剪切变形变质的复变质岩，包括变基性火山岩和变质沉积岩两大类。变基性火山岩组合的岩石类型有阳起石-绿帘石（黝帘石）岩、透闪石片岩、阳起石片岩、斜长角闪黑云母岩和斜长角闪岩等。变沉积岩组合包括各类白云母片岩、白云母石英片岩、绢云母石英千枚岩、磁铁石英岩和绢云石英岩等。冷家溪群、板溪群、南华纪—早古生代变质岩系仅具极低—低级变质作用，变质相为葡萄石-绿纤石级亚绿片岩相—绿泥石级绿片岩相，变质岩石类型有变沉积碎屑岩、变沉积-火山碎屑岩、变质碳酸盐岩、变质硅质岩、硅质板岩等。

动力变质岩主要产在断裂带、韧性剪切带中，多呈带状分布，具碎裂结构、糜棱结构，有或多或少的棱角状或眼球状碎斑或碎块，具岩性变化大，常伴随有蚀变和矿化等特征。动力变质岩类型按变形特征与形成机制分为由脆性破碎形成的碎裂岩和由塑性变形形成的糜棱岩。

热力变质岩包括热接触变质岩、接触交代变质岩和气-液蚀变岩石等3种类型，多与花岗质岩浆侵入有关。热接触变质岩主要有斑点板岩和云母角岩、长英角岩、大理岩、钙硅角岩、石墨角岩等。接触交代变质岩主要为钙质矽卡岩，由灰岩或含钙高的硅酸盐类岩石经交代作用而成。气-液蚀变岩石在省内常见的是云英岩类，次为黄铁绢英岩类。

省内混合岩分布于连云山岩体西侧、衡山岩体西侧、越城岭岩体西侧等地。主要岩石类型有混合岩化片麻岩、条带状混合岩、眼球状混合岩、条痕状混合岩及混合花岗岩等。

四、地质构造

常德-安仁断裂及邻侧地区自早至晚主要经历了武陵、加里东、印支、早燕山和喜马拉雅等5次区域挤压构造运动，形成了卷入不同构造层的断裂和褶皱等主要构造。

武陵运动发生于青白口纪中期，造成冷家溪群的褶皱变形和浅变质及与上覆板溪群之间的角度不整合。冷家溪群及其中的武陵期褶皱、断裂主要分布于湘东北地区及湘中沃溪—桃江一带。在湘东北地区，南部醴陵一带构造线呈北东向，北部岳阳—平江地区构造线主要呈

NWW—近 EW 向。在湘中沃溪—桃江地区，常德-安仁断裂以东，构造线呈 NWW 向；断裂以西，构造线则呈 NEE—EW 向（图 1-2）。

加里东运动晚幕（广西运动）发生于志留纪晚期，它在慈利-保靖断裂以南地区表现为陆内造山运动，造成板溪群—下古生界的褶皱变形并形成同走向逆断裂，同时产生区域极低变质和形成轴面劈理；在慈利-保靖断裂以北，加里东运动仅表现为构造抬升而未产生褶皱变形。板溪群—下古生界及其中的加里东期褶皱、断裂主要分布于常德-安仁断裂以西的慈利—洞口一带（图 1-2），自 SW 向 NE 构造线由 NE 走向渐转为 NEE—EW 走向，呈现出弧形构造特征；变形强度则由 SE 向 NW 逐渐变弱。

印支运动主幕发生于中三叠世晚期，其造成上古生界—中三叠统发生褶皱并形成同走向逆断裂，湘西北地区板溪群—下古生界亦卷入褶皱变形。长沙—宁乡—新化—武冈一线以南的湘中—湘东南地区，印支运动构造线主要呈 NNE—NE 向，与区域 NW—NWW 向挤压有关；永州—隆回一带构造线呈 NW—近 SN 向，与郴州-邵阳 NW 向基底隐伏断裂左行走滑及越城岭—苗儿山隆起的砥柱作用有关（图 1-2）。张家界—慈利—澧县一线以北的湘西北地区，印支运动构造线从西至东由 NEE 向渐变为 EW 向，与区域北 NNW—SN 向挤压有关。

早燕山运动发生于中侏罗世晚期，造成上三叠统—中侏罗统的褶皱和断裂变形，并使上古生界—中三叠统中的褶皱变形进一步加强，同时形成了城步-新化断裂、公田-灰汤-新宁断裂、连云山-衡阳断裂、茶陵-郴州断裂等几条区域 NNE 向深大断裂（图 1-2）。由于古太平洋板块俯冲影响而具区域 NWW 向强挤压，本期变形的构造线方向多呈 NNE 向；张家界—慈利一线以北因受印支期断裂控制构造线呈 NEE 向。

古近纪末—新近纪初发生喜马拉雅运动，太平洋板块向西俯冲、挤压引起区域近 EW—NWW 向挤压和缩短，加之 NE—NNE 向盆地边界控制，省内白垩系—古近系形成走向以 NE 向为主的褶皱（图 1-2）。

第四节　区域矿产概况

常德-安仁断裂带及邻侧地区矿产资源丰富，已知有煤、铁、锰、锑、金、铅、锌、铜、钨、银、钒、砷、钼、锗、镉、锡、铟、镓、黄铁矿、石盐、石膏、海泡石、磷、长石、高岭土、萤石、钙芒硝矿、重晶石、金刚石等多种能源矿产、金属矿产和非金属矿产。

典型沉积型矿床有桃江响涛源锰矿、湘潭九潭冲锰矿和鹤岭锰矿、宁乡陶家湾铁矿、茶陵潞水铁矿和湘潭谭家山煤矿等。九潭冲锰矿和鹤岭锰矿赋存于南华系大塘坡组中，响涛源锰矿产于奥陶系烟溪组中。陶家湾铁矿和潞水铁矿均赋存于晚泥盆世地层中。谭家山煤矿赋存于晚二叠世地层中。常德-安仁断裂对外生矿产的控制作用体现在两个方面：一是作为深大断裂，在伸展背景下的同沉积正断活动起到控盆、控相的作用；二是断裂为深部含矿气液的运移提供通道（对锰矿尤为重要）。

与中生代岩浆活动有关的代表性内生热液矿床有衡山马迹长石矿、衡东东岗山铅多金属矿、衡南双江口萤石铅矿、衡南三角潭钨矿、安化司徒铺钨矿、桃江木瓜园钨矿等。中生代区域构造运动诱发了常德-安仁断裂沿线多期次的强烈花岗质岩浆活动，为内生热液矿床的形成提供矿质、流体及热源，同时该断裂的地表发散断裂及派生断裂为矿体提供了赋矿空间和环境。

典型金锑矿床有沅陵沈家垭金矿、安化符竹溪金锑矿、桃江板溪锑矿、益阳金山金矿、新邵龙山锑金矿、双峰金坑冲金矿、醴陵雁林寺金矿、浏阳七宝山硫多金属矿、平江黄金洞金砷钨矿及平江万古金矿等。上述金矿的成矿构造环境很可能与常德-安仁断裂的活动存在联系，体现在断裂以东的成矿类型以蚀变交代型为主，而断裂以西的成矿类型则以构造充填型为主。

此外，桃源一带有金刚石砂矿产出，这可能与沿常德-安仁深大断裂侵位的煌斑岩脉有一定关系（董斌等，2006；张令明等，2007）。

第二章 断裂特征、活动历史及变形机制

第一节 常德-安仁断裂总体特征

一、宏观构造表现

常德-安仁断裂北起石门，往南经常德、桃江、韶山、衡山至安仁后止于 NNE 向茶陵-郴州大断裂。断裂走向 NW330°左右，为一基底隐伏断裂，地质上表现为一宽 40km 以上的 NW 向岩浆隆起带（南段）。在沩山—安仁一段，断裂南西侧相对拗陷，主要出露上古生界；北东侧隆起，主要出露冷家溪群、板溪群、南华系—下古生界，且沿断裂形成一构造隆起带，即沩山-南岳复背斜，复背斜核部为冷家溪群和板溪群，两翼主要为上古生界，少量南华系—下古生界。自沩山往南东，尽管因白垩纪—古近纪断陷盆地叠加而地层不够连续，该隆起带特征仍清晰。复背斜核部及近侧充填了沩山、歇马、南岳、衡东、将军庙、五峰仙等以印支期为主的多个花岗质岩体。因断裂切割深，位于断裂带上的印支期五峰仙岩体具有明显幔源物质加入的印记（柏道远等，2007a）。

常德-安仁断裂带内与断裂走向近一致的 NW 向表露规模断裂仅局部发育，如桃江北面丰家铺-谢林港断裂。此外，该断裂对白垩纪—古近纪断陷盆地的延伸边界具有明显的控制作用，构成了洞庭盆地湘阴凹陷南西端、湘潭盆地西支和东支南西端、株洲盆地南西端、醴攸盆地南西端的边界及衡阳盆地北西边界。

由于常德-安仁断裂的活动主要发生于较深层次，地表缺乏沿断裂带发育的 NW 向连续规模断裂。但其多期走滑活动形成了不同走向的褶皱、逆断裂及左行和右行平移断裂等次级构造，并可导致旁侧构造线偏转（图 1-2）。

二、地球物理与深部构造特征

地球物理探测及解释成果（湖南省地质调查院，2017）表明，常德-安仁断裂为贯穿中、下地壳并切入岩石圈地幔的深大断裂。

前人根据麻阳地区反射地震确定的结晶基底顶面深度，利用中波长尺度区域重力异常，以麻阳地区反射地震确定的结晶基底为基准，对湖南地区结晶基底顶界面起伏形态进行反

演，得到结晶基底顶界面埋深如图 2-1 所示。常德-安仁断裂为益阳-湘潭 NW 向基底隆起带的西边界，并构成常德基底抬升区与益阳基底抬升区、衡阳基底抬升区与湘潭基底抬升区的分界（图 2-1）。

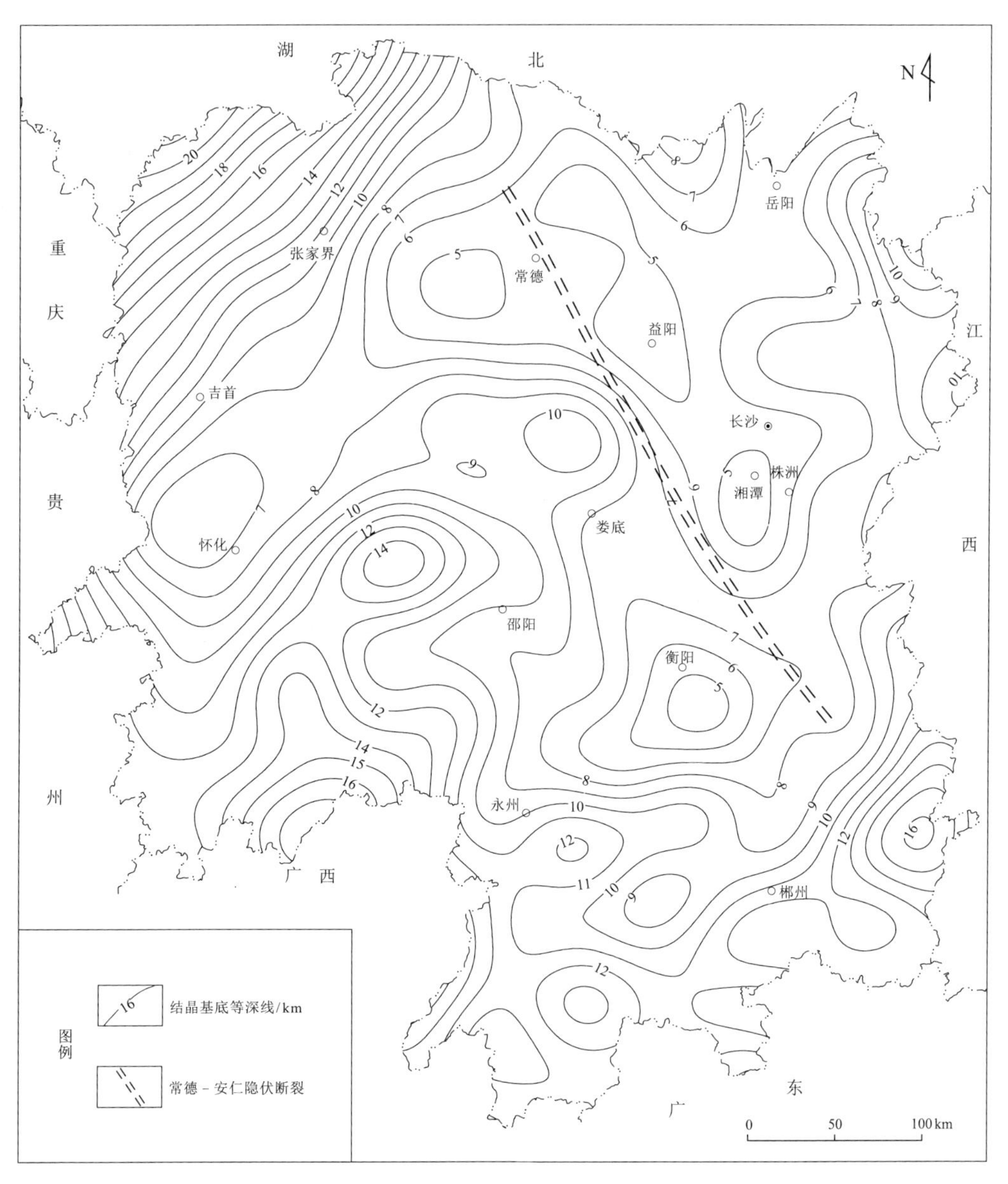

图 2-1　湖南地区结晶基底顶界面埋深图

［据湖南省地质调查院（2017）修改］

前人利用爆破地震测深所获得的莫霍面实际深度资料，结合布格重力异常及其与地壳厚度的统计关系，编制出的莫霍面构造图如图 2-2 所示。在莫霍面构造图上，断裂构成常德和湘潭幔隆区的西边界或为常德-湘潭幔隆区与湘中幔坳区—湘中南缓坡带之间的分界，断裂北东侧莫霍面相对南西侧抬升，落差达 3～5km（湖南省地质调查院，2017）。

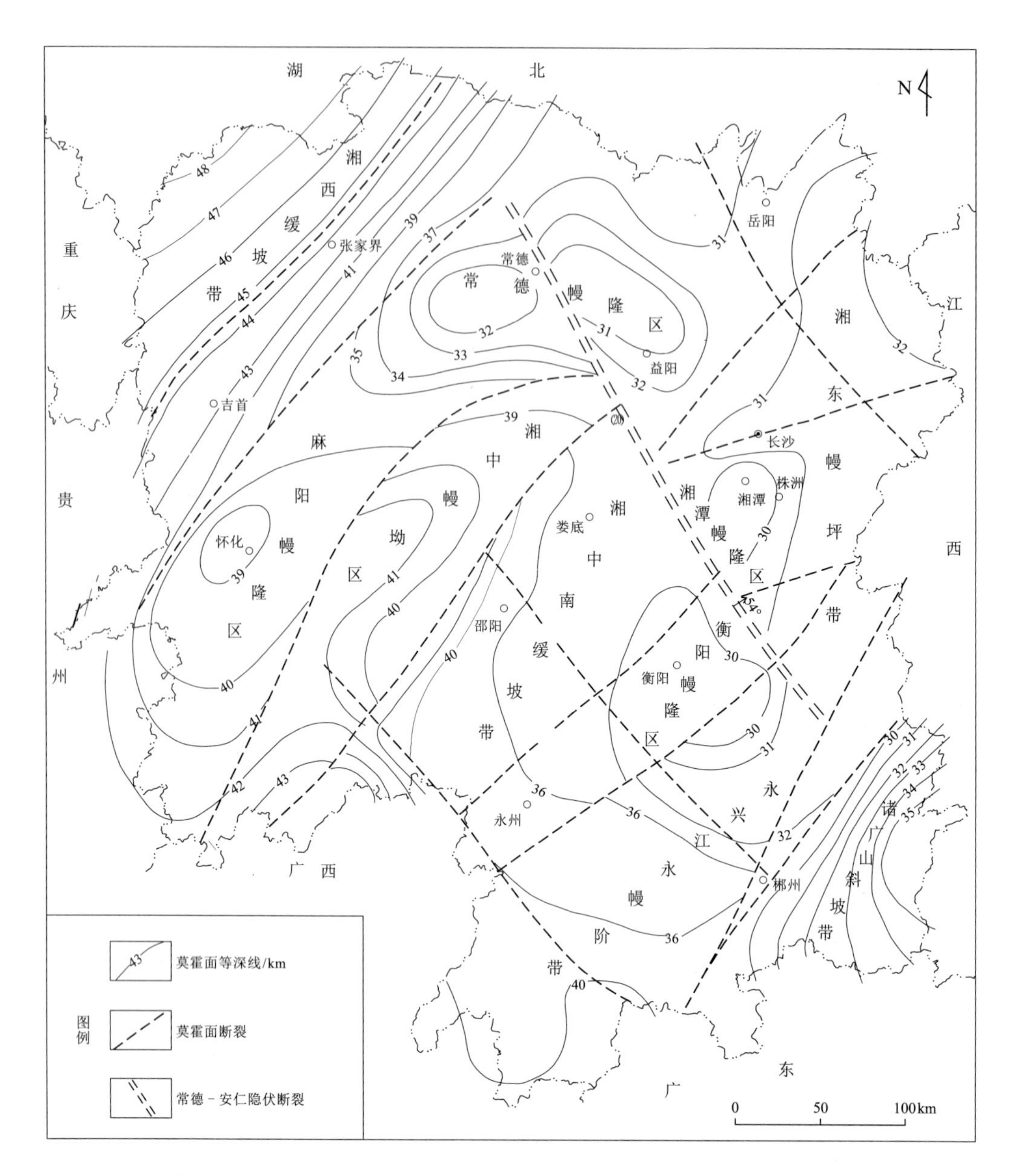

图 2－2　湖南地区莫霍面构造推断图

［据湖南省地质调查院（2017）修改］

前人根据大地电磁探测、地热流等资料编制的湖南岩石圈厚度图显示，断裂北段为桃源岩石圈增厚区与沅江减薄区的分界（图 2－3）。沿断裂出现一系列密集的重力梯级带，经益阳 NE 向重力剖面定量解释，断裂倾向 NE，倾角约 54°。

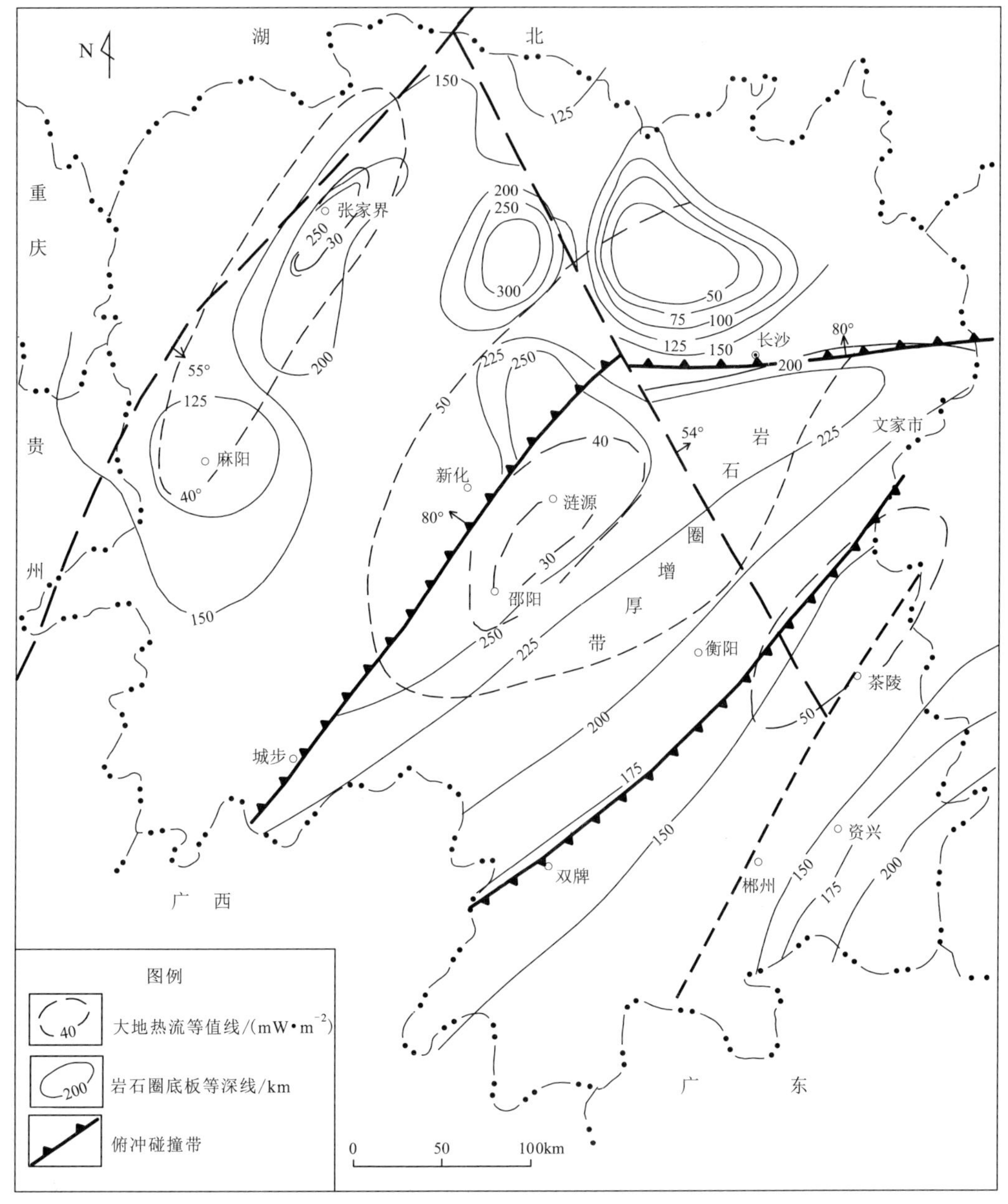

图 2-3 湖南地区岩石圈厚度图

[据湖南省地质调查院（2017）修改]

第二节 常德-安仁断裂地表构造特征

根据断裂带及邻侧地区地质构造、断陷盆地以及出露地层和岩浆岩等方面的综合地质特征差异（表 2-1），自 SE 向 NW 可将常德-安仁断裂分为安仁—衡山段（Ⅰ）、湘乡段（Ⅱ）、桃江段（Ⅲ）、常德—石门段（Ⅳ）等 4 段，其分界分别为连云山-衡阳断裂、公田-灰汤-新宁断裂和溆浦-靖州断裂。以下分别阐述各段的构造特征。

表 2-1　常德-安仁断裂各段地质特征差异

断裂分段	地层	岩浆岩	主要构造特征	印支运动主幕构造体制	白垩纪—古近纪断陷盆地
安仁—衡山段（Ⅰ）	主要出露冷家溪群，其次为上古生界，其他地层少量	主要发育加里东期花岗岩、印支期花岗岩	总体为一 NNW 向构造隆起；印支运动主幕构造线主要为 NNE—近 SN 向	NW—NWW 向挤压	东侧发育 NE 向条状盆地，西侧发育面状衡阳大型盆地
湘乡段（Ⅱ）	主要出露板溪群和白垩系—古近系，少量上古生界	大量发育印支期花岗岩	总体为一 NNW 向构造隆起；印支运动主幕构造线为 NE 向	NW 向挤压	东侧发育 NE 向条状盆地
桃江段（Ⅲ）	主要出露冷家溪群和上古生界，其他有南华系—志留系和白垩系—古近系	发育少量印支期花岗岩	未显示 NNW 向隆起；印支运动主幕构造线为 NEE 向	NNW 向挤压	东侧发育 NE 向沅江凹陷和湘阴凹陷
常德—石门段（Ⅳ）	主要出露白垩系、南华系—志留系、上古生界	无花岗岩发育	未显示 NNW 向隆起；印支运动主幕构造线为 EW 向	SN 向挤压	在南段和中段，断陷盆地横跨断裂带及两侧

一、安仁—衡山段构造特征

（一）总体构造特征

该段南起茶陵-郴州断裂，北至连云山-衡阳断裂，总体表现为一构造-岩浆隆起带。沿断裂自南而北依次发育印支期五峰仙岩体、川口岩体群、将军庙岩体，加里东期吴集岩体、衡东岩体和燕山期石峡岩体，印支期南岳岩体东体和燕山期南岳岩体西体等花岗岩体。其南段主要出露上古生界；中段—北段主要出露冷家溪群，并显示为一 NNW 向构造隆起。

断裂带及近侧构造形迹以 NE—NNE 向不同性质的断裂和褶皱为主，中段尚发育 NNW 向紫金仙背斜、蕉园背斜及 NW 向水垅冲左行平移断裂。

断裂带对白垩纪—古近纪断陷盆地的边界和延伸具有明显的控制作用：断裂带西缘为衡阳盆地的北东边界，断裂带东缘则为株洲盆地和攸县盆地的南西端边界。

安仁—衡山段缺乏与断裂带同走向的 NW 向表露断裂，但安仁“y”字形构造、NW 向水垅冲断裂等次级构造反映出印支运动主幕中常德-安仁断裂中深层次的走滑活动，以下分别就其特征和形成背景进行阐述和分析。

（二）安仁“y”字形构造特征及其形成背景

1. 安仁“y”字形构造特征

安仁隆起带位于NNE向茶陵-郴州大断裂（茶永盆地）与NW向五峰仙-铁丝塘隐伏断裂（常德-安仁断裂）组成的三角区内（图2-4），内部发育白垩纪和侏罗纪构造盆地。隆起带内自NW往SE依次有蕉园背斜、紫金仙背斜、大源背斜、阳山背斜等，背斜核部由前泥盆系褶皱基底组成，翼部由泥盆纪和石炭纪地层组成，背斜形态由泥盆系跳马涧组与前泥盆纪地层之间的角度不整合界面（线）及两翼泥盆纪和石炭纪地层产状变化所显示。鉴于区域上中三叠世印支运动（主幕）强烈，并造成泥盆纪—中三叠世初海相地层的全面褶皱，因此，上述背斜显然系印支运动形成的。

北西面的蕉园背斜走向约为NNW345°，呈长垣状或线状，长宽比大于3，南端倾伏，北面延伸至将军庙岩体后尖灭。中间的紫金仙背斜位于安仁西面，呈短轴状，长宽比约为1.5，长轴总体走向约为NNW340°。由泥盆系与寒武系之间不整合界线所反映的平面形态较为特殊，呈一由北西边缘、东边缘和南西边缘组成的三角形。安仁县城以东的大源背斜位于安仁以东，呈长垣状或线状，长宽比约3.5，走向为NNE20°左右。更东面的阳山背斜规模小，由不整合界线所反映的平面形态呈短轴状，但翼部泥盆系走向反映阳山背斜实际具长轴状特征。

在平面上，西面的NNW向构造线（褶皱）向SE止于大源背斜西侧，未达抵茶陵-郴州断裂；而由大源背斜组成的NNE向构造线则继续向SW延伸，与五峰仙岩体南东侧的NNE向褶皱、断裂相接。由此，印支期NNW向构造线与NNE向构造线组成一特殊的安仁“y”字形构造（图2-4），两类构造线的走向夹角为35°～40°。

2. 常德-安仁断裂左行走滑与安仁“y”字形构造形成机制

湘东南地区在印支期受古太平洋板块挤压影响（万天丰等，2002；王光杰等，2000），区域主压应力方向为NWW-SEE向（傅昭仁等，1999），所形成的NNW向褶皱和走向逆断裂组成了该地区的主体构造格架（柏道远等，2005a）。因此，正常情况下印支期区域构造线走向应为NNE向，上述安仁隆起带西面NNW向褶皱与区域构造线走向相差达35°～40°，这显然与其他构造的影响或构造应力的叠加有关。鉴于NNW向蕉园复背斜、紫金仙背斜紧邻NW向五峰仙-铁丝塘断裂发育，并结合区域构造发展过程及该地区地质构造特征综合分析，笔者认为安仁“y”字形构造的形成与五峰仙-铁丝塘断裂在印支运动主幕中的左旋走滑直接相关。

如图2-5A所示，中三叠世后期，区域最大主压应力σ_a为NWW向，形成NNE向潜在构造线S_a。在NWW向挤压下，加里东期已存在的（傅昭仁等，1999）五峰仙-铁丝塘基底断裂作为力学薄弱带，自然产生左旋走滑剪切活动。剪切作用主要发生在深部基底，浅部则被动发生牵引变形。NW向的左旋平移断裂派生近EW向的压应力σ_b，并形成潜在近SN向构造线S_b。σ_a与σ_b复合形成实际主压应力σ_c，在σ_c作用下形成与之垂直走向的构造线S_c。显然，S_c方向相对区域NNE向构造线产生了逆时针旋转而趋于SN走向。由于NW向

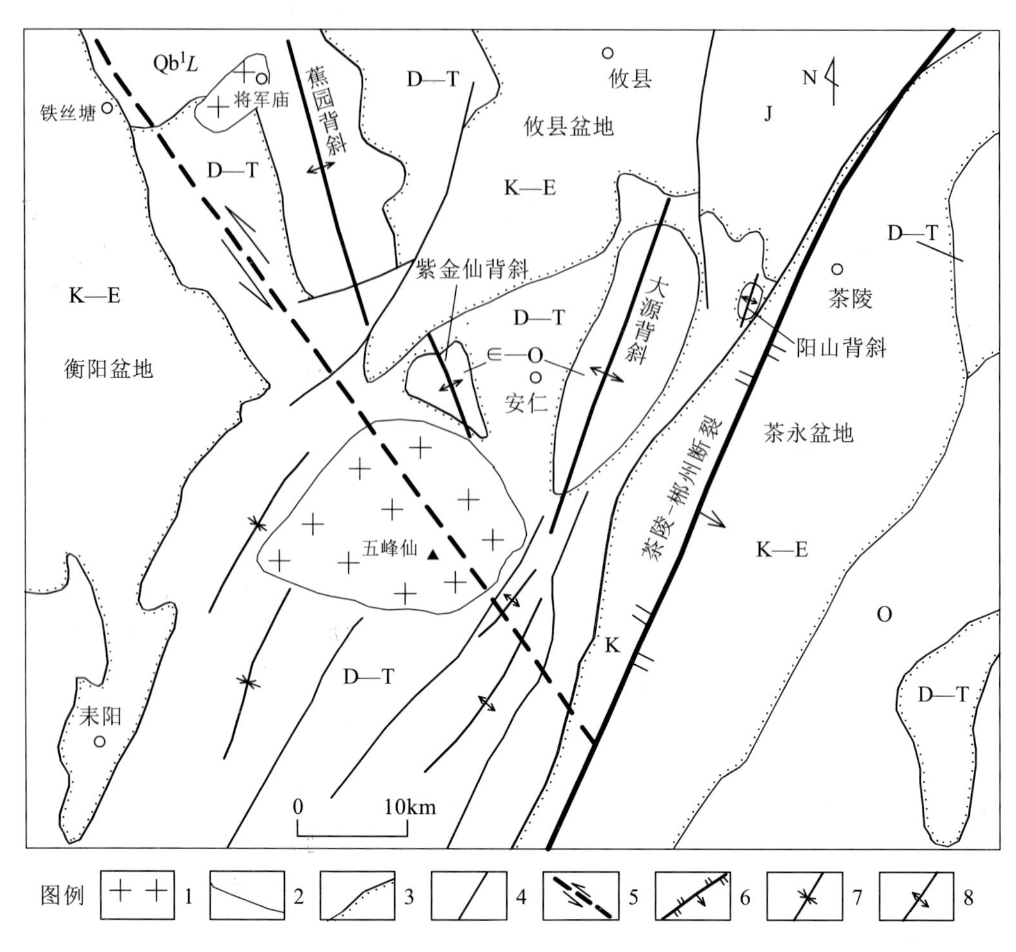

图 2-4　安仁一带地质略图

1. 三叠纪花岗岩；2. 地质界线；3. 角度不整合地质界线；4. 断裂；5. NW 向基底隐伏断裂；6. 三叠纪逆冲、侏罗纪走滑会聚、白垩纪伸展断裂；7. 印支期向斜；8. 印支期背斜；Qb^1L. 青白口系冷家溪群；∈—O. 寒武系—奥陶系；D—T. 泥盆系—三叠系；J. 侏罗系；K—E. 白垩系—古近系

基底断裂的左旋走滑，构造线 S_c 被牵引而进一步逆时针旋转，从而形成 NNW 向构造线 S，即现今蕉园背斜和紫金仙背斜之轴迹。NNW 向蕉园背斜与紫金仙背斜在 NW 向断裂一侧呈左行雁列状排布（图 2-4），亦表明断裂发生过左旋走滑活动。

这一变形机制导致安仁“y”字形构造的形成。由于 NW 向五峰仙-铁丝塘断裂仅发育于 NNE 向茶陵-郴州深大断裂的西侧，该断裂地表迹线的南东端大致接近断裂的深部实际端点（位于东面仰冲块体之下）。根据断裂自初始破裂点向周围扩展的基本原理，蕉园一带断裂的走滑量显然应远远大于安仁—五峰仙一带的走滑量，相应派生的近 SN 向压应力较大（图 2-5B），导致复合主压应力的方向 σ_c 更偏向西，且其牵引作用对区域构造线的改变（即旋转量）也更大，从而得以形成 NNW 向褶皱。与此相反，安仁一带紧邻区域陆内主俯冲会聚断裂——茶陵-郴州深大断裂，受到的 NWW 向区域主压应力比远离断裂的蕉园一带的更大，且因 NW 向断裂走滑量小，派生的近 EW 向压应力及走滑牵引旋转量均很小，因此，形成与区域 NNE 向构造线基本一致的褶皱。

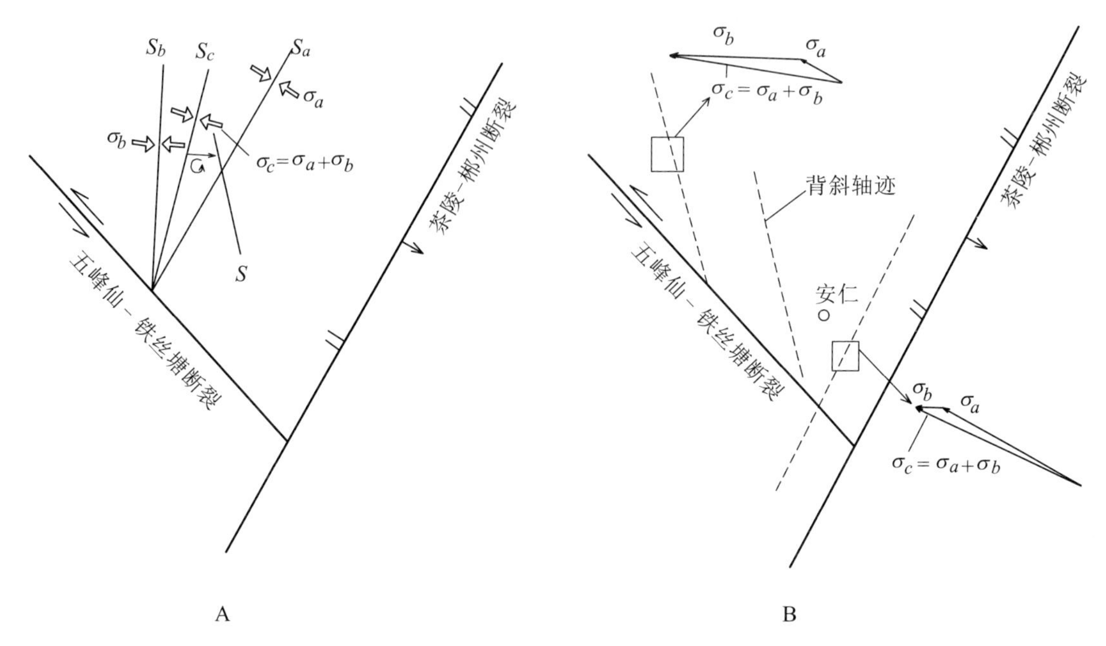

图 2-5　安仁“y”字形构造形成机制示意图

S、S_a、S_b、S_c. 构造线；σ_a、σ_b、σ_c. 构造应力

安仁以西的紫金仙一带处于蕉园应力场与安仁应力场的过渡地带，因此，尽管紫金仙背斜总体呈 NNW 走向，但却具有明显受 NNE 向构造影响的一些特点，如背斜呈短轴状且具有较长的 NW 边界。

值得指出的是，按上述分析，耒阳和五峰仙之间的褶皱走向也应当明显偏离 NNE 向，但实际情况并非如此（图 2-4）。这可能与边界条件差异有关，如安仁隆起带出露地层层位低，受基底隐伏断裂左旋走滑影响更强，或安仁隆起带受到更强烈的挤压作用等，确切原因有待更深入的研究。

上述变形机制不仅解释了 NNW 向蕉园背斜与紫金仙背斜的成因，还可圆满解释安仁隆起带内及周边地区的其他构造现象，如安仁地区相对耒阳地区的隆起，茶永盆地在茶陵以南宽度变大等。

（1）如前所述，在茶永盆地（茶陵-郴州断裂）以西地区，以五峰仙-铁丝塘 NW 向断裂为界，断裂北东侧为安仁隆起带，而断裂南东侧则为耒阳坳陷带。这一构造分区可由五峰仙-铁丝塘断裂的左旋走滑给予直观而可信的解释：与 NW 向断裂的左旋走滑相对应，在印支运动主幕中，当耒阳坳陷带和安仁隆起带沿 NNE 向茶陵-郴州断裂向 SEE 俯冲时，前者较后者必然有更强的俯冲和更大的消减量，进入茶陵-郴州断裂以东的陆块之下，相应坳陷带地壳在横向上的压缩量和垂向上的增厚量较小，其结果必然形成前者相对拗陷、后者相对隆起的构造格局。或者换一种理解，在耒阳坳陷带和安仁隆起带向 SEE 俯冲时，可能由于边界条件差异，前者受到阻力较小，俯冲运动较顺利，而后者则受到阻力较大，向东运移消减量较小，其直接结果便是两者之间产生相对左行错位，而安仁隆起带则因俯冲受阻而相对向上隆起成为隆起带。

（2）茶永盆地边界尽管总体上较为平直，边界走向也较为稳定，但在安仁隆起带的东侧却显著变宽，而自南西向北东方向显著变宽处正好是五峰仙-铁丝塘断裂与茶陵-郴州断裂的交会部位（图 2-4）。不难想象，茶永盆地的这一宽度变化与西侧陆块印支期的构造变形直接相关：相对耒阳坳陷区而言，安仁隆起带在印支运动主幕中受到的挤压更强烈，沿茶陵-郴州断裂带的次级断裂应该更为发育，并积聚了更大的挤压变形势能，同时地壳更大的增厚量则具备了更大的重力势能。受此控制，白垩纪时期，沿茶陵-郴州断裂带拉张成盆时，安仁隆起带以东必然会产生更大规模的伸展，从而使该段盆地具有更大的宽度。

综上所述，常德-安仁断裂在印支运动主幕中具强烈的左旋走滑运动，并直接导致了安仁“y”字形构造的形成。

（三）NW 向水垅冲左行逆平移断裂及其形成背景

川口北面的水垅冲断裂为一 NW 向左行逆平移断裂，自老至新切割了冷家溪群黄浒洞组和小木坪组、泥盆系跳马涧组—石炭系测水组。其南东端为白垩系所掩并被 NNE 向草市正断裂（茶陵-郴州断裂）截切，长约 21km（图 2-6）。断裂总体走向约 NW305°，沿走向略

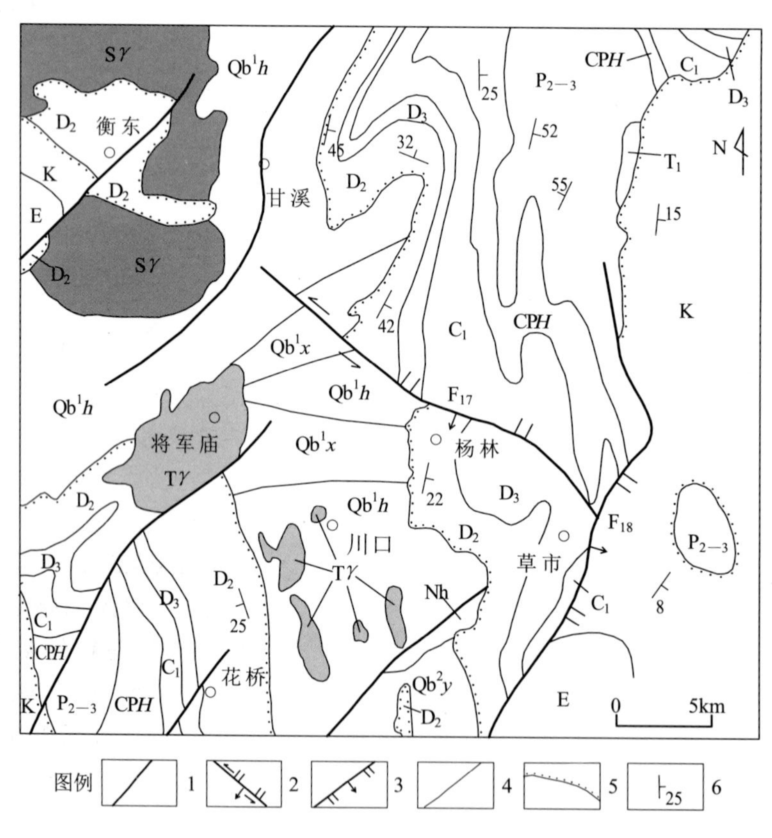

图 2-6 川口地区地质图

［据湖南省地质调查院（2017）、王先辉等（2017）修改］

1. 断裂；2. 逆平移断裂；3. 正断裂；4. 地质界线；5. 角度不整合地质界线；6. 产状（°）；F_{17}. 水垅冲断裂；F_{18}. 草市断裂；E. 古近系；K. 白垩系；T_1. 下三叠统；P_{2-3}. 中—上二叠统；CP*H*. 石炭-二叠系壶天群；C_1. 下石炭统；D_3. 上泥盆统；D_2. 中泥盆统；Nh. 南华系；Qb^2y. 青白口系岩门寨组；Qb^1x. 青白口系小木坪组；Qb^1h. 黄浒洞组；Tγ. 三叠纪花岗岩；Sγ. 志留纪花岗岩

呈弧形弯曲，倾向 SW，倾角为 40°～66°。断裂主要具左行平移性质并兼具逆冲特征。在平面上，以泥盆系下伏角度不整合面显示的左行平移视错距达 5km；在剖面上，水垅冲一带见断裂上盘小木坪组向 NE 逆冲于泥盆系易家湾组之上（图 2-7），而在高湖西侧见欧家冲组中发育高角度的左行逆平移断裂（图 2-8、图 2-9）。

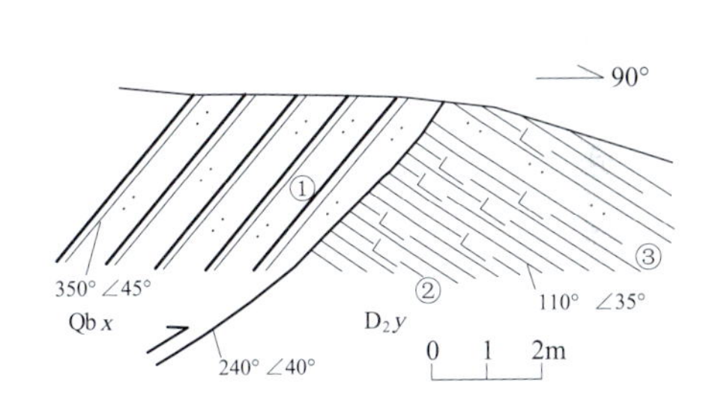

图 2-7　水垅冲断裂剖面（水垅冲）
①粉砂质板岩；②钙质页岩；③粉砂岩；
Qbx. 冷家溪群小木坪组；D_2y. 泥盆系易家湾组

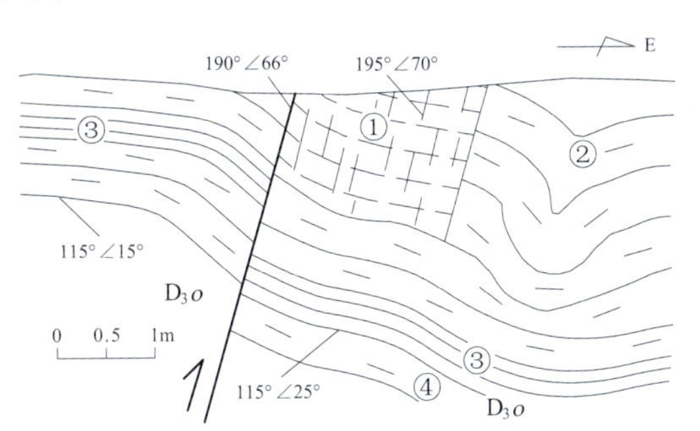

图 2-8　水垅冲断裂剖面（高湖西侧）
①劈理化带；②褶皱；③页岩；④泥岩；
D_3o. 泥盆系欧家冲组

图 2-9　水垅冲断裂露头（高湖西侧）

水垅冲断裂切割的最新地层为上古生界，且断裂南东段为白垩系所掩，故该断裂应形成于印支期—早燕山期。它紧邻常德-安仁断裂东侧，区域上远离常德-安仁断裂的地区未见 NW 向左行平移断裂，因此，推断水垅冲断裂的形成与常德-安仁断裂的活动（图 2-10）有关。这一认识可从区域构造背景得到合理解释，即中三叠世后期，印支运动主幕的区域构造体制为 NW—NWW 向强挤压（任纪舜，1984，1990；丘元禧等，1998，1999；柏道远等，2005b，2006a，2006b，2008a，2009a，2012a，2013，2014b，2015c，2015d；Wang et al.，2005；丁道桂等，2007；Li et al.，2007；金宠等，2009；李三忠等，2011；张国伟等，2011），株洲太湖逆冲推覆构造位于水垅冲断裂北面，其推覆方向即为 NW 偏 W（305°）（柏道远等，2009a），受走向 NW 偏 N 的常德-安仁断裂控制产生左行走滑并派生（叠加）NWW 向挤压应力，从而形成次级左行平移断裂（图 2-10C）。

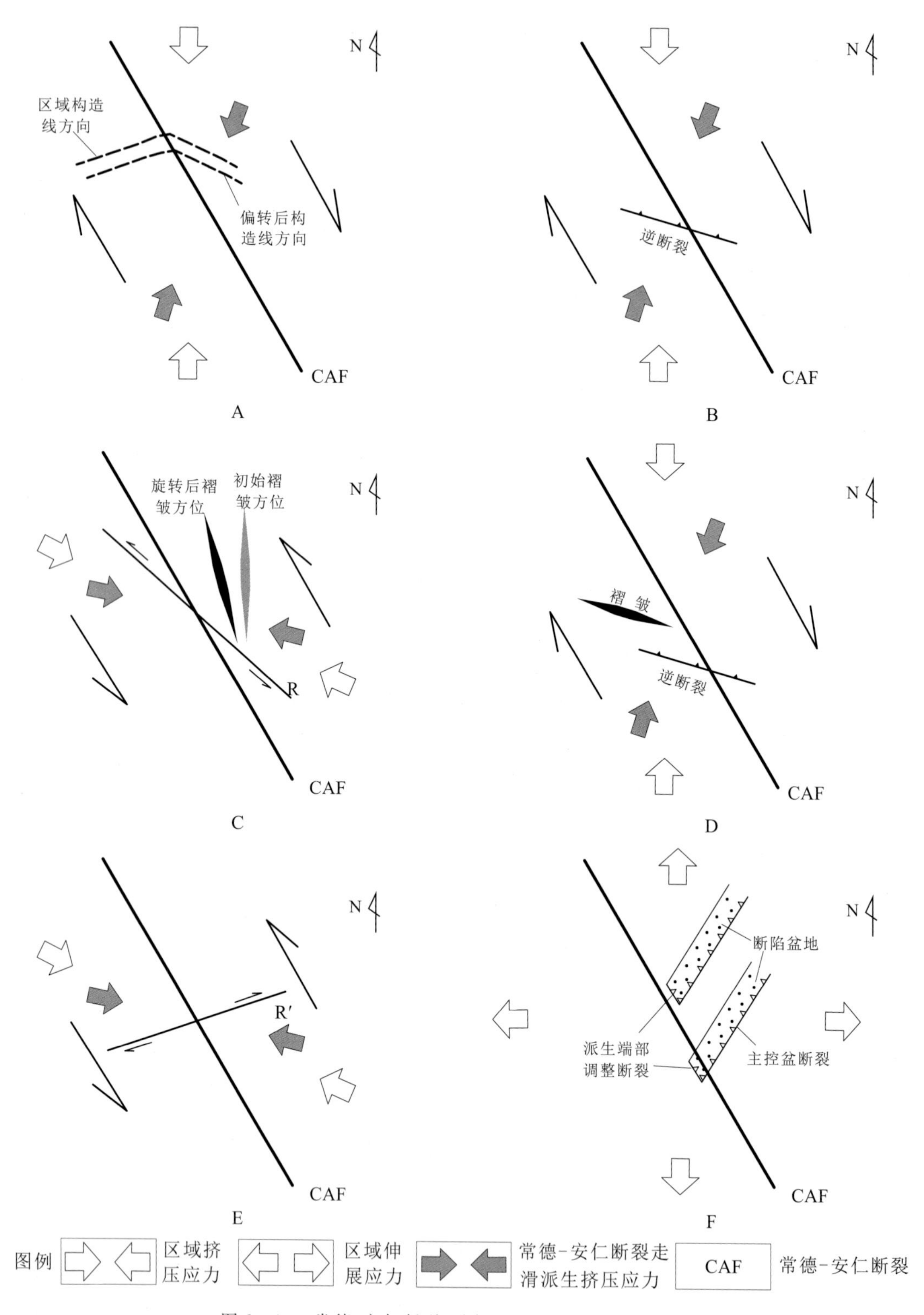

图 2-10　常德-安仁断裂不同阶段活动派生构造示意图

A. 武陵运动派生构造；B. 加里东运动派生构造；C. 印支运动派生构造；D. 晚三叠世—早侏罗世派生构造；E. 早燕山运动派生构造；F. 白垩纪—古近纪派生构造；R′. 走滑断裂派生的反向里德尔破裂；R. 走滑断裂派生的同向里德尔破裂

值得指出的是，尽管中侏罗世晚期早燕山运动区域构造体制与印支运动主幕一样也为NWW向挤压（舒良树等，2002，2004；徐先兵等，2009；张岳桥等，2009），但考虑到水垅冲断裂兼具逆冲性质，可能与晚三叠世—早侏罗世印支运动晚幕中常德-安仁断裂右行走滑派生NNE向挤压而产生的逆冲叠加有关，因此，将水垅冲断裂左行平移活动归于印支运动主幕应更为合理。

二、湘乡段构造特征

（一）总体构造特征

常德-安仁断裂湘乡段南起连云山-衡阳断裂，北至公田-灰汤-新宁断裂，总体表现为一构造-岩浆隆起带。隆起带轴部为板溪群—下古生界，两翼为上古生界。断裂—岩浆隆起带南段发育印支期歇马岩体和紫云山岩体，北段发育印支期沩山岩体（南体），另有燕山期小岩体侵入于印支期岩体之中（图1-2）。湘潭断陷盆地西支（湘乡凹陷）和东支叠于NW向断裂带（隆起带）之上，南西端部止于断裂带西缘，反映出断裂带对断陷盆地的控制作用。

断裂带及近侧地质构造以NE向、NNE向断裂和褶皱为主，另有少量其他方向断裂和褶皱。本段缺乏与断裂带同走向的NW向表露断裂，但详细解析发现NEE向枣子坪右行平移断裂、NWW向具逆冲性质的棋梓-乌石断裂和杨林断裂、NWW向龙山-桥亭子串珠状隆起等构造为常德-安仁断裂带的次级构造，反映了常德-安仁断裂带中深层次的走滑活动。以下分别就这些次级断裂的特征及其形成背景进行阐述与分析。

（二）NEE向枣子坪右行平移断裂及其形成背景

枣子坪断裂横切晚三叠世紫云山岩体南部，走向NEE74°，倾向NNW，倾角70°左右，出露长度约23km（图1-2、图2-11）。断裂破碎带宽3～5m，由片理化花岗岩、片麻状花岗岩、糜棱岩带及硅化破碎带组成（图2-12）。断裂将花岗岩体西、东边界分别右行错移约0.8km和5km，显示断裂中段位错距离大、近端部位错距离小。露头上断裂摩擦镜面上的正阶步也指示右行走滑（图2-12）。断裂切割了青白口系高涧群、志留纪花岗岩和晚三叠世花岗岩，东端为白垩系所掩，应形成于侏罗纪。断裂紧邻常德-安仁断裂西侧，区域上远离常德-安仁断裂，未见同期NEE向右行平移断裂发育，因此推断其形成与常德-安仁断裂的活动有关。

结合区域构造背景分析如下：由于受古太平洋板块（或伊泽奈崎板块）俯冲影响，中侏罗世晚期发生早燕山运动并具有NWW向挤压的区域构造体制（舒良树等，2002，2004；徐先兵等，2009；张岳桥等，2009；柏道远等，2013，2014b，2015c，2015d），受此影响，常德-安仁断裂左行走滑并派生NWW向挤压应力叠加于区域NWW向挤压应力之上，从而形成NEE向右行平移断裂（图2-10E）。需要指出的是，枣子坪断裂紧邻常德-安仁断裂西侧发育且往西远离断裂即尖灭，因此可大致推断它主要受控于常德-安仁断裂左行走滑派生的NWW向挤压，而不是受控于区域NWW向挤压。

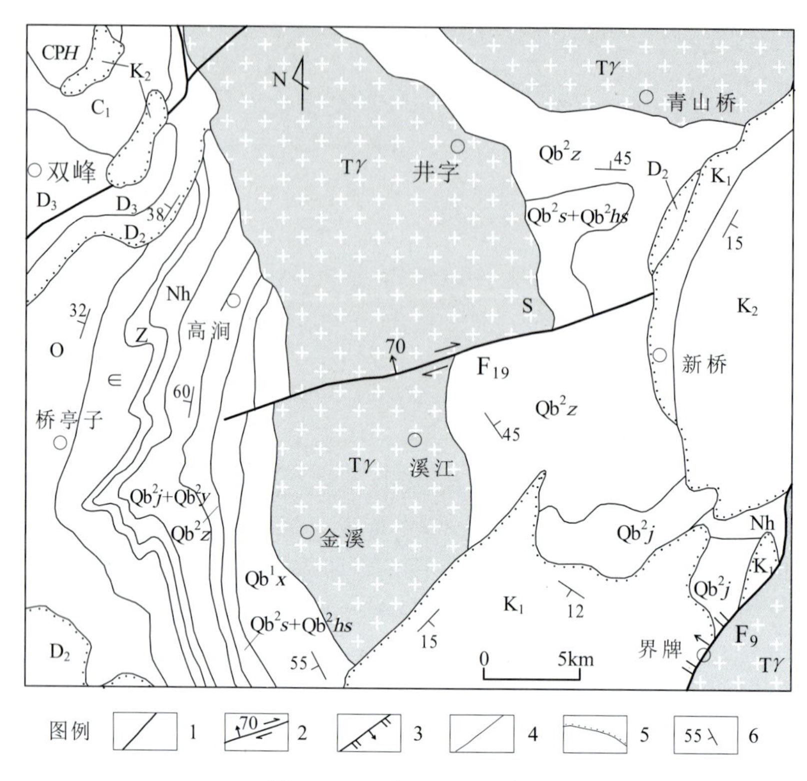

图 2-11　溪江地区地质图

[据马铁球等（2013a）、湖南省地质调查院（2017）修改]

1. 断裂；2. 平移断裂（°）；3. 正断裂；4. 地质界线；5. 角度不整合地质界线；6. 产状（°）；F_9. 界牌断裂（连云山-衡阳断裂）；F_{19}. 枣子坪断裂；K_2. 上白垩统；K_1. 下白垩统；CP*H*. 石炭系-二叠系壶天群；C_1. 下石炭统；D_3. 上泥盆统；D_2. 中泥盆统；O. 奥陶系；∈. 寒武系；Z. 震旦系；Nh. 南华系；Qb^2j+Qb^2y. 青白口系架枧田组和岩门寨组；Qb^2z. 青白口系砖墙湾组；Qb^2s+Qb^2hs. 青白口系石桥铺组和黄狮洞组；Qb^1x. 青白口系小木坪组；Tγ. 三叠纪花岗岩

注：白色箭头所指处发育指示右行走滑的正阶步。

图 2-12　枣子坪断裂露头

（三）NWW 向逆断裂及其形成背景

本段代表性 NWW 向逆断裂有杨林断裂和棋梓-乌石断裂。

杨林断裂位于韶山市北面，走向 NWW297°，倾向 NNE，长约 12km。断裂北盘的南华系—寒武系向南逆冲于泥盆系—二叠系之上（图 2-13）。断裂西端切入晚三叠世花岗岩，东端为侏罗系所掩覆，形成于晚三叠世。

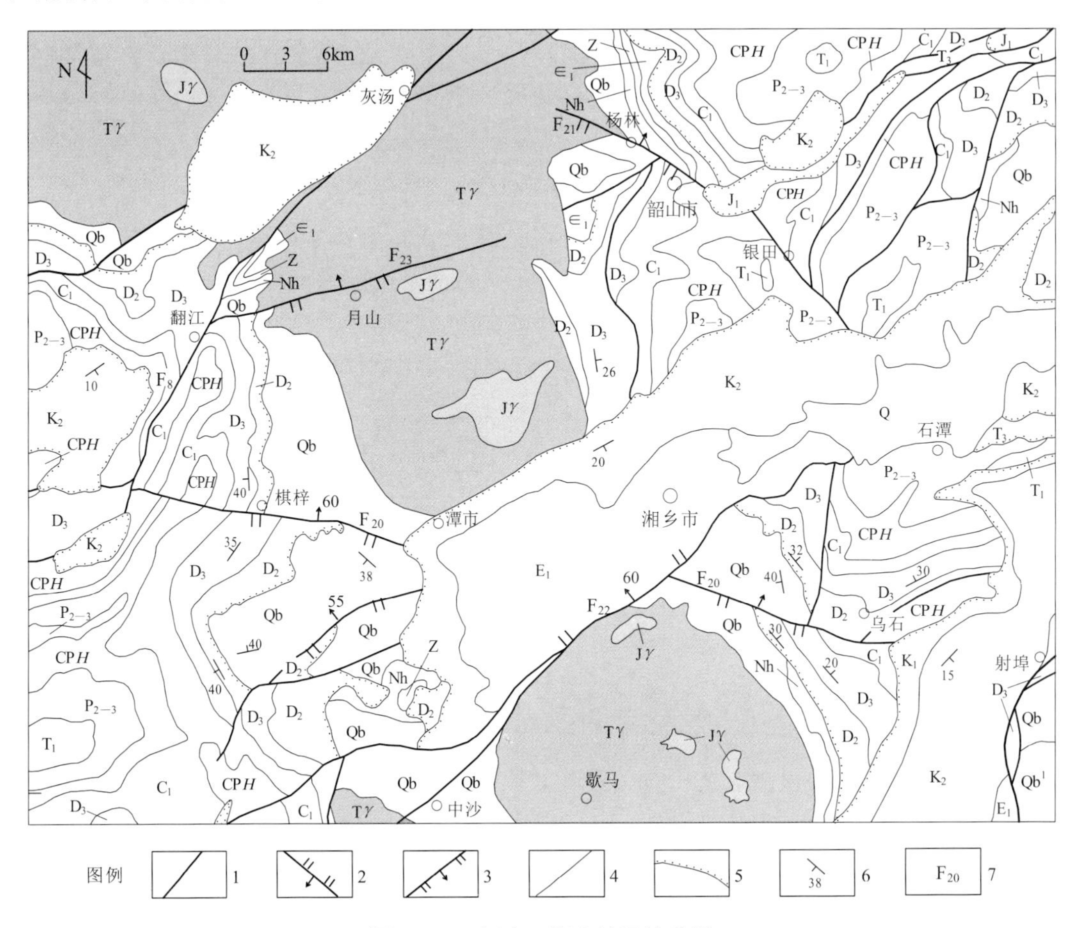

图 2-13　韶山—湘乡地区地质图

［据马铁球等（2013a）、王先辉等（2013）、湖南省地质调查院（2017）修改］

1. 断裂；2. 逆断裂；3. 正断裂；4. 地质界线；5. 角度不整合地质界线；6. 地层产状（°）；7. 断裂编号；F_{20}. 棋梓-乌石断裂；F_{21}. 杨林断裂；F_{22}. 中沙断裂；F_{23}. 月山断裂；F_8. 翻江断裂（公田-灰汤-新宁断裂）；Q. 第四系；E_1. 古近系；K_2. 上白垩统；K_1. 下白垩统；J_1. 下侏罗统；T_3. 上三叠统；T_1. 下三叠统；P_{2-3}. 中—上二叠统；CP*H*. 石炭系-二叠系壶天群；C_1. 下石炭统；D_3. 上泥盆统；D_2. 中泥盆统；$\in_1$. 下寒武统；Z. 震旦系；Nh. 南华系；Qb. 青白口系板溪群和高涧群；Jγ. 侏罗纪花岗岩；Tγ. 三叠纪花岗岩

棋梓-乌石断裂为一走向 NWW282°的逆断裂（图 2-13）。断裂西端为印支期 NNE—NE 向的翻江断裂所限，东端为白垩系所掩覆，总长约 56km。中段被白垩纪—古近纪断陷盆地叠覆，并明显被盆地南东边界中沙断裂（正断裂）截切。断裂倾向 N，倾角 60°左右，且斜切 NW 向隆起带，导致断裂西段、东段北侧的板溪群向南逆冲于泥盆系之上，且在平面上分别显示出左行、右行错位效应。断裂切割上古生界并为印支期 NE 向断裂所限、被白垩纪正断裂截切并为白垩系所掩覆，应形成于晚三叠世—侏罗纪。

上述中生代 NWW 向逆断裂均位于常德-安仁断裂带，远离断裂带处未见同走向逆断裂发育，因此，有理由推断 NWW 向断裂和隆起的形成均与常德-安仁断裂的活动有关，且区域构造背景确可给出合理解释：晚三叠世—早侏罗世区域构造体制为 SN 向挤压（舒良树等，2002，2004，2006；柏道远等，2011a，2013，2015a），常德-安仁断裂因此产生右行走滑并派生 NNE 向挤压应力场，从而形成 NWW 向逆断裂（图 2 - 10D）。

（四）NWW 向龙山-桥亭子串珠状隆起及其形成背景

龙山-桥亭子隆起为白马山-桥亭子隆起的东段（图 1 - 2）。白马山-桥亭子隆起核部出露南华系—奥陶系，翼部出露上古生界，因早燕山运动造成的 NE—NNE 向褶皱叠加而呈串珠状；隆起西段即白马山-龙山隆起，呈 EW 向展布；东段即龙山-桥亭子隆起，走向为 NWW290°左右（图 1 - 2）。NWW 向隆起卷入了上古生界并被中侏罗世早燕山运动褶皱叠加，应形成于三叠纪—早侏罗世之间。

鉴于 NWW 向龙山-桥亭子隆起往西延伸段（白马山-龙山隆起）因远离常德-安仁断裂而呈 EW 向，可推断 NWW 向断裂和隆起的形成均与常德-安仁断裂的活动有关。在晚三叠世—早侏罗世印支运动晚幕的区域 SN 向挤压下，常德-安仁断裂产生右行走滑并派生 NNE 向挤压应力场，从而形成 NWW 向隆起（图 2 - 10D）。

三、桃江段构造特征

（一）总体构造特征

常德-安仁断裂桃江段南起公田-灰汤-新宁断裂，北至溆浦-靖州断裂（图 1 - 2）。其南段西部为 NWW 向沩山次级构造-岩浆隆起（发育印支期沩山岩体北体），东部为由上古生界组成的 NEE 向复向斜及白垩纪—古近纪断陷盆地；北段主要出露冷家溪群和板溪群，并有印支期桃江岩体和岩坝桥岩体沿断裂带方向展布（图 1 - 2）。此外，宁乡雷祖殿发育白垩纪钾镁煌斑岩（林玮鹏等，2011）、青华铺发育拉斑玄武岩，桃江江石桥一带发育有印支期辉绿岩（金鑫镖等，2017）。这些基性岩的发育反映出了常德-安仁断裂的深切地幔属性及其在印支晚期和燕山晚期的伸展活动。

桃江段南段西部的南华系—下古生界中发育加里东期 EW 向褶皱和同走向逆断裂，东部的上古生界中则发育印支期 NEE 向褶皱和同走向逆断裂。此外，南部和北缘尚分别发育 NWW 向正断裂和逆断裂（图 1 - 2）。

桃江段北段主要构造形迹为冷家溪群中的武陵期褶皱和同走向逆断裂、板溪群中的加里东期褶皱和同走向逆断裂，构造线走向自西而东总体由 EW 向转为 NW 向。桃江岩体北侧发育 NW 向丰家铺-谢林港断裂，为常德-安仁断裂的表露断裂（图 1 - 2）。除上述构造外，北段尚发育以城步-新化断裂为代表的较多中生代 NE—NNE 向的断裂构造。

桃江段内能反映常德-安仁断裂不同阶段活动特征的地质构造包括 NWW 向沩山隆起、

湘阴凹陷南段控盆断裂和构造调节带、NWW 向逆断裂、冷家溪群中走向偏转的褶皱等。

（二）NWW 向沩山隆起及其形成背景

沩山隆起走向为 NWW290°左右，核部为板溪群—下古生界，并有晚三叠世花岗岩侵位（沩山岩体北体），两翼为上古生界（图 1－2）。NWW 向隆起卷入了上古生界及其下伏角度不整合面，其南翼发育中侏罗世早燕山运动形成的 NNE 向叠加褶皱；隆起轴部被晚三叠世同构造期花岗岩侵位。上述证据表明，沩山隆起形成于晚三叠世。与龙山-桥亭子 NWW 向串珠状隆起一样，沩山隆起也与常德-安仁断裂右行走滑并派生 NNE 向挤压应力场有关（图 2－10D）。

（三）湘阴凹陷南段构造特征及其动力机制

洞庭盆地在白垩纪—古近纪期间为由多个 NE 向次级凹陷组成的断陷盆地（徐杰等，1991；刘锁旺等，1994；吴根耀，1997；姚运生等，2000；徐政语等，2004；戴传瑞等，2006；许德如等，2006a），并为第四纪断陷（早期）或坳陷（晚期）盆地所叠合（柏道远等，2010b，2011b）。湘阴凹陷为白垩纪—古近纪洞庭盆地最东面的次级凹陷，柏道远等（2010c）对该凹陷北段的控盆断裂和盆地性质进行了探讨，但对凹陷南段的构造特征尚缺乏研究。调节带或转换带是断陷盆地发展过程中形成的重要构造（Rosendahl，1987；Morley et al.，1990；Fauids et al.，1998；赵红格等，2000；刘池洋，2005；邓宏文等，2008），本书认为常德-安仁基底隐伏断裂以于白垩纪—古近纪派生的小规模 NW 向断裂作为调整构造，控制了湘阴凹陷、湘潭盆地西支（湘乡凹陷）和东支、株洲盆地、醴攸盆地等 NNE 向断陷盆地的南西端部边界及衡阳盆地的北东边界（图 1－2）。以下以湘阴凹陷南段为例，展示调整构造的具体证据，厘定盆地复杂构造格局特征，并探讨盆地形成的动力机制。

在正式阐述之前顺便指出，本节有关断裂编号与本书中其他部分采用的断裂编号不具对应关系。

1. 湘阴凹陷南段总体构造格局

由于经历过古近纪中晚期区域 NE 向挤压和古近纪末—新近纪初区域 NW 向挤压变形（柏道远等，2015d），再加之后期剥蚀，湘阴凹陷南段现今实为残留盆地。尽管如此，地层展布、盆缘断裂和盆内断裂及盆地基底起伏特征等仍反映出原始盆地较复杂的隆-坳构造格局（图 2－14）。根据沉积分布、控盆断裂和基底埋深，湘阴凹陷南段可进一步划分为朱良桥深洼陷（Ⅰ）、岳家桥-雷公桥浅洼陷（Ⅱ）、横市浅洼陷（Ⅲ）及赵家府洼陷（Ⅳ）等 4 个构造单元。其中，岳家桥-雷公桥浅洼陷（Ⅱ）可进一步分为回龙铺次级洼陷（$Ⅱ_1$）、谢家湾次级隆起（$Ⅱ_2$）、南田坪次级洼陷（$Ⅱ_3$）、雷公桥次级洼陷（$Ⅱ_4$）等 4 个次级构造单元。需要指出的是，朱良桥深洼陷、岳家桥-雷公桥浅洼陷和横市浅洼陷自 NW 往 SE 依次排布并相连，组成湘阴凹陷的主体；而赵家府洼陷位于主体凹陷的北西侧，与主体凹陷的北西残留边界相距 4～9km，其控盆构造也有别于主体凹陷，严格来说，赵家府洼陷并非湘阴凹陷的组成部分。尽管如此，出于研究需要和论述方便考虑，本书仍将赵家府洼陷作为湘阴凹陷南段的次级构造单元。

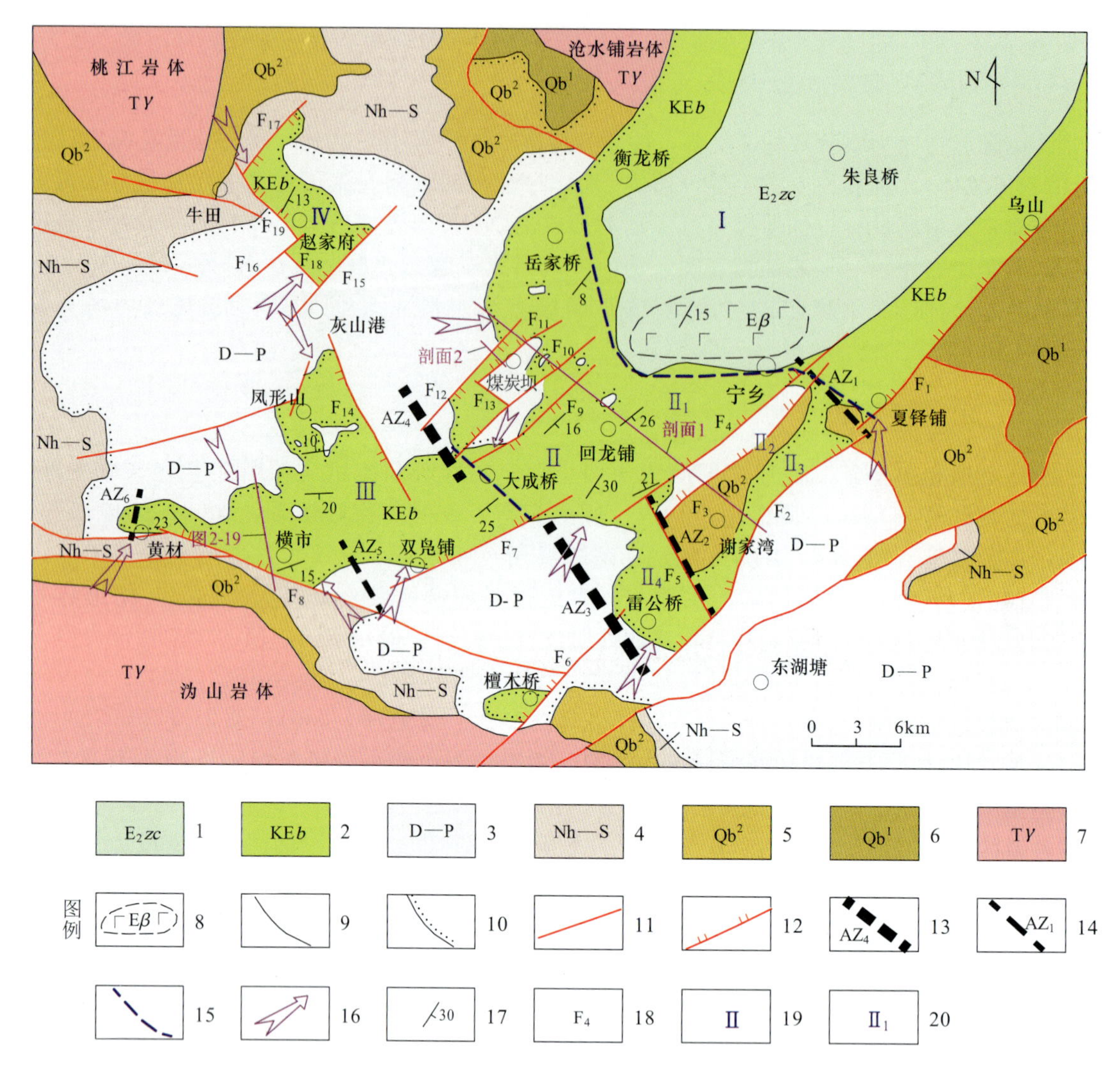

1	2	3	4	5	6	7
E_2zc	KE*b*	D—P	Nh—S	Qb^2	Qb^1	Tγ

图例 8～20

图 2-14　湘阴凹陷南段地质构造图

1. 始新统中村组；2. 白垩系-古近系百花亭组；3. 泥盆系—二叠系；4. 南华系—志留系；5. 青白口系板溪群；6. 青白口系冷家溪群；7. 三叠纪花岗岩；8. 隐伏古近纪玄武岩；9. 地质界线；10. 角度不整合地质界线、盆地沉积超覆线；11. 断裂；12. 控盆正断裂，齿向示下降盘；13. 一级调节带及编号；14. 二级调节带及编号；15. 盆地构造单元分界；16. 物源方向；17. 岩层产状（°）；18. 控盆断裂编号；19. 盆地构造单元编号；20. 次级构造单元编号；Ⅰ. 朱良桥深洼陷；Ⅱ. 岳家桥-雷公桥浅洼陷；$Ⅱ_1$. 回龙铺次级洼陷，$Ⅱ_2$. 谢家湾次级隆起，$Ⅱ_3$. 南田坪次级洼陷，$Ⅱ_4$. 雷公桥次级洼陷；Ⅲ. 横市浅洼陷；Ⅳ. 赵家府洼陷；F_1. 乌山断裂；F_2. 新桥湾断裂；F_3. 石子塘断裂；F_4. 历经铺断裂；F_5. 坝塘断裂；F_6. 檀木桥断裂；F_7. 双凫铺断裂；F_8. 横市断裂；F_9. 斗米潭断裂；F_{10}. 煤炭坝断裂；F_{11}. 三阳堂断裂；F_{12}. 欧家大冲断裂；F_{13}. 白马塘断裂；F_{14}. 新屋冲断裂；F_{15}. 郭家嘴断裂；F_{16}. 朱家坝断裂；F_{17}. 石家冲断裂；F_{18}. 烟山塘断裂；F_{19}. 河溪水断裂①；AZ_1. 夏铎铺调节带；AZ_2. 坝塘调节带；AZ_3. 雷公桥调节带；AZ_4. 涌泉山调节带；AZ_5. 双凫铺调节带；AZ_6. 黄材调节带

① 此图中的各断裂编号仅适用于本节。

2. 湘阴凹陷南段沉积特征

湘阴凹陷南段盆地充填地层自下而上包括百花亭组（KEb）和中村组（E_2zc），前者分布于盆地边缘，后者分布于宁乡以北的盆地内部。百花亭组主要为一套紫红色砾岩，其中底部为粗砾岩—巨砾岩，属盆缘洪积或冲洪积；往上为细砾岩—中砾岩夹砂岩、粉砂岩透镜体，为辫状河沉积；局部夹含砾粉砂质泥岩—泥质粉砂岩，属辫状河三角洲平原的洪泛沉积。中村组总体为紫红色含泥质长石岩屑杂砂岩、粉砂质泥岩、泥质粉砂岩夹含钙质粉砂岩、泥岩、泥灰岩及泥晶灰岩透镜体，属滨浅湖沉积。宁乡北西面的青华铺一带，百花亭组与中村组之间发育有厚7.6～52.9m的隐伏玄武岩（图2-14）。顺便指出，研究区北东角的宁乡—朱良桥—乌山地区主要为第四纪洞庭盆地边缘沉积，白垩系—古近系露头很少，其完整的沉积序列和详细岩性组合特征不甚清楚。受物源区地层岩性控制，百花亭组砾岩的砾石成分横向上变化较大（详见后文）。

3. 湘阴凹陷南段构造特征

1）构造单元特征

如前所述，湘阴凹陷南段可进一步划分为4个构造单元，以下分别阐述其构造与沉积特征。

（1）朱良桥深洼陷（Ⅰ）。位于北东部，实际属湘阴凹陷主体部分。其主控盆断裂为南东侧的乌山断裂 F_1（图2-14）；北西侧未见盆缘断裂发育，但不排除往盆内方向存在隐伏的NE向东倾正断裂的可能。洼陷东、西边缘发育百花亭组砾岩（图2-15A），中部发育中村组粉砂质泥岩—泥质粉砂岩（图2-15B）。由于被第四纪冲积层覆盖，中部中村组及东缘百花亭组仅见极少量零星露头。地球物理勘探显示北面湘阴一带基底埋深可达2000～3000m，推测研究区基底埋深可达1000～2000m。

图2-15　朱良桥深洼陷代表性岩石

A. 洼陷西缘百花亭组砾岩（枫树山）；B. 洼陷中部中村组粉砂质泥岩（穆公塘）

（2）岳家桥-雷公桥浅洼陷（Ⅱ）。已属湘阴凹陷南西端部，因此其基底埋深明显变小，导致前白垩纪基底大量出露（图2-14）。受内部不同规模的NE向和NW向断裂控制，该洼陷呈现较复杂的隆-坳构造格局，自 NW 向 SE 可划分为回龙铺次级洼陷（$Ⅱ_1$）、谢家湾次级隆起（$Ⅱ_2$）、南田坪次级洼陷（$Ⅱ_3$）、雷公桥次级洼陷（$Ⅱ_4$）等 4 个次级构造单元。

回龙铺次级洼陷（$Ⅱ_1$）为岳家桥-雷公桥浅洼陷（Ⅱ）的主体。次级洼陷的主控盆断裂为东南侧的 NE 向历经铺断裂（F_4），为一倾向 NW 的正断裂。受历经铺断裂控制，盆地基底总体倾向 SE，具箕状盆地特征（图 2-16）。次级洼陷北西缘发育规模较小的 NE 向正断裂斗米潭断裂（F_9）、煤炭坝断裂（F_{10}）、三阳堂断裂（F_{11}）、欧家大冲断裂（F_{12}）等，断裂倾向 SE 或 NW，从而于煤炭坝一带发育更次一级的煤炭坝小隆起（出露二叠系茅口组—大隆组）及西面的煤炭坝小断陷（图 2-14、图 2-17）。该次级洼陷内百花亭组砾岩特征和成分因地而异，并反映出物源补给方向（图 2-14）。在煤炭坝西面的小断陷内以含砾砂层和细砾岩为主（据钻探岩芯）。在煤炭坝—回龙铺一带，底部为棱角状巨砾岩，砾石成分主要为大隆组硅质岩；往上为次棱角—次圆状中—粗砾岩（图 2-18A），砾石成分有硅质岩、脉石英、石英砂岩、粉砂岩等，主要源于灰山港—岳家桥一带的泥盆系—石炭系碎屑岩。南部大成桥一带出露粗砾岩，砾石成分以灰岩为主，源于北面二叠系阳新统栖霞组和茅口组灰岩。回龙铺南面的盆地南缘陈家湾，出露紫红色中砾岩夹砂砾岩透镜体（或粗砂透镜体）（图 2-18B），砾石成分有粉砂岩、石英砂岩、角岩、硅质岩、花岗岩等，源于南西面的泥盆系碎屑岩及沩山岩体与其外接触带角岩。

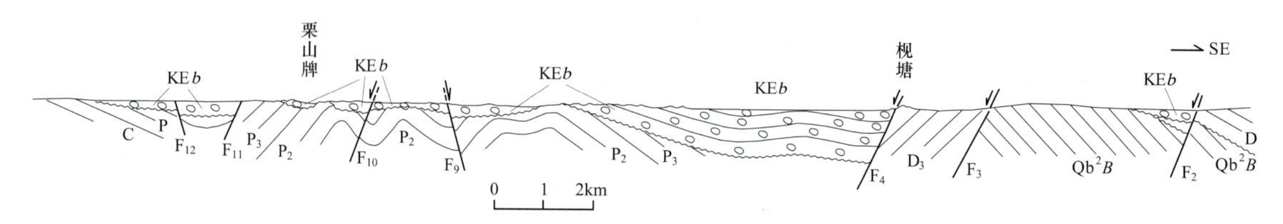

图 2-16　岳家桥-雷公桥浅洼陷剖面（图 2-14 中的剖面 1）结构

KE*b*. 白垩系-古近系百花亭组；P_3. 上二叠统；P_2. 中二叠统；P. 二叠系；C. 石炭系；D_3. 上泥盆统；D. 泥盆系；Qb^2B. 青白口系板溪群；F_2. 新桥湾断裂；F_3. 石子塘断裂；F_4. 历经铺断裂；F_9. 斗米潭断裂；F_{10}. 煤炭坝断裂；F_{11}. 三阳堂断裂；F_{12}. 欧家大冲断裂

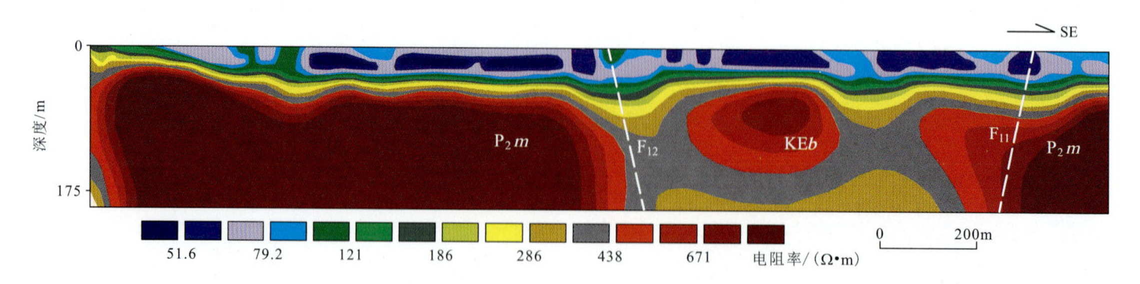

图 2-17　煤炭坝西面视电阻率二维反演断面及地质解释（剖面位置见图 2-14）

F_{11}. 三阳堂断裂；F_{12}. 欧家大冲断裂；KE*b*. 白垩系-古近系百花亭组；P_2m. 中二叠统茅口组

谢家湾次级隆起（$Ⅱ_2$）受控于历经铺断裂（F_4），是该断裂下盘（东盘）发生抬升的产物。次级隆起内部尚发育有 NE 向正断裂石子塘断裂（F_3）（图 2-14）。南田坪次级洼陷（$Ⅱ_3$）受控于 NE 走向、倾向 NW 的正断裂新桥湾断裂（F_2）（图 2-14）。谢家湾次级隆起（$Ⅱ_2$）和南田坪次级洼陷（$Ⅱ_3$）往南西中止于 NW 向坝塘断裂（F_5）（图 2-14）。

雷公桥次级洼陷（$Ⅱ_4$）受控于 NE 向新桥湾断裂（F_2）和 NW 向坝塘断裂（F_5）

图 2-18　回龙铺次级洼陷代表性岩石

A. 盆地西缘次棱角—次圆状碎屑岩质中—粗砾岩（向家冲）；B. 盆地南缘复成分中砾岩夹砂砾岩透镜体或粗砂透镜体（陈家湾）

(图 2-14)，其内部沉积有百花亭组砾岩。雷公桥北面公路边见良好露头，为次棱角—次圆状中—粗砾岩，砾石成分有砂岩、粉砂岩、粉砂质泥岩、灰岩等，源于南面泥盆纪碎屑岩和灰岩（图 2-14）。

（3）横市浅洼陷（Ⅲ）。总体呈 EW 走向，主要受 NE 向双凫铺断裂（F_7）和 NWW 向横市断裂（F_8）控制，北部因 NW 向新屋冲断裂（F_{14}）控制而形成一叉状小断陷（图 2-14）。洼陷内岩层大多倾向 S—SE（图 2-14），反映南缘主控盆断裂的断陷以及盆地基底的南倾特征（图 2-19）。洼陷内充填百花亭组砾岩，但受与伸展断裂活动相关的古地形、古构造控制，砾岩特征和成分组成纵横向上变化大，并反映出沉积物源方向（图 2-14）。洼陷南缘东端，见下部为花岗质细砾岩，源于南西面的沩山岩体；上部为中—粗砾岩（图 2-20A），砾石成分有砂岩、灰岩、花岗岩、蚀变角岩等，源于南面的泥盆系砂岩和灰岩及沩山岩体和其外接触带角岩。洼陷南缘中西段，于横市南面可见固结良好的棱角—次棱角状（少量次圆状）中—粗砾岩，砾石成分主要为砂岩、灰岩，属洪积成因（图 2-20B）。该点往西约 200m 可见棱角状灰岩质巨砾岩，局部夹透镜状粉砂岩，属岩溶堆积或洪积（图 2-20C）。以上砾岩应源于东南面的泥盆系碎屑岩和灰岩。

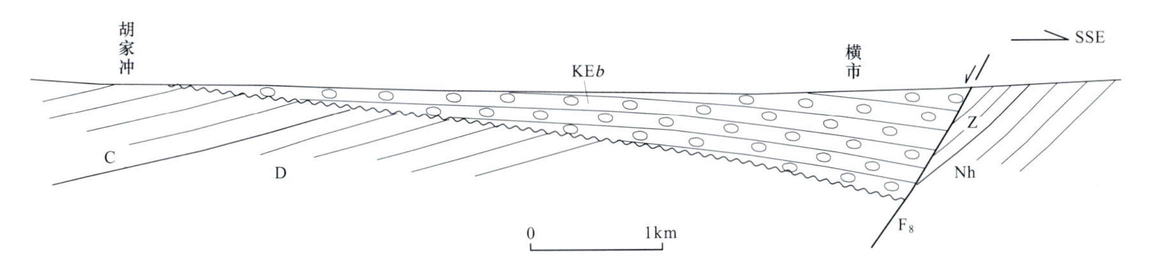

图 2-19　横市浅洼陷剖面结构

KE*b*. 白垩系-古近系百花亭组；C. 石炭系；D. 泥盆系；Z. 震旦系；Nh. 南华系；F_8. 横市断裂

横市北西面的洼陷北缘发育有紫红色次棱角—次圆状中—粗砾岩（图 2-20D），砾石成

图 2-20　横市浅洼陷代表性岩石

A. 横市浅洼陷南缘东端复成分中—粗砾岩（七星庄西面）；B. 洼陷南缘中西段固结良好的砂岩、灰岩质中—粗砾岩（横市南面）；C. 棱角状灰岩质巨砾岩（横市南面）；D. 洼陷北缘次棱角—次圆状复成分中—粗砾岩（横市北西面）；E. 洼陷北缘棱角状砂岩质中—粗砾岩（沙坪）；F. 洼陷北缘次棱角—次圆状复成分中—粗砾岩（黄材北面）；G. 洼陷西部紫红色复成分细砾岩（黄材北面）

分有砂岩、花岗岩、脉石英、角岩、泥岩、板岩等，应源于南东面青白口系板溪群、南华系和沩山岩体。再往西至黄材与横市之间的沙坪，于洼陷北缘可见黄红色棱角状中—粗砾岩（图 2-20E），砾石成分主要为砂岩，砂泥质基质含量高，为源于北面泥盆系吴家坊组砂岩的就近山麓堆积。

黄材北面，于盆地北缘可见次棱角—次圆状中—粗砾岩，砾石成分有砂岩、粉砂岩、粉砂质板岩、硅质岩、脉石英、角岩等（图2-20F），应来源于南面的青白口系、南华系—下寒武统，其中角岩为沩山岩体外接触带变质岩。往SSE约700m，民房边可见开挖良好的露头，为紫红色细砾岩（图2-20G），砾径一般2～6mm，偶含10cm左右砾石，砾石成分有石英、长石、砂岩、花岗岩等，源于南面的地层和花岗岩体；局部发育灰绿色钙质团块。岩层产状约为230°∠23°。

(4) 赵家府洼陷（Ⅳ）。赵家府洼陷总体呈NW向展布，长约9km，宽3～4.5km（图2-14）。洼陷主要受NE向郭家嘴断裂（F_{15}）和NW向烟山塘断裂（F_{18}）、河溪水断裂（F_{19}）控制。洼陷中沉积百花亭组砾岩，局部夹泥质粉砂岩和粉砂质泥岩。不同构造部位砾石成分有别，反映不同物源特征（图2-14）。洼陷北部主要发育次棱角—次圆状中—粗砾岩，砾石成分主要为砂岩和板岩，源于北西面的板溪群和南华系，属辫状河沉积。洼陷中北部发育细—中砾岩夹含砾粉砂质泥岩—泥质粉砂岩（图2-21A），砾石成分也以砂岩和板岩为主，源于北西面的板溪群和南华系属洪泛堆积，洼陷中部见紫红色细砾—中砾岩，砾石成分复杂，有浅变质砂岩、板岩、硅质岩、脉石英、花岗岩等（图2-21B），其中，细砾岩中长石含量高且风化为白色黏土，上述岩性特征指示沉积物源于北西面的桃江岩体和板溪群、南华系；砾石扁平面优势产状约为350°～10°∠20°，也指示物源位于北面。洼陷南段紧邻烟山塘断裂（F_{18}）东侧，钻孔揭示101m灰岩质砾岩（未见底），应源于南西侧石炭系-二叠系壶天群灰岩。

图2-21　赵家府洼陷代表性岩石

A. 洼陷中北部细—中砾岩（上）夹含砾粉砂质泥岩-泥质粉砂岩（下）；B. 洼陷中部复成分细—中砾岩

洼陷中岩层一般小角度倾向SE（图2-14），可能与郭家嘴断裂（F_{15}）北西盘（下盘）的下降旋转有关。

2）控盆断裂体系

湘阴凹陷南段的控盆断裂主要为 NE 向断裂，次为 NW 向断裂，个别 NWW 向断裂（图 2-14），均为正断裂。

NE 向控盆断裂以位于盆地东南缘的乌山断裂（F_1）、新桥湾断裂（F_2）、石子塘断裂（F_3）、历经铺断裂（F_4）和双凫铺断裂（F_7）等最为重要，它们属区域公田-灰汤大断裂的组成部分，倾向 NW 且在平面上呈明显末端叠覆排列，从而控制了盆地的分段特征，造成盆地基底总体向 SE 倾斜（图 2-16），并形成较为复杂的隆-坳交错格局（图 2-14）。此外，盆地北西缘发育规模较小的 NE 向正断裂斗米潭断裂（F_9）、煤炭坝断裂（F_{10}）、三阳堂断裂（F_{11}）和欧家大冲断裂（F_{12}）等，控制了煤炭坝小隆起及西面的煤炭坝小断陷的发育；郭家嘴断裂（F_{15}）和石家冲断裂（F_{17}）控制了赵家府独立小洼陷的南东和北西边界（图 2-14）。

NE 向规模控盆断裂多被第四系、浮土和植被等掩盖，仅少量断裂见地表露头。在谢家湾西面公路边可见石子塘断裂（F_3）的良好露头（图 2-22），断裂破碎带宽约 30m，硅化破碎强烈，发育断层角砾岩和构造透镜体。断裂产状 310°∠60°，上、下盘分别为上泥盆统岳麓山组石英砂岩夹砂质页岩、青白口系板溪群牛牯坪组薄至中层状浅变质泥质粉砂岩。地层的缺失及构造透镜体产状特征指示正断裂性质。花泉山一带见斗米潭断裂（F_9）良好露头（图 2-23），白垩系-古近系百花亭组砾岩与二叠系乐平统大隆组硅质岩之间呈同沉积正断裂接触；断裂下盘尚发育多条 NE 向正滑小断裂（F_a），并发育少量后期逆平移断裂（F_b）。

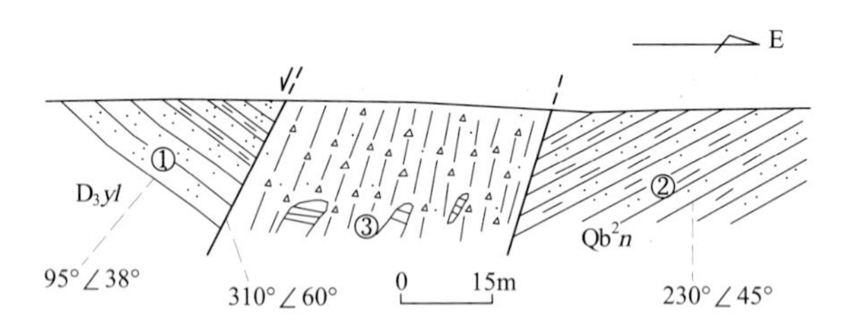

图 2-22　石子塘断裂 F_3 地质特征

①石英砂岩；②泥质粉砂岩；③断裂破碎带；D_3yl. 上泥盆统岳麓山组；Qb^2n. 青白口系板溪群牛牯坪组

NW 向控盆断裂有坝塘断裂（F_5）、新屋冲断裂（F_{14}）、烟山塘断裂（F_{18}）和河溪水断裂（F_{19}）等（图 2-14）。其中，坝塘断裂（F_5）控制了雷公桥次级洼陷（$Ⅱ_4$）的发育，并为谢家湾次级隆起（$Ⅱ_2$）与雷公桥次级洼陷（$Ⅱ_4$）的分界。新屋冲断裂（F_{14}）为横市浅洼陷（Ⅲ）北部叉状小断陷的北东边界，明显控制了小断裂的发育（图 2-14），北段于钻孔中可见灰岩质断层角砾岩发育。烟山塘断裂（F_{18}）和河溪水断裂（F_{19}）控制了赵家府洼陷（Ⅳ）的南西边界（图 2-14）。其中烟山塘断裂（F_{18}）西盘出露石炭系-二叠系壶天群灰岩，东盘紧邻断裂即发育厚 101m 以上灰岩质砾岩（未见底，钻孔揭露），确证该断裂的存在。

NWW 向控盆断裂有横市断裂（F_8），其控制了横市浅洼陷西段南侧边界，使盆地基底及百花亭组岩层均向南缓倾。

结合区域构造背景，初步分析认为 NE 向控盆正断裂与早燕山运动 NE—NNE 向逆断裂的再活动有关；NW 向断裂为常德-安仁基底隐伏大断裂的浅表发散小断裂；NWW 向断裂

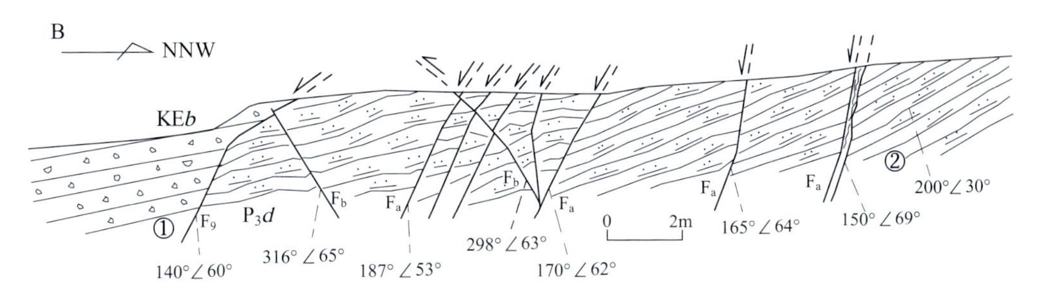

图 2-23　斗米潭断裂（F_9）剖面特征（花泉山）

A. 剖面实景照片；B. 剖面素描示意图

①砾岩；②硅质岩；P_3d. 乐平统大隆组；KE*b*. 白垩系-古近系百花亭组；F_a、F_b. 两组次级小断裂

为继承晚三叠世 NWW 向逆断裂再活动的产物。

3）构造调节带及其对物源的控制

横向构造调节带或转换带是断陷盆地普遍发育的构造类型，也是正断层体系产生区域分段的主要原因（赵红格等，2000；邓宏文等，2008）。其中，构造转换带被定义为在走向上平行或微斜交于伸展方向具走滑或斜滑断层作用的不连续带，该带使沿走向上不同区段的非均匀变形域之间的应变易于转换；调节带被定义为多个叠覆断层末端交错构成的区带，包括同向或反向正断层系的末端以及伴生的翘倾断块区等（Fauids et al.，1998；赵红格等，2000）。在断陷盆地中，调节带可以形成盆地内高地貌区，作为正向地貌单元可将裂谷盆地沿走向分割为若干直接对应于半地堑的独立沉积中心（图 2-24）（邓宏文等，2008）。

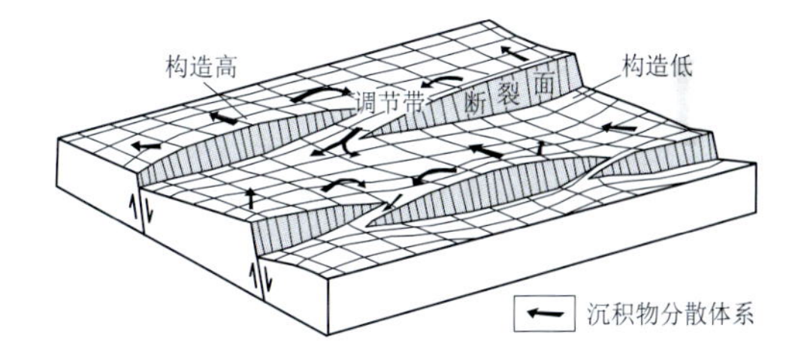

图 2-24　裂谷盆地构造地貌对沉积物分布的控制

（引自邓宏文等，2008）

湘阴凹陷南段发育多个不同规模（级别）的横向构造调节带。其调节带位于 NE 向主要控盆断裂末端叠覆的交错区带（AZ_1、AZ_2、AZ_3），以及 NE 向和 NWW 向控盆断裂的末端部位（AZ_4、AZ_5、AZ_6）（图 2-14），控制了盆地不同构造单元的延伸范围。除黄材调节带（AZ_6）呈 NNE 向外，其他调节带均呈 NW 向。

断陷盆地内发育的构造调节带对盆地沉积主体物源方向、沉积体系类型与分布有明显的控制作用，主水系及其携带的沉积物通常会在横向调节带相对较低的地形进入凹陷中（邓宏文等，2008）（图 2-24）。如前文所述，砾岩岩性组成反映了湘阴凹陷不同构造部位的沉积对应于不同的物源区和补给方向，清楚地反映出调节带是沉积物进入盆地的主要构造部位（图 2 - 13）。

4. 盆地性质及动力机制

前文所述的盆地结构、控盆正断裂及玄武岩发育等，均表明湘阴凹陷南段的盆地性质属伸展断陷盆地。

湘阴凹陷（南段）的伸展应与太平洋板块斜向俯冲导致的地幔上隆和引起的弧后扩张（Watson et al.，1987；Lapierre et al.，1997；Ren et al.，2002）有关。地幔上隆由现今江汉-洞庭盆地区内存在的武汉-常德上地幔隆起区体现。该隆起区由武汉和常德-沅江两个上地幔隆起组成，呈 NE 向“哑铃”状分布；两隆起分布范围基本与江汉盆地和洞庭盆地相对应，中间的“哑铃柄”部位则对应于华容隆起（徐杰等，1991）。此外，太平洋板块沿 NW 向向欧亚大陆板块斜向俯冲引发的深部物质运动与热活动应具有 NW - SE 的异向性，其形成的伸展应力场总体上应呈 NW - SE 向，从而形成 NE 向主控盆正断裂。

控盆断裂多继承印支期和早燕山期等先期断裂而活动。如前所述，早燕山运动中形成了 NE—NNE 向逆断裂，晚三叠世区域 SN 向挤压下常德-安仁断裂右行走滑派生 NWW 向逆断裂（柏道远等，2018）。这些断裂作为构造薄弱带，在白垩纪—古近纪区域伸展构造背景下更易产生伸展活动而控制盆地形成与发展。

除上述 NE 向主控盆断裂以外，NW 向常德-安仁断裂对盆地的形成也具有重要的控制作用，构成了盆地向南西延伸的端部边界。常德-安仁断裂为一宽度很大的基底隐伏断裂带，也为构造薄弱带和块体力学性质不连续带（柏道远等，2018）。湘阴凹陷北东缘主控盆断裂公田-灰汤断裂正滑运动时，上盘（北西盘）沉降块体往 NW 止于巨大的构造不连续带——常德-安仁断裂。常德-安仁断裂的中深部伸展活动既调节了湘阴凹陷大幅基底沉降与凹陷端部弱沉降的变形差异，又派生了同向的小规模浅表发散断裂（图 2 - 25）。区域上，除湘阴凹

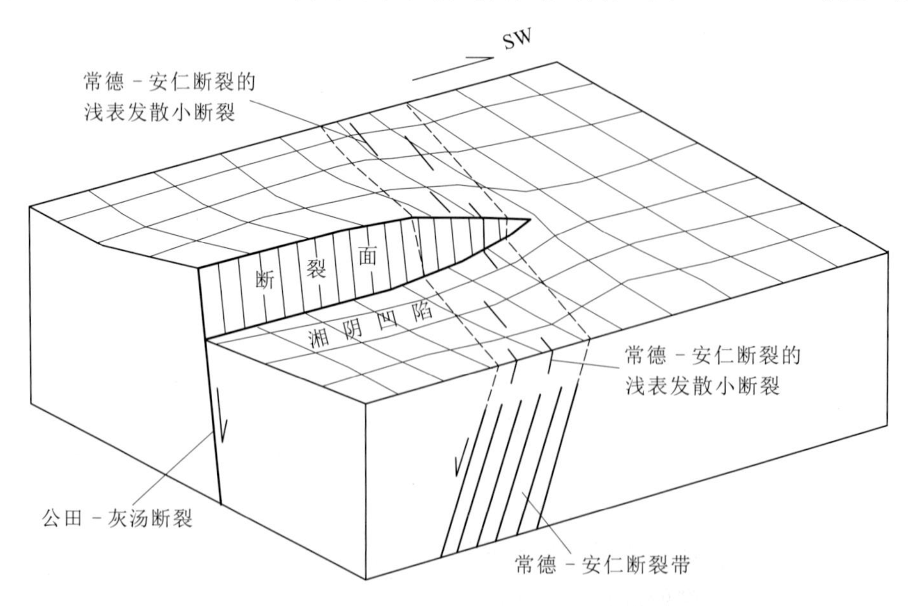

图 2 - 25　常德-安仁断裂对湘阴凹陷南西端部的控制示意图

陷外，常德-安仁断裂尚构成了湘潭盆地西支和东支、株洲盆地及醴攸盆地等 NNE 向断陷盆地的南西端部边界（柏道远等，2018）（图 1－2）。

综上所述，湘阴凹陷（南段）是在继承印支和早燕山期断裂的活动基础上，因古太平洋板块斜向俯冲导致地幔上隆、引起弧后扩张而形成的；常德-安仁断裂的伸展活动等也有局部的控制作用。

（四）NWW 向逆断裂及其形成背景

本段 NWW 向逆断裂主要有桃花江水库北面的石鸭头断裂和油次冲-杨家坳断裂，以及桃江岩体南面的牛田断裂（图 1－2）。

石鸭头断裂位于油次冲-杨家坳断裂北面，为一走向 NWW285°左右的南倾逆断裂，延长达 5km 以上。断裂切割下古生界并为上古生界所覆（图 2－26），应形成于加里东运动。

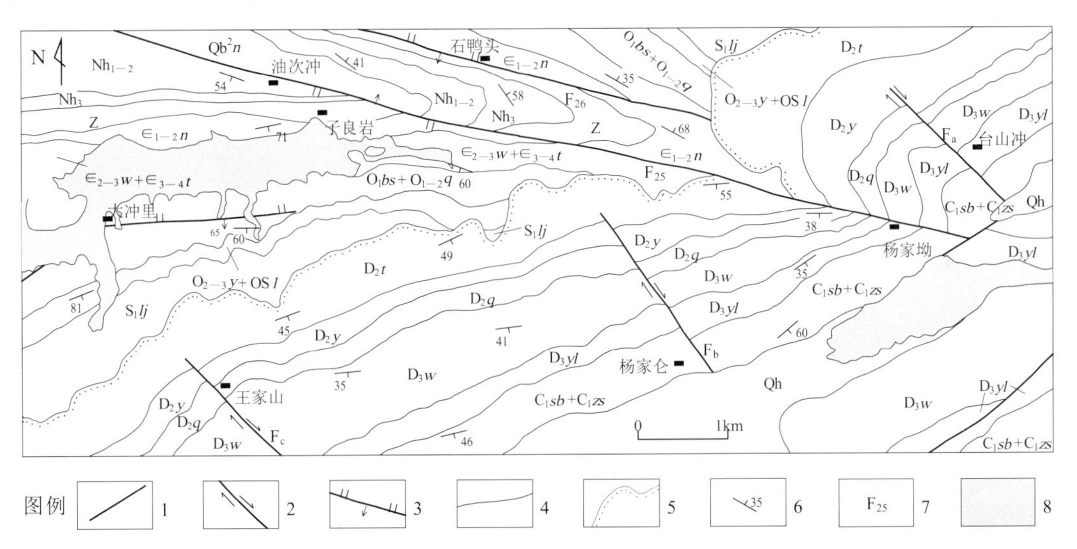

图 2－26　桃花江水库地区地质图

1. 断裂；2. 平移断裂；3. 逆断裂；4. 整合地质界线；5. 角度不整合地质界线；6. 岩层产状（°）；7. 断裂编号；8. 水系；F_{25}. 油次冲-杨家坳断裂；F_{26}. 石鸭头断裂；F_a. 台山冲断裂；F_b. 杨家仑断裂；F_c. 王家山断裂；Qh. 全新统；C_1zs. 下石炭统樟树湾组；C_1sb. 下石炭统尚保冲组；D_3w. 上泥盆统吴家坊组；D_3yl. 上泥盆统岳麓山组；D_2q. 中泥盆统棋梓桥组；D_2y. 中泥盆统易家湾组；D_2t. 中泥盆统跳马涧组；S_1lj. 下志留统两江河组；$O_{2-3}y$—OSl. 奥陶系烟溪组和奥陶系-志留系龙马溪组；$O_{1-2}q$. 下—中奥陶统桥亭子组；O_1bs. 下奥陶统白水溪组；$\in_{2-3}w+\in_{3-4}t$. 寒武系污泥塘组和探溪组；$\in_{1-2}n$. 寒武系纽芬兰统—第二统牛蹄塘组；Z. 震旦系；Nh_3. 上南华统；Nh_{1-2}. 下—中南华统；Qb^2n. 青白口系板溪群牛牯坪组

油次冲-杨家坳断裂位于桃花江水库北面，为走向 NWW285°左右的北倾逆断裂，延长达 10km 以上（图 2－26）。断裂西段，北盘板溪群牛牯坪组向南逆冲于南华系和震旦系之上；断裂东段切入上古生界，杨家坳向西约 300m 可见断裂出露，产状约为 20°∠60°，北盘易家湾组泥灰岩向南逆冲于较新的棋梓桥组灰岩之上（图 2－27）。断裂向东切入上古生界并为 NE 向印支期断裂所限，应形成于中三叠世印支运动主幕之后。值得指出的是，该断裂与北侧的南倾逆断裂石鸭头断裂走向相同并组成背冲构造，推测它与后者一样，在加里东运动中即发生过逆冲活动。

图 2－27　油次冲-杨家坳断裂露头

牛田断裂为一走向 NWW285°、倾向 NNE 的逆断裂，长约 11km，东端被中泥盆统掩盖（图 2－28）。断裂上盘板溪群百合垅组和牛牯坪组向南逆冲于南华系—寒武系之上。断裂切割下古生界并为上古生界所覆，应形成于志留纪后期加里东运动。

牛田断裂和石鸭头断裂均位于雪峰构造带北段，且位于常德-安仁断裂带上，而区域上加里东期构造线呈 EW 向（柏道远等，2012b），远离常德-安仁断裂并无 NWW 向逆断裂发育。鉴

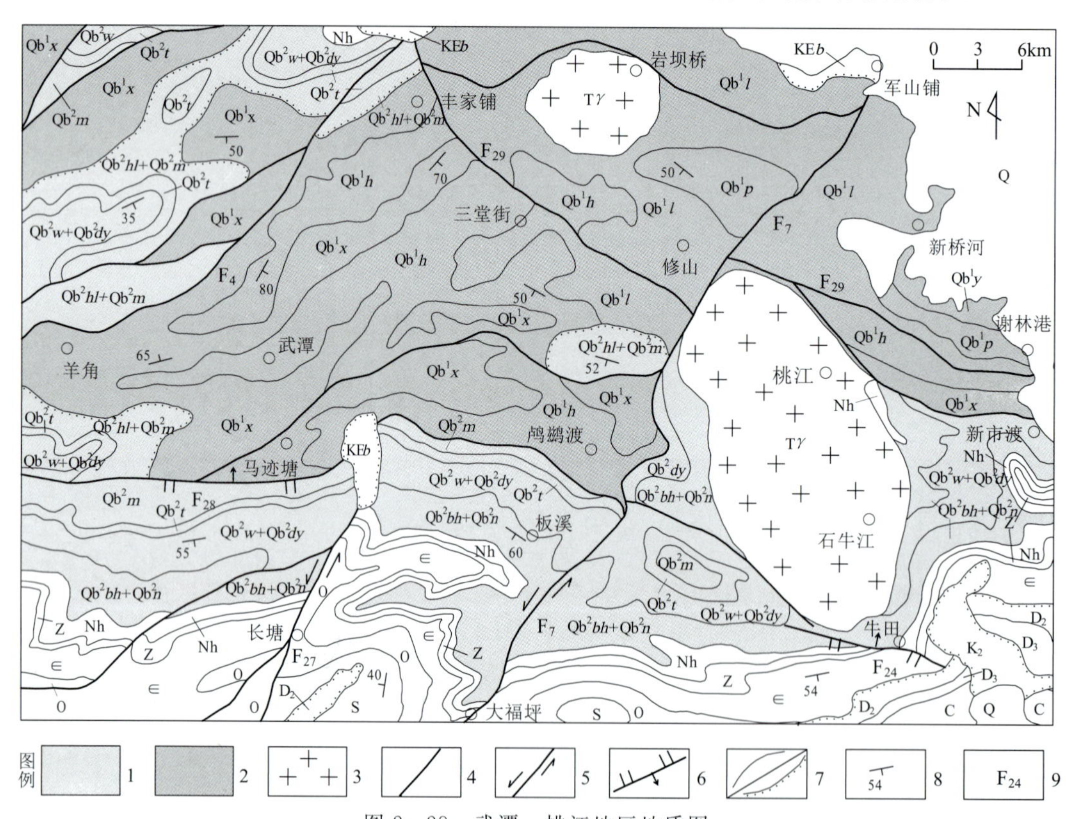

图 2－28　武潭—桃江地区地质图

［据彭和求等（2002）、湖南省地质调查院（2017）修改］

1. 青白口系板溪群；2. 青白口系冷家溪群；3. 花岗岩；4. 断裂；5. 平移断裂；6. 逆断裂；7. 地质界线/角度不整合地质界线；8. 地层产状（°）；9. 断裂编号；F_4. 溆浦-靖州断裂；F_7. 大福坪断裂（城步-新化断裂）；F_{24}. 牛田断裂；F_{27}. 长塘断裂；F_{28}. 安化-马迹塘断裂；F_{29}. 丰家铺-谢林港断裂；Q. 第四系；KE*b*. 白垩系-古近系百花亭组；C. 石炭系；D_3. 上泥盆统；D_2. 中泥盆统；S. 志留系；O. 奥陶系；∈. 寒武系；Z. 震旦系；Nh. 南华系；Qb^2bh+Qb^2n. 青白口系板溪群百合垅组和牛牯坪组；Qb^2w. 板溪群五强溪组；Qb^2dy. 板溪群多益塘组；Qb^2t. 板溪群通塔湾组；Qb^2m. 板溪群马底驿组；Qb^2hl. 板溪群横路冲组；Qb^1x. 青白口系冷家溪群小木坪组；Qb^1h. 冷家溪群黄浒洞组；Qb^1l. 冷家溪群雷神庙组；Qb^1p. 冷家溪群潘家冲组；Qb^1y. 冷家溪群易家桥组；$T\gamma$. 三叠纪花岗岩

于此，推断上述NWW向逆断裂的形成与常德-安仁断裂的活动有关。理论上，加里东运动中区域应力场为SN向挤压（王建等，2010；郝义等，2010；柏道远等，2012b，2015a），受其控制，常德-安仁断裂产生右行走滑并派生NNE向挤压应力场，从而形成NWW向逆断裂（图2-10B）。总之，NWW向逆断裂牛田断裂和石鸭头断裂应为常德-安仁断裂加里东运动中右行走滑所派生的次级构造。

与前文湘乡段内的NWW向杨林断裂和棋梓-乌石断裂一样，油次冲-杨家坳断裂是晚三叠世—早侏罗世印支运动晚幕区域SN向挤压下，常德-安仁断裂产生右行走滑而派生NNE向挤压所形成的逆断裂（图2-10D）。

（五）冷家溪群中褶皱特征及其形成背景

丰家铺-谢林港断裂以西，冷家溪群中地层及褶皱走向为NEE向，与雪峰构造带北段主体构造线走向一致；但该断裂以东的桃江北面地区，地层及褶皱走向却转为NWW向（图2-28）。冷家溪群中褶皱主要形成于青白口纪中期的武陵运动，而武陵运动中该地区遭受近SN向挤压（柏道远等，2012b）。由此推断，常德-安仁断裂在武陵运动中产生右行走滑，由此派生NNE向挤压并使断裂东盘构造线顺时针旋转，导致桃江北面褶皱走向呈NWW向（图2-10A）。

四、常德—石门段构造特征

（一）总体构造特征

常德-安仁断裂常德—石门段南起溆浦-靖州断裂，北至石门太清。南段（常德以南）为白垩纪—古近纪断陷盆地（常德凹陷）所覆，地表主要出露第四系。中段—北段（常德以北）总体表现为一以上古生界—中三叠统为核部、以南华系—下古生界为两翼的NEE向复式向斜，且中部有白垩纪—古近纪断陷盆地覆盖。前白垩系中褶皱和同走向断裂发育，构造线方向以NEE—EW向为主，少量为NNE向（图1-2、图2-29）。

（二）前白垩纪构造线走向变化及其成因背景

1. 前白垩纪构造线走向变化

在常德以北地区，前白垩系中褶皱发育，褶皱卷入地层主要为下古生界、上古生界—中三叠统和侏罗系，东南部太阳山地区尚卷入了青白口系板溪群—南华系。褶皱走向主要为EW向，包括包公潭向斜、杨柳铺向斜、白云背斜、天鹅山向斜、永兴桥背斜、云盘岗向斜、芦茅向斜、热市背斜、夹山向斜、苗市背斜、峡峪河背斜、大青向斜等；少量为NNE向，包括太阳山背斜、白堰向斜、牛头背斜、方石坪背斜、洞市向斜等。其中，EW向褶皱在常德-安仁断裂带及其两侧连续发育，而NNE向褶皱仅分布于常德-安仁断裂东侧（图2-29）。

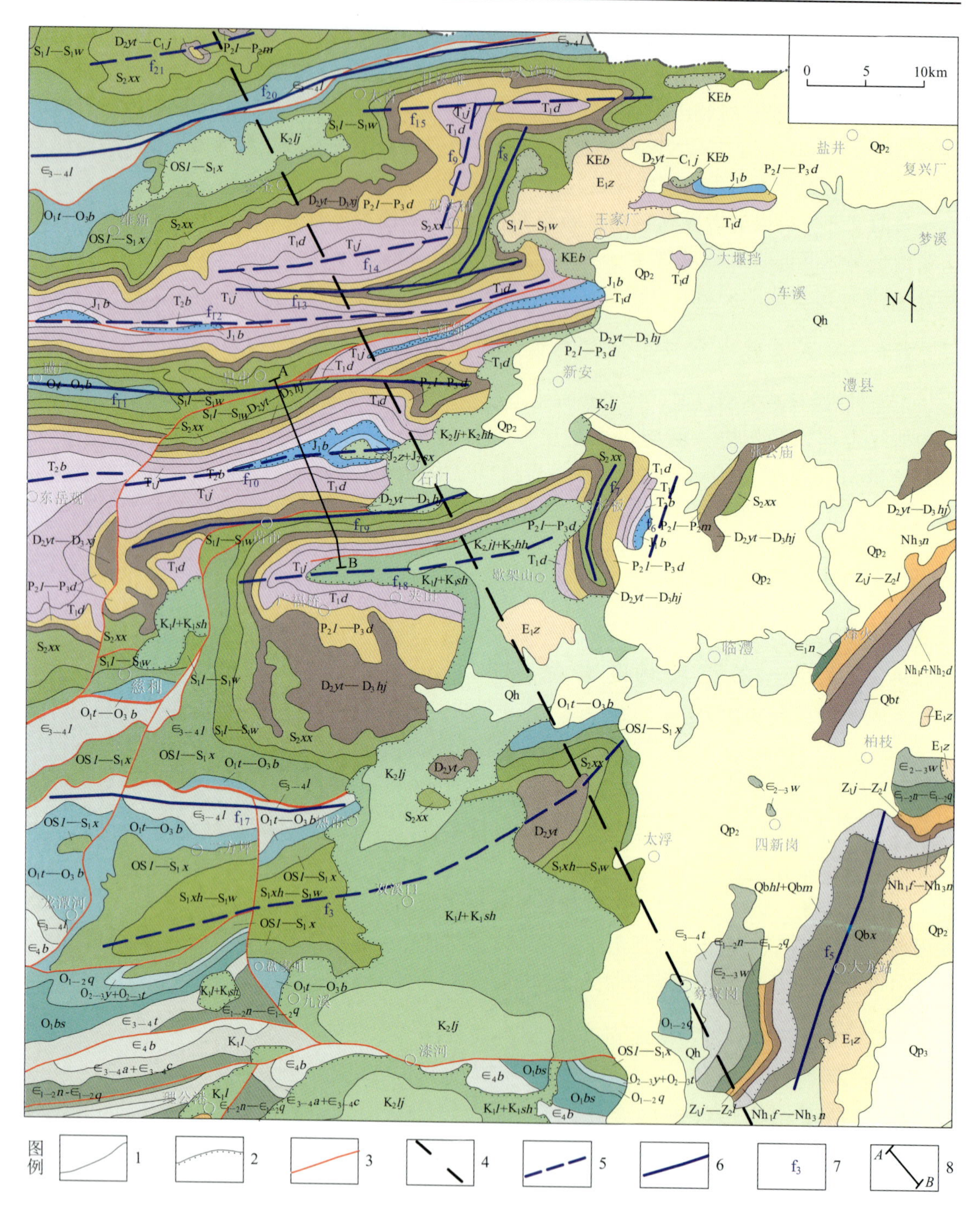

图 2-29　石门地区地质构造图

［据湖南省地质调查院（2017）修改］

1. 地质界线；2. 角度不整合地质界线；3. 断裂；4. 常德-安仁基底隐伏断裂；5. 前白垩纪向斜轴迹；6. 前白垩纪背斜轴迹；7. 褶皱编号；8. 构造剖面；f_3. 包公潭向斜；f_5. 太阳山背斜；f_6. 白堰向斜；f_7. 牛头背斜；f_8. 方石坪背斜；f_9. 洞市向斜；f_{10}. 杨柳铺向斜；f_{11}. 白云背斜；f_{12}. 天鹅山向斜；f_{13}. 永兴桥背斜；f_{14}. 云盘岗向斜；f_{15}. 芦茅向斜；f_{17}. 热市背斜；f_{18}. 夹山向斜；f_{19}. 苗市背斜；f_{20}. 峡峪河背斜；f_{21}. 大青向斜

2. 褶皱变形时代

区内泥盆系与志留系之间主要呈平行不整合接触，南部局部可为微角度不整合接触，表明加里东运动主要表现为构造抬升。侏罗系与中三叠统之间均呈低角度不整合接触，如石门界溪河侏罗系白田坝组覆于中三叠统巴东组之上，二者之间的夹角仅15°左右（图2-30），反映了中三叠世晚期—晚三叠世印支运动的褶皱变形事件，且区内印支运动变形强度较弱。区内白垩系与前白垩系之间通常呈大角度不整合接触，如石门双溪桥见白垩系罗镜滩组高角度不整合于下三叠统大冶组之上，二者之间的夹角达54°左右（图2-31）。鉴于白垩系与下三叠统之间的地层缺失对应了中三叠世后期—晚三叠世的印支运动和中侏罗世后期的早燕山运动两次主要陆内造山运动，而印支运动变形强度很弱，因此双溪桥罗镜滩组与大冶组之间的不整合反映了早燕山运动较强的褶皱变形。

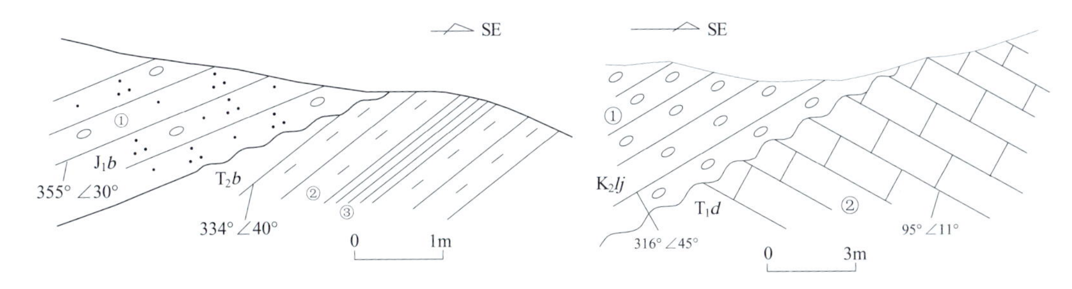

图2-30　侏罗系白田坝组与中三叠统巴东组呈低角度不整合接触（界溪河）

①含砾石英砂岩；②泥岩；③页岩；J_1b. 侏罗系白田坝组；T_2b. 中三叠统巴东组

图2-31　白垩系罗镜滩组与下三叠统大冶组呈高角度不整合接触（双溪桥）

①砾岩；②泥晶灰岩；K_2lj. 白垩系罗镜滩组；T_1d. 三叠系大冶组

综上所述，不整合特征反映区内前白垩纪褶皱主要形成于印支运动和早燕山运动，且早燕山运动变形更强。石门西面的艾家湾-辛银村实测构造剖面特征佐证了这一认识，即长岭向斜两翼侏罗系白田坝组下伏不整合面倾角与三叠系相比并不大，白垩系下伏不整合面与下古生界—三叠系则近于直交（图2-32）。

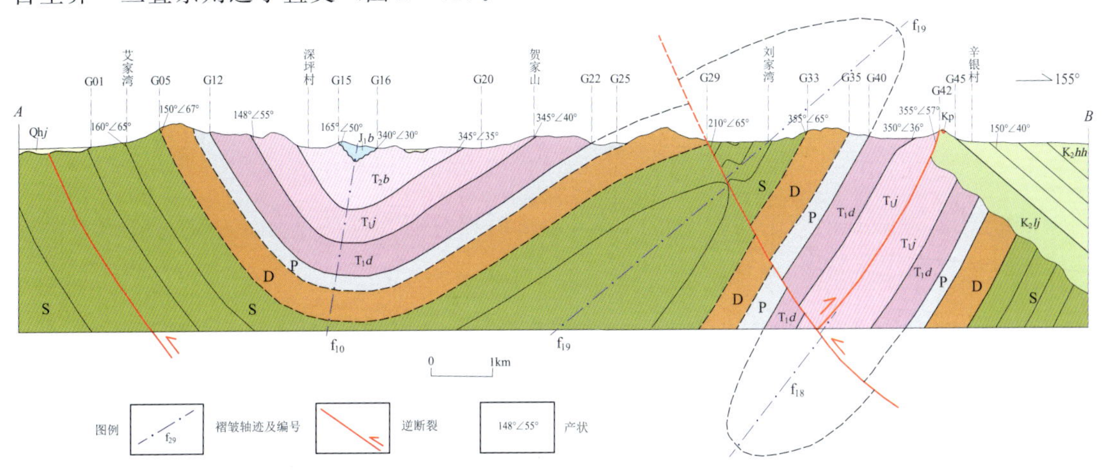

图2-32　艾家湾-辛银实测构造剖面（剖面位置见图2-29）

3. 印支运动褶皱和早燕山运动褶皱走向

区域上，印支运动挤压应力场方向及褶皱走向变化较大，湘东南、湘中南至湘西可能受扬子板块与华夏板块的继发性陆内俯冲会聚控制，主要遭受NEE—NW向挤压，形成了以NE—NNE向为主的褶皱和逆断裂；本区所在的湘北地区受秦岭-大别-苏鲁构造带碰撞造山影响，经受SN向挤压而形成近EW向褶皱。因此，区内EW向褶皱最初应形成于印支运动。此外，石门—新铺地区侏罗系下伏不整合面的走向与志留系—中三叠统的岩层走向一致，为NEE—近EW向（图2-29），也反映出印支运动造成了志留系—中三叠统的EW向褶皱变形（如将不整合面旋转为水平后恢复下伏志留系—中三叠统的岩层走向为NEE—近EW向）。

中侏罗世晚期早燕山运动中受古太平洋板块（或伊泽奈崎板块）俯冲影响而具NWW向挤压，据此推断区内常德-安仁断裂以东的NNE向褶皱形成于早燕山运动。常德-安仁断裂以西的石门—新铺地区，侏罗系下伏不整合面变形而构成走向NEE向—近EW向的向斜（图2-29、图2-32），表明早燕山运动尚形成了EW向褶皱变形，其同轴向叠加于印支期EW向褶皱之上。EW向褶皱与区域NWW向挤压交角较小，推断其形成机制如下：根据挤压体制下断裂相关褶皱理论，印支期褶皱的形成主要应与同走向的隐伏逆冲和滑脱断裂有关；在早燕山运动的NWW向挤压下，印支期EW向隐伏断裂产生斜冲运动，其逆冲分量造成印支期褶皱的进一步强化，从而形成EW向褶皱的叠加。

综上所述，区内印支运动褶皱呈EW向，早燕山运动褶皱呈NNE向或EW向，前者为区域NWW向挤压下形成的新生褶皱，后者为同轴叠加在印支运动褶皱之上的继承性褶皱。

4. 常德-安仁断裂对早燕山期褶皱变形的控制作用

如前文所述，早燕山期NNE向褶皱仅于常德-安仁断裂东侧发育，显示常德-安仁断裂对早燕山期褶皱变形具有一定的控制作用。结合构造边界条件，初步认为其变形机制为：由于常德-安仁断裂倾向NE，在NWW向挤压（早燕山运动）下，断裂上盘（即东盘）更容易产生主动的斜向上冲运动而具更强的活动性，断裂下盘即西盘则为相对静止的被动盘。受此影响，断裂东盘形成了新生的NNE向隐伏断裂及断裂相关褶皱，断裂西盘缺乏NNE向断裂和褶皱的发育。

第三节　常德-安仁断裂剖面结构

常德-安仁断裂在前中生代和中生代以来两个时期具有不同的剖面结构特征，现今剖面结构主要从中生代开始形成。

1. 常德-安仁断裂前中生代剖面结构特征

从断裂控制沉积盆地发育情况来看，常德-安仁断裂在前中生代总体表现为一产状近直立的深大断裂，部分时段的部分地段表现为向SW陡倾的伸展正断裂。断裂在武陵期即冷家溪群沉积期具弧后盆地转换断层性质（详见本书第三章），而转换断层通常为直立产状。断裂在板溪群沉积期的伸展导致桃江西侧区域形成断陷盆地；在南华纪的伸展控制了NW向湘潭成锰盆地的形成与演化；在震旦纪—寒武纪的伸展塑造了断裂两侧北东高、南西低的古地理格局；在晚古生代的伸展导致其南西侧多为台盆或陆棚、北东侧多为台地或潮坪、断裂带沿线长期处于斜坡带等（详见本书第三章），大体反映断裂在上述历史时期具向南西陡倾的正断裂性质。

2. 常德-安仁断裂现今或中生代以来剖面结构特征

现今常德-安仁断裂总体表现为向NE陡倾的基底隐伏断裂（图2-33）。在湖南岩石圈厚度图上，沿断裂出现一系列密集的重力梯级带，经益阳NE向重力剖面定量解释，断裂倾向NE，倾角约54°（图2-3）。断裂现今的剖面结构主要形成于中三叠世后期印支运动主幕中断裂深部的逆冲（斜冲）（详见本章第六节）。以下对断裂各段典型地区剖面结构予以简单介绍和讨论。

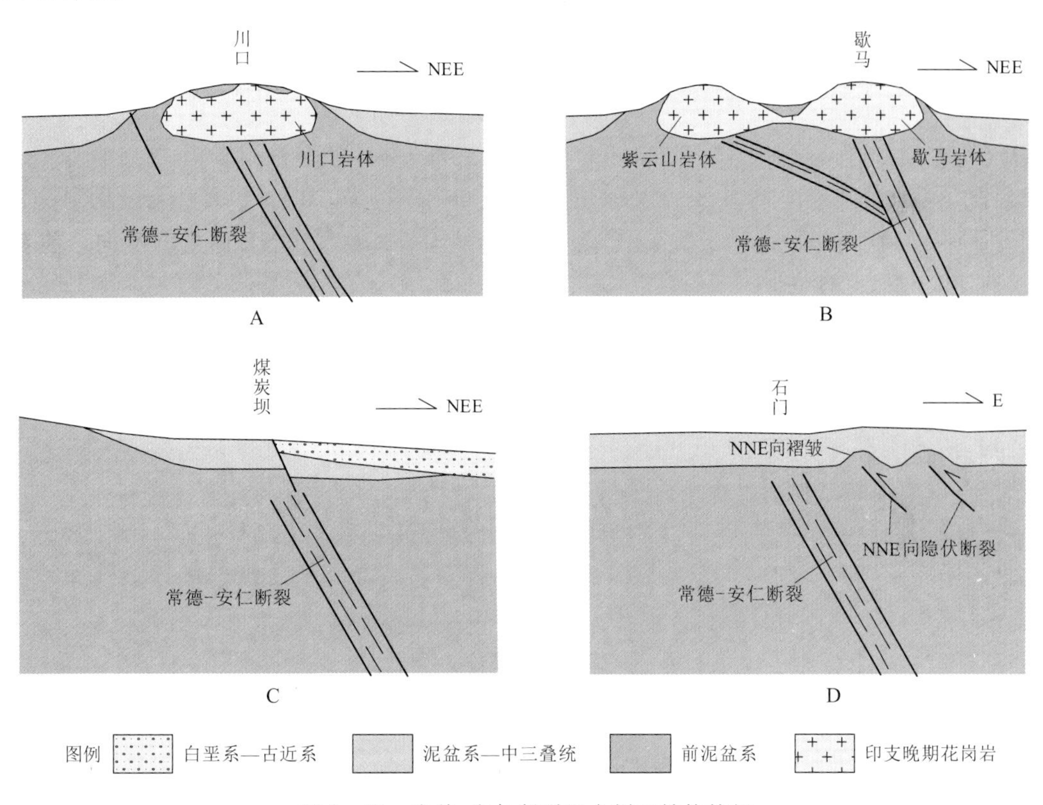

图2-33　常德-安仁断裂现今剖面结构特征

A. 安仁—衡山段过川口构造剖面；B. 湘乡段过紫云山岩体和歇马岩体构造剖面；C. 桃江段过煤炭坝构造剖面；D. 常德—石门段过石门构造剖面

在安仁—衡山段川口地区，常德-安仁断裂往西的逆冲控制了川口隆起及印支期花岗岩体的发育，并于隆起区西缘派生了以牛田断裂（F_{24}）为代表的走向NNW、倾向NE的逆断裂和节理裂隙（图2-33A），从而为杨林坳钨矿的形成提供了导矿和容矿构造（见本书第五章第二节）。

在湘乡段歇马地区，常德-安仁断裂向西逆冲，于西侧派生 NW 向次级断裂，主断裂和次级断裂控制了构造隆起以及印支期歇马岩体和紫云山岩体的发育（图 2－33B）。

在桃江段煤炭坝地区，常德-安仁基底隐伏断裂的地表发散断裂控制了白垩纪—古近纪湘阴凹陷南西端部的延伸（图 2－33C）。

在常德—石门地区，常德-安仁断裂在早燕山运动区域 NWW 向挤压时，断裂上盘产生主动的斜向上冲运动，形成了新生的 NNE 向隐伏断裂及断裂相关褶皱（图 2－33D）；断裂下盘则为相对静止的被动盘，缺乏 NNE 向断裂和褶皱的发育。

第四节　常德-安仁断裂的派生构造

已有研究表明，常德-安仁断裂所在地区先后经历了武陵运动 SN 向挤压（柏道远等，2012b）、加里东运动 SN 向挤压（王建等，2010；郝义等，2010；柏道远等，2012b，2015a）、中三叠世晚期印支运动主幕的 NW—NWW 向挤压（丘元禧等，1998，1999；Yan et al.，2003；柏道远等，2005a，2006a，2008a，2009a，2012a，2013，2014b，2015d；Wang et al.，2005；丁道桂等，2007；金宠等，2009；李三忠等，2011）、晚三叠世—早侏罗世印支运动晚幕 SN 向挤压（柏道远等，2011a，2013，2015d）、中侏罗世晚期早燕山运动 NWW 向挤压（柏道远等，2013，2014b，2015d）等强挤压应力事件。显然，在这些强挤压事件作用下，NNW 向常德-安仁断裂理应发生左行或右行走滑活动，只是断裂活动主要发生于较深层次，导致地表缺乏沿断裂带发育的 NW 向规模断裂。大型走滑断裂派生出的挤压应力场通常会形成褶皱、逆断裂以及左行和右行平移断裂等次级构造，且走滑活动常导致旁侧构造线偏转。本节以变形时代为线索对常德-安仁断裂派生次级构造进行归纳总结，以系统认识该断裂长期多阶段的活动特征。

常德-安仁断裂已识别出次级派生构造的变形事件有 6 期（表 2－1），分别为青白口纪中期的武陵运动、志留纪晚期的加里东运动、中三叠世晚期的印支运动主幕、晚三叠世—早侏罗世的印支运动晚幕、中侏罗世晚期的早燕山运动、白垩纪—古近纪的区域伸展构造运动。以下主要对各期构造事件的区域构造背景和次级构造形成机制予以简单阐述。

1. 青白口纪中期武陵运动 NWW 向褶皱

青白口纪冷家溪群沉积期末期，因弧-陆碰撞发生武陵（晋宁）运动，使冷家溪群强烈褶皱变形并发生浅变质，造成板溪群与冷家溪群之间的角度不整合（湖南省地质调查院，2017）。可能受扬子陆块东南缘弧形走向控制，雪峰构造带冷家溪群构造线走向自湘西至湘东总体由 NE 向渐转为近 EW 向，益阳以东地区的区域构造体制总体为近 SN 向挤压（柏道远等，2012b）。在区域 SN 向挤压作用下，常德-安仁断裂产生右行走滑（图 2－10A），导致断裂以东的桃江北面地区武陵期构造线产生顺时针旋转而成为 NWW 走向（图 1－2、图 2－28）。桃江北面的丰家铺-谢林港断裂很可能作为常德-安仁断裂的浅表同走向次级断裂在本次构造事件中形成。

表 2-1　常德-安仁断裂派生的次级构造

序号	形成时代	次级构造类型	次级构造及其形成时代依据	常德-安仁断裂活动性质
1	Qb 中期	NWW 向褶皱	桃江北面 NWW 向褶皱，卷入地层为冷家溪群（图 2-28）	武陵运动中在区域 SN 向挤压下右行走滑
2	S 晚期	NWW 向逆断裂	牛田断裂，切割下古生界并为上古生界所覆（图 2-28）；石鸭头断裂，切割下古生界并为上古生界所覆（图 2-26）	加里东运动中在区域 SN 向挤压下右行走滑
3	T_2 晚期	NW 向左行平移断裂	水垅冲断裂，切割最新地层为上古生界，且南东段为白垩系所掩（图 2-6），叠加了晚三叠世—早侏罗世逆冲活动	印支运动主幕，在区域 NW（W）向挤压下左行走滑
		NNW 向褶皱	安仁北西面的紫金仙背斜和蕉园背斜（图 2-4），泥盆系下伏角度不整合面卷入褶皱	
4	T_3—J_1	NWW 向逆断裂	油次冲-杨家坳断裂切割上古生界并为印支期 NE 向断裂所限（图 2-26）；杨林断裂，西端切入晚三叠世花岗岩，东端被侏罗系所掩覆（图 2-13）；棋梓-乌石断裂，切割上古生界并被白垩系掩覆，为印支期 NE 向断裂所限（图 2-13）	印支运动晚幕，在区域 SN 向挤压下右行走滑
		NWW 向隆起	龙山-桥亭子串珠状隆起，卷入了上古生界并被中侏罗世早燕山运动褶皱叠加；沩山隆起，卷入了上古生界并有三叠纪花岗岩侵位	
5	J_2 晚期	NEE 向右行平移断裂	枣子坪断裂，切割了晚三叠世花岗岩，东端为白垩系所掩覆（图 2-11）	早燕山运动中在区域 NWW 向挤压下左行走滑
6	K—E	断陷盆地端部或边部断裂	湘阴凹陷、湘潭盆地、株洲盆地、醴攸盆地等 NNE 向盆地南西端端部的 NW 向断裂、衡阳盆地北东边界，控制断陷盆地的延伸	区域伸展构造体制下产生拉张活动

2. 志留纪后期加里东运动 NWW 向逆断裂

志留纪中晚期发生加里东运动，区域上造成泥盆系（部分地区为石炭系）与前泥盆系之间的角度不整合接触。由于华夏古陆向北西的逐渐逆冲与扩增（陈旭等，1999；Rong et al.，2010），加里东运动中区域构造体制为 SN 向挤压（丘元禧等，1998，1999；郝义等，2010；王建等，2010；柏道远等，2012b，2015a）。受此控制，NW 向的常德-安仁断裂产生基底右行走滑，右行走滑派生 NNE 向挤压应力，从而形成了 NWW 走向逆断裂（图 2-10B），如牛田断裂（图 2-28）、石鸭头断裂和油次冲-杨家坳断裂（早期）（图 2-26）等。

3. 中三叠世晚期印支运动主幕 NW 向左行平移断裂和 NNW 向褶皱

中三叠世晚期印支运动主幕发动，区域上造成上三叠统—侏罗系与下三叠统及更早地层之间的角度不整合接触。可能受扬子板块与华夏板块的继发性陆内俯冲汇聚控制（张国伟等，2011)，印支运动中自湘东至湘中、湘西地区均遭受 NW—NWW 向挤压，形成了以 NE—NNE 向为主的褶皱和逆断裂（任纪舜，1984，1990；丘元禧等，1998，1999；柏道远等，2005a，2006b，2008a，2009a，2012a，2013，2014b，2015d；Wang et al.，2005；Li et al.，2007；丁道桂等，2007；金宠等，2009；李三忠等，2011；张国伟等，2011)。

在区域 NW—NWW 向挤压作用下，NNW 向常德-安仁断裂产生基底左行走滑，左行走滑派生 NWW 向挤压，从而形成了 NW 向次级左行平移断裂（图 2-10），如川口北面的水垅冲断裂（图 2-7)。常德-安仁断裂左行走滑派生的 NWW 向挤压以及断裂牵引导致的逆时针旋转于安仁北西面形成轴向 NNW 的蕉园背斜（川口复背斜）和紫金仙背斜（图 2-10C)，与安仁东面的 NNE 向大源背斜组成“y”字形不协调构造（图 2-4)。

值得指出的是，关于研究区印支运动构造体制和变形特征目前存在两种不同的认识：一种如上所述认为受 NW—NWW 向挤压，形成了上古生界中的 NE—NNE 向褶皱；另一种则认为印支运动强度不大或受 SN 向挤压，上古生界 NE—NNE 向褶皱形成于燕山运动甚至更晚（郭福祥，1998，1999；万天丰等，2002；舒良树等，2002，2004，2006；徐先兵等，2009；张岳桥等，2009)。详细的构造解析明确支持第一种认识，如湘东太湖逆冲推覆构造走向 NE，其推覆中轴直接控制 NW 走向的丫江桥岩体的侵位，而丫江桥岩体形成于晚三叠世，说明太湖逆冲推覆构造形成于更早的中三叠世晚期的印支运动，且印支运动挤压方向为 NW 向（柏道远等，2009a)；再如在湘东南地区，早燕山构造层（上三叠统—侏罗系）下伏不整合面切割了上古生界中 NNE 向褶皱，将不整合面复平后恢复上古生界岩层走向及构造线方向也为 NNE 向，不整合面之下的地层层位普遍存在沿 EW 向的快速变化等，均表明印支运动（主幕）构造线为 NNE 向，区域挤压应力方向为 NWW 向（柏道远等，2012a)。总之，印支运动中常德-安仁断裂产生左行走滑的前提条件即区域 NW—NWW 向挤压是确定无疑的。事实上，第二种观点所提的 SN 向挤压发生于后述的晚三叠世—早侏罗世印支运动晚幕。

4. 晚三叠世—早侏罗世印支运动晚幕 NWW 向逆断裂和隆起

晚三叠世—早侏罗世的印支运动晚幕中，可能受扬子及其以南各地块向北运移与中朝板块碰撞（万天丰等，2002）的影响，区域构造体制为 SN 向挤压。在区域 SN 向挤压下，常德-安仁断裂产生基底右行走滑并派生 NNE 向挤压，从而形成了 NWW 向逆断裂和构造隆起等次级构造（图 2-10D)，前者如油次冲-杨家坳断裂（后期）（图 2-26)、杨林断裂（图 2-13)、棋梓-乌石断裂（图 2-13）等，后者如龙山-桥亭子 NWW 向隆起（因后期呈串珠状）和沩山 NWW 向隆起。

5. 中侏罗世晚期早燕山运动 NEE 向右行平移断裂

中侏罗世晚期发生早燕山运动，受古太平洋板块（或伊泽奈崎板块）俯冲影响，区域构造体制为 NWW 向挤压（舒良树等，2002，2004；张岳桥等，2009；徐先兵等，2009；柏道远等，2013，2014b，2015c)。常德-安仁断裂因区域 NWW 向挤压而产生基底左行走滑，派生 NWW 向挤压叠加于区域 NWW 向挤压上（图 2-10E)，从而形成了切割紫云山岩体晚三叠世花岗岩的 NEE 向右行平移断裂——枣子坪断裂（图 2-11)。

6. 白垩纪—古近纪盆地端部或边界断裂

受区域NE向挤压诱发的NW向伸展（万天丰等，2002）、岩石圈伸展（Li，2000）、岩石圈俯冲＋基性岩浆底侵（Zhou et al.，2006）、俯冲回滚（Uyeda et al.，1979）、弧后伸展（Watson et al.，1987；Lapierre et al.，1997；Ren et al.，2002）等构造背景控制（多种不同观点），或受来自特提斯构造域的动力作用即印度-欧亚大陆发生的俯冲和碰撞影响（后期）（Yin et al.，2000），白垩纪—古近纪区域上发生大规模伸展活动，形成了大量以NNE向为主的断陷盆地。作为大规模的构造薄弱带和岩石力学性质不连续带，常德-安仁断裂在区域伸展构造体制下产生伸展活动，形成小规模NW向调整断裂（斜滑正断裂，属表层发散断裂）并以此控制了洞庭盆地湘阴凹陷、湘潭盆地西支和东支、株洲盆地及醴攸盆地等NNE向断陷盆地的南西端部边界（图2-10F）。由于该断裂带宽度大，各盆地中止的位置并不在一条直线上。上述断陷盆地主要受NNE向正断裂控制，一般为一侧断陷的箕状盆地，从盆地构造的变形机制考虑，在箕状盆地沿NWW方向伸展过程中，其端部多发育NW向的小规模调整断裂（斜滑正断裂），如湘阴凹陷北东端（柏道远等，2010c）和南西端（图2-14）均有NW向调整断裂发育，只是受工作程度限制和后期剥蚀、改造，沿常德-安仁断裂带分布的调整断裂形迹大多未得到明确识别。此外，沿衡阳断陷盆地的北东边界还形成了较大规模的NW向控盆断裂。

值得指出的是，除衡阳盆地外，白垩纪—古近纪断陷盆地主要于桃江—安仁一线北东侧发育，很可能与常德-安仁断裂倾向NW、区域伸展体制下断裂北西盘沿断裂下滑和沉降有关。

第五节　常德-安仁断裂活动历史

根据前文对次级派生构造成因和形成时代的详细解析，结合区域构造演化和本书第三章断裂控盆控相研究成果，本书重塑了常德-安仁断裂的活动历史。该断裂自早至晚经历了新元古代武陵期（冷家溪沉积期）同沉积期走滑、武陵运动中右行走滑、雪峰期（板溪群沉积期）—早古生代伸展活动、加里东运动中右行走滑、晚古生代伸展活动、印支运动主幕中左行走滑兼逆冲、晚三叠世—早侏罗世印支运动晚幕中右行走滑、早燕山运动中左行走滑、白垩纪—古近纪伸展等9期构造活动。常德-安仁断裂活动历史的厘定，对区域构造背景和构造演化过程提供了新的约束。

1. 新元古代武陵期走滑活动

代表晋宁期（武陵期或冷家溪群沉积期）古华南洋的钦杭结合带，其东段（萍乡以东，浙赣段）物质记录总体上较为清楚（水涛，1987；杨明桂等，2009），但南西段（湘桂段）因后期沉积的叠覆而缺乏明确的物质记录，在湖南境内的走向因此存在茶陵-郴州断裂（王光杰等，2000；洪大卫等，2002；郝义等，2010）、长沙—浏阳—桃江—城步（饶家荣等，1993）、南桥—新化—隆回—苗儿山与川口—常宁—双牌两线之间（柏道远等，2012b）、湘东湘乡—醴陵地区和湘东南桂阳地区之间（王鹏鸣等，2012）、浏阳—茶陵—安化—靖州（傅昭仁等，1999）、益阳—溆浦—靖州（张国伟等，2013）等不同认识；Dong 等（2015）尚根据地震反射剖面推测雪峰构造带冷家溪群之下存在扬子与华夏陆块之间的古元古代碰撞造山带。尽管前人关于钦杭结合带具体位置的观点不一，但这些认识仍反映出洋陆总体呈NE向展布的冷家溪群沉积期总体构造格局。从构造继承性考虑，推断规模宏大、长期活动（尤其是武陵运动中有活动）的常德-安仁断裂为冷家溪群沉积期活动陆缘构造阶段的大断裂。此外，在断裂以西，冷家溪群为一套鲜见火山物质的砂、泥质复理石沉积，地表未见青白口纪花岗岩发育；而在断裂以东，冷家溪群则发育大量凝灰质砂岩、凝灰质板岩、沉凝灰岩，间夹石英角斑岩，益阳尚发育厚度巨大的科马提质玄武岩［（823±6）Ma，王孝磊等，2003；Wang et al.，2007］，岳阳—浏阳一带发育章邦源、渭洞、大围山、长三背、葛腾岭等多个青白口纪花岗岩体（湖南省地质调查院，2017），暗示该断裂在冷家溪群沉积期即为构造特征及发展过程有别的块体的分界。基于地质资料的进一步分析，初步揭示它为横切冷家溪群沉积期NE向弧后盆地、岛弧与华南洋的转换断层（详见本书第三章第一节），应具走滑活动。

2. 武陵运动中右行走滑活动

如前文所述，青白口纪冷家溪群沉积期末期因弧-陆碰撞发生武陵（晋宁）运动，在区域SN向挤压作用下，常德-安仁断裂产生右行走滑活动，导致断裂以东的桃江北面地区武陵期构造线相对断裂以EW向构造线产生顺时针旋转而成为NWW走向。

3. 雪峰期—早古生代伸展活动

本书第三章研究表明，常德-安仁断裂在雪峰期（板溪群沉积期）、南华纪、震旦纪、早古生代均具伸展活动，由此控制了沉积盆地的发育和岩相古地理格局。

雪峰期早期（马底驿组沉积期），断裂伸展活动导致湘东北地区的沉积相区及其界线的展布方向与常德-安仁断裂的走向基本一致，且常德—桃江段滨岸-潮坪相区与陆棚相区的界线、桃江—衡山段陆棚相区与陆坡相区的界线均与常德-安仁断裂大体重合。此外，在断裂带长期拉张作用下，桃江一带陆棚相区明显变窄，桃江往西至安化一带形成陆棚边缘断陷盆地。雪峰晚期（五强溪组沉积期），常德-安仁断裂的伸展活动控制了桃江—湘乡段断陷盆地的发育：早期控制了石门—桃江一带滨岸带的边界；中期为北东侧浅海陆棚与南东侧陆坡区及断陷盆地的分界线；晚期桃江—湘乡段的南西侧处于陆棚边缘-斜坡环境，沉积厚度大，而断裂北东侧则为三角洲-潮坪环境，沉积厚度明显减小。

南华纪自早至晚常德-安仁断裂均有伸展活动。长安期，断裂控制了桃江—湘乡段古陆、滨岸带与陆棚带的界线展布；在衡山一带，断裂伸展形成了一个向NW内凹的海湾。富禄期，断裂伸展活动控制了NW向湘潭海湾的发育，并于桃江北面和衡山两地形成了湘东北古陆与湘中滨海中岛屿之间的海峡。古城期，断裂带北段控制了古城组分布，断裂带东侧为冰水河流沉积，断裂南西侧则发育冰水泥石流远端沉积。大塘坡期，断裂控制了NW向湘潭盆地的发展演化，并制约了盆地内锰矿的形成与分布。南沱冰期，断裂伸展致使桃江—湘乡段南西侧为冰水陆棚，北东侧为冰水平原-滨岸带；在衡山一带，断裂带及其东侧区域属冰水滨岸环境，西侧则为衡阳古岛。

震旦纪陡山沱期，导致常德—桃江段成为通道-安化陆棚盆地的北东边界；在桃江—湘乡段，北东侧水体较浅并发育有白云岩，南西侧水体深且无白云岩发育；在湘乡—安仁段，常德-安仁断裂伸展活动控制 NW 向台缘相区及其东侧台地、西侧陆棚的展布。灯影期，断裂伸展活动导致常德—桃江段北东侧沉积厚显著大于南西侧；湘乡—安仁段北东侧为台前斜坡-开阔台地，南西侧则为闭塞的陆棚盆地。

寒武纪中晚期，桃江—安仁段具伸展活动，大体构成了东侧下部缓坡与西侧陆棚盆地的分界，两侧沉积厚度亦存较大差异。

早奥陶世，常德-安仁断裂带的伸展活动明显控制了安化—湘潭一带 NW 向陆棚盆地的形成与演化。中—晚奥陶世，断裂控制了桃江—湘乡段深水盆地向成锰盆地的发展。

4. 志留纪中后期加里东运动中右行走滑活动

如前文所述，志留纪中晚期发生加里东运动，NNW 向常德-安仁断裂在区域 SN 向挤压构造体制下产生基底右行走滑。右行走滑派生 NNE 向挤压应力，从而形成了牛田断裂、石鸭头断裂和油次冲-杨家坳断裂（早期）等 NWW 走向逆断裂。

区域上，继加里东运动之后形成了大规模的后碰撞花岗质岩浆活动（Wang et al.，2007a；刘锐等，2008；Wan et al.，2010；Zhang et al.，2011；Chu et al.，2012；Zhang et al.，2012；关义立等，2013；柏道远等，2014a，2015b），沿常德-安仁断裂带南段充填形成了吴集岩体和狗头岭岩体（图 1－2）。

5. 早古生代伸展活动（局部时段挤压抬升）

泥盆纪期间，常德-安仁断裂具持续伸展活动，由此控制了不同时期的古地理格局。中泥盆世早期，断裂活动造成了北东高、南西低的古地理格局，尤其是桃江—安仁段控相明显。中泥盆世晚期，断裂活动在常德—桃江段促成了常德海峡的形成，在桃江—衡山段控制了 NW 向沉积相带的展布。晚泥盆世早期，断裂南段继续伸展活动，总体维持着断裂两侧北东高、南西低的古地理格局。晚泥盆世中期，常德—桃江段控制了 SN 向海峡的生成与发展，桃江—安仁段为北东侧滨岸—三角洲与南西侧浅海陆棚的分界。

早石炭世早—中期，常德-安仁断裂具伸展活动，从而维持了湘乡—安仁段的北东高、南西低的古地理格局。早石炭世中—晚期，断裂带因挤压而明显抬升（淮南运动），沿线区域形成了 NW 向的链状（半）岛。晚石炭世，断裂伸展活动形成相对较深的洼地。

二叠纪晚期（乐平世），常德-安仁断裂因东吴运动中的明显抬升而表现为线状的半岛—岛链。

6. 中三叠世后期印支运动主幕中左行走滑兼逆冲活动

如前文所述，中三叠世晚期印支运动主幕发动，在区域 NW—NWW 向挤压作用下，NNW 向常德-安仁断裂产生基底左行走滑活动。左行走滑派生 NWW 向挤压，从而形成了 NW 向次级左行平移断裂，如川口北面的水垅冲断裂；左行走滑派生的 NWW 向挤压以及断裂牵引导致的逆时针旋转，于安仁北西面形成轴向 NNW 的蕉园背斜（川口复背斜）和紫金仙背斜，其与安仁东面的NNE向大源背斜组成“y”字形不协调构造。

常德-安仁断裂倾向NE，受区域NW—NWW向挤压影响，在印支运动中左行走滑的同时尚产生了基底逆冲，从而在沩山—安仁段形成NW向构造隆起。

7. 晚三叠世—早侏罗世印支运动晚幕中右行走滑活动

如前文所述，晚三叠世—早侏罗世印支运动晚幕中，常德-安仁断裂在区域SN向挤压下产生基底右行走滑，派生的NNE向挤压形成了NWW向逆断裂和构造隆起等次级构造，前者如油次冲-杨家坳断裂（后期）、杨林断裂、棋梓-乌石断裂等，后者如龙山-桥亭子NWW向隆起（因后期呈串珠状）和沩山NWW向隆起。

区域上，同期受SN向挤压控制，湘东南地区先期NNE向断裂产生EW向伸展而形成拉张盆地（柏道远等，2011a），溆浦-靖州断裂、通道-安化断裂、城步-新化断裂等先期NNE向断裂产生左行斜向逆冲（Wang et al.，2005），湘中凹陷内形成大乘山-龙山EW向隆起。

本期构造变形强度较弱，先期印支运动主幕强烈变形所致剪切生热和地壳增厚使得中下地壳温度升高，在挤压减弱的后碰撞环境下地壳熔融、岩浆侵位而形成了大量的晚三叠世后碰撞花岗岩（柏道远等，2007a；Wang et al.，2007b；Mao et al.，2011；Zhao et al.，2013；刘凯等，2014；曾认宇等，2016），自北往南沿常德-安仁断裂有岩坝桥、桃江、沩山、歇马、紫云山、南岳、将军庙、川口、五峰仙等岩体（图1-2）。

8. 早燕山运动中左行走滑活动

如前文所述，中侏罗世晚期发生早燕山运动，常德-安仁断裂在区域NWW向挤压下产生基底左行走滑，派生的NWW向挤压叠加于区域NWW向挤压上，从而形成了切割紫云山岩体晚三叠世花岗岩的NEE向右行平移断裂——枣子坪断裂。

9. 白垩纪—古近纪伸展活动及对断陷盆地的控制

如前文所述，白垩纪—古近纪区域上发生大规模伸展活动，形成了大量以NNE向为主的断陷盆地。常德-安仁断裂在区域伸展构造体制下产生伸展活动，形成小规模NW向调整断裂（斜滑正断裂）并以此控制了洞庭盆地湘阴凹陷、湘潭盆地西支和东支、株洲盆地以及醴攸盆地等NNE向断陷盆地的南西端部边界；沿衡阳断陷盆地的北东边界还形成了较大规模的NW向控盆断裂。

常德-安仁断裂的伸展活动尚形成了宁乡雷祖殿钾镁煌斑岩（林玮鹏等，2011）和青华铺拉斑玄武岩（湖南省地质调查院，2017）。

第六节　断裂带构造变形机制

本节从常德-安仁构造隆起带形成时间及机制、常德-安仁断裂地表断裂形迹缺乏成因、断裂对白垩纪—古近纪盆地边界的控制以及断裂中生代分段运动特征和变形机制等方面，探讨了常德-安仁断裂的构造变形机制。

一、常德-安仁构造隆起带形成时间及机制

如前文所述，常德-安仁断裂中南段表现为一构造隆起带（复背斜），其中部为冷家溪群和板溪群，两翼为上古生界和少量南华系—下古生界（图 1-2）。显然，上古生界下伏不整合面卷入了褶皱-隆起变形，因此隆起时间为或晚于印支运动主幕时期（中三叠世后期）。在晚三叠世—早侏罗世印支运动晚幕区域 SN 向挤压下，常德-安仁断裂右行走滑派生的 NWW 向逆断裂即棋梓-乌石断裂横切常德-安仁隆起带，并为印支期 NNE—NE 向的翻江断裂所限（图 2-13）；沿隆起带及近侧充填了以晚三叠世（印支期）为主的多个后碰撞花岗岩体，说明与花岗岩相关的深部剪切生热、逆冲叠置所致地壳加厚增温发生于稍前的印支运动主幕。鉴于此，可进一步推断构造隆起形成于中三叠世后期的印支运动主幕。值得指出的是，鉴于常德-安仁断裂倾向 NE，而单纯的走滑活动难以形成如此大规模的构造隆起，因此，推断在印支运动主幕中断裂的深部产生逆冲（斜冲），断裂北东盘大幅抬升而形成 NW 向构造隆起。

此外，晚三叠世大规模的花岗质岩浆活动会导致地壳热隆上升，应进一步增加了常德-安仁断裂带的隆升幅度。

二、常德-安仁断裂地表断裂形迹缺乏成因

如前文所述，常德-安仁断裂的走滑活动形成了相当规模的 NWW 向隆起带和表露次级断裂如 NWW 向逆断裂、NW 向左行平移断裂和 NEE 向右行平移断裂等。为何作为主导构造的常德-安仁断裂却具隐伏特征，与其走向近一致的 NW 向表露断裂仅局部发育？这是一个值得深入研究的问题。笔者初步认为可能与以下几方面原因有关。

（1）断裂在冷家溪群沉积期为同沉积转换断层，板溪群沉积期和南华纪期间在陆内裂谷环境下具有较强烈的伸展活动，震旦纪—早古生代被动陆缘盆地和晚古生代陆表海盆地阶段仅有较弱的伸展活动。因此，加里东运动和印支运动主幕中，断裂在较深构造层次的冷家溪群、板溪群—南华系中易于产生继承性活动，而在浅部的震旦系—下古生界、上古生界中则不易发生断裂变形（图 2-34A）。此外，区域上南华系顶部为南沱组（洪江组）块状含砾泥岩、含砾砂质泥岩，而震旦系底部为金家洞组薄—中层状硅泥质、碳泥质夹少量碳酸锰沉积，导致下部块体中常德-安仁基底隐伏断裂走滑或逆冲时，金家洞组作为滑脱层起到“屏蔽”作用，使得深部断裂不易切入上部块体中（图 2-34B）。

（2）区域上发育多条 NE—NNE 向大断裂（图 1-2），它们在印支运动主幕和早燕山运动中主要表现为逆断裂，在白垩纪—古近纪期间具伸展活动并成为主控盆断裂。这些 NE—NNE 向断裂将 NW 向常德-安仁断裂截切为运动相对独立的若干段，从而减小后者的运移规模，导致基底隐伏断裂难以向上扩展至浅表构造层。

（3）常德-安仁断裂沿线发育大量花岗岩体和白垩纪—古近纪盆地，即使部分地段发育相对早期的 NW 向表露断裂，也可能被后期盆地叠覆或被花岗岩体吞没而不得见。

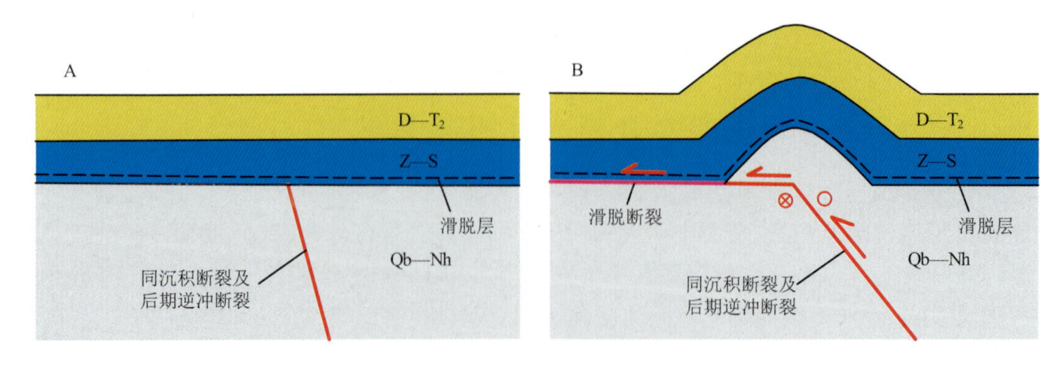

图 2 - 34　常德-安仁断裂隐伏特征形成机制示意图

A. 变形前；B. 变形时

Qb—Nh. 青白口系—南华系；Z—S. 震旦系—志留系；D—T_2. 泥盆系—中二叠统

三、断裂对白垩纪—古近纪盆地边界的控制

白垩纪—古近纪，区域上发生大规模伸展活动，湖南省内形成了大量以 NNE 向为主的断陷盆地，主控盆断裂一般为 NNE 向正断裂且多继承早燕山运动 NNE 向压扭性断裂活动。常德-安仁断裂虽非该期断陷盆地的主控盆断裂，但对盆地的走向或纵向延伸具有重要的控制作用。该断裂明显控制了洞庭盆地湘阴凹陷、湘潭盆地西支和东支、株洲盆地以及醴攸盆地等 NNE 向断陷盆地的南西端部边界。结合断裂带特征和其他地质背景分析，常德-安仁断裂控盆作用的机制如下。

(1) 常德-安仁断裂在中三叠世后期印支运动主幕中表现为倾向 NE 的深部逆冲（斜冲）断裂，断裂东盘（湘东北地区）由此具更大规模抬升而相对隆起，继之在白垩纪—古近纪更易产生重力伸展而形成断陷盆地。

(2) 常德-安仁断裂作为大规模的构造薄弱带和岩石力学性质不连续带，在区域伸展构造体制下更易产生伸展活动，于表层形成小规模 NW 向发散断裂（主要倾向 NE），这些发散断裂则成为 NNE 向断陷盆地南西端部的调整断裂（图 2 - 25）。

(3) 由于常德-安仁断裂带深部规模即宽度大，其走向上不同部位表层 NW 向发散断裂相对于主断裂上盘的位置（与上盘的距离）不一，使得各盆地中止的位置并不在一条直线上（图 1 - 2）。

四、常德-安仁断裂印支期构造运动的分段性及变形机制

前述常德-安仁断裂的 4 段划分只是断裂带及其两侧地区构造、地层、岩浆岩等综合地质特征差异的表现，并不能直接证明该隐伏断裂本身可以分为多段。理论上，这种分段地质特征差异的产生可以（可能）与多种地质因素有关，除常德-安仁断裂几何学和运动学特征的分段性外，尚包括深部地壳结构的非均质性、沉积期构造古地理格局、陆内伸展阶段的盆

山构造格局、陆内造山运动形成的构造格架、花岗质岩浆活动的三维地壳或岩石圈结构背景等。本书难以对断裂各段地质特征差异性的原因进行全面讨论，只以印支运动为例，从NE向深大断裂的构造分划性（切错NW向常德-安仁断裂）及花岗岩的构造成因和产出特征出发，分析探讨断裂及其活动的分段性特征与变形机制。

（一）NE向深大断裂及其构造分划性

如前文所述，常德-安仁断裂自南东至北西可以连云山-衡阳断裂、公田-灰汤-新宁断裂和溆浦-靖州断裂等NE向（部分近NNE向）深大断裂为界，分为安仁—衡山段（Ⅰ）、湘乡段（Ⅱ）、桃江段（Ⅲ）、常德—石门段（Ⅳ）等4段。此外，常德-安仁断裂南东端止于并被NNE向茶陵-郴州大断裂截切，桃江段北部尚被NE向城步-新化大断裂截切（图1-2）。显然，上述NE向断裂的延长和延深规模、产状、性质及时代等，与常德-安仁断裂的运动方式（作为一个整体统一运动或各分段相对独立运动）和相应的动力机制密切相关。

1. NE向深大断裂特征

以下就切割常德-安仁断裂的主要NE向断裂特征简述如下。

茶陵-郴州断裂：总体走向约NE30°，为倾向SEE的基底断裂带，断裂带北段被茶永（茶陵-永兴）盆地叠加覆盖，南段郴州—临武一带主要由多条NNE向次级逆冲断裂体现。印支运动主幕时该断裂发生逆冲运动，导致断裂东盘隆升，形成炎陵-汝城隆起带；西盘下降，形成衡阳-桂阳坳陷带，从而造就了湘东南东隆西坳的构造分野（柏道远等，2005a）。断裂在白垩纪时产生构造反转成为伸展断裂，并为茶永盆地的控盆断裂。该断裂为一航磁ΔT化极异常梯度带，断裂两侧地球物理特征迥然不同，东部为东坡-骑田岭花岗岩带重力低异常，与西部NW向重（力）低磁高“鼻突”几乎呈直角对接（湖南省地质调查院，2017）。爆破地震发现区域上剖面内低速层有间断，断裂西侧的壳内低速层在断裂东侧中断。

连云山-衡阳断裂：断裂带两端出湖南省，省内长460km。沿断裂带有一明显的重力梯度带；断裂带西侧有壳内低速层而东侧缺失；断裂西侧莫霍面较东侧深（湖南省地质调查院，2017）。断裂带由数条主干断裂及次一级断裂组成破碎带。地表断裂面主要倾向NW，倾角一般43°～60°；南端地表断裂面多倾向SE。断裂明显控制了长平（长沙-平江）盆地和潭衡（湘潭-衡阳）盆地的发育，为其东缘主控盆正断裂，并使盆地基底呈向SE倾斜的箕状。断裂切割连云山岩体和南岳岩体，于其西侧形成混合岩化带和韧性剪切带（肖大涛，1989；张岳桥等，2012）。

公田-灰汤-新宁断裂：一条规模巨大的复式断裂带，总体走向NE30°，斜贯湖南中部，省内长500km，为一重力梯级带，并因半隐伏—隐伏花岗岩带而形成串珠状、线状重力低。断裂带由若干条次级断裂组成，但单条断裂规模不大，呈舒缓波状断续伸展。断裂走向20°～40°，一般倾向NW，倾角30°～45°，局部陡立或平缓。沿断裂带出现了一系列不规则的白垩纪断陷盆地，如湘阴凹陷（柏道远等，2010c，2020a）、邵阳盆地、新宁盆地等。断裂所切错的地层皆呈现强烈的挤压、揉皱、强硅化破碎、角砾岩或由角砾岩组成的透镜体、糜棱岩化等。沿断裂带中小地震较频繁，并见多处温泉出露。

城步-新化断裂：表现为岩石圈低阻低速带的壳幔韧性剪切带，地表NE向断裂发育，以倾向NW的逆冲断裂为主。断裂南段在奥陶纪末—志留纪初的加里东运动早幕（北流运动）中表现为东倾逆断裂，断裂东侧抬升隆起并遭受剥蚀，而断裂西侧则沉降形成前陆盆地（柏道远等，2015a）。

溆浦-靖州断裂：走向 NNE（北段转为 NEE）、倾向 SE，是雪峰构造带内部一条长期活动的重要断裂。该断裂自早至晚经历了南华纪伸展、志留纪晚期加里东运动中逆冲（形成脆韧性剪切带）、晚古生代伸展、中三叠世晚期印支运动主幕中逆冲、晚三叠世—中侏罗世左行走滑-逆冲、中侏罗世晚期早燕山运动中逆冲、白垩纪伸展、古近纪右行走滑等多期构造活动（柏道远等，2016b），控制了断裂带及近侧地区的构造变形和中生代陆相盆地演化。

2. NE 向深大断裂形成与活动时代

如前文所述，城步-新化断裂南段在加里东运动早幕（北流运动）中即具逆冲活动，溆浦-靖州断裂则经历了南华纪以来的伸展、逆冲、走滑等多次不同性质的构造活动，表明这两条 NE 向断裂的形成时代分别为早古生代（加里东运动）和南华纪。公田-灰汤-新宁断裂在加里东运动中即已形成并导致断裂南东侧相对北西侧具有更大幅度的抬升与剥蚀：南东侧长沙—金石地区的大范围内，泥盆系下伏地层为板溪群；北西侧宁乡—响涛源地区泥盆系下伏地层则为南华系—志留系（图 1-2）。连云山-衡阳断裂南东侧的衡阳—南岳一带，泥盆系下伏地层为冷家溪群，而断裂北西侧双峰—关帝庙一带泥盆系下伏地层则主要为寒武系—奥陶系，同样反映该断裂在加里东运动中即已形成并导致断裂南东侧相对抬升（图 1-2）。茶陵-郴州断裂北西侧安仁一带加里东期构造线为 NE 走向，而断裂南东侧的炎陵地区加里东期构造线则为 NWW—NNW 走向，表明该断裂在加里东运动中即已形成并一定程度上控制了两侧构造变形。

综上所述，NE 向深大断裂主要形成于加里东运动。湘东南地区加里东期构造线为近 EW 向（柏道远等，2012b），桃江岩体和沩山岩体之间的响涛源地区加里东期构造线也为 EW 向（图 1-2），反映加里东运动中区域构造应力场为 SN 向挤压。显然，在区域 SN 向挤压下，上述 NE 向大断裂在加里东运动中应具左行走滑活动。

NE 向大断裂在加里东运动中形成以来，中生代印支运动、早燕山运动和白垩纪伸展事件中均有继承性活动，具体表现在以下几方面：断裂切割了新元古代—白垩纪不同时代地层及印支期和燕山期花岗岩体；其走向一般与旁侧上古生界中印支运动构造线总体一致（图 1-2），其中茶陵-郴州断裂在印支运动中发生逆冲运动而导致断裂东盘相对西盘隆升（柏道远等，2005a）；断裂为早燕山运动中 NNE 向构造体系的主要组成部分，并在一定程度上控制了早燕山期花岗岩体的发育和分布；各断裂为白垩纪—古近纪 NE 向断陷盆地的主控盆断裂（图 1-2）。

值得指出的是，上述 NE 向大断裂及规模更小的 NE 向断裂与常德-安仁断裂共同控制白垩纪—古近纪盆地的发育。常德-安仁断裂北东盘（上盘）在印支运动中上冲（斜冲）而强烈隆起，至白垩纪—古近纪伸展事件中因重力作用产生更强烈的拉张，NE 向断裂产生更大幅度的断陷而发育数量更多、幅度更大的断裂盆地。与此同时，一方面，NE 向伸展断裂上盘受 NW 向常德-安仁断裂切割和限制，导致湘阴凹陷、湘潭盆地西支和东支、株洲盆地以及醴攸盆地等 NNE 向断陷盆地向 SW 止于常德-安仁断裂带；另一方面，NE 向断裂上盘的断陷沉降导致常德-安仁断裂带表层形成 NW 向小型正断裂，控制了盆地南西端部的构造调节带的生成（柏道远等，2020a）。

3. NE 向深大断裂的构造分划性

上述地质特征表明截切常德-安仁断裂的几条 NE 向断裂均为穿切深部地壳乃至地幔的深大断裂，如此规模的断裂具有强烈的构造分划性，将常德-安仁断裂及其两盘切割为相对独立的块段，且相邻块段之间产生一定错位，从而导致沿 NW 向常德-安仁断裂带的中生代构造-岩浆活动表现出前述明显的分段性特征。NE 向深大断裂的构造分划性在两方面表现尤为突出：一是各条 NE 向断裂在穿越常德-安仁断裂带时表现出很好的连续性，反映前者切错后者，而后者对前者影响甚微，如公田-灰汤-新宁断裂显著左行切错常德-安仁断裂带上的沩山岩体（应为晚三叠世 SN 向挤压下左行走滑所致）；二是印支期花岗岩体沿 NW 走向受 NE 向断裂所限，如南岳岩体往 NW 中止于连云山-衡阳断裂，沩山岩体南段（NNW 走向段）往 NW 中止于公田-灰汤-新宁断裂，桃江岩体往 NW 方向中止于城步-新化断裂（图 1-2）。

（二）印支运动主幕构造体制及常德-安仁断裂构造运动

中三叠世后期发生印支运动（主幕），区域上造成上古生界—中三叠统的褶皱及上三叠统—侏罗系与先期地层之间的角度不整合。常德-安仁断裂带及邻侧地区印支运动主幕褶皱走向，自南往北呈 NNE 向→NE 向→NEE 向→SN 向的规律变化。南部安仁—衡山段和湘乡段褶皱的 NNE—NE 走向反映区域挤压应力为 NWW—NW 向，可能与扬子板块与华夏板块的继发性陆内俯冲会聚控制有关（柏道远等，2009a；张国伟等，2011）；北部常德—石门段褶皱的 EW 走向反映区域挤压应力为 SN 向，可能与秦岭-大别-苏鲁构造带碰撞造山有关（徐先兵等，2009；张岳桥等，2009）；中部桃江段的 NEE 走向褶皱反映区域挤压应力为 NNW 向，应与它处于南、北过渡带的构造背景有关。

在不同方向挤压应力下，推断 NNW 向常德-安仁断裂的不同区段发生不同特征的深部运动：安仁—衡山段和湘乡段产生左行走滑兼逆冲活动，其中安仁—衡山段的左行走滑派生了安仁西面 NNW 向褶皱以及水垅冲 NW 向左行逆平移断裂（见前文）；桃江段可能产生伸展兼走滑运动；常德—石门段产生右行走滑活动。由于断裂具隐伏特征，地表缺乏相关运动特征的直接构造证据。

（三）花岗岩对印支运动主幕中常德-安仁断裂运动分段性的约束

加里东运动所形成 NE 向断裂穿切常德-安仁断裂带时的连续性表明，常德-安仁断裂及其两盘在中生代变形事件中未作为一个整体统一运动（如作整体运动则 NE 向断裂会被切错而不连续），而是表现出明显的分段性，即各段具有相对独立的运动学特征；相对独立的运动，也应是前述常德-安仁断裂 4 段地质面貌各异的重要原因之一。但由于不同构造层中同沉积断裂的发育程度、深部软弱层的滑脱“屏蔽”作用、红层盆地叠覆以及花岗岩体吞没作用等因素的控制或影响，常德-安仁断裂具隐伏特征而缺少表露断裂的发育（柏道远等，2018），因此总体上缺乏其在中生代运动具分段性的显著地质构造证据。

尽管如此，沿断裂印支期花岗岩在各分段的发育和分布特征，仍为断裂印支期运动分段性的确定和分段运动变形机制分析提供了重要信息。以下以湘乡段中三叠世后期印支运动主幕为例，探讨中生代常德-安仁断裂构造运动的分段性及变形机制。

1. 印支期花岗岩形成构造背景及成因

湖南印支期花岗岩广泛分布于靖州—常德—浏阳一线以东以南地区（柏道远等，2020b）。近些年获得的大量锆石 U-Pb 年龄数据（陈卫锋等，2007；张龙升等，2012；蔡杨等，2013；陈迪等，2017a，2017b；鲁玉龙等，2017；于玉帅等，2019），表明湖南印支期花岗岩主要形成于 230～200Ma 的晚三叠世，即花岗质岩浆活动紧随中三叠世印支运动主幕之后发生，暗示花岗岩形成于陆内挤压造山之后的后碰撞构造环境。湖南印支期花岗岩多为弱过铝—强过铝质，少量准铝质（蔡杨等，2013；刘凯等，2014；鲁玉龙等，2017；于玉帅等，2019）；岩石 I_{sr}值为 0.710 61～0.773 98，$\varepsilon_{Nd}(t)$值为－12.11～－1.6，两阶段 Nd 模式年龄 T_{DM2}值为 1.22～1.99Ga（蔡杨等，2013；柏道远等，2014a，2016a；刘凯等，2014；曾认宇等，2016）；锆石 $\varepsilon_{Hf}(t)$值为－13.4～0.7，两阶段 Hf 模式年龄 T_{DM2}值为 1.21～2.09Ga（程顺波等，2013，2018；刘伟等，2014；陈迪等，2017a；于玉帅等，2019）。上述地球化学特征反映印支期花岗岩主要为 S 型花岗岩，少量 I 型花岗岩；主要为后碰撞环境下加厚地壳减压熔融的产物，同时软流圈地幔上涌产生叠加增温效应并导致部分岩体有少量幔源物质加入（柏道远等，2014a，2016a；刘凯等，2014；曾认宇等，2016）。

综上所述，总结湖南印支期花岗岩的形成机制如下：中三叠世后期印支运动主幕发动，区域挤压体制下的水平压扁和逆冲断裂相关的块体叠置导致地壳增厚，从而在地温梯度控制下使深部地壳增温；同时深部逆冲、走滑断裂的剪切作用产生大量热量，也使深部地壳温度升高。至晚三叠世进入后碰撞阶段，区域挤压应力减弱，增温后的深部地壳发生减压熔融并形成岩浆上侵；与此同时，局部软流圈地幔上涌，进一步促使深部地壳加热熔融，并致沿深大断裂带侵位的花岗岩体中混入地幔物质。值得强调的是，湖南印支期花岗岩尽管在区域上呈面状分布，但各岩体明显沿 NW 向、NE—NNE 向、EW 向等深大断裂以及与深部断裂活动相关的隆起带展布，反映印支运动主幕中断裂的剪切生热及断裂活动引起的地壳增厚增温效应对晚三叠世花岗质岩浆活动具有极为重要的控制作用。

就常德-安仁断裂带而言，安仁-衡山段印支期花岗岩酸性程度总体较高，岩石类型主要有黑云母二长花岗岩、二云母二长花岗岩和白云母二长花岗岩；湘乡段和桃江段印支期花岗岩总体相对偏基性，岩石类型有角闪石黑云母花岗闪长岩、黑云母二长花岗岩和二云母二长花岗岩，桃江岩体中尚有少量角闪辉长岩发育。各段偏基性岩石单元均有暗色微粒包体发育，反映有幔源物质参与。

2. 印支运动主幕中常德-安仁断裂运动的分段性及变形机制

基于前述中三叠后期印支运动主幕中常德-安仁断裂构造运动特征，以及印支运动主幕断裂活动对晚三叠世花岗质岩浆活动的重要控制作用，主要以湘乡段为例，就常德-安仁断裂在印支运动主幕中构造运动的分段性及其变形机制探讨如下。

如前所述，常德-安仁断裂先期呈连续贯通状态（图 2-35A），加里东运动中被 NE 向公田-灰汤断裂和连云山-衡阳断裂左行切错为多段，在 NE 向断裂两侧的相邻分段之间互不连通（图 2-35B）。在此条件下，常德-安仁断裂在印支运动主幕中的深部走滑（兼逆冲）活动不具贯通性和连续性，而是各段具有相对独立的活动（图 2-35C）。其中，湘乡段因端

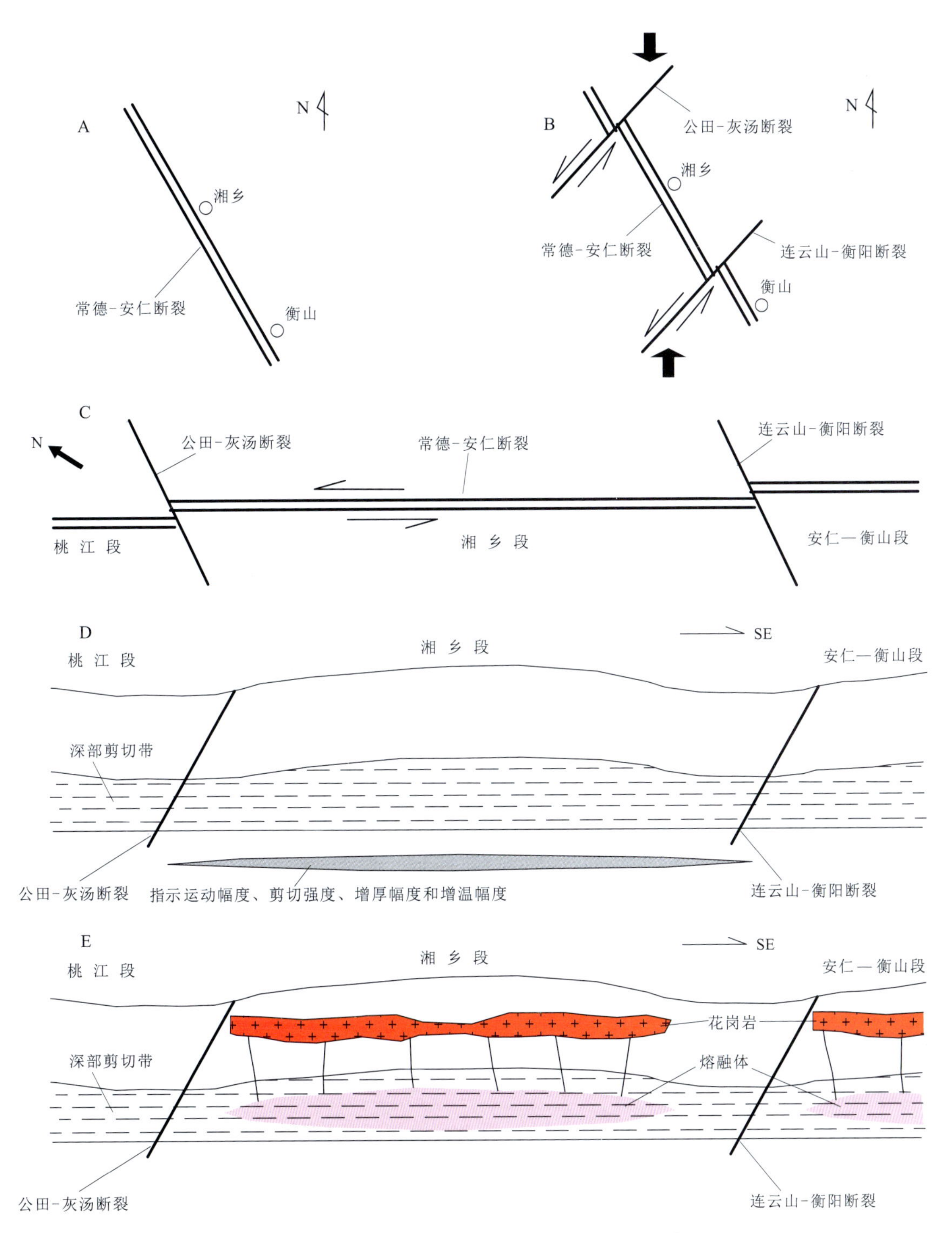

图 2-35　常德-安仁断裂印支期分段变形机制示意图

A. 加里东运动之前连续贯通的常德-安仁断裂；B. 加里东运动中常德-安仁断裂；被 NE 向大断裂左行切错；C. 中三叠世后期印支运动主幕中常德-安仁断裂深部水平断面示意图；D. 中三叠世后期印支运动主幕中常德-安仁断裂纵剖面示意图；E. 晚三叠世常德-安仁断裂深部地壳减压熔融、岩浆上侵形成花岗岩体

部受限，深部左行走滑（兼逆冲）的运动幅度和剪切强度自中部向端部减小，靠近端部断裂运动幅度为零（或近于零）；与此对应，断裂的剪切生热及断裂活动引起的地壳增厚、增温效应也自中部向端部减弱（图 2-35D）。晚三叠世进入挤压应力减弱的后碰撞阶段而发生深部地壳的减压熔融，但受先期剪切强度和增厚、增温差异控制，熔融作用仅发生于湘乡段中段，而靠近 NE 向公田-灰汤-新宁断裂以及连云山-衡阳断裂的近端部区域未能熔融形成岩浆（图 2-35E）。在此前提下，由于两条 NE 向断裂倾向 NW，岩浆上侵至上部地壳所形成的花岗岩体（沩山岩体南段和歇马岩体）便紧邻北端的公田-灰汤-新宁断裂而远离南端连云山-衡阳断裂（图 2-35E）。这一认识与地质实际完全吻合（图 1-2）。

上述湘乡段构造-岩浆机制在安仁—衡山段和桃江段得到同样反映。如安仁—衡山段印支期花岗岩带紧邻连云山-衡阳断裂，而与 NE 向茶陵-郴州断裂存在一定间距；桃江段剪切成因花岗岩体紧邻城步-新化断裂或溆浦-靖州断裂而远离公田-灰汤-新宁断裂（图 1-2）。值得指出的是，公田-灰汤-新宁断裂北面的沩山岩体北体与 NWW 向沩山隆起有关（柏道远等，2018），不是常德-安仁断裂深部剪切的直接产物。

断裂变形和运动特征的分段性常见于走滑断裂（Peacock，1991；柳永军等，2012；郑晓丽等，2018）、逆断裂（张世民等，2005；贾茹等，2017）、控盆正断裂（Crone et al.，1991；Trudgill et al.，1994；刘哲等，2012；王海学等，2013；付晓飞等，2015；杜彦男等，2020）等不同类型断裂中。一般断裂分段性研究主要分析多条小断裂发生、扩展并最终连接为一条大断裂的演化过程，即断裂分段生长过程。如关于逆断裂，前人提出其分段生长机制形成了前陆盆地内的趋近型、转换斜坡型、传递断层型等不同阶段变换构造类型（贾茹等，2017）。关于正断裂，前人研究发现裂陷盆地相关正断层分段生长具有普遍性（Trudgill et al.，1994；王海学等，2013），认为分段生长经历了孤立成核阶段、“软连接”阶段和“硬连接”阶段等 3 个阶段，最后才连通为完整大断裂（付晓飞等，2015）。可见，这种大断裂分段运动（生长）特征主要体现在断裂形成过程之中，是一种“主动性”分段运动。前文揭示的常德-安仁断裂分段运动是先期贯通性大断裂经加里东期 NE 向深大断裂切割、分划为多段而产生的“被动性”分段运动。显然，这一分段运动方式及其动力机制有别于一般的断裂“主动性”的分段运动。就此意义而言，本书关于常德-安仁断裂印支期分段运动的研究，不仅深化了对该断裂的地质认识，对既有断裂被分割后的运动特征研究也具有一定的启示意义。

第三章　断裂对盆地和岩相古地理的控制

本次研究表明，常德-安仁断裂在武陵期（冷家溪群沉积期）、雪峰期（板溪群沉积期）、南华纪、震旦纪、早古生代、晚古生代、白垩纪—古近纪等多个时期均表现出对沉积盆地和岩相古地理的控制作用。如武陵期具弧后盆地转换断层性质，并致断裂东侧火山活动明显强于断裂西侧；板溪群沉积期断裂的伸展导致桃江西侧区域形成断陷盆地；南华纪控制了NW向湘潭成锰盆地的形成与演化；震旦纪—寒武纪塑造了断裂两侧北东高、南西低的古地理格局，并于断裂带沿线形成斜坡带；奥陶纪控制了桃江成锰盆地的形成与演化；晚古生代的伸展导致其南西侧多为台盆或陆棚、北东侧多为台地或潮坪、断裂带沿线长期处于斜坡带，并与靖州-溆浦-安化断裂一起促成了常德海峡的形成；白垩纪—古近纪断裂的伸展控制了断陷盆地的边界。

第一节　断裂对武陵期盆地与岩相古地理的控制

研究区位于扬子陆块东南缘，武陵期即冷家溪群沉积期总体属活动大陆边缘，南以古华南洋（现今钦杭结合带）与华夏陆块相隔（杨明桂等，2009）。然而，由于后期沉积掩盖等造成了古华南洋物质记录的缺乏。钦杭结合带在湖南的位置存在多种不同观点，关于岛弧、弧后盆地等构造单元的边界更是缺乏研究。柏道远等（2012b）根据地质与地球物理资料提出，湖南省内钦杭结合带与扬子陆块和华夏陆块的分界可能分别为南桥—新化—隆回—苗儿山一线、川口—常宁—双牌一线（俯冲会聚带），并以此对武陵期和加里东期构造线走向进行了解释。然而，已有地质资料显示，由北向南，岳阳—长沙—安仁一带冷家溪群总体连续出露，却缺乏安山岩等典型的岛弧物质记录，上述两会聚带之间也缺乏大洋玄武岩、超基性岩、硅质岩等结合带岩套发育。鉴于此，本书就武陵期大地构造格局初步提出新的模式，如图3-1所示，以安仁（川口）-双牌断裂和郴州-临武断裂为界，自北西向南东依次为扬子陆块东南缘的弧后盆地、岛弧与华南洋、华夏陆块。

弧后盆地主要形成砂、泥质复理石沉积，部分地区或层位夹酸性凝灰岩、沉凝灰岩、凝灰质砂岩、凝灰质板岩等。弧后盆地自北西往南东可分为弧后盆地北区、弧后扩张带和弧后盆地南区（图3-1）。常德-安仁断裂以东的弧后扩张带内发育有浏阳文家市具弧后小洋盆特征的蛇绿岩套残片（贾宝华等，2004）、浏阳南桥具N-MORB特性的玄武岩（周金城等，2003）、益阳具弧后环境特征的科马提质玄武岩（王孝磊等，2003）等，暗示弧后盆地因强烈拉张局部形成了洋壳。其中文家市蛇绿岩出露区构造片理倾向S，可能与弧后盆地收缩时洋壳向南俯冲消减有关。常德-安仁断裂以西的弧后扩张带缺乏明确的物质记录，综合分析认为它可能位于溆浦-靖州断裂和城步-新化断裂之间。溆浦-靖州断裂和城步-新化断裂

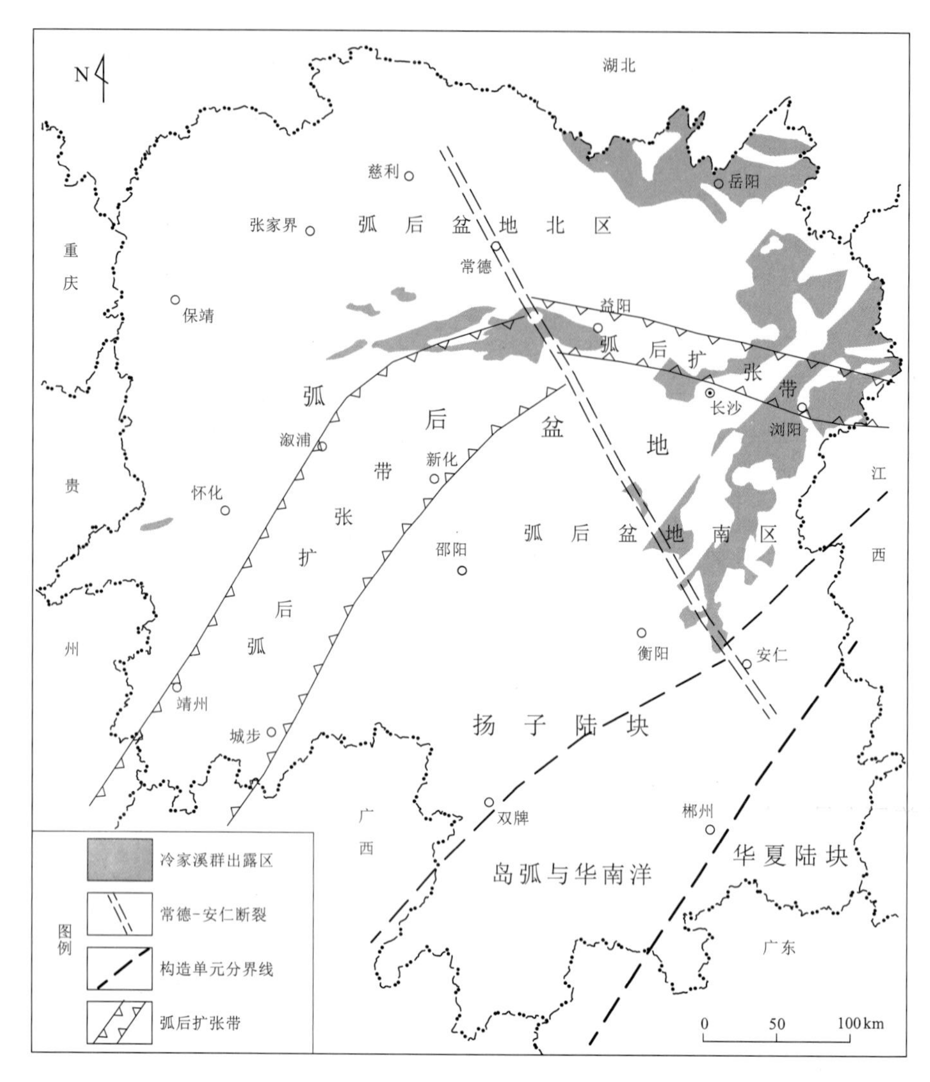

图 3-1　冷家溪群沉积期构造格局推断图

均为岩石圈大断裂。其中，前者被部分研究者视为扬子与华夏的分界（傅昭仁等，1999；张国伟等，2013）或扬子陆块与东南缘岛弧之间的分界（柏道远等，2016b）；后者表现为一岩石圈俯冲会聚带（柏道远等，2012b），被部分研究者视为扬子与华夏分界（饶家荣等，1993）或武陵期扬子陆块与华南洋的分界（柏道远等，2012b）。该带在武陵期—南华纪时期可能因继承性活动发育次级断陷槽，形成了数千米厚的沉积。弧后盆地南区大体对应于NE向的湘东—湘中南岩石圈增厚带（图2-3）。

岛弧与华南洋因后期沉积掩盖而无武陵期物质记录。Shu等（2013）对南岭中西段花岗岩锆石进行了Hf同位素研究，发现以常宁—道县—恭城一线（安仁—双牌）和永兴—临武—连山一线（郴州—临武）为界可分为3个Hf同位素区。其中，中区具低的Hf T_{DM2}年龄（1.6～1.0Ga）和高的ε_{Hf}值（-6左右；155Ma），推测它为新元古代期间扬子与华夏陆块之间的弧-陆碰撞融合带（Shu et al.，2013）；西区和东区具高的Hf T_{DM2}年龄（2.2～

1.6Ga）和低的 ε_{Hf} 值（-10 左右；155Ma），具典型陆壳组成特征，推测它们分属扬子陆块和华夏陆块。据此，结合地质和地球物理反映的安仁-双牌断裂和郴州-临武断裂具岩石圈断裂特征，将两断裂之间的地区对应新元古代扬子陆块与华夏陆块之间的岛弧与华南洋，只是弧、洋的具体格局尚无法厘定。该区南东侧为华夏陆块，该区及其北西侧归于扬子陆块。

据前述大地构造格局分析，常德-安仁断裂在武陵期（即冷家溪群沉积期）为一横切扬子陆块东南缘弧后盆地、岛弧和华南洋的转换断层（图 3-1）。

第二节　断裂对雪峰期沉积岩相古地理的控制

冷家溪群沉积期末的武陵运动，使冷家溪群强烈褶皱变形并发生浅变质，造成板溪群与冷家溪群之间的角度不整合。武陵运动之后，省内进入青白口纪板溪群沉积期—南华纪裂谷盆地演化阶段（王剑等，2009；柏道远等，2010a；湖南省地质调查院，2017）。其中板溪群沉积期由一套厚度较大的碎屑岩、泥质岩、凝灰质岩夹少量碳酸盐岩、碳质板岩、熔岩等构成两个大的沉积亚期，即早期的马底驿旋回和晚期的五强溪旋回。

一、板溪群沉积期早期岩相古地理

本旋回由早、中、晚 3 个各具特色的沉积序列组成，由低水位体系域到海侵体系域到海洋沉积，最后到高水位体系域。

武陵运动后，湖南省内古地理轮廓也发生了明显变化，湘西及湘北地区强烈褶皱隆起，大体沿芷江—沅陵—桃源—桃江—醴陵一线以北区域上升成陆，河流相沉积非常发育，并于芷江渔溪口、沅陵马底驿、益阳沧水铺、株洲杨林冲等地的横路冲组下部发育厚层—块状复成分砾岩、岩屑杂砂岩夹砂质板岩组合。砾岩的砾石成分复杂，有凝灰质砂岩、板岩、岩屑杂砂岩，中、基性火山岩等。砾石以棱角状为主，形态各异，分选差，砾径大小不等，一般为 0.2～3cm，1m 至数米的大岩块也不鲜见，有的岩块凸出层面，有的则杂乱堆积。这套以块状杂砾岩夹砂岩为主的粗碎屑岩，层理不发育，有的略显透镜状产出，常见冲刷底蚀构造，无分选，杂基含量高，具近源快速堆积特点，部分具滑混沉积特征。且沿走向变化迅速，常呈规模不等的透镜状，为山麓坡前之冲洪积扇沉积。

此后，随着海侵不断扩大，海岸线逐步推进至龙山—南县—益阳—浏阳一线。该线北东仍为剥蚀区，缺失了马底驿组沉积，张家湾组直接超覆于冷家溪群褶皱基底之上，紧邻该线的区域发育有海陆过渡相沉积。该线往南依次分为滨岸-潮坪相区、陆棚相区、陆坡相区和盆地相区（图 3-2）。

湘乡—衡山一带断裂带两侧差异明显。早期，在断裂带南西侧的横路冲组为一套灰绿色中厚层—块状浅变质细中粒岩屑石英杂砂岩、浅变质含砾岩屑杂砂岩、浅变质粉砂岩夹条带状板岩、砂质板岩。砂岩中杂基含量为 20%～45%，砂屑成分较复杂，由石英、硅质岩屑、板岩屑及少量火山岩屑构成，呈次棱角状—次圆状，成分、结构成熟度低。此外，碎屑中尚含不稳定组分长石及撕裂状板岩砾石，砂岩中另见有不完整的鲍马序列，具斜坡扇重力流沉

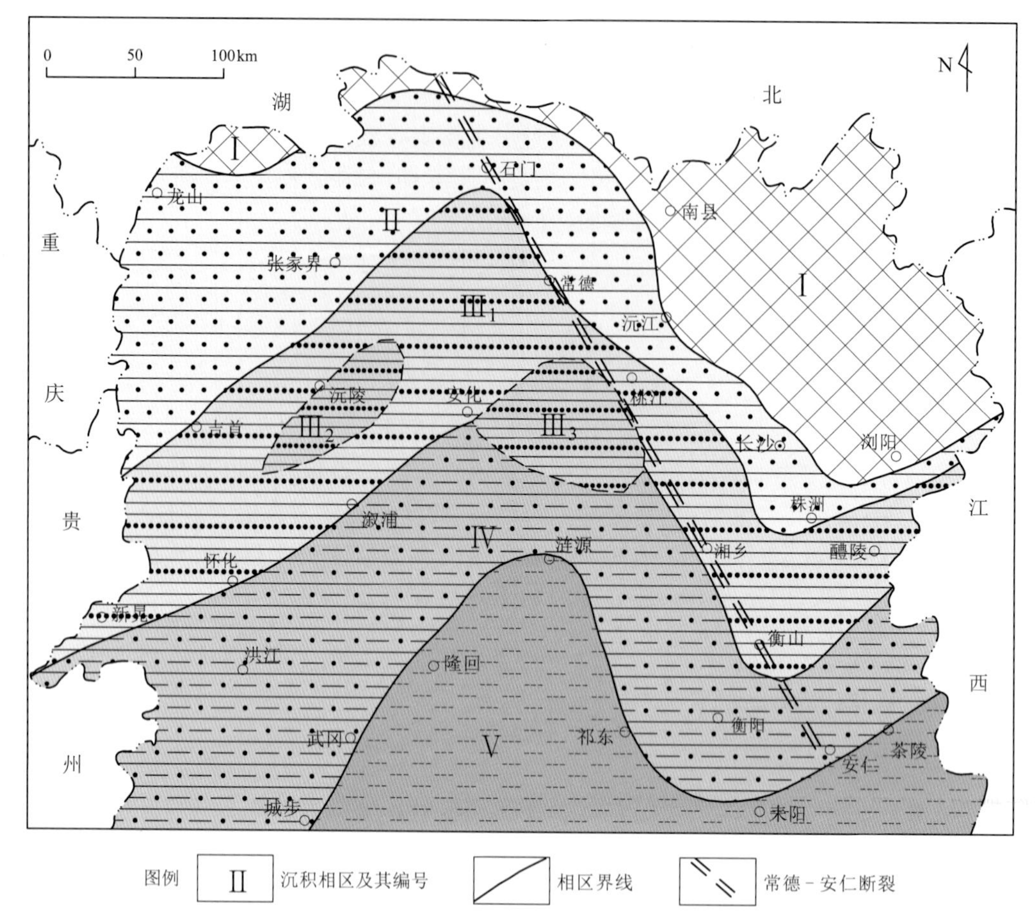

图 3-2　马底驿期岩相古地理

［据湖南省地质调查院（2017）修改］

Ⅰ. 古陆；Ⅱ. 滨岸-三角洲相区；Ⅲ. 陆棚相区；$Ⅲ_1$. 怀化-醴陵陆棚区，$Ⅲ_2$. 沅陵盆地，$Ⅲ_3$. 桃江盆地；Ⅳ. 陆坡相区；Ⅴ. 盆地相区

积特征，厚达632m。断裂带北东侧由灰黄色厚层块状杂砾岩、砾质砂岩、岩屑杂砂岩、板岩在剖面上构成两个大的旋回，单个旋回的下部由杂砾岩、杂砂岩、板岩组成旋回性基本层序，具冲洪积扇沉积特征，厚仅220m。中期，在断裂带南西侧的马底驿组为紫灰色、青灰色薄至厚层状含钙质条带绢云板岩、含钙质砂质板岩夹极薄层灰岩条带，另见两三层细晶陆屑灰岩，大理岩化灰岩、钙质板岩中发育水平层理和小型滑动变形层理，局部可见钙质团块或透镜体块呈叠瓦状排列和透镜体对主体岩层层理压缩成束和推挤为揉皱之现象，属陆棚边缘斜坡沉积，厚357.7～537.8m。断裂带北东侧，下部为紫红色含粉砂质板岩和绢云板岩夹灰紫色、浅黄色薄层状浅变质砂质粉砂岩，上部为紫红色条带状绢云板岩、泥板岩夹浅灰绿色薄层状砂质板岩、泥质粉砂岩，属宁静的浅海陆棚环境，厚200m左右。晚期，断裂带南西侧通塔湾组为灰黑色—深灰色中厚层条带状含碳质板岩、含碳质粉砂质纹带状板岩夹中层状凝灰质板岩，并见较多的中厚层状凝灰质板岩、玻屑凝灰岩、浅变质凝灰质粉砂岩，属水动力条件微弱，水体宁静的深水滞流盆地沉积，同时大量的火山物质表明当时裂谷盆地拉张

明显。断裂带北东侧以青灰色、灰白色夹紫红色中层—块状条带状（粉）砂质板岩为主夹浅灰色浅变质粉—细砂岩及数层石英砂岩，上部夹凝灰质板岩、玻屑凝灰岩、浅变质凝灰质粉砂岩，属潮坪-陆棚沉积。

往北至益阳、桃江一带，受常德-安仁断裂拉张影响，断裂带东侧的陆棚相带急剧变窄（图 3-2），并于益阳百羊庄一带，底部见由海底火山喷溢及火山碎屑堆积形成的宝林冲组；桃江株木潭一带，早期为灰白色、灰绿色细中粒砂岩、粉砂岩、砂质板岩夹含砾板岩，中晚期以紫红色条带状粉砂质板岩、灰绿色板岩为主夹少量浅变质粉砂岩，总厚 830m。往南西，灰绿色岩层增多，局部见黑色碳质板岩夹层，至断裂带西侧的龙溪一带，厚度激增，仅马底驿组即达 1 650.7m，下部为紫红色薄中层状粉砂质板岩，含大理岩团块，砂板岩内以水平层理发育为特征，粉砂岩层面上发育小型对称波痕，具潮坪沉积特征；上部以一套灰绿色薄中层状粉砂质板岩、条带状粉砂质板岩为主夹中层状粉砂岩，发育毫米级水平层理及小型砂纹交错层理；顶部为一套紫红色、灰紫色薄层状条带状粉砂质板岩偶夹薄层状泥质粉砂岩，整体上呈现滞流盆地沉积特征。再往西至安化台甲山，中部夹一层厚约 5m 的沉凝灰质火山角砾岩，砾石含量为 30%～40%，主要成分为凝灰质板岩、中酸性熔岩等，呈圆状—次圆状、长条状，大小一般为 2～8mm，往底部砾径明显变粗，高 2～3cm，长 3～5cm，个别长 5～8cm；填隙物含量为 60%～70%，主要为砂屑与绢云母。

综上所述，常德-安仁断裂在马底驿期的伸展活动控制了湘东北地区岩相古地理格局，自北东向南西依次为隆起剥蚀区（洞庭古陆）、滨岸-三角洲相区、陆棚相区、陆坡相区，沉积相区及其界线的展布方向与常德-安仁断裂的走向基本一致，且常德—桃江段滨岸-潮坪相区与陆棚相区的界线、桃江—衡山段陆棚相区与陆坡相区的界线均与常德-安仁断裂大体重合。在断裂带长期拉张作用下，桃江一带陆棚相区明显变窄，桃江往西至安化一带形成陆棚边缘断陷盆地。

二、板溪群沉积期晚期岩相古地理

马底驿末期，区域构造变动加剧，发生了块体自北向南不均匀抬升的西晃山运动，导致了大规模的海退，芷江—沅陵—桃江—浏阳一线以北的较多区域隆升成陆（岛），原先的斜坡地带则遭受到了不同程度的侵蚀。西晃山运动后，地壳又处于相对稳定的下降时期，在海平面上升初期，于芷江渔溪口、沅陵马底驿、望城石龙潭等地的五强溪组底部发育河流相砾岩、含砾砂岩、长石石英砂岩，与下伏通塔湾组呈平行不整合接触，表明区域经历了短暂的沉积间断。

随着海侵扩大，海岸线向北推进至龙山—石门—平江一线，北部的石门杨家坪及岳阳一带，沉积了一套河流相沉积的张家湾组，直接超覆于冷家溪群之上。靠近陆地边缘的新晃—花垣—石门—益阳—浏阳一线以北区域，以五强溪组上部的厚层砂岩夹粉砂质板岩为特征，普遍发育平行层理、大型斜层理、中—大型板状、楔状、槽状交错层理、冲洗层理、透镜状层理、波痕等沉积构造，并常见楔状分布的粗碎屑岩夹层，属波浪、潮汐、风暴等交织作用滨岸沉积。再往南直至洪江—新化—双峰—攸县一线以北区域则为浅水的三角洲或潮坪环境，为灰白、灰黄、灰绿色中—厚层状浅变质石英杂砂岩、长石石英砂岩、粉砂岩与砂质板岩，含凝灰质板岩及少量紫红色绢云板岩等构成韵律，发育波痕、斜层理、水平层理和小型沙纹层理，而先期地势较高的古丈、沅陵、安化、韶山等区域则转变为障壁岛或水下砂坝，沉积厚度较周缘明显减小；该线以南区域则处于广海陆棚-大陆斜坡环境，主要由架枧田组灰黄色中—厚层状浅变质凝灰质长石石英砂岩及粉砂质凝灰质绢云母板岩构成，发育砂泥薄互层理，局部见砂岩中泥质层因风暴作用而产生的撕裂构造及丘状交错层理。该时期区域拉张的影响仍在继续，于洪江-靖州断裂西侧区域初步形成一断陷槽，沉积中心会同一带厚度远大于周围区域，且沉积物中含大量火山物质；而此时常德-安仁断裂的拉张作用在常德段有所体现，基本上控制了石门—桃江一带滨岸带的边界。

五强溪中期，在区域拉张体制影响下，各条深大断裂产生大规模的伸展活动明显控制了沉积相带的分布（图 3-3）。该时期海侵达到最大化，滨岸线退至龙山、石门杨家坪及南县—平江一线的洞庭古陆。该线以北区域沉积物以渫水河组为代表，下部岩石组合为浅变质石英砾岩、砂质砾岩、含砾砂岩、石英砂岩、长石岩屑砂岩、杂砂岩与砂质板岩、板岩组成韵律层，韵律底部常见冲刷现象，发育大型板状层理、平行层理和剥离构造，属河流相沉积；

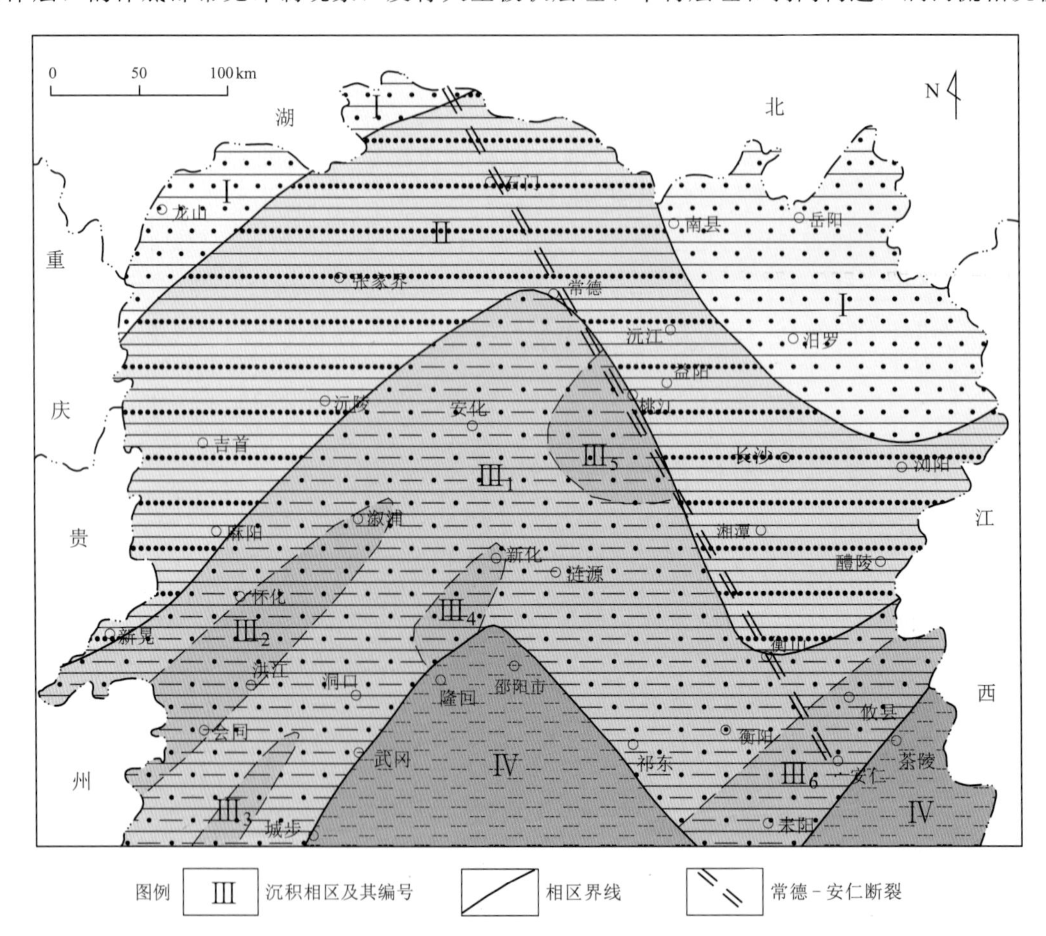

图 3-3　五强溪中期岩相古地理

［据湖南省地质调查院（2017）修改］

Ⅰ. 河流-滨岸相区；Ⅱ. 广海陆棚相区；Ⅲ. 陆坡相区：Ⅲ$_1$. 洞口-衡阳陆坡区，Ⅲ$_2$. 会同断陷海槽，Ⅲ$_3$. 通道断陷海槽，Ⅲ$_4$. 新化断陷海槽，Ⅲ$_5$. 桃江断陷盆地，Ⅲ$_6$. 攸县断陷海槽；Ⅳ. 盆地相区

上部由紫红、灰绿色浅变质石英砂岩、石英杂砂岩、粉砂岩、板岩组成韵律层，部分韵律层底部见冲刷面，发育平行层理，中小型槽状、板状、楔状交错层理，爬升层理，波状层理，脉状—透镜状层理，水平层理和多种类型的波痕，属河口湾-潮坪沉积。往南则依次为浅海陆棚、陆棚外斜坡、深海盆地。

其中，新晃—沅陵—常德—衡山为浅海陆棚与陆棚外斜坡带的分界线，东段界线即为常德-安仁断裂，两侧岩性岩相上存在明显差异。断裂带南西侧的桃江—湘乡沿线，多益塘组为一套灰色、灰绿色条带状粉砂质板岩、凝灰质板岩与中厚层状变沉凝灰岩、玻屑凝灰岩不等厚互层，岩石颜色较深，并发育毫米级水平纹层、滑塌变形层理、包卷层理，厚 734m，具斜坡带断陷盆地沉积特征，往南至双峰一带，为灰、灰绿色中厚层条带状、条带状砂质板岩夹少量紫红色绢云板岩、灰白色凝灰质板岩，沉积构造以水平纹层为主，偶见少量斜层理及滑塌变形层理，属水动力较弱的缓坡环境。而在断裂的北东侧，多益塘组下部为灰绿色薄层状粉砂质板岩、条带状板岩，中上部为灰绿色条带状凝灰质板岩、粉砂质板岩、变凝灰质粉砂岩，偶夹薄层状沉凝灰岩，水平纹层极发育，属水动力条件较弱、介质宁静的浅海陆棚相沉积，厚度明显变薄，常德一带仅 80m，益阳、长沙一带增至 225～350m，往南至湘潭、株洲又有所减小。

此时，扬子东南缘裂谷盆地快速发展进入第一个高峰期，陆棚-斜坡带内深大断裂下降盘形成大量规模形态不一的断陷盆地，同时伴随着大规模的火山活动，除了在上述沉积物中普遍存在的中、酸性火山物质外，于 760Ma 前后存在一次显著的基性—超基性岩浆活动，形成了湘西黔阳辉绿岩、通道超基性岩、古丈辉绿岩及桂北龙胜辉长辉绿岩等。

五强溪晚期（760～720Ma），雪峰运动自北西往南东缓慢而持续性抬升，使得滨岸线逐步往南退却，各个相带随之往南推移，在湘西地区展现得十分清晰。湘西北的吉首—张家界一带，先由陆棚转变为三角洲环境，再逐步转变滨岸环境直至抬升成陆遭受剥蚀。往南至安化烟溪一带，下部为灰色薄—厚层状石英砂岩、岩屑石英粉砂岩、泥质条带粉砂岩，发育粗尾递变层理，偶见变形层理，在芷江一带则为灰色、灰绿色厚层—块状凝灰质岩屑石英砂岩、条带状凝灰质板岩及浅变质含砾长石岩屑石英杂砂岩、含砾凝灰质石英砂岩夹两三层玻屑沉凝灰岩，均具斜坡带浊积岩特征；上部在安化一带为灰色、黄绿色薄—厚层状石英粉砂岩、泥质粉砂岩、条带状粉砂质板岩，发育水平层理、透镜状层理及浪成波痕和冲刷充填构造，芷江一带，为浅灰绿色块状浅变质含凝灰质长石石英砂岩、浅变质细粒石英砂岩、条带状粉砂质板岩、凝灰质板岩夹少量沉凝灰岩，属远滨带-陆棚沉积。靖州—溆浦一线北西，仍为斜坡环境，浊积岩特征明显：高密度浊流形成厚层块状砂岩，中含有透镜状、板状、丝状泥砾，局部块状砂岩厚达 50m 以上并见有大型透镜状层理，低密度浊流形成的粉砂质板岩中见不完整的鲍马序列 BCD、CD 组合；由北西往南东，砂泥比例显著下降，自五强溪中期以来大量的浊积岩也将早期的断陷盆地填平，并随着雪峰运动的不断抬升，于长安冰期时露出水面。至城步—新化一线南东，则由陆棚盆地转变为斜坡环境，于岩门寨组上部发育滑塌变形层理和沙纹交错层理，并根据变形层理滑动指向和沙纹交错层理水流方向可以推断沉积物源来自北西的扬子古陆区。

湘东北地区的相带自北东向南西推移情况与湘西地区具相似性：随着区域性的抬升，洞庭古陆周缘的潮坪带率先抬升出水接受剥蚀；常德—衡山一线，由陆棚环境向潮坪或三角洲环境转变，且进一步隆升成陆并接受剥蚀；湘乡—衡阳一带，由斜坡上部逐步向开阔陆棚、局限潮坪转变，衡阳一带最终隆升成陆（岛）。

在桃江—湘乡一带，常德-安仁断裂两侧在岩性、岩相和沉积厚度上呈现出巨大差异。断裂南西侧长期处于陆棚边缘-斜坡环境：在桃江马迹塘一带，下部百合垅组由灰色—灰白色（长石）石英砂岩、凝灰质砂岩与变沉凝灰岩、凝灰质板岩构成不等厚韵律，厚490m，上部牛牯坪组为灰绿色条带状粉砂质板岩、条带状板岩夹凝灰质板岩、变沉凝灰岩及长石石英杂砂岩等，发育水平纹层、滑塌变形层理、包卷层理，砂岩底面见冲刷、刮蚀形成的同生砾石层，厚达1104m；往南至宁乡黄材，百合垅组为深灰色中至厚层至块状含砾粗中粒石英砂岩、石英砂岩夹粉砂质板岩、板岩，厚585m，牛牯坪组为黄绿、灰色条带状粉砂质板岩夹浅变质粉砂岩、细粒石英砂岩，局部夹1～3m的透镜状玻屑凝灰岩，板岩中见有同生砾石，厚822m。断裂北东侧则为三角洲-潮坪环境下的沉积，厚度亦明显减小：常德一带为由灰白色厚层状浅变质细粒长石石英砂岩、中厚层状浅变质细至中粒长石石英砂岩及青灰色含粉砂质板岩构成的沉积旋回，厚度不足100m；在长沙一带，下部百合垅组由灰绿色薄—中层状含砾石英砂岩、长石石英砂岩或细粒石英杂砂岩与粉砂质条带状板岩、泥质粉砂岩形成韵律层，厚度仅38m，往上牛牯坪组以灰绿色粉砂质板岩、条带状板岩为主夹凝灰质板岩、沉凝灰岩及薄层石英粉砂岩，厚约350m。

综上所述，常德-安仁断裂在五强溪期具同沉积伸展活动，控制着桃江—湘乡段断陷盆地的生长与演化：五强溪早期，它基本上控制了石门—桃江一带滨岸带的边界；五强溪中期，断裂为北东侧浅海陆棚与南西侧陆坡区及断陷盆地的分界线；五强溪晚期，常德-安仁断裂桃江—湘乡段的南西侧处于陆棚边缘—斜坡环境，沉积厚度大，而断裂北东侧则为三角洲-潮坪环境，沉积厚度明显减小。

第三节　断裂对南华纪沉积岩相古地理的控制

南华纪为裂谷盆地转换阶段，由板溪群沉积期裂谷盆地进一步伸展演化并发展为新一轮沉积盆地。此时，地球气候发生巨变，进入雪球时代，发生大规模冰川性海退事件，同时受到雪峰运动影响，古地理格局和沉积特征发生剧变。南华纪古地理背景维持着北高南低的地势格局，湘北地区为稳定的陆缘，湘南发展为强烈的活动区，处于二者之间的湘中区则为一过渡地带。这一总的构造格局控制着南华纪沉积相带的分布规律和特点（湖南省地质调查院，2017）。在该时期NE向深大断裂（如凤凰-张家界断裂、洪江-溆浦断裂、城步-新化断裂、新宁-灰汤断裂、双牌-川口大断裂）占据主导地位并产生强烈伸展活动，形成NE向堑垒构造格局；而NW向深大断裂（常德-安仁断裂、邵阳-郴州大断裂）伸展活动相对有所减弱，主要表现在对湘中一带古地理格局的控制。

根据区域气候交替演变特点，南华纪可分为长安冰期、富禄间冰期、古城冰期、大塘坡间冰期、南沱冰期等5个时段，3个冰期分别对应早南华世、中南华世和晚南华世。

一、长安冰期岩相古地理

受雪峰运动影响，板溪末期区域发生了大规模的海退，南华纪早期，海侵自南向北逐级推进，整个长安期基本维持着板溪末期以来的古地理格局，但沉积作用除了受构造及古地理条件控制外，与古气候条件亦密切相关，大体上自北西往南东可分为冰内、冰水滨岸、冰水浅海（浮冰带）和冰外斜坡-深海 4 个相区（图 3-4）。

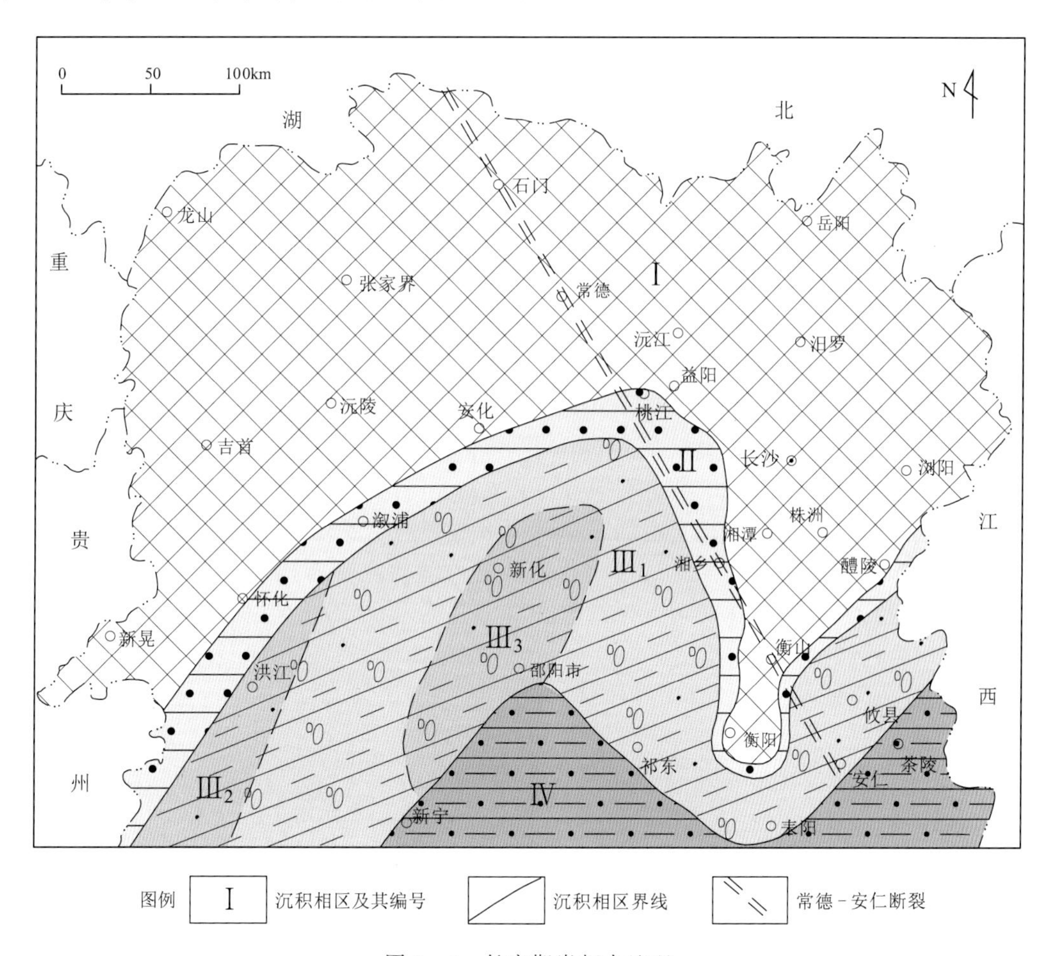

图 3-4 长安期岩相古地理

[据湖南省地质调查院（2017）修改]

Ⅰ. 冰内（剥蚀区）；Ⅱ. 冰水滨岸；Ⅲ. 冰水浅海；$Ⅲ_1$. 城步-攸县陆棚，$Ⅲ_2$. 洪江断陷盆地，$Ⅲ_3$. 邵阳断陷盆地；Ⅳ. 冰外斜坡-深海

大体沿怀化—溆浦—桃江—衡阳—浏阳以北为古陆范围，此期处于冰川或冰盖分布区域，以刮蚀作用为主，局部低洼地带可能有薄的底碛或冰河（湖）沉积，但因后期冰川消融时受到剥蚀或流水改造，难以恢复其本来面目，故将它整体作为冰内区。

冰水滨岸带紧邻冰内区边缘分布，宽度一般在几千米至几十千米，长安组岩性多为单调的含砾砂质板岩，常呈巨厚块体产出，不显层理，纹层构造极不发育或缺乏，这是缺少风暴、潮汐、波浪、流水等牵引水流作用的结果，也是冰湖与冰海沉积的主要区别。

冰前浅海相区分布于冰水滨岸带往南至茶陵—双牌一线以北的区域，有冰水浅海陆棚、冰水三角洲和局限海槽等亚相带。冰水浅海陆棚分布在灰汤-新宁断裂以东区域，冰水三角洲—局限海槽分布在灰汤-新宁断裂以西区域。本相区长安组主要为灰绿、黄绿色浅变质泥质含砾粉砂岩、含砾砂质板岩、含砾板岩及浅变质含细砾粉砂岩。受 NE 向深大断裂强烈拉张影响，于洪江—通道和涟源—武冈等地形成断陷海槽，海槽内沉积厚度巨大，会同—通道一带可达 3000m 以上；下部发育数百米的浅灰色厚层块状含砾长石石英杂砂岩夹灰绿色无层理含砾砂质板岩及少许纹层状绢云母板岩，应为湘西北陆块区域冰盖大规模消融将冰前和冰内沉积物带入陆坡型裂谷盆地中堆积而成，属于冰源重力流沉积体系。新化云溪一带见层状产出的辉绿岩和角砾状玄武岩，反映拉张作用强烈。

茶陵—双牌一线以南区域则为颜色较深的板岩、含砾板岩夹少量碳酸盐岩的泗洲山组，发育水平层理、滑塌变形层理，具坠石构造，属斜坡带-深海盆地在寒冷气候下冰筏与正常海洋沉积混合的产物。

常德-安仁断裂在长安期表现一定的伸展活动。在桃江—湘乡段，断裂控制着古陆、滨岸带与陆棚带的界线展布（图 3-4）：滨岸带仅发育在断裂带沿线的狭窄区域内，岩性多为单调的含砾砂质板岩，常呈巨厚块体产出，不显层理；岩石中砾石含量为 2%～10%，零散分布，疏密不匀，无水动力分选；成分复杂，遍含沉积岩、变质岩、侵入岩、火山岩；砾径大小不一，大者达米余，一般为 0.2～5cm；磨圆度较差、中等，多为次棱角状，砾石形状多样，表面可见擦痕、凹面、压坑、裂痕等痕迹；沉积构造不发育，厚 0～140m。断裂带东侧的长沙、益阳等地，缺失了长安组沉积；断裂带西侧的宁乡东塘、涟源陈家山一带，形成一套以灰绿色含砾板岩为主夹少量浅变质含砾砂岩的地层，坠石构造发育，厚 473～613m；上部发育冰融泥石流成因的浅变质含砾石英砂岩、石英岩状砂岩。在衡山一带，断裂伸展形成了一个向北西内凹的海湾（图 3-4）。

二、富禄间冰期岩相古地理

富禄间冰期区域气候一度转暖，冰川向源萎缩，西部局部地区虽仍受短期冰川影响，但未及全局。

与长安期比较，本期北高南低的基本格局没有改变，但原先相带的位置、范围则变化较大（图 3-5）。因冰川的大规模消融，海平面逐渐上升，海侵范围最终扩大至湘西北地区。

在湘西地区，张家界—凤凰—新晃一线受断裂拉张影响形成海槽，将其东侧陆地区域与扬子古陆隔开，并在区域性拉张作用和海水侵蚀下进一步解体形成大量海岛，仅石门—沅陵一线规模较大。湘东地区洞庭古陆亦明显减小，北侧退至安化—沅江—平江一线，南侧退至桃江—醴陵—浏阳一线，衡山一带在常德-安仁断裂拉张下形成海峡，将西侧区域隔开形成海岛。

在先期（长安期）大量冰源重力流沉积的充填下，湘中地区早先的断裂槽已被填平，整体转变为潮坪-三角洲环境，并形成了大量的障壁岛或水下砂坝。

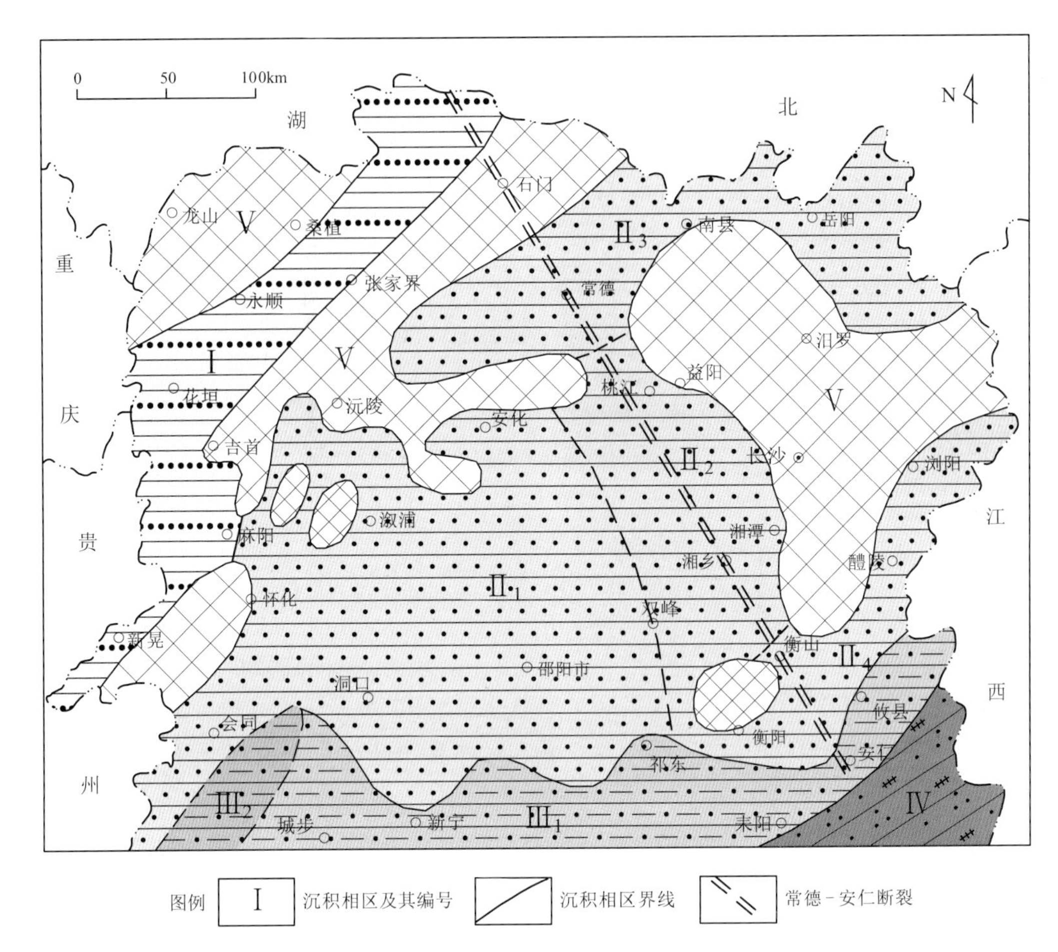

图 3-5　富禄期岩相古地理

Ⅰ. 湘西北河流-潮坪；Ⅱ. 滨海：$Ⅱ_1$. 湘中三角洲，$Ⅱ_2$. 湘潭海湾，$Ⅱ_3$. 常德-岳阳河流-海湾，$Ⅱ_4$. 衡阳-浏阳滨岸-三角洲；Ⅲ. 浅海陆棚：$Ⅲ_1$. 城步-攸县陆棚，$Ⅲ_2$. 通道-江口断陷海槽；Ⅳ. 大陆斜坡-海盆；Ⅴ. 古陆及岛屿

往南至通道—洞口—新宁—祁东—攸县一带则为浅海陆棚，富禄组下部为紫红色板岩、粉砂质板岩、含铁板岩夹条带状赤铁矿层，即江口式铁矿的赋矿层位，究其成因，可能为气候转暖初期，古陆剥蚀区的大量铁质跟随冰水进入三角洲或滨岸与浅海陆棚交界位置，因胶体化学性质改变而沉积下来；中、上部为灰绿色中厚层粉砂质板岩、粉砂岩，夹绢云母板岩及厚层浅变质中细粒长石石英杂砂岩，偶含细小砾石。其中，在通道—会同一带，因断陷海槽的存在，来自北西扬子古陆的碎屑物质经河流搬运在此倾泻而下，沉积厚度于靖州南东一带达到 1600m。

再至茶陵—双牌一线以南区域，先期局限海盆因过补偿性填充已趋缺失，转变为陆棚后缘斜坡带，沉积了浊积扇中扇-扇舌相的天子地组。

在富禄期，受常德-安仁断裂控制，桃江断陷盆地依旧存在，因四周被大量障壁岛隔绝，形成一个 NW 向局限海湾，并不断向北东缘的洞庭古陆侵蚀扩大。沉积物多为浅灰、灰色厚—巨厚层状浅变质中至粗粒长石石英砂岩、含砾砂岩夹紫红、灰绿色板岩、砂质板岩等，局部见钙质砂岩、凝灰质砂岩。在桃江松木塘见1层0.15m厚的泥质灰岩，砂岩发育平行层理、冲洗交错层理、小型板状交错层理，厚7～67m，属物源较匮乏的滨海。至湘乡以南区域，沉积厚度不足10m，岩性主要为灰黄色、灰白色中厚层状浅变质含砾不等粒石英砂岩、浅变质岩屑石英杂砂岩夹石英粉砂岩、砂质粉砂岩，层内发育平行层理，属水动力较强的海滩环境；偶见小型斜层理、丘状交错层理，反映偶有大型风暴潮从南东方向的攸县一带越过海峡进入海湾东南区域。

此外，受常德-安仁断裂拉张影响，宁乡大湖一带富禄组中部有层状、似层状产出的玄武质火山岩。其下部为玄武质火山角砾岩，厚约50m，与下伏砂岩呈喷发接触关系；上部为苦橄玄武岩，厚约20m，与上覆砂岩呈整合接触关系。

综上所述，富禄期常德-安仁断裂的伸展活动控制了NW向湘潭海湾的发育，并于桃江北面和衡山两地形成了湘东北古陆与湘中滨海中岛屿之间的海峡。

三、古城冰期岩相古地理

古城冰期，俗称“小冰”或“中冰”，是区内一个较为次要的冰期，除湘西南、湘中东部等小部分地段发育冰海沉积外，大多属于大陆冰川沉积。

在泥市—张家界—吉首一线北西区域，属大陆冰水河湖沉积相带，古城组沉积厚度小，一般数米至数十米。有两种微相：一是冰湖相沉积，由深灰色纹层状含砾板岩组成，发育坠石构造；二是冰水三角洲-辫状河流沉积，由块状砂砾岩或含砾砂岩组成，发育不规则大型水平层理及透镜状层理，底冲刷及滞流砾石透镜体常见。

在湘西南靖县—江口一带的断陷海槽区域，古城组由灰绿色块状无层理之含砾砂质板岩组成，属浮冰带沉积，一般仅厚几米。

在常德-安仁断裂带的北段，此时期多位于冰盖之下，以冰川铲蚀作用为主，沉积缺失。在断裂南段，该时期有少量的沉积，古城组的分布受常德-安仁断裂控制：断裂带东侧为冰水河流沉积，于湘潭锰矿一带见一套黄绿色长石石英砂岩、含砾长石石英砂岩与砾泥岩互层，厚22.4m，与下伏板溪群或富禄组均为平行不整合接触；断裂南西侧则发育一套以含砾砂质板岩为主夹灰岩透镜体的地层，砾石具定向排列，双峰小洞一带最厚达160.2m，往两侧快速变薄，至双峰以北仅有2m，具冰水泥石流远端沉积特征。

四、大塘坡间冰期岩相古地理

大塘坡间冰期是一次稳定的区域性间冰期，古地理格局与富禄期的相差不大，但相较于富禄期冰川融水自扬子古陆带来大量陆源碎屑，本期沉积物多以泥质为主，仅在靠近古陆区域有少量细砂岩或粉砂岩，且多集中在下部。根据沉积特征，本期自北往南大体将湖南地区分为海湾-潮坪潟湖沉积区、浅海陆棚和斜坡-盆地等3个相区（图3-6）。

靖州—武冈—祁东—衡阳一线北西区域为海湾-潮坪-潟湖沉积区，大量规模不一、形态各异的海岛或水下砂坝与北西的扬子古陆、东部的洞庭古陆共同构成了障壁岛-潮坪沉积体

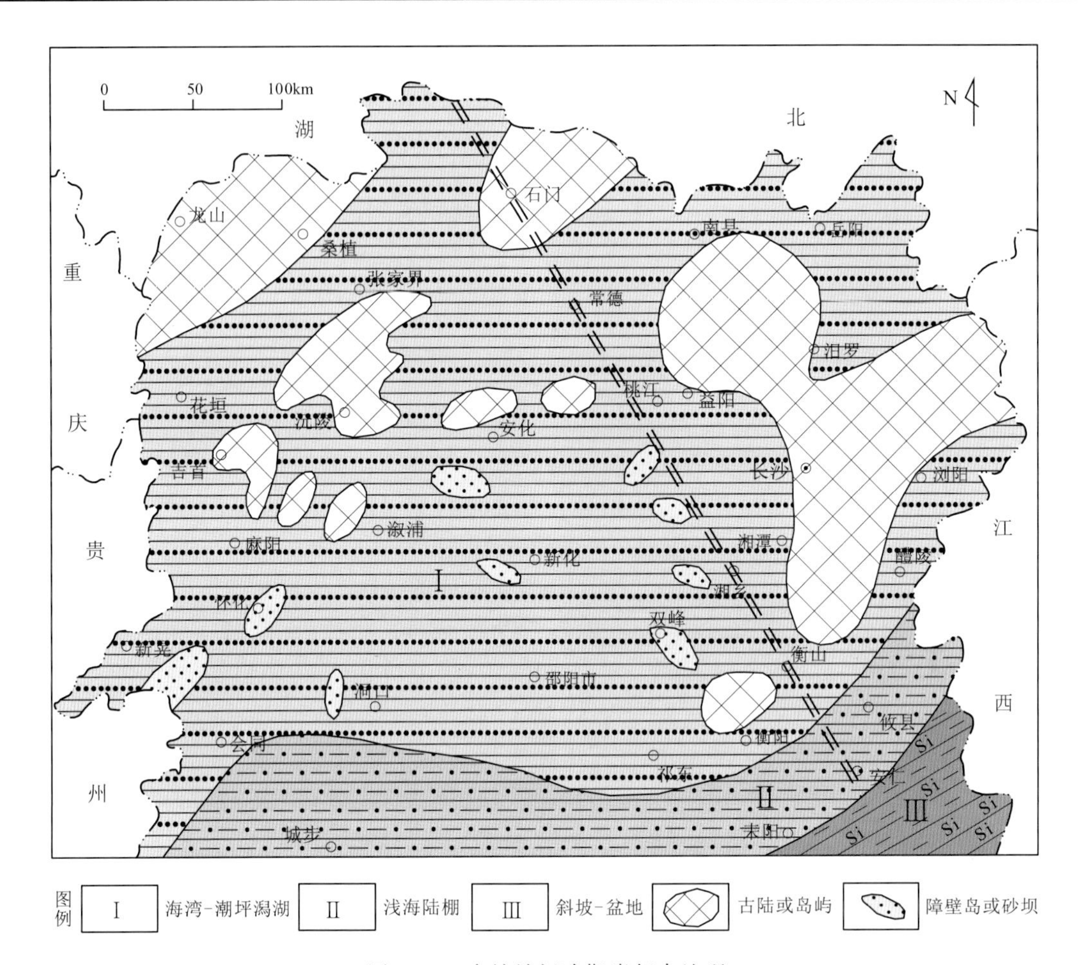

图 3-6　大塘坡间冰期岩相古地理

系，将湘中以北海域分割为大量彼此相连但整体局限的潮坪或潟湖。大塘坡组下部多为黑色碳质页岩夹白云岩、菱锰矿，即“大塘坡式锰矿”的赋矿层位，在花垣民乐、湘潭、洞口江口、通道等地较为发育；上部为灰色板状页岩。因陆源碎屑的缺乏，此区域沉积厚度普遍不大，除花垣民乐一带厚 200m 以上，其余区域多在几米至几十米不等。

靖州—武冈—祁东—衡阳一线往南至双牌—茶陵一线以北区域属浅海陆棚沉积环境。大塘坡组为深灰色条带状板岩及少量碳质板岩、钙质板岩，偶夹白云岩。

双牌—茶陵以南区域则为斜坡-盆地环境，沉积物以正园岭组近顶部的深灰色板岩，硅质板岩夹白云岩及硅质岩薄层为特征，总体厚度小。

该时期，常德-安仁断裂控制了 NW 向湘潭盆地的发展演化，并制约了盆地内锰矿的形成与分布（图 3-6）。在古城期—大塘坡早期，因冰川作用造成了明显的海退，桃江、衡山等地与洞庭古陆重新相连，隔绝海水，在湘潭一带区域形成相对局限的冰下海湾环境。同时，因陆源物质的长期匮乏，该盆地内鲜有沉积，仅在靠近古陆边缘的东侧发育少量冰水河流沉积，厚度亦不大。在常德-安仁断裂的拉张作用下，海湾不断变深，并逐渐转变为环境更加局限的滞流盆地。进入大塘坡期后，气候转暖，藻类大量繁殖，盆地内沉积物以碳泥质、硅质岩类为主，富含有机质，局部区域见有藻植煤。同时，在拉张环境下，大量来自深部的锰质通过热卤水或海底火山等热事件，沿常德-安仁断裂及其他深大断裂不断上涌，使古海水中富含锰质（付胜云，2017）。在水流不畅、宁静还原的滞流盆地中心区域，大量的锰质以碳酸锰的形式沉淀在碳质页岩、硅质岩层中保存下来，而在盆地边缘则仅有少量的锰质随碳酸盐岩沉积下来。大塘坡中后期，在断裂持续拉张下，随着海侵扩大，衡山一带重新进入水下，沉积环境逐渐开阔，向潮坪-潟湖转变，沉积物以钙质板岩、条带状粉砂质板岩、泥板岩为主，颜色多为浅灰、灰绿色，在盆地中心区域尚见黑色含碳质板岩。

五、南沱冰期岩相古地理

南沱冰期是一次区域性大冰期，规模可与长安冰期相近。此期继承大塘坡间冰期格局，但冰川性海退较明显，陆地相对扩大，相带分野更趋明显。自北而南可分为冰内带、冰水平原-滨岸带、冰水陆棚、冰外斜坡-盆地 4 个相带。

冰内带主要分布在湘西北和湘东北地区，属于陆相冰碛区。

冰水平原-滨岸带主要分布于怀化—溆浦—安化—衡山一线以北区域，除初始阶段有少许冰湖沉积外，主要为大陆冰川沉积，发育南沱组灰黑色块状砾砂质泥岩夹含砾不等粒砂岩及板岩透镜体。

再往南至川口-双牌断裂以北区域为冰水陆棚，其沉积地层洪江组以巨厚的含砾砂质板岩为主，夹少量纹层状绢云母板岩及白云岩。砾石成分更趋复杂，大砾径砾石多，所见最大花岗岩砾石达 1.6m。通道—靖州、新化—安化仙溪一线存在断陷海槽，沉积厚度最大可达 2000m 以上，其中部分沉积显示高密度重力流-块体流沉积特征。

川口-双牌断裂以南区域，主要由正园岭组顶部灰、灰绿色板岩或砂质板岩组成，之间夹含砾砂质板岩透镜体或薄层；砾石分布不均，无一定规律可循；板岩层理不清楚，局部发育水平条带，常与下伏硅质岩或白云岩共生，沉积厚度小，一般厚仅数米，最厚亦小于 50m。应属深海欠补偿性饥饿盆地冰筏带之沉积。

常德-安仁断裂在南沱冰期仍具伸展运动，致使断裂桃江—湘乡段南西侧为冰水陆棚，北东侧为冰水平原-滨岸带。往南至衡山一带，断裂带及东侧区域属冰水滨岸环境，发育冰融泥石流沉积，西侧则为衡阳古岛，属冰碛相，缺失了南沱期沉积，再往西至祁东则为浅海浮冰带沉积。

值得指出的是，在长沙以西麻田一带的冰期沉积体系之上有火山喷发的玄武质角砾岩-苦橄玄武岩-玄武质沉凝灰岩，呈层状覆盖于南沱组之上，并整合于金家洞组之下，应为南沱末期深大断裂拉张引起的火山喷发，可能与常德-安仁断裂有关。

第四节　断裂对震旦纪沉积岩相古地理的控制

震旦纪为陆内裂谷向被动陆缘转化阶段，总体具被动陆缘伸展构造体制。继南沱冰期之后，震旦纪迎来了一次大规模海侵。较之雪峰期和南华纪陆源建造为主，本期代之为内源建造。岩相古地理格局由先期北高南低、相带近 EW 走向，转为 NE 走向的台、盆体系，相带的分布基本受 NE 向深大断裂控制，而 NW 向构造主要体现在对局部相带的控制。

根据沉积物两分性的特征，可将震旦纪分为早、晚两期，分别对应陡山沱组（金家洞组）沉积及灯影组（留茶坡组）沉积。

一、早震旦世岩相古地理

随着南华纪晚期大区域性冰川的消融，早震旦世早期海面显著升高，由于气候转暖，使得处于稳定构造背景下的扬子区发展成为碳酸盐岩台地，茶陵—双牌以南地区仍然处于活动的边缘海槽盆沉积环境，而二者之间的湘中区域则具过渡区性质，受构造古地理格局控制明显（图 3-7）。

怀化—临澧一线北西为碳酸盐岩台地-台缘相区，即陡山沱组分布区域，岩性以纹层发育的泥粉晶白云岩、粉晶灰岩为主夹页岩和磷质灰岩，台缘区则为鲕粒白云岩、亮晶团粒白云岩、角砾状白云岩、砂砾屑白云岩等，且于石门东山峰、泸溪、辰溪一带形成了大中型磷矿。

茶陵—双牌一线以南为埃岐岭组深海槽盆复理石相沉积，由灰绿色长石石英杂砂岩，泥质粉砂岩、粉砂质板岩、硅质岩组成复理石韵律层。砂岩、板岩常组成完整—不完整鲍马序列，具粒级递变结构，频见沟、槽模构造，缺乏中、大型交错层理。

而处于前二者之间的湘中区，相带组合较复杂。从构造环境看，湘中区为介于湘西北碳酸盐岩台地与湘东南复理石槽盆体系之间的一个独立块体。从古地理方面看，湘中区主体为广海陆棚，但受深大断裂控制明显，东侧有岛链形成的台地及其周缘斜坡带，西侧有深水陆棚盆地，内部还有水下孤岛形成的小范围台地（图 3-7）。

常德-安仁断裂对湘中区的古地理格局控制明显，沿断裂带两侧沉积环境均呈现北东高、南西低的特征，反映该断裂具同沉积断裂特征。在常德—桃江段，断裂控制了通道—安化一线陆棚盆地的北东边界，断裂南西侧金家洞组以灰—灰黑色薄中层状硅质板岩、碳质板岩为主夹灰黄色薄层钙质板岩，厚 13.3～19.1m；断裂北东侧，为黄绿色板岩与灰黑色含碳质板岩、含碳质泥质硅质岩，顶底部夹含锰质白云岩，往上碳质板岩、硅质岩增多，厚 100.7m。在桃江—湘乡段，断裂北东侧为深灰、灰黄色钙质板岩、含碳质板岩夹白云岩，厚 40～80m，其中宁乡东塘、桃江凉水井等地白云岩最厚可达 25m，安化大福坪、桃江天井山等地夹有含细砾泥质粉砂岩、细砂岩；断裂南西侧沉积环境明显变深，为灰黑色碳质板岩和灰色薄层含硅质碳质板岩互层，基本不见白云岩，厚 20～46m。在湘乡—安仁段，断裂带控制了岛链及周缘台地、台前斜坡带和浅海陆棚的分布。断裂带东侧衡山、株洲、醴陵等地为东临"九岭岛链"的延伸部分，部分区域可缺失本期沉积，衡阳朱家老屋一带，本期沉积则超覆于长安组之上；岛链周缘区域内发育局限台地—台缘浅滩沉积，于浏阳永和、湘潭黄荆坪等地主要沉积了陡山沱组含碳泥质白云岩夹白云质磷块岩，最大厚度达 200m 以上。断裂带西侧的涟源龙山一带为陆棚相的金家洞组，下部以灰色板岩为主夹含锰灰岩或含锰白云岩，上部为薄层状硅质板岩和黑色板岩，厚 7.5～45m；祁东一带为深灰色含碳质硅质板岩、含碳粉砂质板岩夹薄层硅质岩，偶夹白云岩透镜体，厚 23.4m；沿断裂带所在的双峰—衡阳县一带，为一套灰、浅灰色薄至中层状含硅质板岩、云质板岩夹含锰白云岩、粉—砂屑白云岩，

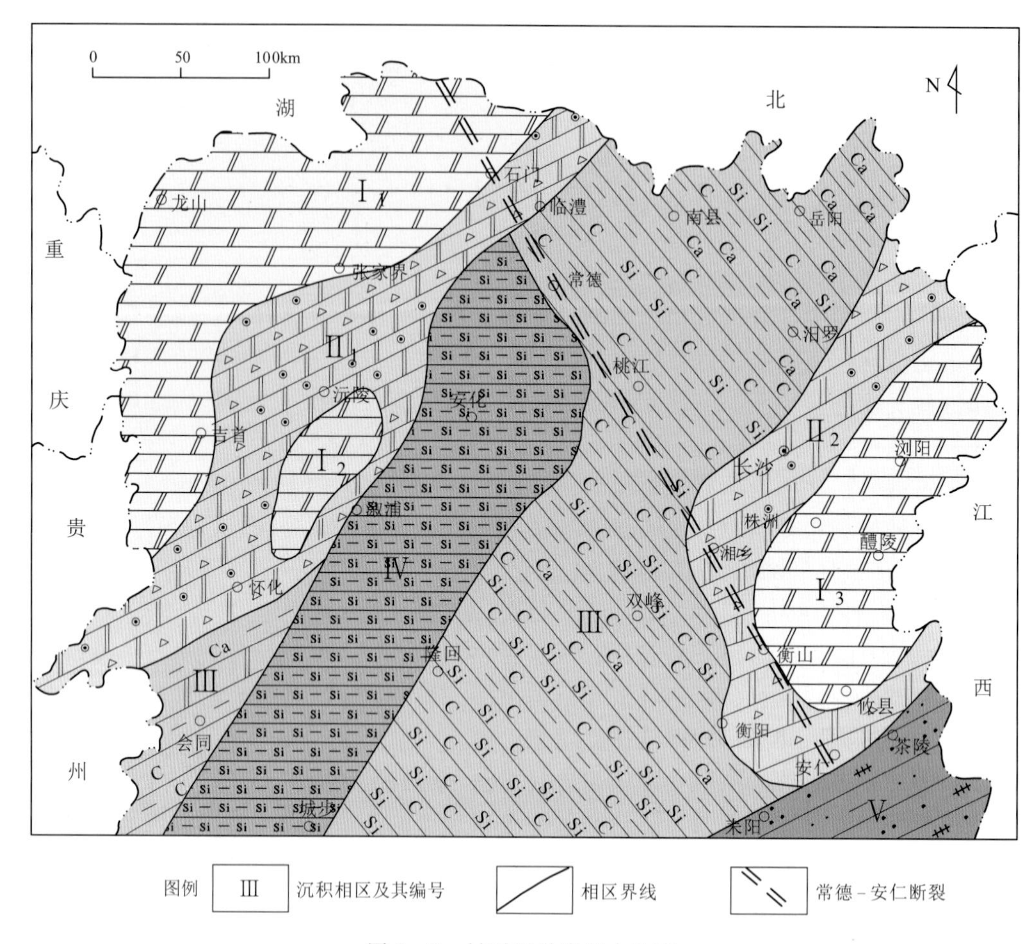

图 3-7　早震旦世岩相古地理

Ⅰ. 台地：$Ⅰ_1$. 湘西北台地，$Ⅰ_2$. 辰溪台地-浅滩，$Ⅰ_3$. 湘东台地；Ⅱ. 台缘相区：$Ⅱ_1$. 临澧-新晃台缘，$Ⅱ_2$. 长沙-衡阳台缘；Ⅲ. 陆棚相区；Ⅳ. 城步-安化陆棚内断陷盆地；Ⅴ. 湘东南槽盆区

白云岩中发育变形层理和粒序层理；湘潭九潭冲、双峰水源山一带可见滑塌成因的灰质、云质角砾岩，属台缘斜坡环境下的重力流沉积。

综上所述，常德-安仁断裂在震旦纪陡山沱期的伸展活动控制了沉积相带的展布：在常德—桃江段，构成通道-安化陆棚盆地的北东边界；在桃江—湘乡段，北东侧水体较浅并发育白云岩，南西侧水体深且无白云岩发育；在湘乡—安仁段，断裂控制 NW 向台缘相区及其东侧台地、西侧陆棚的展布。

二、晚震旦世岩相古地理

灯影期基本继承了陡山沱期的古地理格局，但随着盆地的不断裂陷，海侵扩大，与陡山沱期比较，除台地范围明显缩小外，湖南地区仍维持着三分格局。

在凤凰—张家界—石门一线北西的湘西北地区沉积了台地相的灯影组，主要岩性为泥晶白云岩，含少量颗粒白云岩、黏结岩、含磷白云岩，厚138～176m。早中期以局限台地为特征，晚期向开阔台地转化。在台地边缘，局部可见厚层亮晶砾屑云岩及砂屑云岩，属浅滩环境，其上发育断续分布的藻礁。在藻礁附近的斜坡处，发育滑塌构造及滑塌角砾岩，与早期相比，斜坡带明显变窄。

在茶陵—双牌一线以南的区域，代表地层为丁腰河组。丁腰河组由灰黑、乳白、灰绿、紫红等杂色中至薄层硅质岩，间夹粉砂质板岩、硅质板岩、凝灰质板岩，局部夹薄层杂砂岩组成，发育水平纹层，厚度常为数米至十余米，罕见超过20m者。该组属边缘海盆地相之饥饿段沉积。

二者之间的湘中区域，主体仍为陆棚环境，但沉积环境较早期明显变深，且随着NE向深大断裂的拉张作用，断陷盆地更加发育，辰溪等地留茶坡组下部的沉凝灰岩即为该时期的产物。东侧的岛链范围快速地缩小，至灯影晚期时，除浏阳一带外其余均已进入水下。

常德-安仁断裂在本期仍具同沉积断裂性质，在常德—桃江段和湘乡—安仁段表现得较明显。在常德—桃江段，即断裂带北东的常德一带，留茶坡组下部为灰色、灰黑色薄—厚层状硅质岩夹中层条带硅质岩，上部主要为薄层状条带硅质岩与硅质岩互层，局部夹硅质页岩，厚160m；断裂带南西一带的留茶坡组岩性类似，为深灰色、灰黑色薄—中层条带状硅质岩、含泥质硅质岩，但厚度迅速减小至15.5～44.7m，除水平纹层外，亦见小型交错层理、变形层理，通溪—敷溪一带见同生砾石（滑塌角砾岩）、滑塌变形层，具陆棚内斜坡带特征。在湘乡—安仁段，断裂带及北东侧为台前斜坡—开阔台地沉积，岩性上呈现由灯影组向留茶坡组过渡特征，下部为灰色、深灰色厚层—块状白云岩、云质灰岩偶夹薄—中层状硅质岩、硅质板岩，上部为灰白色、灰绿色薄—中层状板岩、含硅质云质板岩、纹层状硅质岩夹纹层状白云岩、透镜状白云岩，自下而上沉积环境逐渐向开阔陆棚转变；断裂带南西侧，则为留茶坡组灰色、深灰色薄—中层状夹厚层状硅质岩、条带状硅质岩，厚度稳定，多在30m左右，属闭塞的陆棚盆地环境。

综上所述，常德-安仁断裂在灯影期的活动控制沉积环境：常德—桃江段，断裂带北东侧沉积厚160m，南西迅速减小至15.5～44.7m；湘乡—安仁段，断裂带及北东侧为台前斜坡—开阔台地（后期向开阔陆棚转变），断裂带南西侧则为闭塞的陆棚盆地。

第五节 断裂对早古生代沉积岩相古地理的控制

一、寒武纪岩相古地理

寒武纪为被动陆缘盆地阶段，基本继承了震旦纪构造古地理格局，是在震旦纪末“桐湾上升”造成小幅度海退之后开始的新一轮沉积旋回。该时期，湖南地区大致以凤凰—张家界—岳阳及攸县—双牌为界，分为湘西北、湘中及湘东南三大沉积区，其在沉积相上各具特色又互有联系，尤其是湘东南区的北缘和湘中区的南缘，呈现向北西推进的浓厚过渡色彩。

1. 纽芬兰世—第二世早期

该时期，湘西北区处于陆棚缓坡带。纽芬兰世—第二世沉积物以牛蹄塘组黑色碳质页岩为主夹薄层硅质岩、石煤及磷结核，在花垣—永顺一带含有砂质，局部夹粉砂岩。第二世早期为石牌组灰绿色—黄绿色钙质页岩、粉砂质页岩，偶夹薄层细—粉砂岩或碳泥质泥晶灰岩。

湘中区属陆棚下部斜坡—陆棚盆地区，沉积物以牛蹄塘组黑色硅质页岩、碳质页岩为主夹较多薄层硅质岩，含磷结核，往上硅质岩明显减少，碳质页岩占据主体。

湘东南区属活动型陆缘斜坡沉积，由香楠组灰黑色中层长石石英杂砂岩、石英杂砂岩与黑色砂质板岩、碳质板岩及薄层硅质岩组成类复理石韵律层，砂岩多呈巨厚层—块状，局部含砾，底层面常具象形印模，无粒序或粒序不明显，仅很少层段夹有粒级递变砂岩，并发育完整的浊流序列，具近源重力流沉积特点。

2. 第二世晚期—芙蓉世

第二世晚期，随着地壳的差异升降，扬子地区形成了碳酸盐岩台地并逐渐向南东的广海推进，碳酸盐岩沉积范围亦显著扩大，碳泥质明显减少。省内自北西向南东依次发育着局限—开阔台地、台地边缘浅滩、台地前斜坡、陆坡上部、陆坡下部—陆棚盆地及边缘海槽复理石带（图 3-8）。

大体沿花垣—永顺—石门一线北西为台地相区，其中局限台地岩性以娄山关组泥粉晶白云岩、结晶白云岩、泥质白云岩为主夹粉屑、砂屑、砾屑白云岩、叠层石白云岩及鲕粒白云岩。开阔台地从清虚洞组、高台组泥粉晶灰岩、白云质灰岩为主夹粉屑、砂屑灰岩、白云岩和少量砾屑灰岩。紧邻台地外侧的狭长区域内发育浅滩相，主要为亮晶砂砾屑灰岩、结晶砾屑白云岩、鲕粒灰岩、鲕粒白云岩、亮晶生物屑灰岩等。

花垣—永顺—石门一线南东、凤凰—吉首—慈利—岳阳一线北西区域，为台前斜坡带，沉积物由敖溪组、车夫组、比条组泥质条带灰（云）岩夹厚层角砾灰（云）岩组成，厚度较大，含丰富的以球接子为代表的游泳型三叶虫化石。

往南至靖州—溆浦—桃江—平江一线以北区域为陆坡上部相区，沉积物主要为污泥塘组纹层状钙质板岩、泥质灰岩、泥晶灰岩及白云质泥灰岩，普遍发育毫米级纹层。

再往南至通道—隆回—祁东—攸县以北区域属陆坡下部—陆棚盆地，所沉积的污泥塘组主要为纹层状泥质灰岩、薄层泥晶灰岩、泥灰岩、碳质灰岩、硅质页岩等，沉积物颜色深，泥质及硅质增多，厚度明显变薄。

通道—隆回—祁东—攸县一线以南区域具活动型陆缘盆地性质，第二世晚期—第三世以茶园头组沉积为代表，以灰色、深灰色厚层中细粒石英砂岩、长石石英杂砂岩为主夹砂质板岩、板岩及少量黑色碳质板岩、硅质岩的地质构成复理石韵律，整体上呈现深水安静环境与浊流交互出现的特征。至芙蓉世时，南西部本相带往南退却至新宁—邵阳以南区域，相较第三世，静水沉积层次增多，并多次出现碳酸盐岩，显示寒武纪后期浊流活动次数减少、活动变弱的趋势，且整体环境有所变浅。

该时期，常德-安仁断裂在桃江—安仁段具伸展活动，大体构成了东侧下部缓坡与西侧

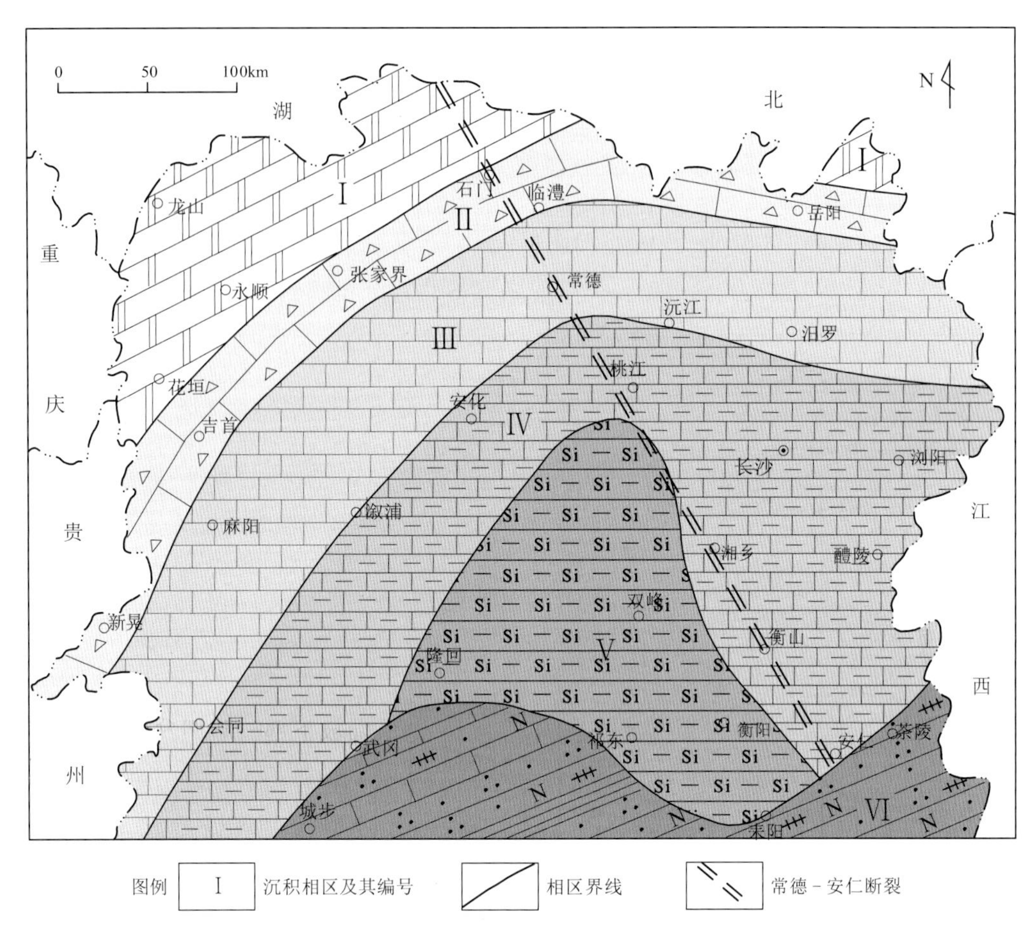

图 3－8　寒武纪第三世岩相古地理

［据湖南省地质调查院（2017）修改］

Ⅰ．局限一开阔台地及台缘；Ⅱ．台前斜坡；Ⅲ．上部缓坡；Ⅳ．下部缓坡；Ⅴ．陆棚盆地；Ⅵ．活动大陆边缘槽盆

陆棚盆地的分界，两侧沉积厚度亦存较大差异。断裂带附近的双峰石牛一带，寒武纪沉积厚度达 1100m 以上，往断裂带西侧，下部的硅质岩明显增多，沉积厚度则迅速减小，邵东皂壳塘厚 579m，祁东一带厚 574m，涟邵龙山一带厚度不足 500m；往北至桃江一带，断裂带北东侧的益阳南坝厚 730.8m，灰山港厚 745m；往西至安化，大福坪厚 518m，桃江马迹塘仅厚 384m。上述特征反映在寒武纪，常德-安仁断裂仍具同沉积控盆性质，于断裂南西区域可形成相对更深的陆棚盆地，而在断裂带及其北东侧区域则为较浅的陆棚区域，在局部高地区域如浏阳一带可能有浅水台地发育。

二、奥陶纪岩相古地理

奥陶纪，湖南地区基本继承寒武纪后期的古地理格局，盆岭构造分区基本相同，仍呈现明显的三分性，不过具体相带界线在不同时期变迁明显。奥陶纪期间沉积盆地性质经历了由早奥陶世被动陆缘盆地向中—晚奥陶世前陆盆地的转化。

1. 早奥陶世

寒武纪末期，受郁南运动影响，湖南省内发生了较为明显的抬升，沿芷江—安化—益阳—浏阳，两侧区域形成了大量的水下高地（图 3-9），局部区域甚至已经露出水面成为岛屿，为“江南古陆”的形成奠定了基础。同时，湘西北地区的台地、台缘等较浅位置亦有部分区域形成水上高地，造成了寒武纪、奥陶纪之交的短暂沉积间断。

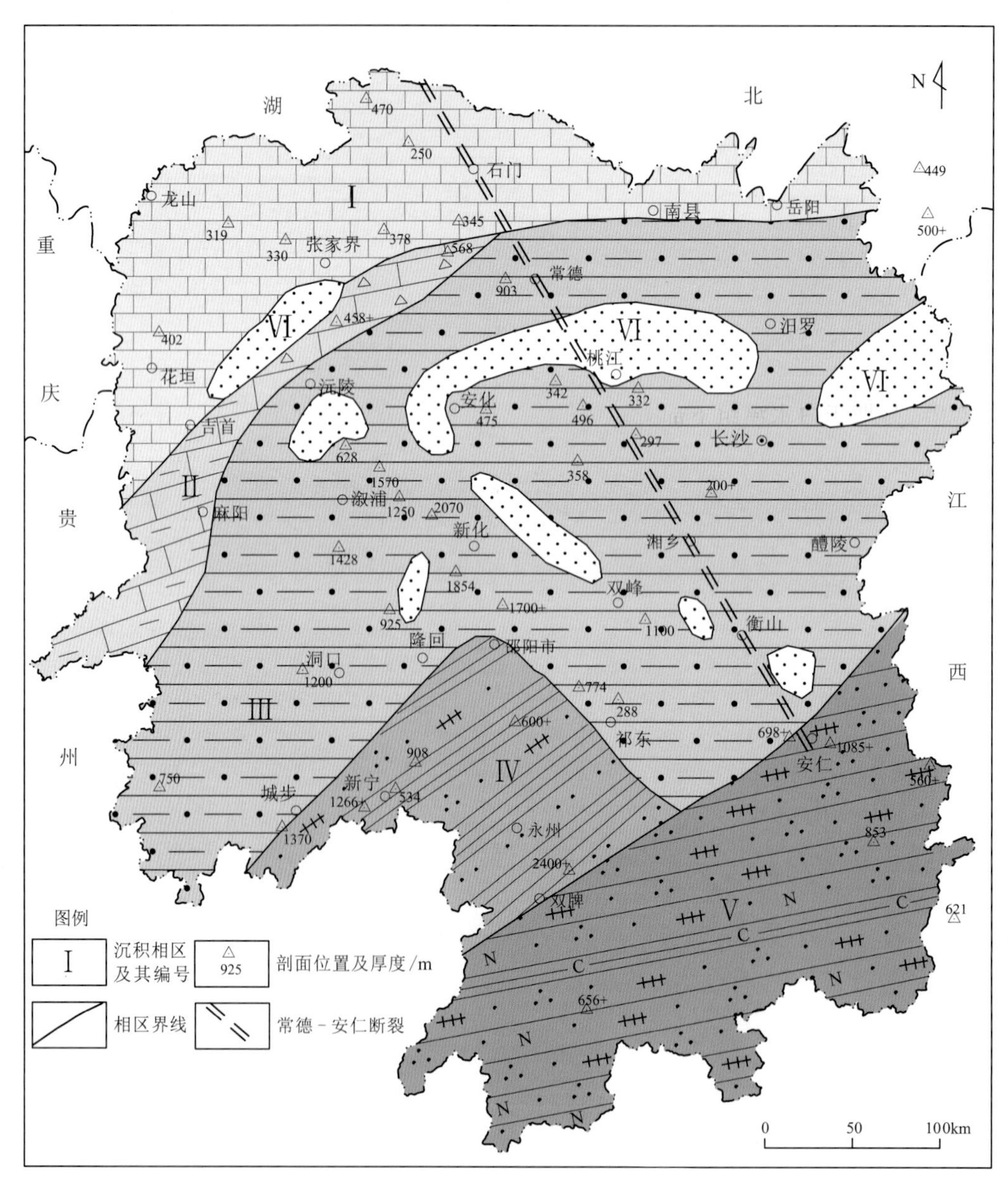

图 3-9　早奥陶世岩相古地理

［据湖南省地质调查院（2017）修改］

Ⅰ. 湘西北台地区；Ⅱ. 台前斜坡相过渡区；Ⅲ. 浅海陆棚；Ⅳ. 陆棚与槽盆过渡区；Ⅴ. 湘南槽盆区；Ⅵ. 水下隆起

随着新一轮海侵的开始，湘西北区继续着浅水台地沉积，大体以花垣—张家界—临澧—临湘一线为台地及台缘。早奥陶世早期沉积了局限潮坪—开阔台地相的桐梓组，岩性以颗粒灰岩、泥粉晶灰岩为主夹白云岩、页岩；早奥陶世晚期则为一套台缘浅滩环境下生物礁沉积的红花园组。

在台地区往南东至凤凰—慈利—岳阳一线的狭长带状区域内发育以盘家咀组为代表的台前斜坡相沉积，以灰色、灰黑色中—厚层条带状泥质灰岩为主，下部夹角砾状灰岩，上部夹生物灰岩、白云质灰岩及页岩。

凤凰—慈利—岳阳一线以南至永州—攸县以北区域处于稳定开阔的陆棚区域，安化—益阳—浏阳一带及芷江、麻阳、沅陵南、隆回北、涟源、双峰北等地有大量陆隆或岛链存在。早期沉积以白水溪组为代表，主要为深灰色纹层状板岩、钙质板岩夹灰岩透镜体；晚期陆源碎屑有所增多，以桥亭子组为代表，岩性以灰黑色、灰绿色条带状粉砂质页岩为主，间夹少许粉砂岩。

永州—攸县以南区域仍为活动型陆缘盆地。早期沉积以爵山沟组为代表，以灰黑色厚—巨厚层石英杂砂岩、长石石英杂砂岩为主夹板岩或碳质板岩，最大厚度在2000m以上，应属郁南运动作用下自南（东）而来的高密度浊流沉积；晚期沉积则为深灰色、黄绿色条带状粉砂质板岩、深灰色厚层石英杂砂岩。

城步—邵阳—常宁—永州一带属陆棚带与槽盆带的过渡区域，属浊流末端与正常陆棚交互下的沉积，早期于白水溪组下部见多层厚层至块状含钙质细粒石英杂砂岩；晚期于桥亭子组夹较多的粉砂岩，其中具不完整的鲍马序列。

常德-安仁断裂带在该期具伸展活动，明显控制了安化—湘潭一带NW向陆棚盆地的形成与演化（图3-9）。受限于四周的陆隆或岛链，该区域成为静水海湾，早奥陶世沉积的厚度多在300～500m之间，远小于其他区域。随着断裂带的不断拉张，处在静水海湾中心区域的响涛源一带逐渐向局限盆地转变，为后期锰矿的形成提供了必要的古地理条件。

2. 中—晚奥陶世

中—晚奥陶世，区域构造环境转为挤压前陆盆地。中奥陶世，湖南地区发生大规模海侵，湘西北区台地沉没，湘东南区超补偿类复理石盆地沦为欠补偿饥饿盆地，以至与湘中远海硅泥质沉积盆地难以分野。晚奥陶世，差异性上升活动强烈，湘中南部至湘南快速形成一套厚层的浊积岩建造，湘中北部及湘西北区形成一套海退沉积序列。至晚奥陶世晚期，江南古陆初具规模，造成五峰组部分或全部缺失。

花垣—张家界—临澧—临湘一线北西区域，中奥陶世台地淹没后转为陆棚环境，沉积紫红色夹杂灰绿色薄—厚层状瘤状泥质灰岩、泥晶灰岩；晚奥陶世早期为一套灰绿色、赭色中厚层龟裂纹灰岩时夹灰绿色瘤状灰岩，顶部以瘤状灰岩为主；晚奥陶世晚期，差异升降明显，局部形成岛屿且缺失五峰组沉积，其余区域则形成滞流盆地，沉积很薄的笔石页岩层，桑植温塘、永顺龙洞一带尚见0.5m左右的“观音桥层”壳相灰岩。

往南东至凤凰—慈利—岳阳一线，中世—晚世早期，沉积九溪组及磨刀溪组的黄绿色条带状页岩，之间含少量薄层泥灰岩透镜体，产笔石及三叶虫化石，具过渡区性质。晚世晚期，沉积特征与湘西北区一致，其中慈利失马溪一带五峰组缺失。

湘中区与湘南区在中奥陶世已连成一片，除岛链区缺失沉积外，其余区域同属半深海盆地沉积，沉积物由烟溪组黑色碳质页岩、硅质页岩、薄层炭泥质硅质岩组成，产丰富的笔石化石。

晚奥陶世，城步—新化—双峰—攸县一线的北侧早期以磨刀溪组及南石冲组为代表，下部为灰黑色黏土质页岩，桃江一带夹较多的含锰灰岩或碳酸锰，上部为灰绿色薄—中层泥岩，含少量石英细砂粉砂岩；晚期则与湘西北区类似，由黑色碳质硅质页岩、厚层粉砂质泥岩夹泥质粉砂岩组成。该线以南区域，除早期于新化—新宁—道县一带发育硅质岩、砂质板岩和杂色泥岩外，其余地区为由天马山组灰绿色—灰黑色岩屑杂砂岩、岩屑石英杂砂岩、泥质粉砂岩、粉砂质板岩及黑色板岩等组成不同形式的韵律结构。该区域具槽盆复理石沉积特征，厚度巨大，却未至顶。

常德-安仁断裂带在中—晚奥陶世期间控制了桃江—湘乡段深水盆地的发展：区域上，挤压体制下岩石圈弯曲导致部分地区盆地基底下沉与海平面上升；与此同时，在区域NNW向挤压下，常德-安仁断裂带桃江—湘乡段伸展产生了基底沉降的叠加，由此，形成了小型深水滞流成锰盆地，代表性锰矿有桃江县响涛源锰矿。

第六节　断裂对晚古生代沉积岩相古地理的控制

加里东运动后，省内全部隆升成陆，从而结束了早古生代的沉积历史。随着海侵的到来，晚古生代—中三叠世，省内进入了一个新的巨型沉积旋回，广泛发育了内源碳酸盐岩台地沉积，同时兼有滨海陆源碎屑沉积。期间，省内包括常德-安仁断裂在内的众多NE向、NW向大断裂活动控制着以台盆相为主要特征的古地理格局。

一、泥盆纪岩相古地理

根据沉积岩相古地理和古生物群的差异、地壳运动性质，省内的泥盆系以江南古陆为界可分为湘西北区和湘中—湘南区，二者之间为无泥盆系出露区。鉴于泥盆系相变复杂、相带繁多，尤以中泥盆世—晚泥盆世的湘中—湘南区域最为发育，以下重点讨论常德-安仁断裂带及邻区古地理格局与常德-安仁断裂的控相作用。

1. 早泥盆世

早泥盆世早期，省内均处于剥蚀区。早泥盆世晚期，海水由广西向东北方向进入省内，宁远、蓝山、道县等地为滨海环境，其余仍为陆地。随着各深大断裂拉张作用的推进，新邵铜柱滩发育山前冲—洪积扇沉积（王先辉等，2013）；湘潭鹤岭—姜畲一带，于前泥盆系不整合面之上，跳马涧组石英砾岩之下尚发育一套厚约20m的紫红色碎屑岩，可能为湖盆沉积（马铁球等，2013a）。

2. 中泥盆世早期（艾菲尔期）

艾菲尔期，湖南地区均处于张应力状态下的整体陷落阶段。江南古陆及湘乡—安仁沿线为低山丘陵，其南侧的早期准平原逐步发生海进。早期，滨线直达城步—桃江—双峰—汝城一线以南区域，并通过安仁一带NE向海峡到达江西莲花，沉积了以半山组为代表的河流—滨岸潮坪沉积。晚期，海水继续北进，直抵浏阳、长沙、益阳一带，西边漫及靖县、溆浦，东面浸没湘赣边境，沉积了以跳马涧组为代表的滨岸—潮坪潟湖相陆源碎屑沉积。

此时，位于江南古陆的桃江—常德段多为低山丘陵区，在NW向常德-安仁断裂与NE向溆浦-靖州断裂的共同拉张下，二者交会的常德—安化一带向山间低地转变，江南古陆北侧则为广阔的扬子平原。

本期常德-安仁断裂具较强烈的伸展活动，造成了北东高、南西低的古地理格局，尤其是桃江—安仁段控相明显。断裂带西侧厚度多在300m以上，早期发育半山组河流—滨岸潮坪沉积，为由砾岩、含砾砂岩、粉砂岩及粉砂质泥岩构成的旋回；晚期由跳马涧组细粒石英砂岩、泥质粉砂岩、泥岩构成多个沉积旋回，底部夹有少量砾岩，下部常夹鲕状赤铁矿层。断裂带东侧厚度明显减小，仅浏阳—湘潭一线因发育早期河流—滨岸沉积而达到200m左右，其余区域均仅发育晚期滨岸—潮坪沉积，底部均见有厚度不一的砾岩层，往上由石英砂岩与泥质粉砂岩、粉砂质泥岩构成沉积旋回，厚度多在100m以下。

3. 中泥盆世晚期

中泥盆世晚期早阶段，海侵明显扩大，往北开始越过常德—安化一带的山间低地，进入扬子平原南部的石门、临澧一带，在局部区域云台观组底部见有砾岩、砂砾岩等河流相沉积。江南古陆南侧除沿古陆边缘发育极狭窄的滨岸—潮坪细碎屑岩相带外，其余广大区域为开阔的陆棚浅海，并于其中分布着较多的海岛或水下隆起。

中泥盆世晚期中晚阶段，区域地壳处于相对稳定，气候温暖，造礁生物兴盛。在前期的广海陆棚基础上，江南古陆南侧，于海岛或浅水陆隆位置逐步建造了成片的碳酸盐岩台地（图3－10），并于台地边缘区域断续发育有生物礁滩，台地之间则为相互连通的台间槽盆，二者之间的区域常有狭窄的斜坡带发育，而台地与古陆之间，形成了相对闭塞的潮坪—潟湖环境，兼具陆源建造与内源建造。江南古陆北侧，随着常德海峡的形成，海水大量进入石门—保靖一带的低洼区域，此区域形成浅水海湾，沉积了一套厚度极大、岩性单调、成熟度极高的石英砂岩。

此时，常德-安仁断裂仍具伸展活动，在常德—桃江段促成了常德海峡的形成，在桃江—衡山段控制了NW向沉积相带的展布（图3－10）。在桃江—衡山一带，断裂北东侧早期为混积陆棚—潮坪环境，易家湾组厚度多在100m左右，且含大量的陆源碎屑；晚期则形成了碳酸盐岩台地，沉积了以生物屑灰岩、粒屑灰岩为主的棋梓桥组。断裂南西侧长期处于较深的陆棚环境，易家湾组沉积可延续至晚期，厚度可达280～413m，以浅灰色、深灰色钙质泥岩、泥灰岩为主，夹瘤状、团块状泥质灰岩、泥晶灰岩、薄层状粉砂岩、含钙质粉砂岩，陆源碎屑多位于下部。至晚期，断裂西南侧转变为更深的斜坡—台盆环境，于双峰一带发育以硅质岩—含粉砂质泥岩—泥灰岩组合为特征的榴江组下部沉积。

4. 晚泥盆世早期

中泥盆世末期—晚泥盆世初期，区域上发生了明显的差异升降，常德海峡变为陆地，江

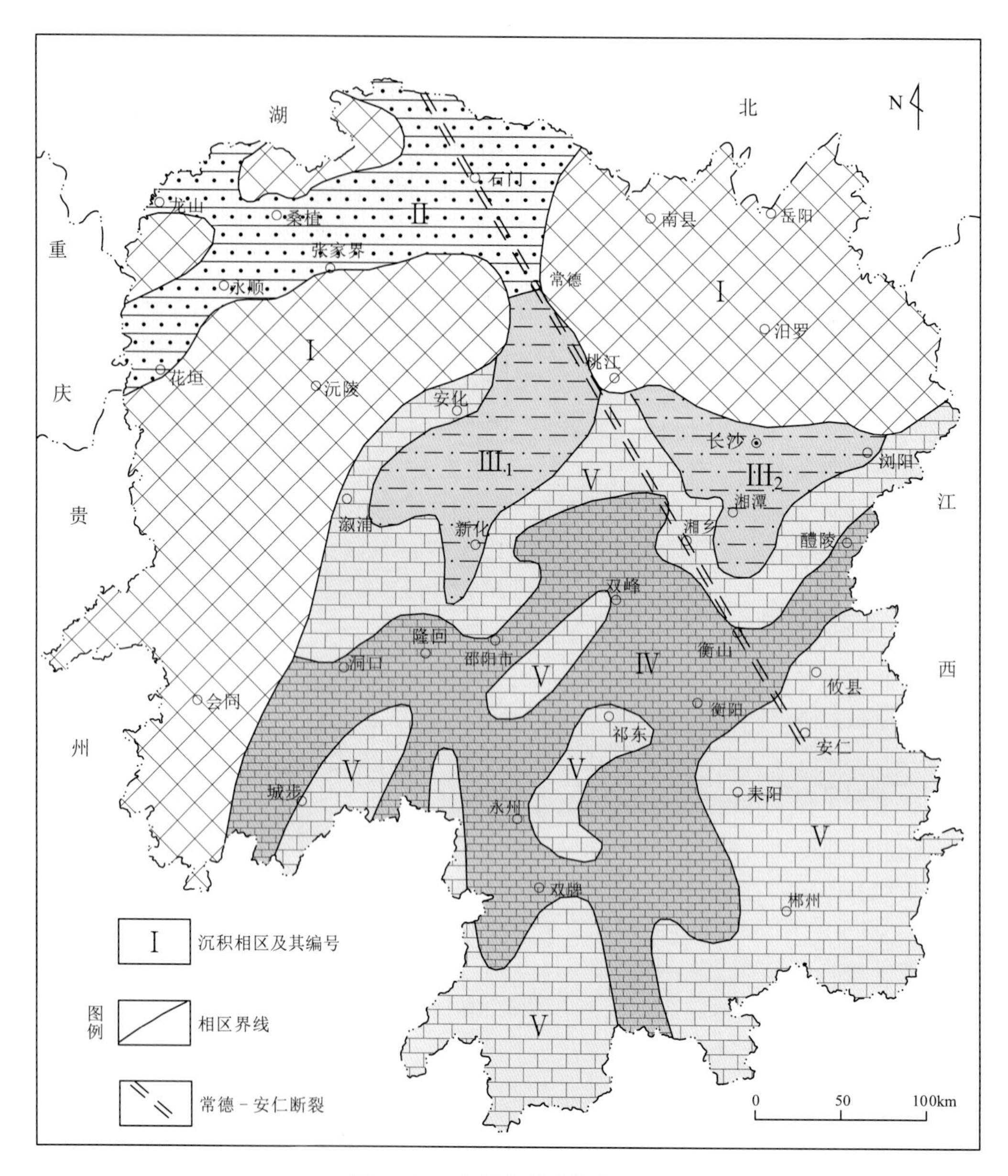

图 3-10　中泥盆世晚期古地理

Ⅰ. 古陆及岛屿；Ⅱ. 湘西北河口湾-滨岸；Ⅲ. 潮坪-潟湖：$Ⅲ_1$. 新化潟湖区，$Ⅲ_2$. 长沙潮坪区；Ⅳ. 浅海陆棚；Ⅴ. 碳酸盐岩台地

南古陆重新相连，剥蚀作用有所增强，沿古陆两侧边缘发育滨岸—潮坪—三角洲相碎屑沉积，有的三角洲前缘已进入台地或台盆腹地（图 3-11），如涟源—宁乡一带（沉积龙口冲组）。湘中—湘南地区，在 NE 向、NW 向深大断裂伸展控制下，早期成片连接的台地被肢解成许多独立的小规模台地，其间的陆棚区域则转为斜坡或台盆环境，沉积了巴漆组、榴江组和佘田桥组。江南古陆北侧，地壳相对稳定，古陆明显上升，而海湾则有所下沉，频繁块体升降使古陆上形成了较多的河流，并将古陆长期风化而成的铁质带入海水之中，于三角洲

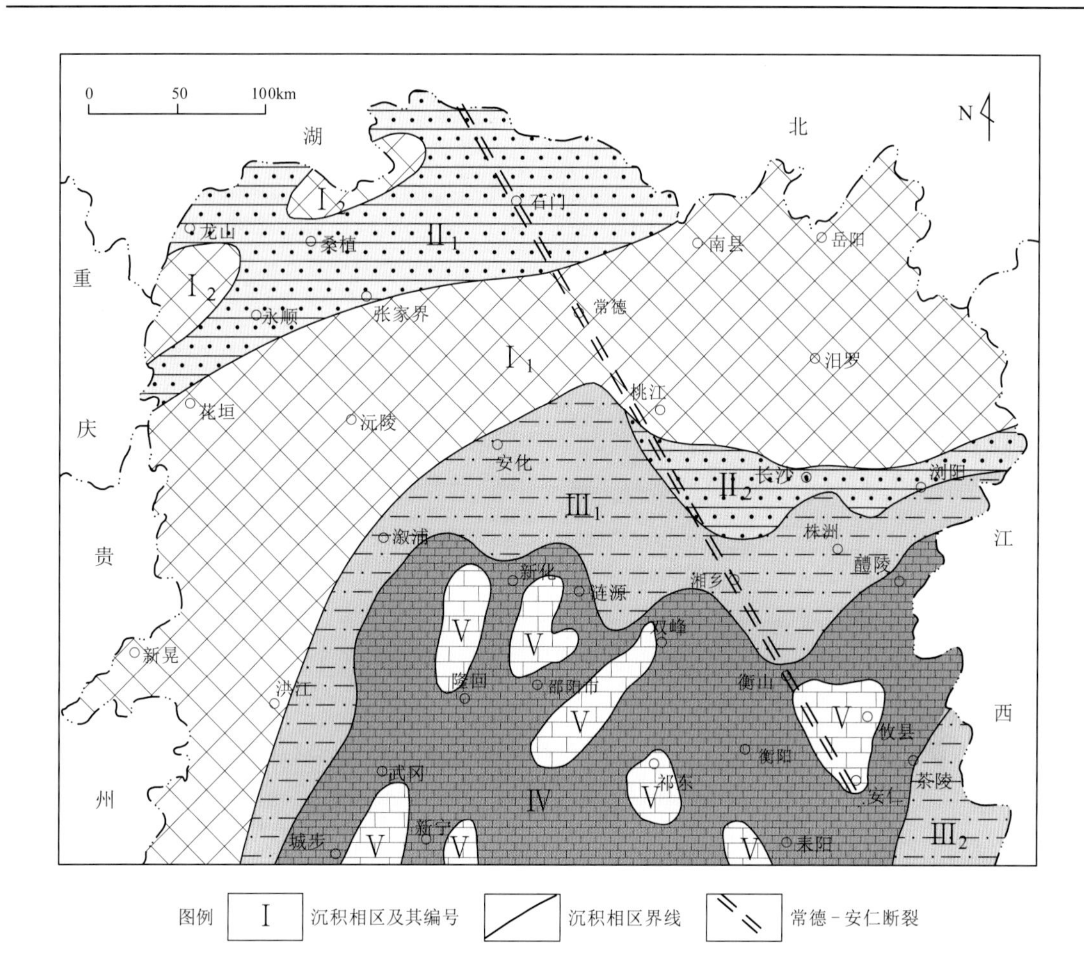

图 3－11 晚泥盆世初期古地理

Ⅰ. 暴露剥蚀区：$Ⅰ_1$. 江南古陆，$Ⅰ_2$. 湘西北海岛；Ⅱ. 滨岸相区：$Ⅱ_1$. 湘西北三角洲-滨岸，$Ⅱ_2$. 长沙-浏阳滨海；Ⅲ. 滨浅海相区：$Ⅲ_1$. 靖州-溆浦-醴陵三角洲或潮坪，$Ⅲ_2$. 湘东南三角洲；Ⅳ. 湘中陆棚-台盆；Ⅴ. 碳酸盐岩台地

的边缘沉积下来形成鲕状赤铁矿。

在经历短暂的差异升降之后，区域上进入了一段稳定期。由于大量陆源碎屑的进入，湘中多数区域整体变浅，此时气候温暖，造礁生物再一次大规模繁殖兴盛，在浅水区域重新形成了台地，将之前孤立的台地连成一片，几乎恢复到了中泥盆世晚期的规模，沉积了棋梓桥组上部或七里江组的灰岩。湘南区域缺乏陆源碎屑补给，仍保持了早期台盆相间的格局。湘西北地区由于水体变深，且陆源碎屑的逐渐减少，由三角洲向灰岩、泥岩混合的潮坪或开阔陆棚转变，沉积了黄家磴组上部的页岩夹砂岩层。

本期，常德-安仁断裂南段继续伸展活动，总体维持着断裂两侧北东高、南西低的古地理格局（图 3－11）。断裂北东侧，桃江—衡山一带早期处于滨岸—潮坪环境，衡山—安仁一带则为碳酸盐岩台地，晚期整体转变为台地环境。断裂南西侧，除桃江—湘乡一带早期处于三角洲环境、晚期转为台地外，其余区域基本处于台盆—陆棚环境，沉积物主要为佘田桥组泥灰岩、钙质页岩夹少量泥质粉砂岩，下部含碳质，沉积环境较断裂北东侧整体偏深，在台地与陆棚或台盆之间区域尚有狭窄的斜坡带发育。

5. 晚泥盆世中晚期

晚泥盆世早期末，湖南地区发生了全球性大规模生物集群绝灭的 Frasnian 事件，在江南古陆及其周缘地区表现为块体快速陷落，造成了台地及滨岸—三角洲等浅水区域的普遍下沉。此时，湘中及湘南区域的台地基本上消失殆尽，普遍发育了一套浅海陆棚相（长龙界组），在局部水深区域，其底部可见缺氧条件下形成的黑色页岩。江南古陆明显缩水，仅于南侧小范围内有滨岸—潮坪相沉积，其北侧的湘西北地区转变为更深的陆棚环境并沉积了写经寺组下部的页岩层，二者之间再次由常德海峡连通。

晚泥盆世中期，随着区域缓慢而持续地上升，从湘南地区开始，台地再次兴盛起来，并逐步扩展至湘中区域（图 3 - 12），发育了锡矿山组兔子塘段灰岩。江南古陆两侧区域，滨岸范围有所扩大，随着抬升古陆内部河流回春，于南侧的宁乡、浏阳及北侧的桑植等地发育了三角洲相沉积，其中宁乡一带三角洲规模较大，其前缘到达了邵阳一带的开阔台地区域，

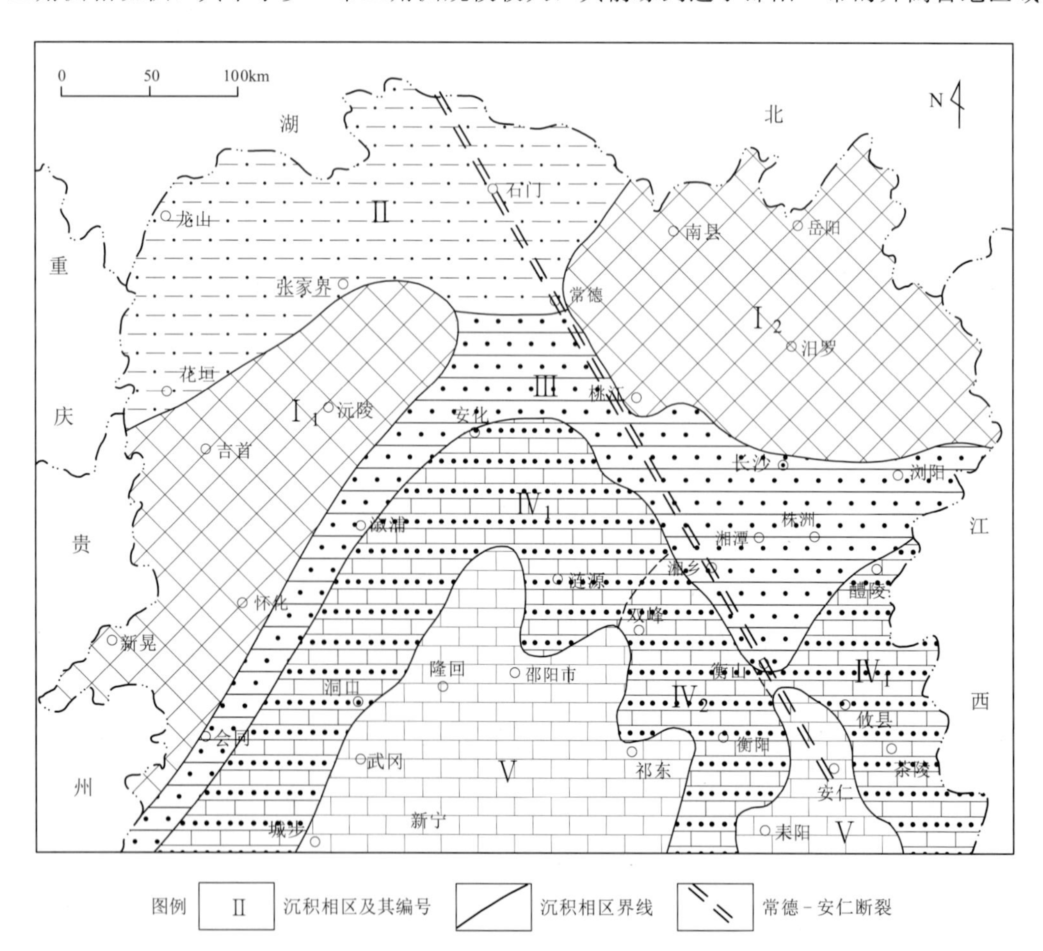

图 3 - 12　晚泥盆世中期古地理

Ⅰ. 暴露剥蚀区：Ⅰ$_1$. 武陵古陆，Ⅰ$_2$. 幕阜古陆；Ⅱ. 湘西北三角洲-陆棚；Ⅲ. 湘中滨岸-潮坪-三角洲；Ⅳ. 浅海陆棚：Ⅳ$_1$. 城步-涟源混积陆棚、醴陵-茶陵混积陆棚，Ⅳ$_2$. 双峰-衡阳台盆；Ⅴ. 碳酸盐岩台地

形成了锡矿山组泥塘里段沉积。河流同时将古陆风化而成的铁质大量带入海水之中，并主要于三角洲前缘沉积下来，形成了区域性的“宁乡式铁矿”。此后，海侵有所扩大，而古陆所能提供的陆源碎屑逐渐减少，湘中一带的台地重新占据了三角洲分布区，并向北延伸至安化一带，沉积了锡矿山组马牯脑段灰岩，滨岸带被压缩至桃江—湘潭—浏阳一带。

晚泥盆世晚期发生的柳江运动，使华南地区明显抬升，海水大面积退却，江南古陆重新连成一片，常德海峡再次消失（图 3 - 13）。随着古陆的隆升，陆源碎屑大幅度增加，江南古陆南侧的湘中区域发育了大范围三角洲沉积（欧家冲组），先期较浅的台缘等位置则转为了水下砂坝或障壁岛，古陆中的铁质再一次通过河流进入三角洲，于安化南部、涟源、湘乡一带发育鲕状赤铁矿。湘东南地区因武夷-云开古陆北扩带来大量陆源碎屑，亦转为三角洲沉积，并于汝城、茶陵等地发育鲕状赤铁矿。湘南多数区域由于缺乏陆源碎屑，转为极浅水台地—潮坪环境，见较多的白云岩及鸟眼构造，局部区域见厚约 10m 的前三角洲细碎屑沉积。湘西北地区则转为局限的滨岸潟湖环境，于写经寺组上部发育石英砂岩、碳质页岩，局部夹劣质煤层。

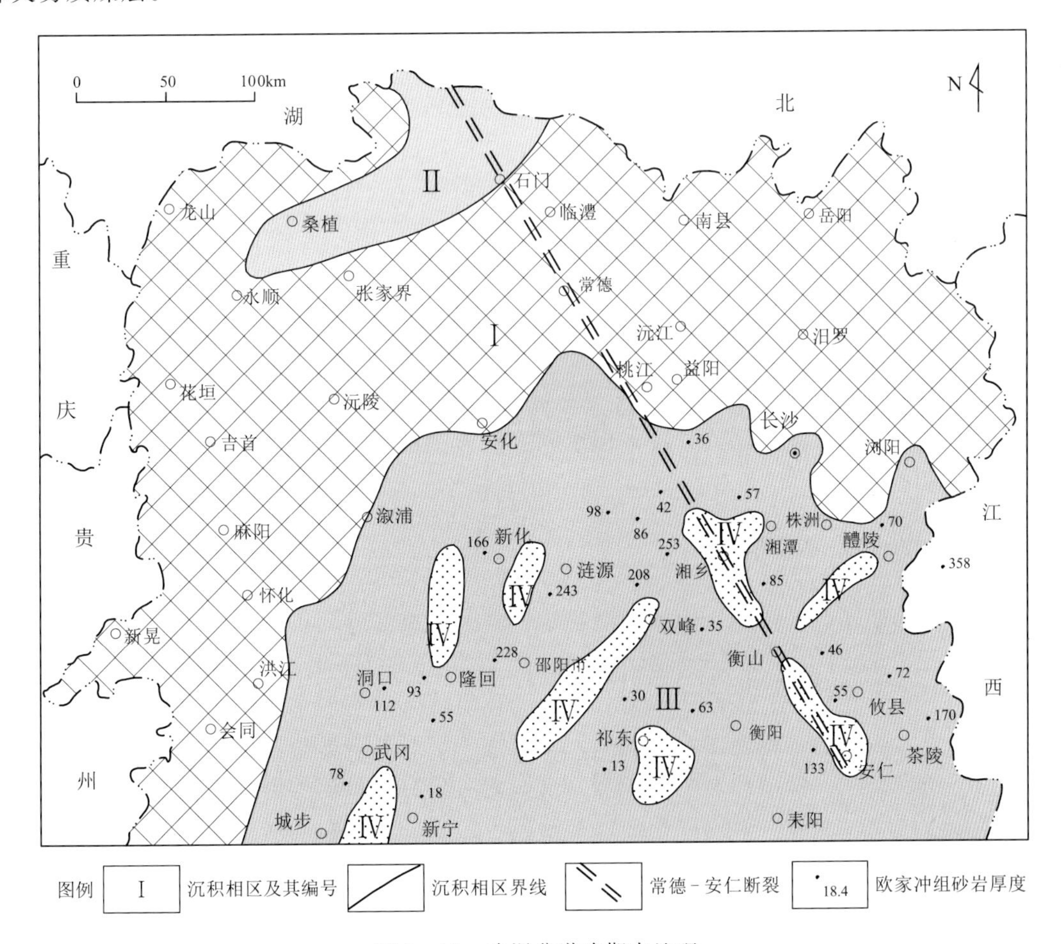

图 3 - 13　晚泥盆世晚期古地理

Ⅰ. 江南古陆及扬子平原；Ⅱ. 石门-桑植潮坪；Ⅲ. 湘中三角洲；Ⅳ. 障壁岛及水下砂坝

随后，海侵扩大，江南古陆周缘区域主要为砂、页岩夹零星豆状、鲕状赤铁矿，生物以植物为主，兼有少量的双壳和腕足类，属滨海潮汐砂泥坪沉积。新化、涟源、新邵、攸县、衡东、茶陵、汝城一带，碳酸盐岩显著增多，属碎屑岩-碳酸盐岩混合潮坪潟湖沉积，陆源碎屑物质除来自江南古陆外，还来自东临的武夷-云开古陆。混合坪带西南区域则为以生物屑泥晶灰岩及团粒泥晶灰岩、泥晶灰岩为主的碳酸盐岩沉积；江华一带夹灰质白云岩，属局限—半局限碳酸盐岩台地沉积。

常德-安仁断裂在晚泥盆世中晚期继续活动。晚泥盆世中期，该断裂明显控制了沉积相带的展布（图 3－12），常德—桃江段控制了 SN 向海峡的成生与发展，桃江—安仁段为北东侧滨岸—三角洲与南西侧浅海陆棚的分界。

晚泥盆世晚期早阶段，常德-安仁断裂北东侧为台地—潮坪环境，锡矿山组厚度可达 300m 以上；南西侧主要为混积陆棚环境，双峰—衡阳一带甚至发育更深的台盆沉积，锡矿山组灰岩仅 50m 左右。在经柳江运动整体抬升之后，断裂带沿线形成 NE 向的链状岛屿或陆隆，其北东侧湘乡以北区域为滨岸相以石英砂岩为主夹粉砂岩、砂质页岩的岳麓山组，湘乡以南区域为以混合潮坪相为主的欧家冲组；断裂带南西侧，湘乡以北区域为三角洲—混合潮坪沉积的欧家冲组，往南至双峰—衡阳一带沉积环境明显变深，碎屑颗粒明显变细，岩性以灰黑色粉砂质钙质泥页岩、粉砂岩为主夹泥灰岩、泥质灰岩，局部见有碳质泥页岩，具局限的陆棚盆地沉积特征。

二、石炭纪岩相古地理

石炭纪的古地理格架与泥盆纪大体相同，但由于泥盆纪末期柳江运动的影响，早石炭世江南古陆显著扩大，南北海域明显海退，湘西北扬子海上升成陆，形成扬子准平原，基本缺乏石炭纪沉积。泥盆纪曾一度发育的常德海峡，此时已告终结。在其后的石炭纪沉积旋回里，区内地壳曾几度发生振荡性升降，但以同步整体小幅度升降运动为主，造成由南向北的栉比超覆现象。

1. 早石炭世早—中期

早石炭世早期初，区内地壳保持相对稳定，经过自柳江运动以来的不断剥蚀夷平，陆源物质愈趋贫乏，古陆边缘仅于醴陵—韶山一线以北发育滨岸—三角洲沉积（尚保冲组）（图 3－14）；湘西北区域多为平原—低山区，仅石门北部残存局限海湾；广大湘中南海域，开始了新一轮大规模的台地建造，形成了大量开阔—半局限碳酸盐岩台地沉积，在台地边缘见生物礁沉积。安化—隆回和湘乡—安仁一带，此时仍有少量陆屑进入，与碳酸盐岩一起形成了混合潮坪环境；双峰一带因先期陆屑补给不足，仍处于局限的陆棚盆地环境。

此后，湖南地区发生区域性基底沉降，导致湘桂赣粤浅海一度发育的碳酸盐岩台地沉没，形成一套厚度不大的浅海陆棚沉积（天鹅坪组），局部区域可形成深水台盆环境，如江华三合圩形成了一套硅质岩沉积。邻省广西尚发育海底基性火山喷发。江华一带的天鹅坪组含有磷质岩沉积，可能与此期基底沉降、洋流上升有关。靠近古陆的区域，如安化—武冈、湘潭—安仁等地，则为较局限的潮坪潟湖环境，局部夹有碳泥沼泽沉积，如新化一带的天鹅坪组中部、长沙一带的尚保冲组中部见劣质煤层或煤线。

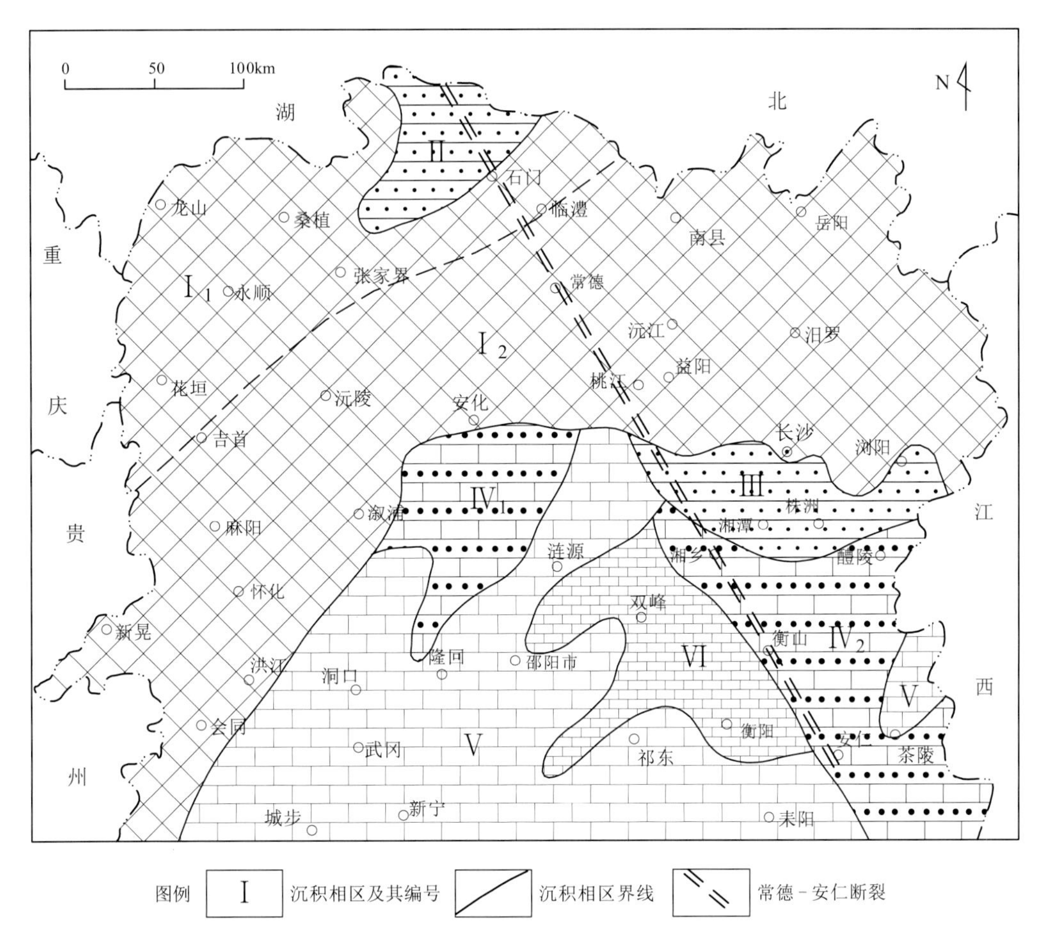

图 3-14 早石炭世早期古地理

Ⅰ. 暴露剥蚀区：$Ⅰ_1$. 扬子平原，$Ⅰ_2$. 江南古陆；Ⅱ. 石门海湾；Ⅲ. 长株潭滨岸；Ⅳ. 潮坪相区：$Ⅳ_1$. 安化-隆回潮坪及潟湖，$Ⅳ_2$. 湘乡-茶陵潮坪及潟湖；Ⅴ. 碳酸盐岩台地；Ⅵ. 双峰-衡阳陆棚盆地

早石炭世早期末，湖南地区发生了小幅度抬升，江南古陆南缘、武夷-云开古陆北西缘均发育了小规模的三角洲沉积，其前缘地带可延伸至临近潮坪及陆棚区域，天鹅坪组沉积有少量厚至中层状钙质石英砂岩或粉砂岩。

早石炭世中期初，湖南地区构造稳定，在经历了先期抬升及陆源碎屑充填后，江南古陆以南区域多数转为浅水台地或潮坪环境，仅先前较深区域仍处于局限的陆棚盆地或潟湖环境。

本期，常德-安仁断裂仍维持着泥盆纪以来的伸展活动，保持着湘乡—安仁段的北东高、南西低的古地理格局（图 3-14）。断裂北东侧自早石炭世早期开始长期处于陆源碎屑与碳酸盐岩混合的浅水潮坪环境，仅在基底沉降时发育了短暂的潟湖沉积，此后，在经历早石炭世早期末的小幅度抬升之后则长期处于较局限的碳酸盐岩台地—潮坪环境。断裂南西侧受常德-安仁断裂拉张作用的影响，在本期形成了断陷盆地，马栏边组—石蹬子组沉积物均以深灰色、灰黑色的泥质灰岩、泥灰岩为主，局部含少量碳质；断裂带沿线狭窄区域则发育斜坡带，于湘乡棋梓桥、双峰梓门桥等地的马栏边组、石蹬子组中见滑塌角砾岩和中小型浊积序列。

2. 早石炭世中—晚期

早石炭世中期开始，区域基底持续整体抬升（淮南上升），江南古陆有所扩大，扬子平原石门海湾封闭成陆，陆源碎屑显著增加，海水相对退出，碳酸盐岩台地受到抑制而消亡。早先浅水区域受抬升后露出水面形成大量障壁岛（图 3-15），将湘中以南海域分割成多个仅有狭窄海峡相连通的局限潟湖，发育一套含煤碎屑沉积的测水组，以桃江、安化、涟源、双峰、隆回、武冈一带测水组最为特征。测水组由海退序列和海进序列组成：下部海退序列，由潟湖潮坪相—泥炭沼泽相组成含煤旋回，每个旋回含一层煤，并见菱铁矿结核或薄层，以涟源一带最为发育；上部海进序列，底部为数米至十余米的石英砾岩或含砾石英砂岩，向上碎屑颗粒变细钙质增加，泥质岩和灰岩夹层增多，海相化石也愈来愈多。

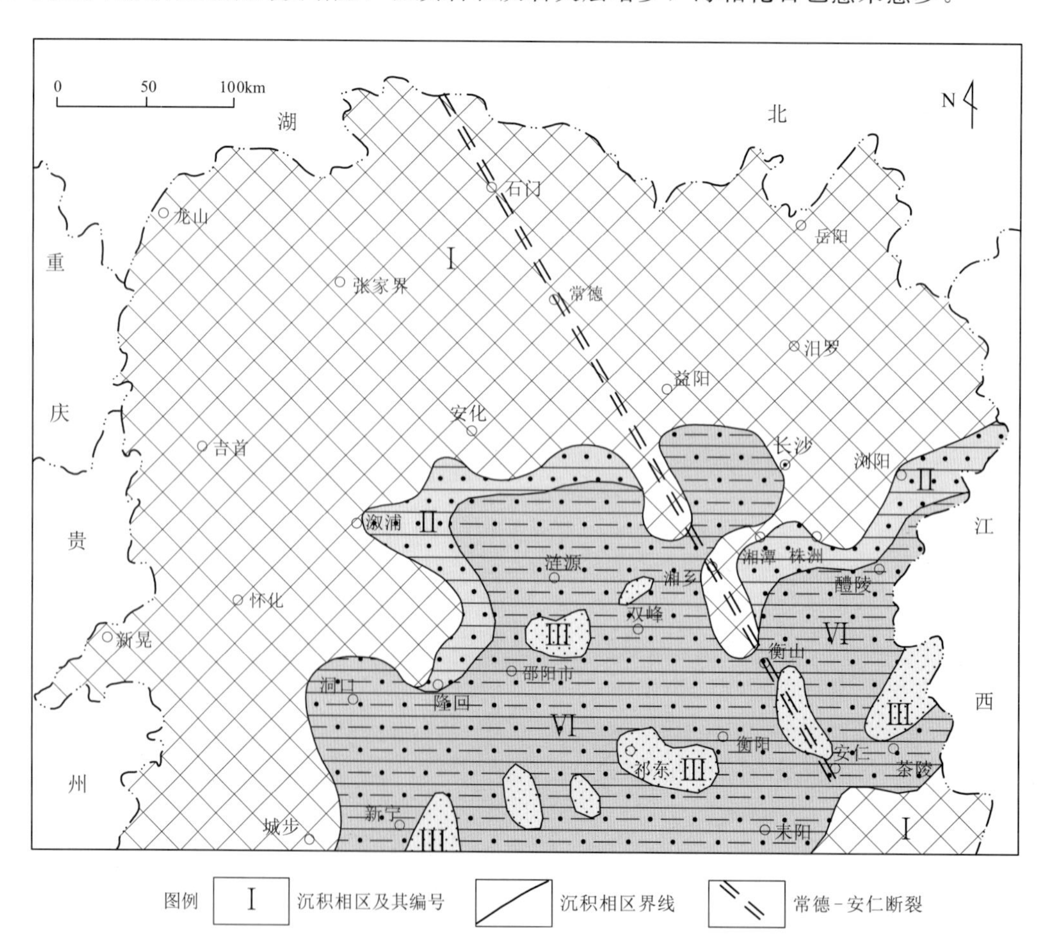

图 3-15　早石炭世中—晚期古地理

Ⅰ. 古陆；Ⅱ. 河流—滨岸；Ⅲ. 水下砂坝及障壁岛；Ⅳ. 局限海湾潟湖—碳泥沼泽

古陆南缘的安化、长沙、浏阳一带发育一套河流相沉积的樟树湾组，由交错层砂岩及少量砂质页岩组成，偶见碳质页岩，基本上不含可采煤层；浏阳一带尚分布冲洪积扇及辫状河流沉积。此后，随着海侵的进行，长沙一带发育河口湾—三角洲沉积，并有大量陆源碎屑通过宁乡南西的狭窄海峡进入湘中区的双峰—邵阳一带，使该区域的测水组最厚可达300m以上。

湘东南区域沿武夷-云开古陆北西缘发育了滨岸潮坪—三角洲相沉积，仅局部发育碳泥沼泽含煤沉积。该区域的测水组中一般仅有劣质煤层或煤线，下部则常见有菱铁矿薄层，系古陆短暂风化产生的铁质由河流搬运至三角洲前缘区域并在还原环境下沉积而成。

早石炭世晚期，进入地壳缓慢上升后的海侵初期。此时，江南古陆南缘因长期剥蚀导致地势低平且坡降很小，所能提供陆源碎屑日趋贫乏。因此，尽管海侵幅度不大，但边缘超覆明显。海侵边界达绥宁、溆浦、沅陵、益阳、浏阳一带，边缘地带往往发育厚度不大、成熟较高的陆源碎屑沉积或紫色泥质沉积，并与下伏地层超覆不整合接触。往南至湘中地区，多为局限台地型潮坪潟湖相沉积，在炎热气候下，梓门桥组中形成了大量的石膏矿床，且不同程度地发育白云岩。湘南地区多为白云岩，说明较湘中区域更为开阔。湘东南区域以生物屑灰岩、白云岩为主常夹陆源碎屑岩，说明此时武夷古陆仍较活跃。

常德-安仁断裂带在早石炭世中—晚期表现出明显构造抬升（淮南运动），断裂带沿线区域形成了NW向的链状（半）岛（图3-15），岛屿之间则为NE向大断裂拉张形成的海峡。这些链状岛将断裂带两侧原先开阔的浅海隔绝成多块仅有狭窄海峡相连通的局限潮坪或潟湖，为它在早石炭世中期末温暖湿润气候下转为碳泥沼泽而形成含煤建造及在早石炭晚期炎热干燥气候下转为蒸发潟湖而沉积石膏矿提供了古地理基础。

3. 晚石炭世

晚石炭世早期，湖南地区继承了早石炭世后期古地理格局，伴随着基底沉降作用，边缘超覆明显，海岸线逐步向北推进至怀化—溆浦—安化—益阳—浏阳一线。然而，由于此时江南古陆经过长期剥蚀后地势低平，陆源碎屑贫乏，滨岸碎屑相带不发育，仅于大埔组底夹少量陆源碎屑，偶见硅质砾岩层。该时期整体发育一套厚—巨厚层的白云岩，常伴藻纹层及鸟眼灰质白云岩，化石稀少而单调，并于较多区域见台地暴露出水后崩塌形成的角砾岩，说明其为极浅的局限台地—潮坪环境，同时过于炎热的气候限制了造礁生物的繁殖。

晚石炭世晚期，维持早期的构造古地理格局，随着基底进一步沉降，海侵范围扩大至芷江—沅陵—常德—平江一线，于怀化、辰溪等地可见樟树湾组、大埔组、马平组往北西依次超覆的特征。江南古陆北侧扬子平原遭到来自NE方向的海侵，于石门一带发育开阔台地。西部的湘黔古陆及南东武夷-云开古陆均已降为低丘或平原，陆源物供应甚微。与早期相比，此时海水稍有加深，整个华南浅海出露一片广阔的开阔碳酸盐岩台地，气候也不再过于炎热，各种古生物尤其有孔虫类开始繁盛。

常德-安仁断裂带在晚石炭世具伸展活动而形成相对较深的洼地。湘乡以北区域，海水不断沿洼地往北向江南古陆内部推进。因碳酸盐岩建造受抑制，洼地内的沉积厚度显著小于两侧地区。

三、二叠纪岩相古地理

二叠纪继承了石炭纪的构造古地理格局，但基底沉降幅度显著扩大。大部分碳酸盐岩台地沉没，海侵范围扩大，江南古陆成为高位碳酸盐岩台地，可能仅存局部的孤岛。整个二叠纪，地壳构造运动活跃，尤以东吴运动对沉积盆地的影响最大，以致二叠纪沉积相带分异明显，沉积矿产丰富。

1. 船山世

本期基本维持着晚石炭世的古地理格局。湘西北为扬子平原，仅石门以北区域有少量开阔台地发育；江南古陆处于低丘—准平原状态；湘中、湘南为浅海碳酸盐岩台地。

此后，随着区域性的抬升作用（黔桂上升），海水大面积退却，江南古陆两侧逐步恢复至晚石炭世早期范围，石门一带台地消失；湘中、湘南区域由开阔台地转变为局限台地。

2. 阳新世

阳新世早期，继先期剥蚀后，江南古陆与扬子平原已变得十分平缓，仅雪峰山一带为低缓的山丘。伴随着基底沉降，海水从两侧快速涌入，雪峰山地沦为孤岛，常德海峡再现。普遍沉积栖霞组深灰色、灰黑色钙质页岩、泥质灰岩、泥晶生物屑灰岩夹硅质岩，属海平面快速上升导致局限缺氧的潮下缓坡带沉积；沿雪峰山地两侧区域则发育有滨岸沼泽及小型三角洲相含煤碎屑沉积的梁山组，厚仅数米至数十米。

阳新世中期，海侵最大化，此时的江南古陆由浅滩转为大规模的台地。武夷-云开古陆边缘的湘东南区亦形成台地，发育了茅口组下部的含硅质段。新宁—邵阳—衡山一带的深水陆棚变为局限台盆，沉积了孤峰组下段，主要岩性为黑色硅质岩、含锰硅质岩、含锰灰岩及钙质页岩，局部区域可富集形成锰矿。二者之间存在宽几十千米的斜坡带。

阳新世晚期，伴随着东吴运动发动，海水开始退却，台地变得更加局限，形成了茅口组上部富含白云质的沉积，局部台缘区域发育生物礁沉积；台地中心的江南古陆范围在抬升后逐渐露出水面；斜坡—台盆区明显变浅，沉积了孤峰组上部的灰岩段。

3. 乐平世

乐平世初期，随着东吴运动抬升达到顶峰，扬子平原全面海退，江南古陆范围扩大至城步—新化—衡山—醴陵一线以北区域，整体处于平原-低缓山区。湘乡—衡山一带则形成半岛，将湘中及湘东区域分割开来，前者因雪峰山区尚能提供较多陆源碎屑而形成了三角洲，后者因北部的平原区域无法提供足够陆源碎屑转为潟湖-沼泽环境，并于湘潭一带发育菱铁矿和薄煤层。因武夷-云开古陆隆升带来大量陆源碎屑，湘东南地区，形成了规模较大的三角洲，其前缘已至攸县、衡山一带。

乐平世早期，随着海侵规模快速扩大，海岸线往北推进至扬子平原区（图 3 - 16），除江南古陆局部山区转为海岛外，其余区域均为浅水潮坪-碳泥沼泽，但因陆源碎屑缺乏，主要为泥质沉积并多夹薄煤层。湘乡半岛此时转为水下砂坝，隔开了湘中与湘东区域。湘东地区局限的淡化潟湖—沼泽往北扩大至益阳南部区域。湘中—永州地区、湘东南地区的三角洲区域在差异沉降作用下亦转为局限的潟湖-碳泥沼泽环境，由石英砂岩、长石石英砂岩、粉砂岩、砂质页岩、灰黑色碳质页岩及煤层构成多个向上变细的旋回，每个旋回含一层煤。

乐平世中期，湖南省内经历了小幅海退之后进入了一段稳定期。此时气候温暖，江南古

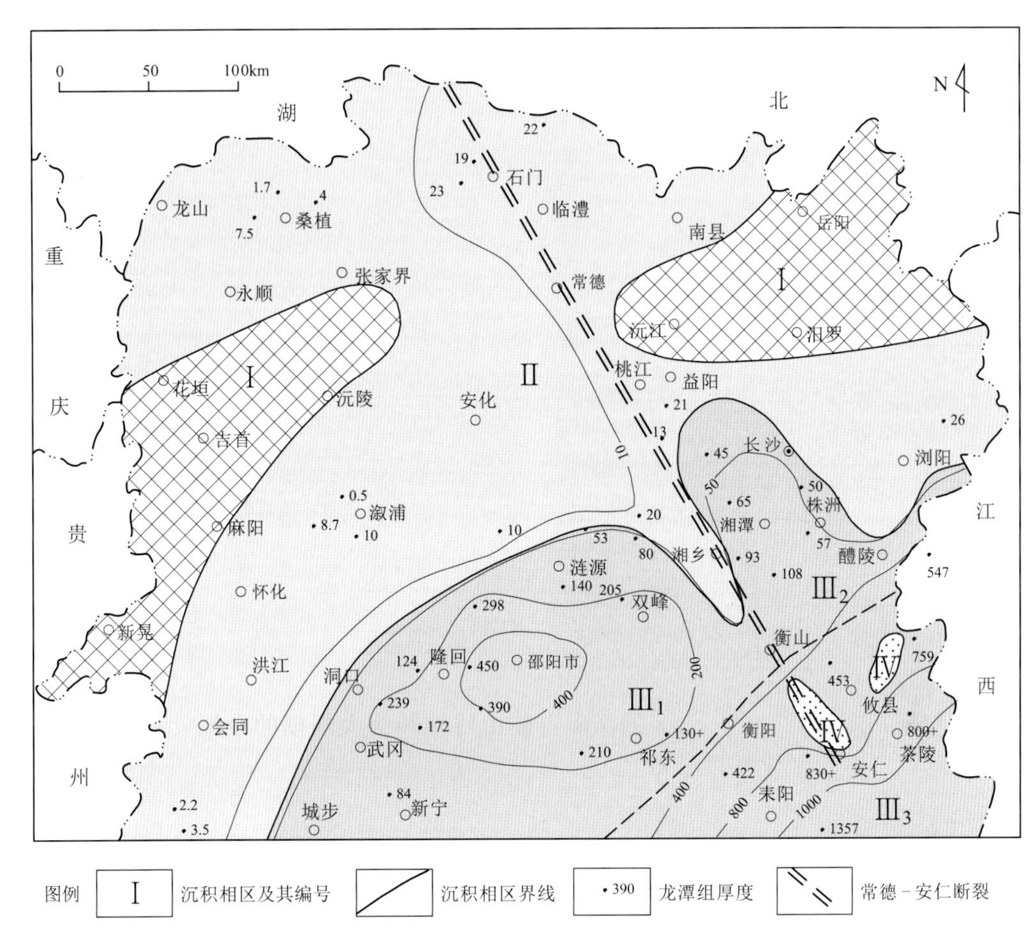

图 3－16　二叠纪乐平世早期沉积古地理

Ⅰ. 海岛；Ⅱ. 滨岸带（沼泽）；Ⅲ. 潮坪－三角洲相区：$Ⅲ_1$. 湘中三角洲－潟湖，$Ⅲ_2$. 湘东潟湖－沼泽，$Ⅲ_3$. 湘东南三角洲－潟湖；Ⅳ. 水下砂坝

陆一带转变为浅水碳酸盐岩台地，沉积了吴家坪组下部的生物屑灰岩。湘中南地区，因陆源碎屑缺乏，转为开阔的灰泥质陆棚环境，沉积了龙潭组顶部泥岩夹碳酸盐岩的海相段。湘东区域此时仍处于局限的潟湖环境之下，发育有不可采的煤层。湘东南区域多数区域转为潮坪－碎屑陆棚环境，但局部区域如耒阳、攸县等地仍有较好的煤层发育。

乐平世晚期，整体沉降导致海侵扩大，江南古陆沿岸台地范围有所缩小（图 3－17），北缘仅存于保靖—石门以南区域，南缘退至靖州—溆浦—桃江—浏阳以北区域。新宁—涟源—耒阳一线以南区域为台盆相区，沉积了大隆组的硅质岩、硅质页岩，局部夹含锰灰岩。台地与台盆之间则存在一个过渡的缓坡带，以灰岩与硅质岩混杂为特征。溆浦一带局部夹 0.4～0.5m 的风暴浊积岩，发育鲍马序列 ACE、ACDE 组合。长沙—湘潭一带，于斜坡带内部发育局限盆地，沉积了厚度较小的硅质岩。

末期，湖南地区在区域上发生了一次小幅度的抬升，台地明显向两侧海域挺进，吴家坪组灰岩泥质减少，并含少量白云质；斜坡—台盆相区大隆组上部则出现较多的钙泥质，局部夹中—厚层状灰岩。

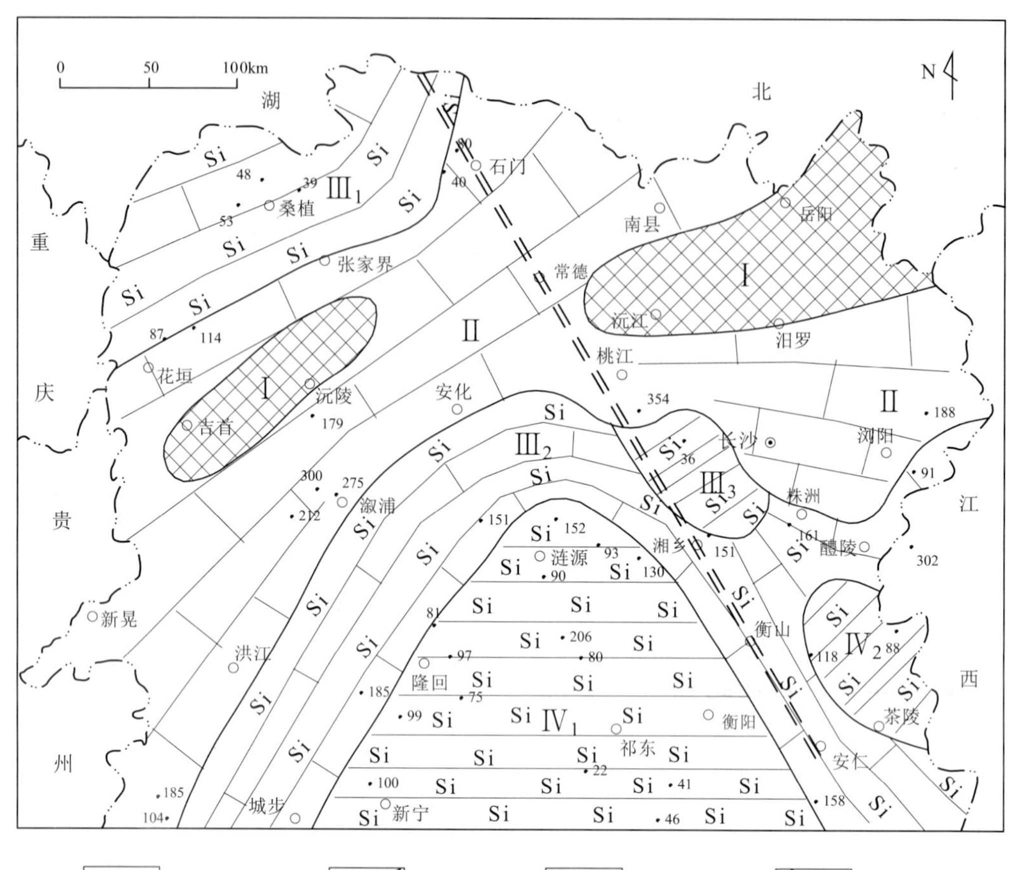

图 3－17　二叠纪乐平世中晚期沉积古地理

Ⅰ. 海岛；Ⅱ. 碳酸盐岩台地；Ⅲ. 台缘相区：Ⅲ1. 湘西北缓坡-台盆，Ⅲ2. 湘中南缓坡，Ⅲ3. 湘潭断陷盆地；Ⅳ. 台盆相区：Ⅳ1. 湘中南台盆，Ⅳ2. 攸县台盆

综上所述，常德-安仁断裂一线在东吴运动中明显抬升而形成线状的半岛-岛链组合（图 3－16），整个乐平世断裂带维持着该线状隆起形态：乐平世早—中期，断裂带将湘中与湘东隔绝成两个独立的沉积盆地，西侧的湘中盆地历经了三角洲—潟湖—陆棚的演化过程，而东侧的湘东区域则一直维持着潟湖环境；乐平世晚期，断裂带沿线处于缓坡环境，沉积具吴家坪组与大隆组过渡特征，其两侧均为台盆相大隆组沉积。

第七节　断裂对白垩纪—古近纪盆地的控制

受区域 NE 向挤压诱发 NW 向伸展（万天丰等，2002）、岩石圈伸展（Li，2000）、岩石圈俯冲＋基性岩浆底侵（Zhou et al.，2006）、俯冲回滚（Uyeda et al.，1979）、弧后伸展（Watson et al.，1987；Lapierre et al.，1997）等构造背景的控制，或受来自特提斯构造域的动力作用即印度-欧亚大陆发生的俯冲和碰撞影响（后期）（Yin et al.，2000），白垩纪—

古近纪区域上发生大规模伸展活动，形成了大量以 NNE 向为主的断陷盆地。常德-安仁断裂对本期断陷盆地的边界及延伸具有明显的控制作用。

1. 早白垩世

早白垩世早期，省内为剥蚀夷平期，无沉积记录。

早白垩世中期，省内处于拉张裂陷初期，异常地幔深度较大，地幔分熔程度较低，断裂活动较弱。正是这一深部地质作用背景，决定本期沉积岩性及古地理特点。此期的盆地充填序列以东井组为代表，具有各沉积域分野不清、相带配置简单的特点，沉积物以细屑沉积为主。

早白垩世晚期，地壳开始强烈拉张，不同规模断陷盆地广泛分布于全省各地。拉张时形成大量砂砾岩沉积的栏垅组，充填序列则以神皇山组为代表，具明显的沉积旋回，沉积体系发育完整，山麓冲洪积、山区河流、三角洲、湖泊等相带分异明显，相带配置复杂。

早白垩世，常德-安仁断裂带沿线维持着中三叠世末印支运动主幕和晚三叠世岩浆热隆作用所形成的 NW 向构造隆起形态，两侧局部区域形成了 NE—NNE 向断裂控制的断陷盆地。

2. 晚白垩世—古近纪

晚白垩世早—中期，湖南地区发生了不均匀上升，山地面积扩大，先期盆地缩小甚至消失，如沅麻盆地已经抬升成陆。其余各盆地在间歇性洪流作用下广泛发育冲洪积扇及洪积平原相的罗镜滩组。尔后，湖南地区经短暂且强烈拉张后又进入相对稳定期，盆地变得开阔，多形成以湖相砂泥质沉积为主的戴家坪组，局部区域见冲积平原—滨湖三角洲相的红花套组。

晚白垩世晚期，盆地基底再次抬升，大型湖泊向平原河谷转变，沉积了以车江组为代表的河流相沉积；而小型断陷盆地则主要接受山麓相粗碎屑堆积的百花亭组。

晚白垩世末期，随着区域性地壳的不均衡上升，沉积盆地逐渐向北迁移。至古近纪早期，南部仅先期主要湖盆有少量残留，而北部洞庭湖区相继形成了较多新的沉降盆地。在炎热干燥的环境下，盆地内均为咸水或半咸水湖泊，受蒸发作用控制，普遍发育膏盐建造。

晚白垩世—古近纪期间，常德-安仁断裂产生伸展活动，形成 NW 向调整断裂并以此控制了多个 NNE 向断陷盆地的南西端部边界和衡阳盆地的北东边界。

第四章 断裂对岩浆岩的控制

湖南常德-安仁构造岩浆带（NW-SE向）以强烈的构造、岩浆活动与成矿作用引人注目。该构造带作为隐伏基底断裂深切地壳直至上地幔，断裂两侧出现明显的速度梯度变异带，具有完全不同的卫星重力场及沿断裂出现一系列密集的重力梯级带等特征，是省内一条重要的NW向岩石圈断裂带（湖南省地质调查院，2017）。该断裂及其配套构造表明它具有多期活动特点，但以中生代印支期的左旋走滑活动最为强烈，同时该带上发育了大量的印支期岩体［岩体年龄如桃江为（222±2）Ma，岩坝桥为（219.1±1.1）Ma和（220.7±1）Ma，将军庙为（229.1±2.8）Ma，川口为（202.0±1.8）Ma和（223.1±2.6）Ma］和众多钨［川口钨矿成矿年龄为（225.8±4.4）Ma］、锡、钼、铅锌矿床（湖南省地质调查院，2017；彭能立等，2017；王先辉等，2017），而且该带还是湖南唯一高温地热异常带（高温温泉有汝城和灰汤），其岩浆作用和成矿效应十分显著。

常德-安仁构造岩浆带上还发育有加里东期的吴集岩体、狗头岭岩体，燕山期的白莲寺岩体，以及不成规模的岩株、岩脉和燕山晚期的基性火山岩（图4-1）。

第一节 断裂对加里东期花岗岩的控制

在常德-安仁构造岩浆带上，加里东期花岗岩主要分布在南东部（图4-1B），发育有紫云山岩体（南部部分）、吴集岩体和狗头岭岩体（湖南省地质调查院，2017）。紫云山岩体加里东期花岗岩分布在南部及中部东、西两侧，侵入青白口纪地层之中。锆石U-Pb法获年龄值为426Ma，被认为是加里东期花岗岩，但目前还未获得高精度测年支持。刘凯等（2014）、鲁玉龙等（2017）的报道将紫云山岩体全部归为印支期花岗岩而未提及岩体中发育的加里东期花岗岩。因此，紫云山岩体中是否发育加里东期花岗岩还有待进一步论证。

一、加里东期花岗岩地质特征和形成时代

（一）加里东期花岗岩地质特征

吴集岩体和狗头岭岩体位于常德-安仁构造岩浆带上（图4-1B），在大地构造位置上处于扬子与华夏两大古陆块碰撞拼贴带上（图4-1A）。

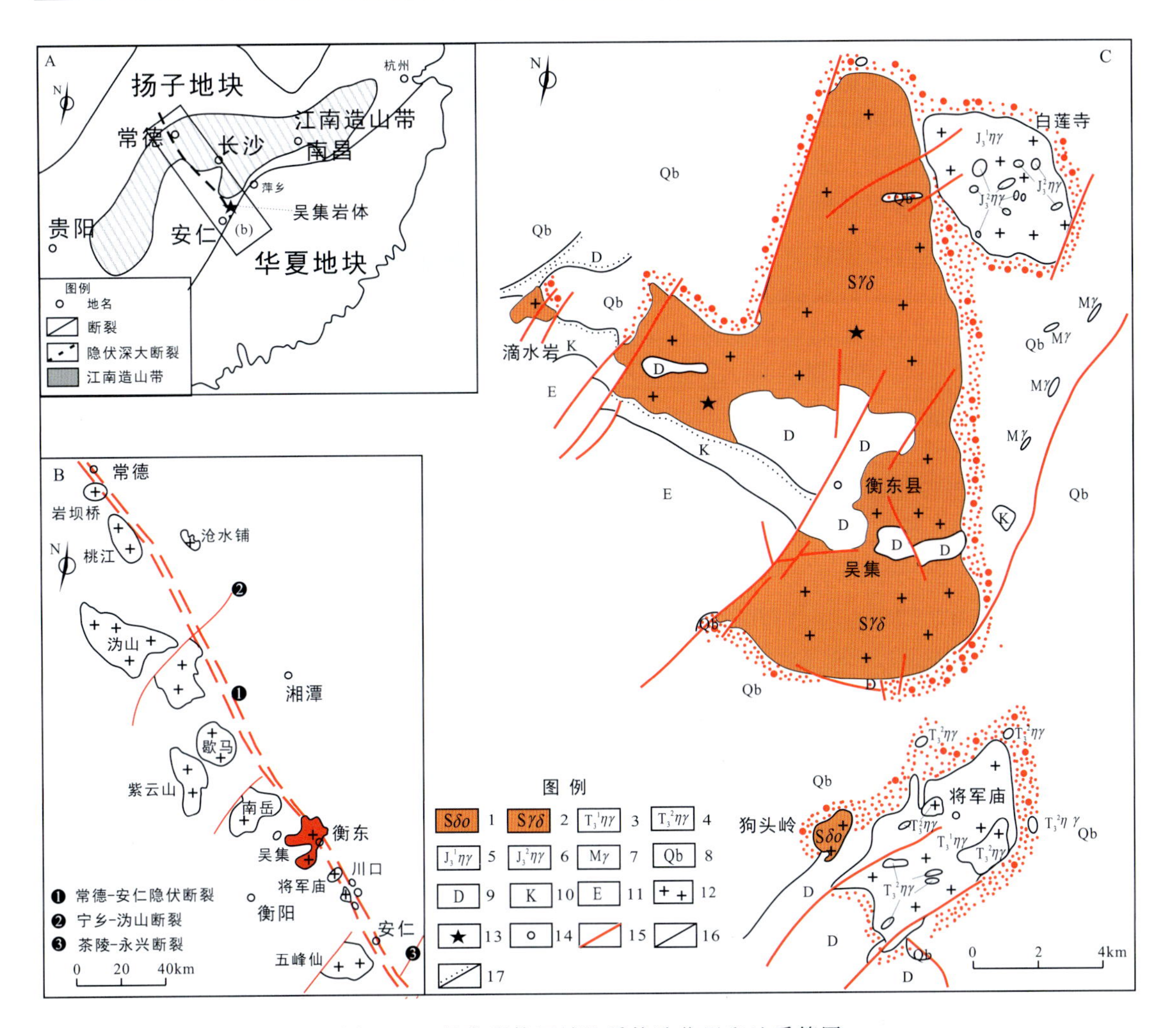

图 4-1　吴集岩体区域地质构造位置和地质简图

A. 江南造山带构造地质简图［据余心起等（2010）修改］；B. 常德-安仁构造岩浆带印支期和加里东期岩体分布简图；C. 吴集岩体地质简图

1. 加里东期石英闪长岩（狗头岭岩体）；2. 加里东期花岗闪长岩（吴集岩体）；3. 印支期粗中粒斑状二长花岗岩；4. 印支期细（中）粒二长花岗岩；5. 燕山期粗中粒斑状二长花岗岩；6. 燕山期细（中）粒二长花岗岩；7. 细粒花岗岩脉；8. 青白口系；9. 泥盆系；10. 白垩系；11. 第三系（古近系＋新近系）；12. 花岗岩；13. 样品点；14. 地名；15. 断裂；16. 地质界线；17. 不整合地质界线

1. 吴集岩体

吴集岩体分布于衡东县附近，在地表呈独立的岩基产出，岩体西侧还有滴水岩小岩株分布（图 4-1C），出露面积约 210km²。岩体主要侵入于新元古代浅变质岩系中，南西侧被泥盆系跳马涧组及白垩纪沉积覆盖。岩体侵入围岩均发生较强的角岩化、斑点板岩化热接触变质现象，形成角岩、斑点状板岩、千枚岩及片岩等；形成围绕岩体的环状热接触变质带，宽 200～2000m。岩体出露地表部分均已风化，极少有较新鲜的岩石出露，岩体内发育有细粒花岗岩脉和花岗闪长斑岩脉。

吴集岩体主要由中（粗）粒斑状黑云母花岗闪长岩组成，岩石呈灰白色，中（粗）粒结构、似斑状结构、块状构造（图4-2A），岩石中斑晶含量约25%，斑晶主要为斜长石；基质主要由矿物微斜长石（约19%）、斜长石（约50%）、石英（约21%）、黑云母（约10%）组成，副矿物可见锆石、磷灰石等。岩石中斜长石为半自形板状，普遍不同程度地被绢云母、高岭石交代，多数呈钠氏双晶、卡钠复合双晶，粒径大小在2～4mm之间；微斜长石呈他形板状（极少为充填状），格子状双晶明显，少数见显微脉状钠长石微纹，粒径粗大的微斜长石中有细小斜长石嵌晶包裹体，粒径大小在2～5mm之间；石英为他形粒状且常为连晶，粒径在2～5mm之间；黑云母为半自形板片状，多呈聚晶，粒径大小在1～2mm之间，部分大于3mm。矿物黑云母Ng′呈棕红色，Np′呈浅棕黄色，锆石中的包裹体见放射晕圈，蚀变后成绿泥石。

图4-2　吴集岩体和狗头岭岩体岩石学特征

A. 吴集岩体粗中粒斑状花岗闪长岩；B. 吴集岩体中粒斑状花岗闪长岩中发育的岩石包体；C. 吴集岩体岩石包体中的暗色矿物（角闪石和黑云母）；D. 狗头岭岩体石英闪长岩的显微特征

吴集岩体中（粗）粒斑状黑云母花岗闪长岩中发育岩石包体，形态为长条状、椭圆状（图4-2B）、不规则状等，包体大小一般约为3cm×4cm；岩石包体与寄主岩大多数呈截然接触，少数接触边界不清，包体颜色较寄主岩深，粒度较寄主岩细，呈细粒、微细粒结构。岩石包体主要由微斜长石（约7%）、斜长石（约61%）、石英（约12%）、黑云母（约10%）、角闪石（约10%）组成（图4-2C），副矿物可见磁铁矿、榍石、磷灰石等，部分磷灰石呈针状，其长宽比为10∶1。包体中斜长石为半自形板状，具钠长石律双晶、卡钠复合双晶等；黑云母为半自形板片状，与半自形柱状角闪石共生。

2. 狗头岭岩体

狗头岭岩体位于铁丝塘镇的北东侧（图4-1B），出露面积约3km²，侵入冷家溪群的板岩之中，南侧泥盆系跳马涧组沉积覆盖于岩体之上。狗头岭岩体为一小岩体，岩性组成单一，岩性为深灰色细粒角闪石黑云母石英闪长岩。

岩体主要侵入于青白口纪变质岩系中，部分被泥盆系跳马涧组沉积覆盖。岩体与围岩界线呈波状，接触面总体倾向围岩，倾角为25°～60°，与泥盆系跳马涧组沉积接触处倾角约20°。围岩发生较强的角岩化、斑点板岩化热接触变质现象，形成角岩、斑点状板岩、千枚岩及少部分片岩；热接触变质形成围绕岩体的环状热接触变质带宽200～1000m。热接触变质岩石主要为角岩。

狗头岭岩体石英闪长岩岩性单一，结构构造简单，为灰白色、灰黑色块状构造，细粒结构，矿物粒径一般为0.4～2mm，主要由斜长石（61%～64%）、角闪石（25%～30%）、黑云母（10%～15%）、石英（4%～5%）组成（图4-2D）。长石为自形板柱状，斜长石一般为半自形板状（An=50），偏基性，个别具环带构造，见钠氏双晶、聚片双晶及卡钠复合双晶；角闪石为自形—半自形柱状、粒状，颜色棕黄带绿，有时见轻度绿泥石化，矿物中多见锆石、磷灰石、榍石等包裹物；黑云母为自形—半自形片状，呈褐黄色、深棕色，常和角闪石分布在一起；石英为少量他形粒状充填，含量较少；副矿物可见磷灰石、磁铁矿、榍石等，多分布在角闪石聚集体中，副矿物以锆石、磷灰石含量较高。

二、加里东期花岗岩形成时代

本次对加里东期吴集岩体进行了3件样品的锆石U-Pb定年，测试工作由北京科荟测试技术有限公司的MC-ICP-MS实验室完成，分析结果如下。

吴集岩体中（粗）粒斑状黑云母花岗闪长岩（样品编号HD-1）共分析测点25个。25个测点的锆石$^{206}Pb/^{238}U$年龄集中分布于438.9～427.1Ma，$^{206}Pb/^{238}U$加权平均年龄为（432.0±2.8）Ma（2σ，MSWD=0.18，95%置信度）（图4-3）。

吴集岩体中粒斑状黑云母花岗闪长岩（岩石包体寄主岩；样品编号HD-3-1）共分析测点23个。23个测点的锆石$^{206}Pb/^{238}U$年龄集中分布于434.1～423.9Ma，$^{206}Pb/^{238}U$加权平均年龄为（428.8±3）Ma（2σ，MSWD=0.119，95%置信度）（图4-3）。

吴集岩体中暗色微粒包体（样品编号HD-3-2）共分析测点24个。24个测点的锆石$^{206}Pb/^{238}U$年龄集中分布于433.4～424.3Ma，$^{206}Pb/^{238}U$加权平均年龄为（428.3±3.9）Ma（2σ，MSWD=0.051，95%置信度）（图4-3）。

此外，前人获得狗头岭岩体石英闪长岩锆石U-Pb年龄为（395.7±2.7）Ma，MSWD=0.9（王先辉等，2017）。

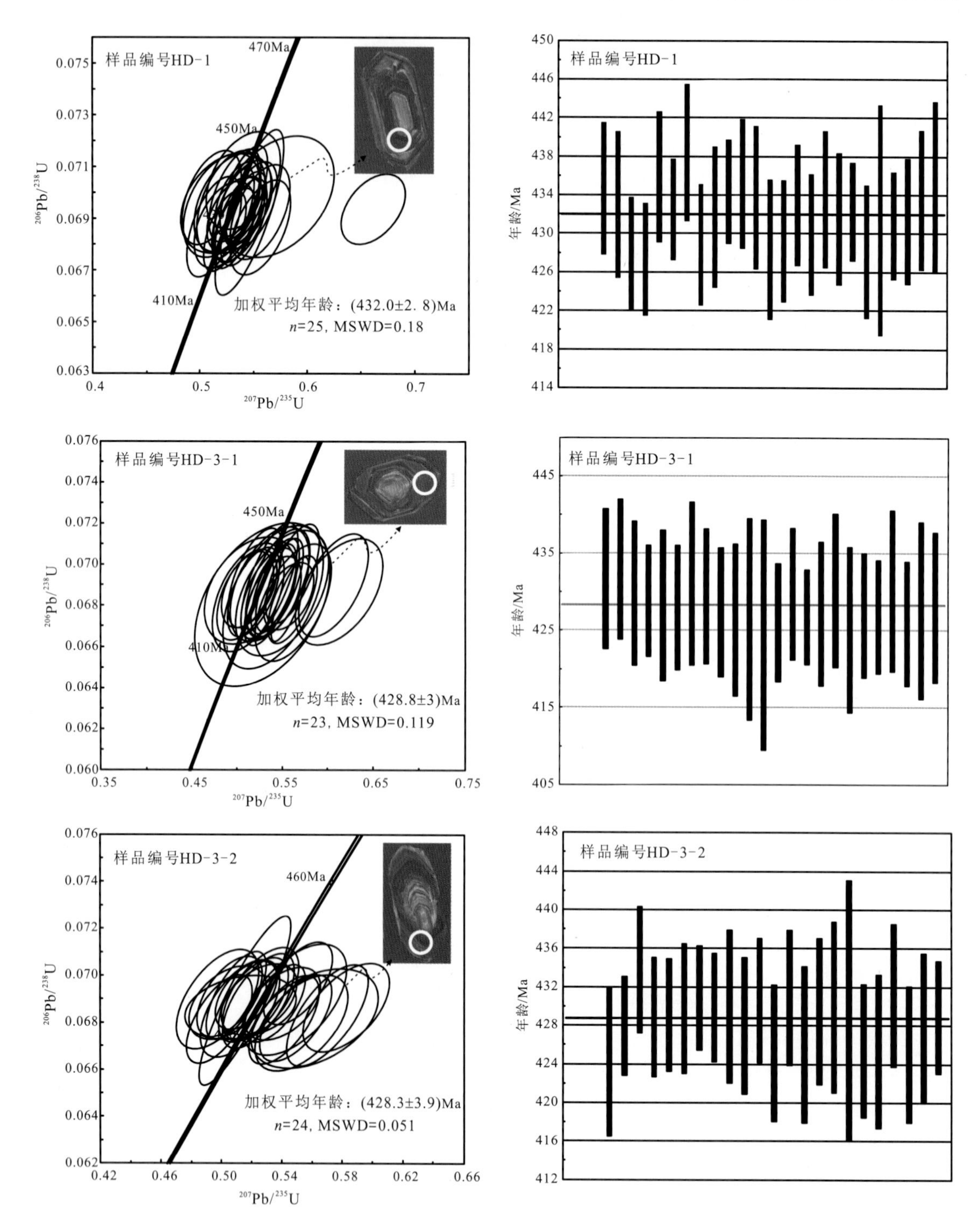

图 4-3　吴集岩体花岗岩锆石 U-Pb 年龄谐和图及年龄分布图

三、加里东期花岗岩地球化学特征

1. 测试方法

岩石主量元素、稀土元素、微量元素分析过程如下：先将样品破碎至200目后挑选50g作为测试样，样品测试在湖南省地质调查院测试中心完成，其中主量元素采用四硼酸锂熔片-XRF分析法（FeO用硫酸-氢氟酸溶矿-重铬酸钾滴定法测定），在X荧光光谱仪上完成；微量元素采用四酸溶矿-ICP-MS分析法，在质谱仪Thermoelemental X7完成；稀土元素采用过氧化钠融熔-ICP-MS分析法，在Thermoelemental X7完成。常德-安仁构造岩浆带上加里东期吴集岩体和狗头岭岩体岩石主量元素、微量元素、稀土元素分析数据见表4-1。

表4-1 常德-安仁构造岩浆带上加里东期吴集岩体和狗头岭岩体岩石化学分析数据表

分析项目	单位	吴集岩体（花岗闪长岩）						狗头岭岩体（石英闪长岩）					
		HD-1	HD-2	HD-3	HD-4	HD-5	HD-6	GT-4	51-1	51-2	GT-1	GT-2	GT-3
SiO_2	%	64.56	66.35	65.82	63.75	63.90	64.50	55.92	55.30	56.93	53.53	54.64	52.50
TiO_2	%	0.54	0.46	0.47	0.55	0.53	0.53	1.25	1.00	0.74	1.43	0.87	1.32
Al_2O_3	%	14.71	14.79	14.87	14.83	14.94	14.74	15.28	15.94	15.29	15.47	16.66	15.11
FeO	%	2.98	3.09	3.24	3.81	3.70	3.37	6.58	6.46	6.02	7.09	6.82	7.22
Fe_2O_3	%	4.60	4.54	4.80	5.40	5.21	4.91	0.81	1.10	0.97	2.08	0.86	2.28
MnO	%	0.08	0.07	0.08	0.09	0.08	0.08	0.13	0.14	0.13	0.15	0.14	0.19
MgO	%	3.20	2.30	2.54	3.24	3.21	3.08	6.80	6.15	6.20	6.79	6.80	7.99
CaO	%	4.07	3.39	3.45	4.05	3.90	3.84	6.30	7.48	6.72	6.17	7.02	6.74
Na_2O	%	2.91	3.16	3.14	2.90	2.93	2.84	2.35	2.69	2.63	2.10	2.56	2.00
K_2O	%	3.60	3.68	3.66	3.46	3.84	3.99	2.09	1.57	1.84	1.51	1.63	1.41
P_2O_5	%	0.17	0.14	0.14	0.17	0.17	0.16	0.24	0.21	0.17	0.22	0.15	0.22
LOI	%	0.82	0.38	0.36	0.76	0.74	0.55	1.12	0.85	1.49	2.93	1.17	2.33
小计	%	102.24	102.35	102.57	103.01	103.15	102.59	99.87	99.89	99.13	99.47	99.32	99.31
TFeO	%	7.12	7.18	7.56	8.67	8.39	7.79	7.31	7.45	6.89	8.96	7.59	9.27
ASI	—	0.91	0.96	0.96	0.93	0.93	0.92	0.87	0.81	0.82	0.95	0.89	0.88
A/NK	—	1.69	1.61	1.63	1.74	1.66	1.64	2.49	2.60	2.42	3.04	2.79	3.13
AlK	%	6.51	6.84	6.80	6.36	6.77	6.83	4.44	4.26	4.47	3.61	4.19	3.41
Rb	$\times10^{-6}$	212	236	275	205	223	226	260	76	93	101	113	104
Ba	$\times10^{-6}$	747	819	782	701	793	805	238	340	382	232	280	260
Sr	$\times10^{-6}$	283	274	267	283	294	282	267	298	290	238	258	210
Zr	$\times10^{-6}$	170	160	162	186	185	170	87	88	102	108	82	129
Hf	$\times10^{-6}$	5.35	5.79	5.87	5.84	5.35	5.29	5.00	5.00	5.00	4.76	3.50	4.45

续表 4-1

分析项目	单位	吴集岩体（花岗闪长岩）						狗头岭岩体（石英闪长岩）					
		HD-1	HD-2	HD-3	HD-4	HD-5	HD-6	GT-4	51-1	51-2	GT-1	GT-2	GT-3
Th	$\times10^{-6}$	39.46	31.08	29.46	33.33	34.73	34.42	10.00	8.31	10.40	9.61	7.50	9.02
U	$\times10^{-6}$	6.93	6.09	5.88	7.17	6.94	7.53	2.90	1.57	2.13	2.41	1.94	2.83
W	$\times10^{-6}$	4.86	1.20	2.09	1.42	5.34	4.31	1.33	1.09	1.09	1.51	2.47	4.52
Sn	$\times10^{-6}$	4.31	3.66	4.54	4.41	4.13	3.61	7.86	1.81	2.94	6.65	3.15	4.85
Nb	$\times10^{-6}$	13.07	12.24	12.77	13.60	12.98	12.58	14.30	10.70	7.85	12.12	8.04	10.10
Li	$\times10^{-6}$	40.46	43.75	70.49	43.05	42.55	42.87	130.0	53.40	65.00	102.0	81.94	102.5
Ta	$\times10^{-6}$	1.31	1.42	1.52	1.32	1.19	1.13	1.61	1.06	0.92	1.67	0.81	1.19
Y	$\times10^{-6}$	25.10	33.50	27.40	24.50	29.40	23.80	22.60	19.40	18.70	19.12	18.22	19.39
La	$\times10^{-6}$	66.70	78.85	51.85	35.90	74.61	78.03	25.00	24.20	24.40	19.90	20.87	20.07
Ce	$\times10^{-6}$	89.34	82.57	67.91	70.98	89.56	84.18	45.80	46.30	46.30	39.19	40.86	41.94
Pr	$\times10^{-6}$	14.89	18.54	12.28	8.50	16.67	17.73	5.78	5.46	5.38	4.84	4.89	5.04
Nd	$\times10^{-6}$	54.05	66.23	45.11	31.23	60.77	64.98	24.70	23.60	22.80	19.18	19.06	19.98
Sm	$\times10^{-6}$	9.02	12.22	8.25	5.19	10.81	11.15	4.52	4.30	4.05	3.79	3.65	3.81
Eu	$\times10^{-6}$	2.03	2.75	1.90	1.27	2.44	2.47	1.19	1.29	1.18	1.06	1.14	1.05
Gd	$\times10^{-6}$	7.39	9.39	6.74	4.62	8.63	8.16	4.34	4.04	3.94	3.47	3.32	3.52
Tb	$\times10^{-6}$	1.23	1.80	1.22	0.78	1.52	1.38	0.72	0.66	0.62	0.64	0.61	0.65
Dy	$\times10^{-6}$	6.67	10.01	6.96	4.55	8.37	7.18	3.94	3.61	3.50	3.91	3.65	3.96
Ho	$\times10^{-6}$	1.38	2.01	1.43	1.08	1.74	1.45	0.95	0.89	0.84	0.91	0.85	0.90
Er	$\times10^{-6}$	3.87	5.66	4.08	3.25	4.77	4.08	2.01	1.88	1.82	2.54	2.39	2.55
Tm	$\times10^{-6}$	0.53	0.85	0.60	0.46	0.65	0.58	0.38	0.35	0.35	0.43	0.40	0.43
Yb	$\times10^{-6}$	3.69	6.13	4.18	3.21	4.52	4.14	2.36	2.15	2.18	2.69	2.60	2.71
Lu	$\times10^{-6}$	0.54	0.85	0.61	0.48	0.66	0.60	0.40	0.35	0.35	0.42	0.40	0.42
ΣREE	$\times10^{-6}$	286.4	331.4	240.5	196.0	315.1	309.9	144.7	138.5	136.4	122.1	122.9	126.4
LREE	$\times10^{-6}$	236.0	261.2	187.3	153.1	254.9	258.5	107.0	105.2	104.1	88.0	90.5	91.9
HREE	$\times10^{-6}$	50.4	70.2	53.2	42.9	60.3	51.4	37.7	33.3	32.3	34.1	32.4	34.5
LREE/HREE	—	4.68	3.72	3.52	3.57	4.23	5.03	2.84	3.15	3.22	2.58	2.79	2.66
$(La/Yb)_N$	—	12.96	9.22	8.90	8.02	11.83	13.53	7.60	8.07	8.03	5.31	5.76	5.31
δEu	—	0.74	0.75	0.76	0.78	0.75	0.76	0.81	0.93	0.89	0.88	0.98	0.86
Nb^*	—	0.17	0.14	0.18	0.23	0.15	0.14	0.38	0.34	0.23	0.43	0.27	0.37
t_{Zr}	℃	760	764	765	768	767	760	687	676	693	711	681	711

注：$Nb^* = 2\times Nb_N/K_N + La_N$。

2. 主量元素特征

吴集岩体的主体构成岩石为花岗闪长岩。岩石的 SiO_2 含量在 63.8%～66.4%之间，按

SiO_2 含量分类，属于酸性岩类。岩石 Alk 含量在 6.36%～6.84%之间，体现为贫碱的特征；在花岗岩 TAS 图解中（图 4-4A），投点均落在亚碱性岩石区域。K_2O 含量为 3.46%～3.99%，Na_2O 含量为 2.84%～3.16%，K_2O/Na_2O 为 1.16～1.4，体现了吴集岩体岩石富钾的特征。岩石的 ASI 值为 0.91～0.96，ASI 均小于 1.1，为偏铝质岩石；在 A/CNK-A/NK图解中（图 4-4B），投点落在偏铝质岩石区域。对岩石的钙碱指数进行计算，其里特曼指数 δ 值在 1.95～2.19 之间，为钙碱性岩石。

狗头岭岩体石英闪长岩主量元素中的 SiO_2 含量在 52.5%～56.9%之间，均值为 54.8%，按 SiO_2 含量的划分方案，为中性岩。利用 TAS 图解判别，狗头岭岩体投点落在闪长岩区域，且为亚碱性系列（图 4-4A）。岩石的 Alk 含量为 3.41%～4.47%，全碱值均小于 6.5%，体现为贫碱的特征；里特曼指数 δ 值为 1.22～1.53，按里特曼指数的划分方案，狗头岭岩体为钙碱性岩（钙碱性岩 $\delta<3.3$）。岩石的 ASI 值在 0.81～0.95 之间，均值 0.87，为偏铝质岩石；在岩石的铝质判别图解中，投点落在偏铝质岩石区域（图 4-4B）。

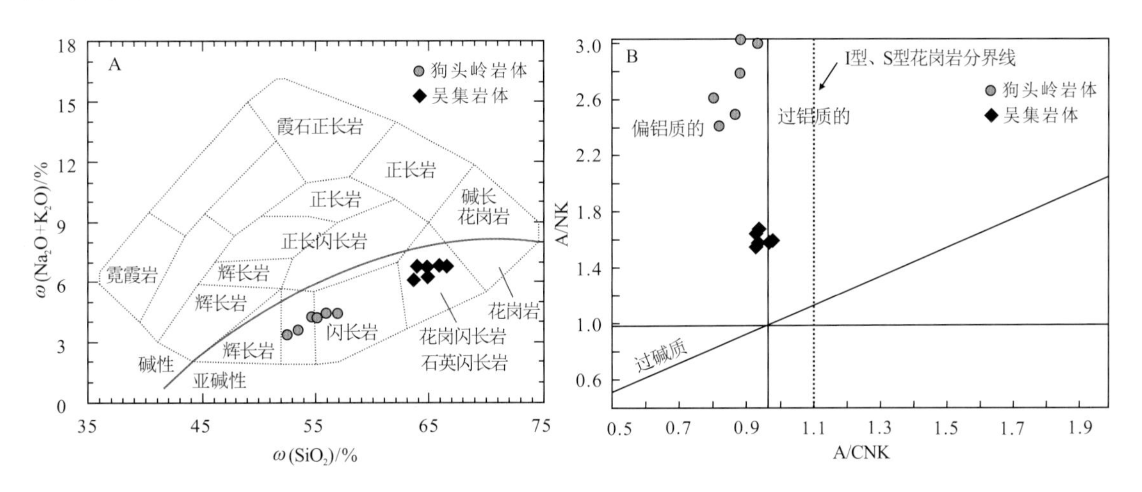

图 4-4 吴集岩体、狗头岭岩体的主量元素岩石系列及铝质判别图解

A. 花岗岩 TAS 图解；B. A/CNK-A/NK 图解

3. 微量元素特征

在吴集岩体微量元素中，大离子亲石元素 K 含量在 2.87%～3.31%之间，Rb 含量在 $204.8\times10^{-6}\sim274.8\times10^{-6}$ 之间，Th 含量在 $29.46\times10^{-6}\sim39.46\times10^{-6}$ 之间，Ba 含量在 $700.7\times10^{-6}\sim819.4\times10^{-6}$ 之间，Sr 含量在 $267.1\times10^{-6}\sim294.3\times10^{-6}$ 之间。在微量元素原始地幔蛛网图（图 4-5A）中，K、Rb、Th、U、Nd、Sm 表现为富集，Nb、Ba、Sr、P 表现为亏损，图解上显示出 Ba、Sr、P、Ti 低槽的特征。高场强元素 Nb 含量在 $12.24\times10^{-6}\sim13.6\times10^{-6}$ 之间，Ti 含量在 0.27%～0.33%之间。Nb 和 Ti 在微量元素原始地幔蛛网图（图 4-5A）中出现低槽，表现为高场强元素亏损特征。

在狗头岭岩体微量元素中，大离子亲石元素 K 含量在 1.17%～1.73%之间，Rb 含量在 $76.4\times10^{-6}\sim260\times10^{-6}$ 之间，Th 含量在 $7.5\times10^{-6}\sim10.4\times10^{-6}$ 之间，Ba 含量在 $231.7\times10^{-6}\sim382\times10^{-6}$ 之间，Sr 含量在 $209.6\times10^{-6}\sim298\times10^{-6}$ 之间。在微量元素原始

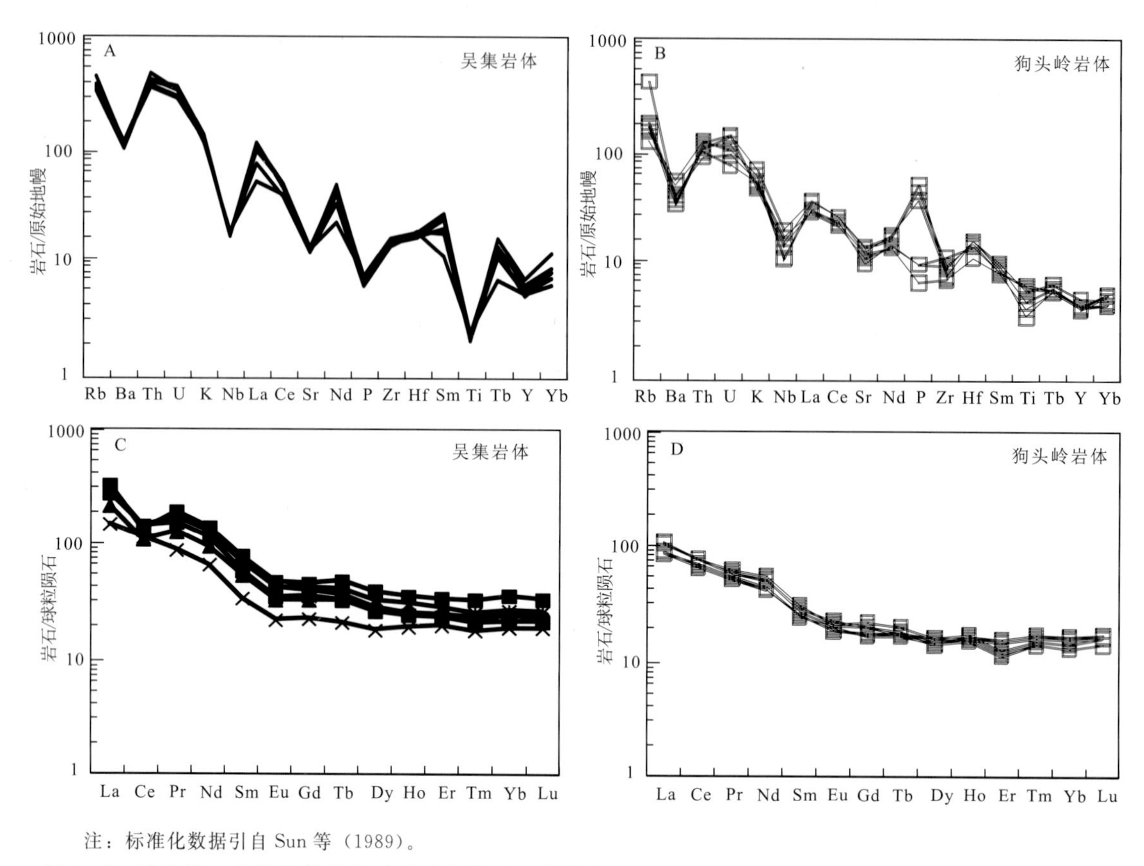

注：标准化数据引自 Sun 等（1989）。

图 4-5　狗头岭、吴集岩体稀土元素球粒陨石配分模式图（A、B）和微量元素原始地幔蛛网图（C、D）

地幔蛛网图（图 4-5B）中，Rb、K、U、Th 及部分 P 表现为富集，Ba、Nb 表现为亏损，图解上显示出 Ba、Nb 低槽的特征，Sr 低槽特征不明显，Sr 含量相对较高。高场强元素 Nb 含量在 $7.85\times10^{-6}\sim14.3\times10^{-6}$ 之间，Ti 含量在 0.44%～0.86%之间，Nb 在微量元素原始地幔蛛网图（图 4-5B）中出现低槽，表现为高场强元素亏损特征。狗头岭岩体的 Nb^* 为 0.23～0.43，均值为 0.34，Nb^* 均小于 1。Nb^* 值小于 1，表明 Nb 具有负异常，表现为 Nb 相对于 K 和 La 亏损的特征。

4. 稀土元素特征

吴集岩体岩石的稀土元素总量 ΣREE 在 $196.0\times10^{-6}\sim331.3\times10^{-6}$ 之间，均值为 279.8×10^{-6}，表现为稀土元素总量较低；LREE 含量在 $153.1\times10^{-6}\sim261.2\times10^{-6}$ 之间，HREE 含量在 $42.9\times10^{-6}\sim70.2\times10^{-6}$ 之间，岩石具有富集 LREE 特征，稀土元素球粒陨石标准化配分模式图（图 4-5C）表现为右倾模式。LREE/HREE 值在 3.52～5.03 之间，均值为 4.17；$(La/Yb)_N$ 在 8.02～13.5 之间，均值为 10.75，LREE/HREE 值及 $(La/Yb)_N$ 较大，表明轻重稀土的分异程度明显，从图 4-5C 中可以看出轻稀土明显比重稀土富集。δEu 在 0.74～0.78 之间，δEu 小于 1，表明在岩浆分离结晶过程中斜长石的分离结晶作用不明显，在稀土元素球粒陨石标准化配分模式图中（图 4-5C），Eu 未见明显的“V”字形分布特征。

狗头岭岩体岩石的稀土元素总量 ΣREE 在 $122\times10^{-6}\sim146.40\times10^{-6}$ 之间，均值为 131×10^{-6}，表现为稀土元素总量含量较低；LREE 含量在 $87.9\times10^{-6}\sim106.9\times10^{-6}$ 之间，HREE 含量在 $32.3\times10^{-6}\sim37.7\times10^{-6}$ 之间，岩石具有富集 LREE 特征，稀土元素球粒陨石标准化配分模式图（图 4 - 5D）中表现出右倾模式。LREE/HREE 值在 2.58～3.22 之间，均值为 2.87；$(La/Yb)_N$ 值在 5.31～8.01 之间，均值为 6.68。LREE/HREE 值及 $(La/Yb)_N$ 较低，表明轻重稀土的分异程度不明显，从图 4 - 5B 中可以看出右倾的斜率小。稀土元素 δEu 值在 0.81～0.98 之间，δEu 小于 1 但趋近 1，表明在岩浆分离结晶过程中斜长石的分离结晶作用不明显，在稀土元素球粒陨石标准化配分模式图（图 4 - 5D）中，Eu 未见明显的“V”字形分布特征。

四、加里东期花岗岩形成构造环境

在常德-安仁构造岩浆带上，加里东期的吴集岩体 SiO_2 含量为 63.8%～66.4%，狗头岭岩体 SiO_2 含量为 52.5%～56.9%，SiO_2 含量较低，为准铝质岩石，岩石中含角闪石，副矿物组合中普遍出现磁铁矿、榍石而未见富铝矿物。这些特征表明吴集岩体、狗头岭岩体为 I 型花岗岩。在（Zr＋Nb＋Ce＋Y）- TFeO/MgO 图解中，狗头岭岩体和吴集岩体的分异程度不同，狗头岭岩体分异程度较高，但在 SiO_2 - Ce 图解中两者均显示为 I 型花岗岩（图 4 - 6）。

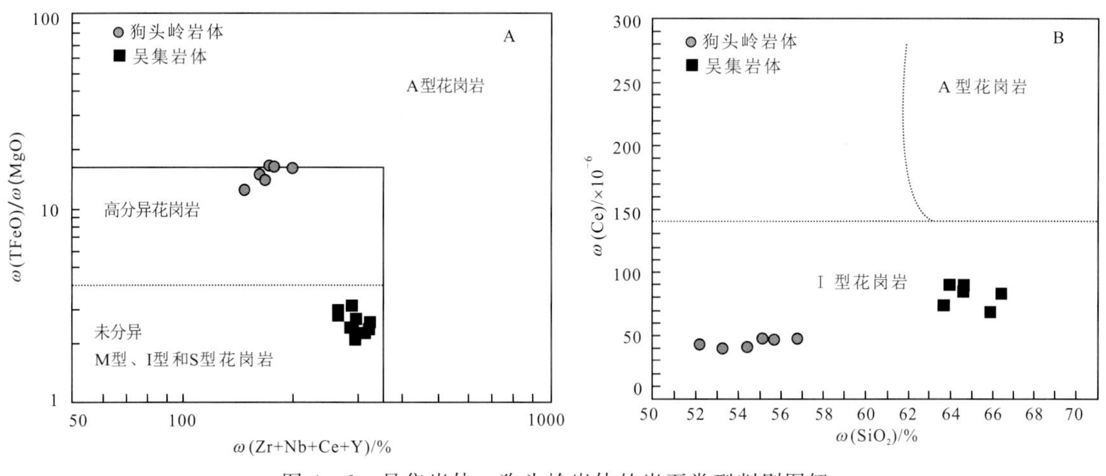

图 4 - 6 吴集岩体、狗头岭岩体的岩石类型判别图解

A.（Zr＋Nb＋Ce＋Y）- TFeO/MgO 图解；B. SiO_2 - Ce 图解

狗头岭岩体微量元素蛛网图、稀土元素配分模式图中表现出一定的地壳印迹特征，指示狗头岭岩体的岩浆源区物质是多样的（图 4 - 7）。对地壳印迹成分的识别，利用 Sylvester (1998) 提出的 Rb/Sr 值进行判断。吴集岩体的微量元素 Rb/Sr 值为 0.72～1.03，均值为 0.82，Rb/Ba 值为 0.28～0.35，均值为 0.30；狗头岭岩体的微量元素 Rb/Sr 值为 0.26～0.97，均值为 0.48，Rb/Ba 值为 0.22～1.09，均值为 0.47。吴集岩体、狗头岭岩体的

Rb/Sr值和Rb/Ba值都较低，显示狗头岭、吴集岩体岩石形成的岩浆源区为贫黏土源区。此外，由于岩体的Rb/Sr值（平均值为0.48和0.82）均低于3.0，反映它们是砂质源岩部分熔融的产物。

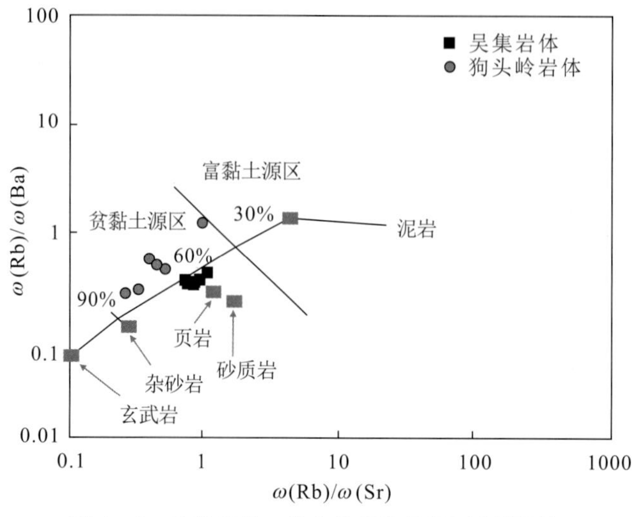

图4-7　吴集岩体、狗头岭岩体的源区判别图解

华南加里东运动作为一次强烈而广泛的地壳运动形成了大量的花岗岩，这些花岗岩体集中于政和-大埔及绍兴-江山-萍乡两条区域性深大断裂构成的喇叭形区域之间，具线状分布的特点（陈迪等，2016）。本次研究的吴集岩体、狗头岭岩体分布在常德-安仁构造岩浆带南段位置上，从岩体的侵位特征、岩体与围岩的接触关系及区域上加里东期花岗岩的分布来看，吴集岩体、狗头岭岩体的侵位受NW-SE向断裂构造控制特征不明显。

近年来，加里东期花岗岩的研究获得了一大批高精度的年龄资料，但不同的研究者对这些数据的综合分析得出的结论不尽相同。一般认为，华南加里东期花岗岩具有阶段性岩浆活动特点，年龄分布特征主要为470～450Ma和445～430Ma，并据此划分华南加里东早、晚两阶段岩浆活动（陈迪等，2016），且晚期花岗岩集中在440～430Ma侵位，在430Ma以后则主要为一些小规模的岩浆侵位活动。本次获得吴集岩体、狗头岭岩体锆石U-Pb年龄分别为（428.3±3.9）～（432.0±2.8）Ma、（395.7±2.7）Ma，显示两岩体为华南加里东期晚阶段岩浆活动的产物。

对华南两阶段岩浆活动形成的岩石类型进行归类，舒良树（2006）将加里东早期花岗归属为I型，晚期为S型，但是这种归纳并不能完全反映华南加里东期花岗岩的特征，本书讨论的吴集岩体、狗头岭岩体锆石U-Pb年龄显示为华南加里东晚期花岗岩类，且综合岩石学、矿物学、岩石地球化学特征认为吴集岩体、狗头岭岩体主体岩石为I型花岗岩类，从岩石类型的构造指示意义来看，I型花岗岩类与俯冲碰撞相关（张旗等，2008）。利用Pearce等（1984）提出的微量元素判别图解，吴集岩体、狗头岭岩体的投点在Y-Nb图解（图4-8A）中显示为VAG（火山弧花岗岩）+syn-COLG（同碰撞花岗岩）。在进一步判别中，利用（Yb+Ta）-Rb图解（图4-8B），吴集岩体、狗头岭岩体构造环境显示为Post-COLG（后碰撞花岗岩）。判别图解显示吴集岩体、狗头岭岩体为同碰撞或后碰撞花岗岩，近年研究表明大量在Pearce等（1984）图解中的同碰撞花岗岩其实是后碰撞的（肖庆辉等，2002），而判别图解中具有火山弧花岗岩特征的印迹，暗示花岗岩形成过程中有幔源物质加入。根据岩浆成因并结合岩浆形成的后碰撞构造环境以及区域构造演化过程，本书推断加里东期花岗岩形成背景及机制为：加里东期陆内造山运动导致中、上地壳叠置、增厚和升温，造山峰期之后在挤压减弱、应力松弛的后碰撞环境下，中、上地壳酸性岩石减压熔融并向上侵位形成加里东期花岗岩体。

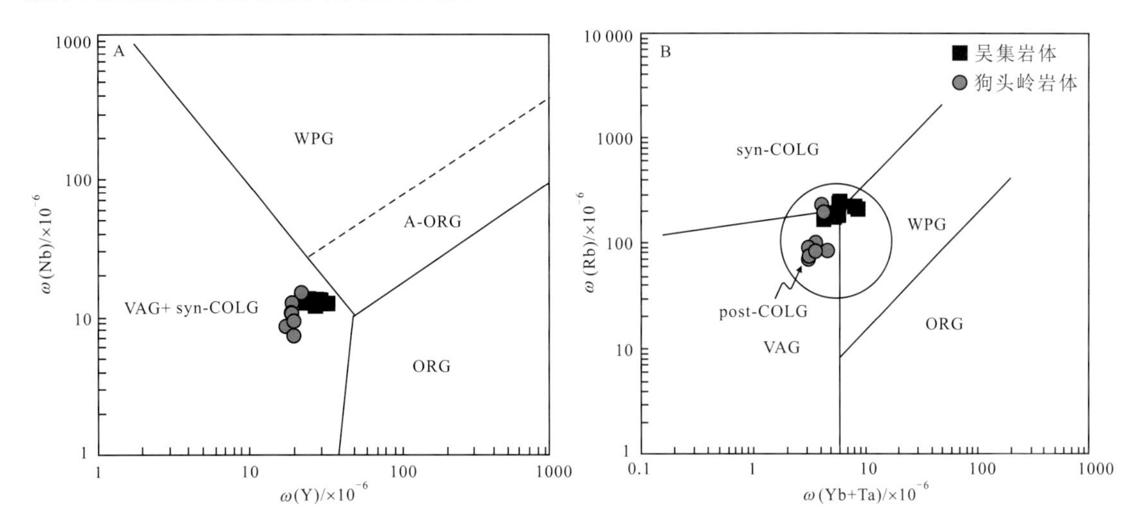

图 4-8 狗头岭岩体、吴集岩体 Y-Nb（A）及（Yb+Ta）-Rb（B）环境判别图解

VAG. 火山弧花岗岩；WPC. 板内花岗岩；syn-COLG. 同碰撞花岗岩；ORG. 洋中脊花岗岩；A-ORG. 异常洋中脊花岗岩

吴集岩体中发育暗色微粒包体，包体中的矿物组合为斜长石、角闪石、石英、钾长石等，为岩浆成因的细粒结构，显示暗色微粒包体是岩浆混合成因的。暗色微粒包体、寄主岩的锆石 SHRIMP U-Pb 年龄（428.3±3.9）Ma、（428.8±3）Ma 基本一致，佐证了暗色微粒包体的岩浆混合成因。Watson 等（1983）从高温实验（700～1300℃）得出锆石溶解度模拟公式为：

$$\mathrm{Ln}D_{\mathrm{Zr}}{}^{\mathrm{zircon/melt}}=-3.80-0.85\times(M-1)+12\ 900/T$$

则

$$t_{\mathrm{Zr}}=12\ 900/[\mathrm{Ln}D_{\mathrm{Zr}}{}^{\mathrm{zircon/melt}}+0.85M+2.95]-273$$

吴集岩体中花岗闪长岩锆石饱和温度 t_{Zr} 在 760.2～768.1℃之间，狗头岭岩体中石英闪长岩锆石饱和温度 t_{Zr} 在 675.5～711.2℃之间，表明花岗闪长岩的结晶温度较高，这种形成于高温条件下的 I 型花岗岩，暗示尚存在深部软流圈的上涌和热量的向上传递，并有少量幔源物质加入，以致形成吴集岩体在宏观上可见的岩浆混合成因的暗色岩石包体。

五、常德-安仁断裂对加里东期花岗岩的控制

加里东期的吴集岩体、狗头岭岩体发育在常德-安仁构造岩浆带南段的位置上。吴集岩体的西侧部分与围岩呈断层接触，接触面走向为 NE-SW 向，且吴集岩体出露地区分布的

断裂走向以 NE - SW 为主（图 4 - 1）。狗头岭岩体呈椭圆形的岩株状展布。这显示加里东期的吴集岩体、狗头岭岩体受 NW - SE 向常德-安仁断裂控制产出的特征不明显。

第二节　断裂对印支期岩浆岩的控制

常德-安仁断裂带上发育有印支期岩坝桥岩体、桃江岩体、沩山岩体、紫云山岩体、歇马岩体、南岳岩体、将军庙岩体、川口花岗岩体群、五峰仙岩体，岩体分布及年龄数据见图 4 - 9。该断裂带上还发育有印支期的辉长岩、辉绿岩、花岗闪长岩、岩浆混合成因的花岗岩及高分异花岗岩等多类岩石，且成矿效应十分显著，具有明显受 NW - SE 向常德-安仁构造岩浆带控制的特点。

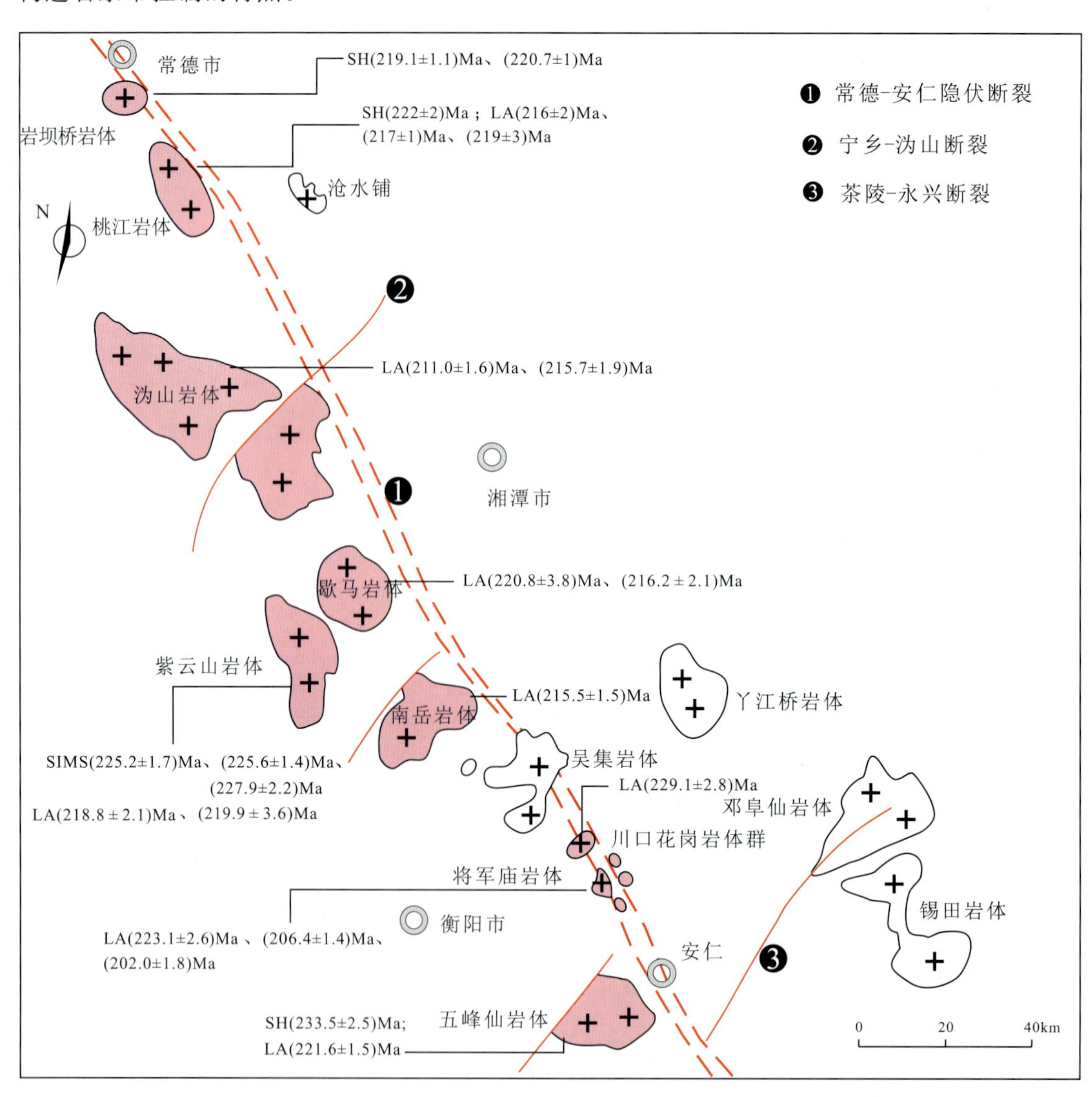

图 4 - 9　常德-安仁构造岩浆带印支期侵入岩岩体分布简图

一、印支期花岗岩的地质特征和形成时代

1. 岩坝桥岩体地质特征

岩坝桥岩体主体位于湖南省常德市汉寿县境内（小部分属于益阳市），呈近圆形的岩株产出，出露面积约40km²，侵入于青白口系五强溪组之中。在大地构造位置上，岩体位于扬子地块与华夏地块的结合带上。该结合带的北西界线为桃江-城步断裂带（饶家荣等，2012）。该断裂是长期活动的岩石圈深大断裂（孙劲松，2013），形成于武陵—雪峰期，活跃于加里东期（饶家荣等，1993）。

岩坝桥岩体由石英闪长岩、角闪石黑云母花岗闪长岩及黑云母二长花岗组成，主体岩性为细粒角闪石黑云母花岗闪长岩（图4-10A）。花岗闪长岩中发育有大量的暗色微粒包体（图4-10B）。角闪石黑云母花岗闪长岩呈灰白色，细粒结构、块状构造，主要由矿物钾长

图4-10　印支期岩坝桥岩体、桃江岩体岩石学特征

A. 岩坝桥岩体中的角闪石黑云母花岗闪长岩；B. 岩坝桥岩体中发育的暗色微粒包体；C. 桃江岩体中发育的角闪辉长岩；D. 桃江岩体中的黑云母花岗闪长岩

石（6%～7%）、斜长石（42%～50%）、石英（32%～42%）、黑云母（4%～7%）、角闪石（2%～7%）组成，副矿物见锆石、磷灰石、磁铁矿等，矿物粒径在1～2mm之间，仅少部分粒径在2～3mm之间，呈中粒结构，斜长石的牌号（An）在36～42之间，显示偏基性的特征。

角闪石黑云母花岗闪长岩中发育的暗色微粒包体多呈椭球状、纺锤状、次圆状，仅少数为不规则状，包体大小一般为4cm×10cm，部分长可达30cm甚至更大。暗色微粒包体呈细粒结构，由矿物钾长石（约9%）、斜长石（约59%）、角闪石（28%）、石英（2%～3%）、黑云母（1%）组成，见副矿物锆石、磷灰石、磁铁矿等。组成矿物的粒径在0.5～1.5mm之间，为岩浆成因的闪长岩包体。

2. 桃江岩体地质特征

桃江岩体（E28°25′—E28°35′，N112°05′—N112°18′）位于湖南省桃江县内，位于扬子板块与钦杭结合带的拼贴带上（图4-11A），出露面积约230km²，受区域性NW向常德-安仁断裂的控制，呈NNW向展布的椭圆形岩基（图4-11B）。岩体侵入于青白口系—寒武系，与围岩呈明显的侵入接触。该结合带以桃江-城步深断裂带为界（饶家荣等，2012）。桃江岩体主要由灰白色细中粒斑状角闪石黑云母花岗闪长岩、灰白色粗中粒斑状角闪石黑云母二长花岗岩及少部分的深灰色中细粒角闪辉长岩和灰白色细粒花岗岩组成，花岗闪长岩中发育有圆形—椭圆形闪长质包体及条带状变质岩捕虏体。

角闪辉长岩呈深灰色，中细粒结构（图4-10C）、辉长结构，块状构造。矿物主要由斜长石（约55%）、辉石（约25%）、角闪石（约15%）、橄榄石（约1%）、黑云母（约4%）等组成。矿物粒径一般为0.5～2mm，少部分为3～4mm。斜长石呈近等轴粒状，见钠氏双晶和卡钠复合双晶，少数见环带消光；橄榄石为不规则粒状，无色，正高突起，见不规则裂纹，橄榄石周围常见紫苏辉石，磁铁矿环绕或交代；紫苏辉石呈板状、粒状等不同形状；角闪石呈短柱状、粒状，多色性显著。

黑云母花岗闪长岩呈灰白色（图4-10D），粗中粒结构、似斑状结构，块状构造。斑晶为斜长石、钾长石和部分石英，含量在20%～25%之间。基质为斜长石（约45%）、钾长石（约20%）、石英（约27%）、黑云母（约6%）和角闪石（约2%），副矿物为锆石、榍石、钛铁矿、磷灰石、磁铁矿等。矿物粒径一般为2～3mm，部分粒径大于5mm。黑云母花岗闪长岩中发育暗色微粒包体，包体与寄主岩接触界线清楚，包体色率较高，容易识别。包体多呈椭球状、纺锤状，少数呈条带状；包体大小一般为8cm×12cm，部分可长达50cm甚至更大。暗色微粒包体呈细粒结构，矿物的粒径一般在0.5～1.5mm之间，由矿物斜长石（约60%）、角闪石（约10%）、黑云母（约15%）、石英（约15%）及少量的副矿物锆石、磷灰石等组成。暗色微粒包体内矿物成分常具二元性，细粒矿物基质中包裹粗粒的长石矿物、长石斑晶，呈现出不平衡的矿物组合特征。李昌年（1992）认为包体中的不平衡长石矿物、长石斑晶为捕获于寄主岩的捕虏晶。

3. 沩山岩体地质特征

沩山复式岩体位于湘中湘乡、宁乡、韶山和安化等县市交界区，出露面积达1240km²，

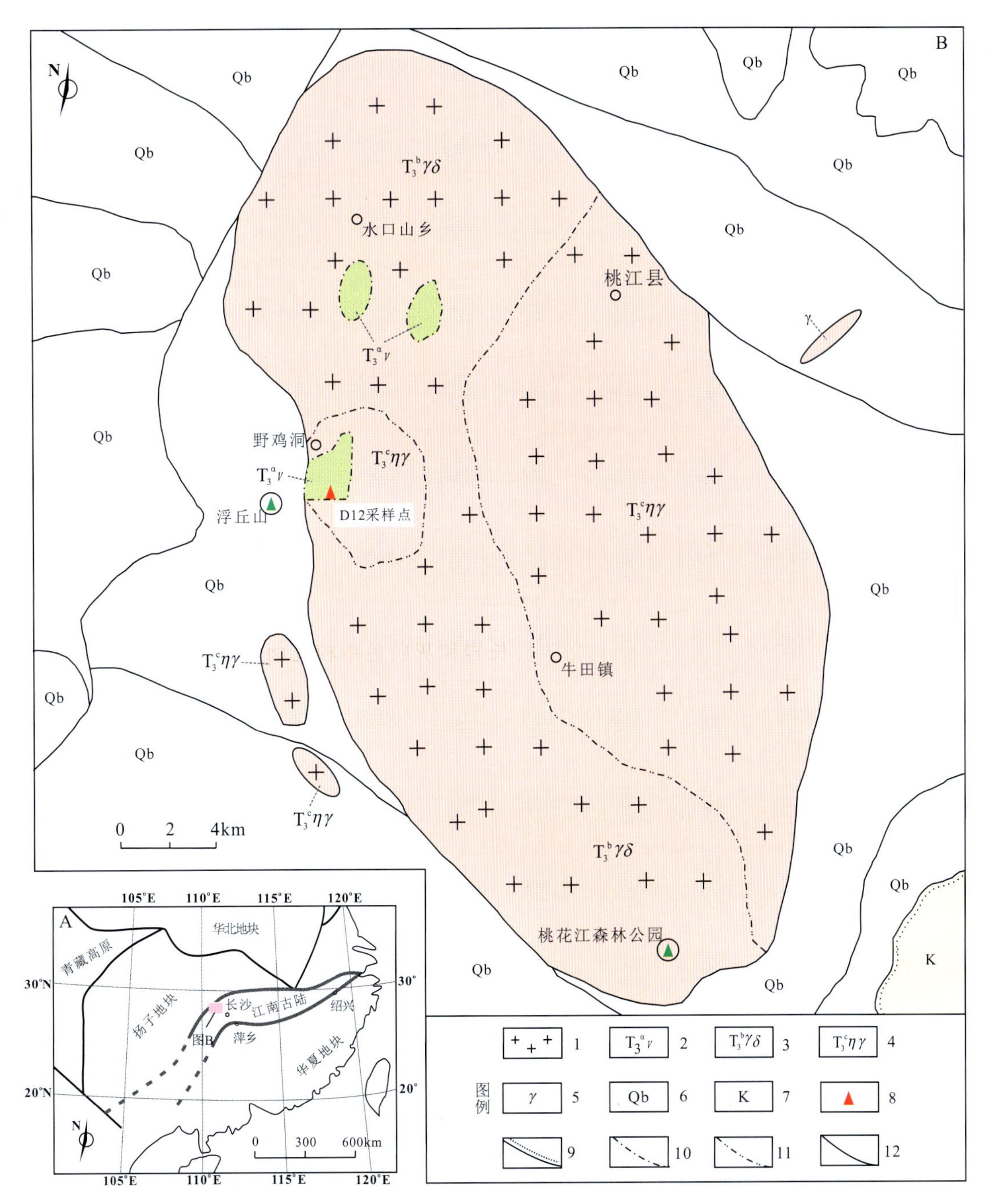

图 4-11　桃江岩体构造位置图［A；据余心起等（2010）修改］及地质简图（B）

1. 花岗岩；2. 辉长岩；3. 花岗闪长岩；4. 二长花岗岩；5. 花岗岩脉；6. 青白口系；7. 白垩系，8. 采样点；9. 角度不整合；10. 脉动接触界线；11. 涌动接触界线；12. 地质界线

是湖南最大的花岗岩体之一，也是一个富铀、钨等多种矿产的赋矿岩体（湖南省地质矿产局区域地质调查所，1995）。岩体分布于靖县-溆浦断裂和郴州-临武断裂之间，侵入新元古界—泥盆系，晚白垩世红层覆盖其上。贾宝华等（2003）根据野外产出状况和区域对比，将

它划归燕山早期；而20世纪90年代多种同位素定年方法（黑云母K-Ar法、全岩Rb-Sr法、锆石U-Pb法、独居石U-Th-Pb法）的结果为257～163Ma（湖南省地质矿产局区域地质调查所，1995），因此，沩山岩体很可能为一经历多期岩浆作用的复式岩体，时代可能跨越印支早期—燕山早期。最近的锆石SHRIMP和LA-ICP-MS定年结果显示（Ding et al.，2006；Wang et al.，2007b），主体黑云母二长花岗岩形成于243～215Ma，补体二云母花岗岩则形成于210～185Ma（丁兴等，2012）。这表明沩山岩体主体侵位于印支期。

沩山岩体主体岩性以黑云母二长花岗岩为主，边部可见含角闪石黑云母花岗岩或花岗闪长岩。黑云母二长花岗岩呈中细粒似斑状结构、等粒状结构，主要矿物组成为石英（20%～45%）、钾长石（20%～30%）、斜长石（30%～35%，An=20～40）、黑云母（5%～10%），其晚阶段侵入的高演化花岗岩以更少量的黑云母（<5%）为特征。二云母花岗岩呈细—中粒结构，主要矿物组成为钾长石（30%～40%）、斜长石（20%～30%，An=30～40）、石英（15%～30%）、白云母（3%～10%）和黑云母（5%）。

4. 紫云山岩体地质特征

紫云山岩体位于湘中盆地东缘，在扬子地块与华夏地块汇聚带的北侧，呈南北向不规则展布，出露面积达280km²（图4-12）。该岩体周围3km的范围内分布有很多贵金属和有色金属的矿床（点），如岩体北侧分布有包金山金矿、铃山金矿、丫头山铅锌铜矿床等，西部外接触带有南冲金矿、清家湾金矿和朱家冲金矿等。近年来，岩体内部还发现了大坪铷、铌、钽矿。岩体大部分侵入新元古界板溪群中，南侧被白垩系覆盖。紫云山岩体的主体岩性为粗中粒斑状二长花岗岩，分布于岩体的边部，岩体中心为二云母花岗岩，大致呈环状产出（图4-12）。

粗中粒斑状黑云母二长花岗岩（图4-13A、B）呈灰白色，粗中粒似斑状结构，偶见斑晶集中分布，斑晶含量一般为20%～40%。主要矿物为斜长石（An=20～40，更—中长石，20%～45%）、钾长石（25%～40%）、石英（20%～25%），次要矿物为黑云母（>5%）及少量角闪石，副矿物有磷灰石、锆石、榍石、褐帘石等，次生矿物有绢云母、绿泥石、高岭石等。

细中粒二云母花岗岩呈灰白色，细—中粒花岗结构，其中岩体南部颗粒较粗，为中—粗粒结构，二云母花岗岩中偶见长石斑晶。岩石的主要矿物组成为斜长石（An=25～35，更—中长石，15%～35%）、钾长石（30%～50%）和石英（25%～40%），次要矿物为黑云母和白云母，副矿物为磷灰石、锆石、榍石、褐帘石等，次生矿物为绢云母、绿泥石和高岭石等。

紫云山岩体的粗中粒斑状黑云母二长花岗岩、细中粒二云母花岗岩中均含有镁铁质暗色包体（图4-13C）。这些暗色包体整体上具定向排列，长轴大小从数厘米到数米，呈浑圆状、透镜状、撕裂状，偶见岩墙状和镰刀状，部分暗色微粒包体有明显的拖尾现象，偶可见反向脉。镁铁质暗色包体镜下特征显示，其矿物组合中见针状磷灰石（图4-13D），显示暗色微粒包体是在快速冷凝结晶的环境下形成，为岩浆混合成因的产物。

5. 歇马岩体地质特征

歇马岩体位于湘潭、湘乡、衡山、双峰等县交界处，出露面积约300km²，呈近圆状产

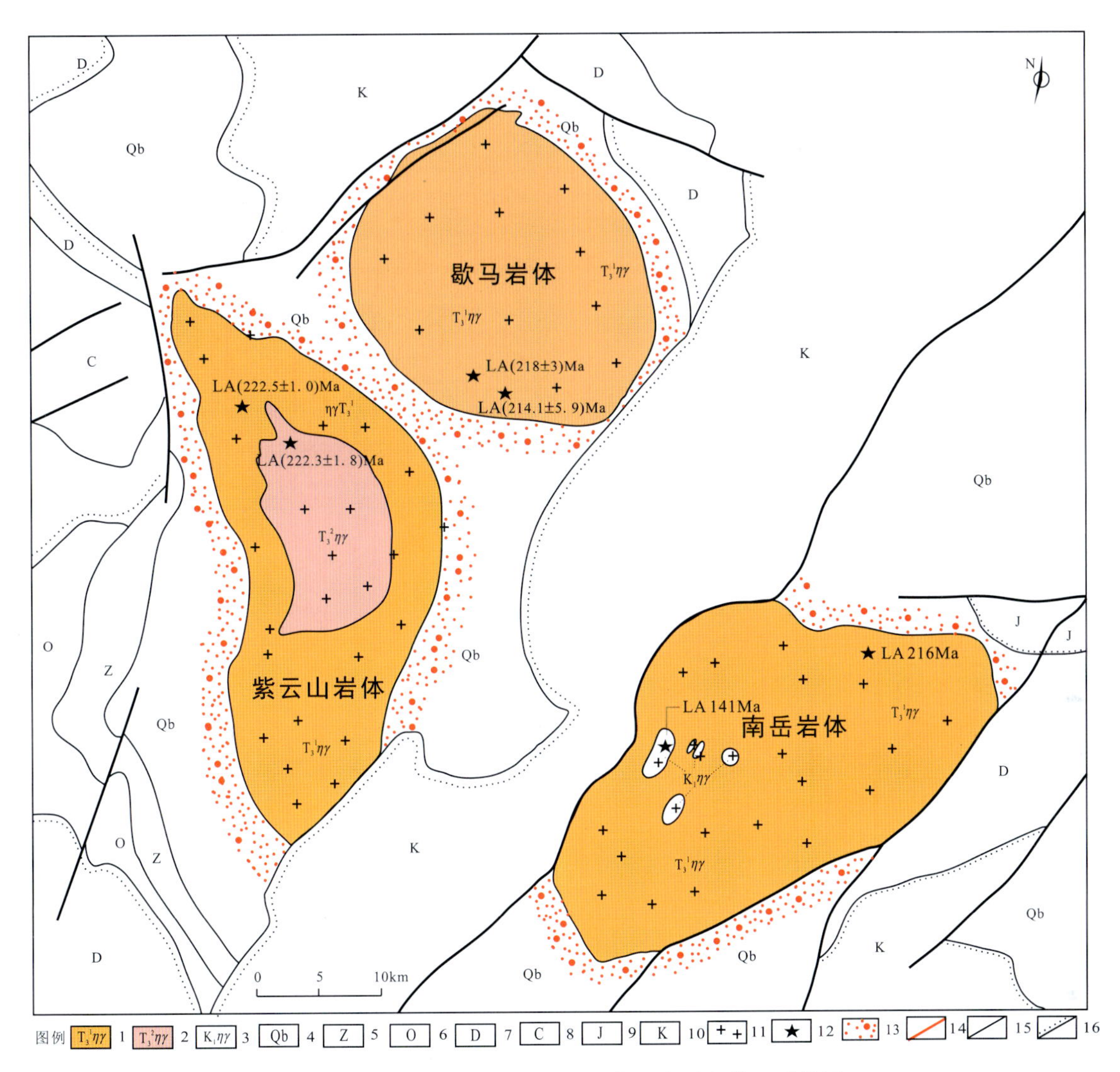

图 4-12　紫云山岩体、歇马岩体、南岳岩体地质简图

（马铁球等，2013a；鲁玉龙等，2017）

1. 印支期粗中粒斑状二长花岗岩；2. 印支期细（中）粒二长花岗岩；3. 燕山期二云母二长花岗岩；4. 青白口系；5. 震旦系；6. 奥陶系；7. 泥盆系；8. 石炭系；9. 侏罗系；10. 白垩系；11. 花岗岩符号；12. 样品点；13. 蚀变围岩；14. 断裂；15. 整合地质界线；16. 不整合地质界线

出（图 4-12），主要侵入于新元古界板溪群及上古生界泥盆系，南东部与白垩系红层呈沉积接触。

歇马岩体主体岩性为中粒斑状角闪石黑云母二长花岗岩，似斑状结构、细中粒花岗结构，块状构造。成分主要为石英（≥20%）、微斜微纹长石（33%）、斜长石（35%）、黑云母（<7%）、角闪石（>5%）。斑晶含量约 15%，主要为他形—半自形板状微斜微纹长石，可见卡氏双晶，格子双晶不明显呈隐格状，有细小斜长石、黑云母、角闪石嵌晶；次生蚀变矿物有绢云母、白云母、蠕英石；副矿物有褐帘石、锆石、磷灰石、网状金红石等。

灰白色中细粒斑状黑云母二长花岗岩呈岩株状产出，为中细粒花岗结构，块状构造。约

图 4-13　紫云山岩体花岗岩岩石学特征

A. 紫云山岩体粗中粒斑状二长花岗岩；B. 二长花岗岩斑晶斜长石镜下特征；C. 紫云山岩体花岗岩中发育的暗色微粒包体；D. 暗色微粒包体中发育的针状磷灰石

Ab. 钠长石；Ap. 磷灰石；Bt. 黑云母；Pl. 斜长石；Qtz. 石英

含8%的微斜长石斑晶，呈半自形板状，格子双晶明显，为隐格状。基质由微斜长石、斜长石、石英、黑云母等组成。斜长石为半自形板状，具钠氏双晶；微斜长石为他形—半自形板状，见格子状双晶，部分有卡氏双晶，粒径大小在1～4mm之间，以1mm为主；石英为他形粒状，多为连晶，粒径大小在0.6～1mm之间，少部分为2～3mm；黑云母为半自形板片状，粒径大小在1～2mm之间。

歇马岩体中常见有暗色镁铁质微粒包体及沉积-变质岩包体。岩体内岩脉主要有花岗斑岩脉、花岗闪长斑岩脉、细粒花岗岩脉、石英脉、花岗伟晶岩脉等。岩体内蚀变较普遍，特别是在较晚次岩石单元中发育，以钠长石化、云英岩化、钾化、硅化为主。

6. 南岳岩体地质特征

南岳岩体为一复式岩体，以晚三叠世花岗岩为主，呈岩基出露，出露面积约420km²，岩体中发育有少量的燕山期花岗岩株（图4-12）。岩体侵入于新元古界板溪群变质岩及泥盆系—二叠系中，西侧被上白垩统沉积覆盖。由于受岩体西侧韧性剪切带的影响，岩体中片麻理构造及暗色闪长质包体较发育，包体及片麻理方向一致，形成的叶理构造清晰可见。岩体西侧花岗伟晶岩脉、细粒花岗岩脉、细晶岩、流纹岩等十分发育，其中花岗伟晶岩带宽在1km以上，有钾长伟晶岩、钠长石伟晶岩等，在后期热液蚀变及风化作用下形成大型高岭土矿。

南岳岩体晚三叠世花岗岩以细中粒斑状角闪石黑云母二长花岗岩为主，细中粒花岗结构、似斑状结构，块状构造，部分具片麻状构造。斑晶含量为8%～12%，成分有斜长石、微斜长石、石英，以斜长石为主。基质主要为微斜长石、钾长石、石英、云母等，其中微斜长石为半自形或他形板状，可见格子双晶；石英呈他形—半自形粒状；黑云母、角闪石为半自形，两者常共生，黑云母Ng′棕红色，NP′浅黄色；锆石包体见放射状晕圈，蚀变后为绿泥石。基质矿物粒径大小多在2～5mm之间，部分小于2mm。副矿物见褐帘石、榍石、锆石、磷灰石等。

晚三叠世中细粒（少）斑状二云母二长花岗岩呈岩株产出，与主体花岗岩呈涌动接触。岩石为中细粒花岗结构，块状构造。约含3%的微斜长石斑晶，呈半自形板状，格子双晶明显，有细小的斜长石、石英、黑云母等嵌晶。基质由微斜长石、斜长石、石英、黑云母、白云母等组成。斜长石为半自形板状，具钠氏双晶、卡钠复合双晶等，见环带构造，且有净边现象，环数多为2～3环；绢云母、白云母从晶体中心部位交代斜长石而出现明亮的钠长石边；云母为半自形板片状，粒径大小在1～2mm之间。副矿物见锆石、磷灰石、磁铁矿等。岩体中还发育少量的细粒二云母二长花岗岩，为细粒花岗结构，块状构造，由微斜长石、斜长石、石英、黑云母、白云母等矿物组成。

7. 将军庙岩体地质特征

将军庙岩体出露面积约35km^2，出露在铁丝塘镇东北侧，主要分布在莫井乡行政区域内。将军庙岩体侵入的最新地层为泥盆系欧家冲组，所侵入的围岩均发生较强的角岩化、局部大理岩化等热接触变质现象。在双江口—下瓦子坪一带岩体边部见跳马涧组及棋梓桥组的强蚀变黄铁矿化石英岩、硅化灰岩捕虏体。将军庙岩体中常见细粒花岗岩脉、石英脉、花岗伟晶岩脉及萤石矿脉等。

将军庙岩体主体岩性为灰白色夹肉红色粗中—中粒斑状黑云母二长花岗岩，呈块状构造，粗中—中粒结构、似斑状花岗结构。岩石发育10%～18%的钾长石、斜长石、石英斑晶（图4-14A），局部斑晶富集，含量高达25%～30%。长石斑晶呈半自形板状，钾长石具卡纳复合双晶，长石斑晶多有泥化、绢云母化（图4-14B）；石英斑晶呈粒状，斑晶大小一般为1～3cm。基质矿物有微斜微纹长石、斜长石、石英、黑云母等，矿物粒径主要在3～4mm之间。

黑云母二长花岗岩中钾长石、斜长石巨斑晶发育，斑晶局部富集为巨晶，巨斑晶呈半自形宽板状，大小不等，一般为3cm×8cm，个别更大，且分布不均匀。钾长石巨斑晶的弱风化面为肉红色，可见环带结构和卡氏双晶，巨斑晶中包裹有斜长石、石英、黑云母等细粒矿物，包裹矿物呈同心环状排列，显示出环带特征；斑晶边缘凹凸不平，呈齿状轮廓，且有大量的石英、黑云母出现。

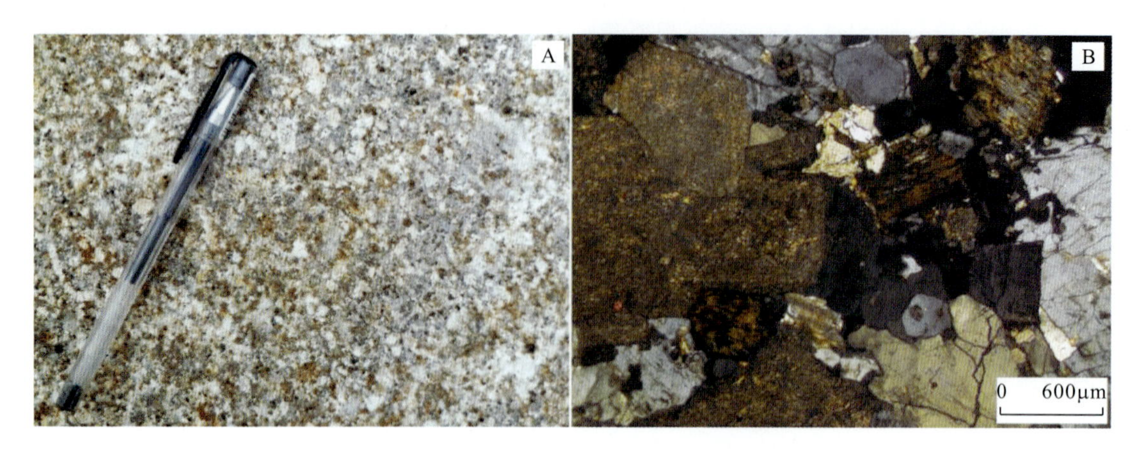

图 4-14　将军庙花岗岩岩相学特征图像

A. 野外照片；B. 显微照片

将军庙岩体中发育灰白色细—中细粒少斑状二云母二长花岗岩，与主体花岗岩呈涌动接触，局部呈脉动接触。岩石呈块状构造，细粒结构，少部分为中粒结构，为少斑—含斑花岗岩，斑晶含量为3%～8%。斑晶主要为自形的长石，大小为1cm×3cm。基质矿物主要由微纹长石（约31%）、斜长石（约29%）、石英（约35%）、黑云母（约2%）及白云母（约3%）组成。斜长石为半自形板状，见钠氏双晶、卡钠复合双晶等，长石普遍绢云母化。基质矿物粒径大小在0.5～2mm之间，部分为2～3.4mm。岩体局部见灰白色微细粒二云母二长花岗岩，呈岩株状产出，块状构造，微细粒结构，组成矿物为石英（35%）、钾长石（28%）、斜长石（30%）、白云母（5%），少许黑云母（1%～2%）。矿物粒径一般在1mm左右，部分呈微粒，粒径在0.1mm左右。

8. 川口花岗岩体群地质特征

湖南衡阳川口花岗岩体群位于衡阳市以东约40km，在大地构造位置上位于扬子与华夏两大古陆块碰撞拼贴带上，岩体群处于茶陵-郴州NNE向大断裂与常德-安仁NW向基底隐伏大断裂所组成的三角区域内。川口花岗岩群体位于NNW向蕉园背斜核部，北西面发育有印支期将军庙花岗岩。蕉园背斜核部为冷家溪群黄浒洞组岩屑砂岩、板岩等；背斜两翼为泥盆纪—石炭纪沉积盖层，盖层与基底之间的角度不整合界面清晰。川口地区出露花岗岩体20余个，略具SN向成群产出，与常德-安仁构造岩浆带展布方向基本一致，花岗岩的分布特征见图4-15。

川口花岗岩体群中的黑云母二长花岗岩侵入岩屑石英杂砂岩的特征明显，多见围岩呈顶盖压覆于花岗岩之上（图4-16），围岩热接触变质为石英角岩、斑点板岩。在新鲜露头上，岩体的外接触带与岩体接触处可见宽5～20cm的片理化带（图4-17）。片理化带产状与侵入接触界线一致，与变余层理呈一定角度相交，表明片理化带并非继承原岩层理发育而来，而是在岩体侵位的应力及温度的作用下，在岩体的外接触带形成与侵入接触面一致的片理化带。

川口花岗岩体群的主体岩性为斑状黑云母二长花岗岩，呈灰白色夹肉红色，中粒结构、

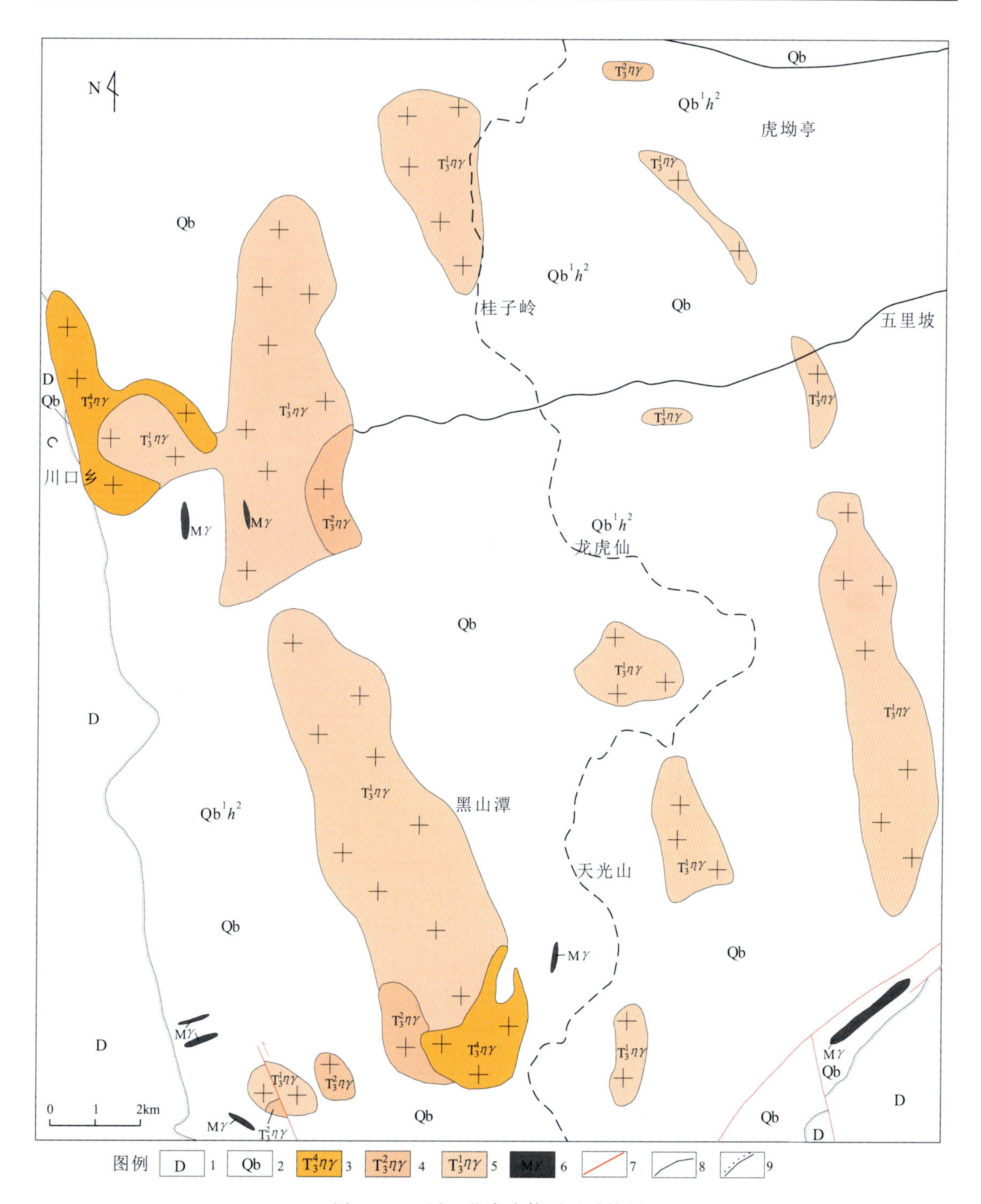

图 4-15　川口花岗岩体群地质简图

1. 泥盆系；2. 青白口系；3. 晚三叠世灰白色细粒白云母二长花岗岩；4. 晚三叠世灰白色中细粒（含斑）黑云母二长花岗岩；5. 晚三叠世灰白色粗中粒斑状黑云母二长花岗岩；6. 细粒花岗岩脉；7. 断裂；8. 整合地质界线；9. 角度不整合地质界线

似斑状结构，块状构造。岩石中斑晶含量10%～15%（图4-18A、B），斑晶成分为钾长石、

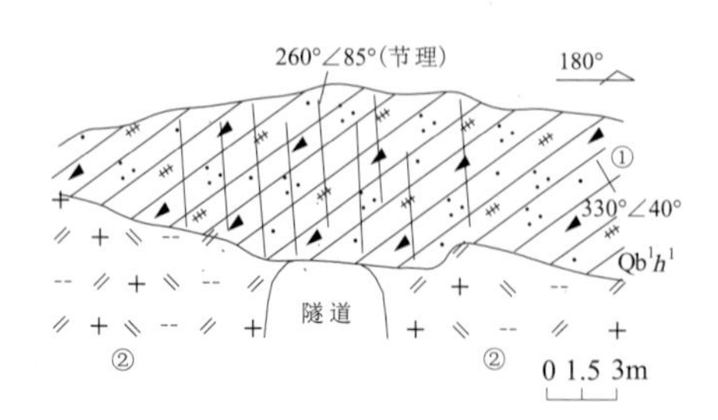

图 4-16　花岗岩与顶部残余围岩顶盖示意图
①岩屑石英杂砂岩（残余顶盖）；②晚三叠世斑状黑云母二长花岗岩

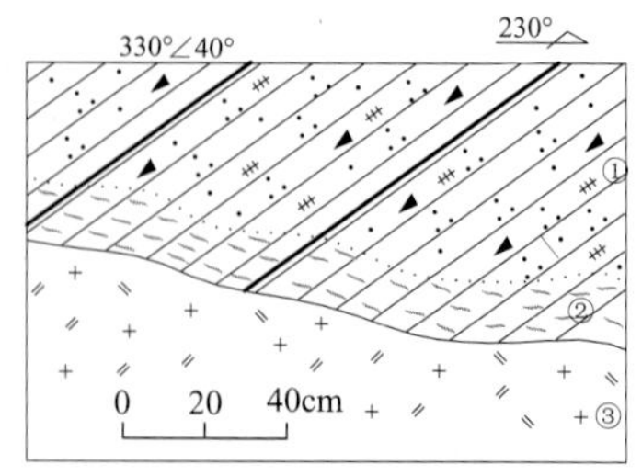

图 4-17　花岗岩与围岩接触处的片理化带示意图
①围岩；②片理化带；③花岗岩

斜长石、石英，长石斑晶呈半自形板状，钾长石具卡纳复合双晶，石英呈粒状，斑晶大小一般为（1.5～2）cm×（4～6）cm，大者达 2～10cm，部分长石斑晶风化后呈肉红色并有绢云母化和泥化蚀变（图 4-18C）；局部斑晶有富集特征，斑晶含量可达 25%左右，在岩体边部长石斑晶具有弱定向性，其长轴走向约 340°。基质矿物主要由钾长石、斜长石、石英、黑云母（含量 2%～3%）组成。长石自形程度较好，呈半自形板状，石英呈他形粒状，黑云母呈片状，矿物粒径主要在 2～4mm 之间。花岗岩中常见有钛铁矿、锆石、磷钇矿等副矿物。

中细粒（含斑）二云母二长花岗岩为浅灰色、灰白色，以细粒结构为主，部分为中粒结构，主体不发育斑晶，少部分含斑晶，斑晶为石英，偶见长石斑晶，斑晶含量一般小于 5%，斑晶粒径为 0.8～1cm，局部有斑晶富集特征，但含量不超过 10%。基质矿物主要由钾长石（34%）、斜长石（28%）、石英（30%）、白云母（3%～6%）组成；暗色矿物较少，见黑云母、电气石等（含量为 2%～4%）；常见锆石、磷钇矿等副矿物。在二云母二长花岗岩中发育的节理面上多见辉钼矿化，辉钼矿不均匀分布，呈片状，大小一般在 1～3cm 之间。该类花岗岩与斑状花岗岩接触处多见伟晶岩带、囊状石英脉带。

白云母花岗岩呈灰白色，细粒结构，块状构造（图 4-18D）。组成矿物为石英（35%）、钾长石（35%）、斜长石（23%）、白云母（5%），局部岩石中白云母、金云母的含量较高（图 4-18E），可达 3%～5%，黑云母少许（1%～2%）；矿物粒径一般在 1mm 左右，部分呈微粒，粒径在 0.1mm 左右。白云母花岗岩多呈小岩株产出，岩体与围岩接触带多发育石英脉，石英脉与花岗岩的接触处多见云英岩化（图 4-18F），石英脉中钨矿化明显。

9. 五峰仙岩体地质特征

五峰仙岩体位于湖南省耒阳市及安仁县境内，出露面积约 320km^2，呈椭圆形岩基产出，属南岭成矿带上中生代侵位的花岗岩体。五峰仙岩体钨锡多金属成矿效果不显著，也是华南不含铀矿的印支期花岗岩体（章健，2010）。在大地构造位置上，该岩体位于扬子与华夏两大古陆块碰撞拼贴带上。岩体主要由粗中粒斑状黑云母花岗闪长岩、中粒斑状黑云母二长花岗岩、中细粒黑云母二长花岗岩组成，局部出露细粒二云母二长花岗岩，各类岩石之间的接触关系多为脉动接触，少数为涌动接触。花岗闪长岩、斑状二长花岗岩发育暗色微粒闪长质包体，岩体中残留有二叠系顶盖。岩体与泥盆系、石炭系、二叠系呈侵入接触关系，与白垩

图 4-18　衡阳川口花岗岩体群岩石特征

A. 中粒斑状黑云母二长花岗岩（斑晶含量约 10%）；B. 斑状黑云母二长花岗岩（斑晶风化呈肉红色）；C. 斑状黑云母二长花岗岩及已蚀变的斑晶（正交偏光）；D. 细粒白云母花岗岩；E. 细粒白云母花岗岩中的原生白云母（正交偏光）；F. 石英脉及云英岩化花岗岩（暗色矿物电气石常见）

系呈断层接触关系，所侵入的围岩均发生较强的角岩化、斑点板岩化、大理岩化等热接触变质作用。

粗中粒斑状黑云母花岗闪长岩呈浅灰白色，似斑状结构、粗中粒花岗结构，块状构造；含有 10%左右的微斜微纹长石斑晶和少量的斜长石斑晶，其大小一般为 8mm×20mm。微斜微纹长石呈半自形板状，具卡氏双晶，隐格状格子双晶，斑晶中见细小的石英、斜长石、黑云母嵌晶。基质矿物以斜长石、微斜微纹长石及石英为主，斜长石呈半自形板状（An=26)，具环带构造，属中长石；微斜微纹长石与斜长石斑晶相似，与斜长石接触边缘有蠕英石析出。石英他形粒状，常呈连晶产出；黑云母他形—半自形板片状，呈聚晶出现，蚀变后呈绿泥石。矿物粒径多为 3～4mm，部分为 6mm 左右。岩石中副矿物常见有褐帘石、锆石、磷灰石等。次生蚀变常见有绢云母化、绿泥石化、白云母化、蠕英石化等。

中粒斑状黑云母二长花岗岩呈似斑状结构、中粒花岗结构，块状构造。基质粒径为3～4mm，仅少量粒径大于5mm。矿物组成主要为钾长石、斜长石、石英、黑云母等。斑晶含量为25%～35%，有斜长石、钾长石、石英及黑云母斑晶，以钾长石、斜长石为主；在流水冲刷面上的长石斑晶呈肉红色，大小（4～5）cm×（8～12）cm，斑晶轮廓清楚，为板状自形晶，部分斑晶显示环带结构，斑晶的分布不均匀，有局部富集的特征，富集处斑晶含量高于50%。斑晶的长轴略显定向性，走向为65°。岩石中的副矿物常见褐帘石、锆石、磁铁矿、磷灰石等。

细粒二云母二长花岗岩呈岩株状产出，为细粒花岗结构，块状构造。基质矿物主要为微纹长石、斜长石、石英、黑云母、白云母等，矿物粒径主要为0.4～2mm。副矿物以含电气石为特征，另外还有锆石、磷灰石、磁铁矿、榍石等。次生蚀变有白云母化、绢云母化、绿泥石化、金红石化、蠕英石化。白云母为鳞片状，外形不规则，可交代微纹长石或斜长石。

花岗闪长岩、二长花岗岩中发育暗色微粒包体，包体含量1%～2%，但分布不均，多呈拉长的椭圆形，显示塑性变形特征；包体大小为（3～4）cm×（6～12）cm不等，主要由斜长石、钾长石、黑云母、石英等组成，矿物粒径为1～2mm，为细粒的闪长质包体。

10. 印支期花岗岩的形成

常德-安仁构造岩浆带上花岗岩的形成年龄在（236±6）～（202±1.8）Ma之间，且集中在220～216Ma之间（图4-19，表4-2），属晚三叠世。从岩体侵位年龄和常德-安仁构造岩浆带上印支期花岗岩岩石组合特征来看，该断裂带上岩浆作用有多阶段活动特点，细粒二云母二长花岗岩、细粒花岗岩岩株为岩浆活动末期的产物。常德-安仁构造岩浆带上的

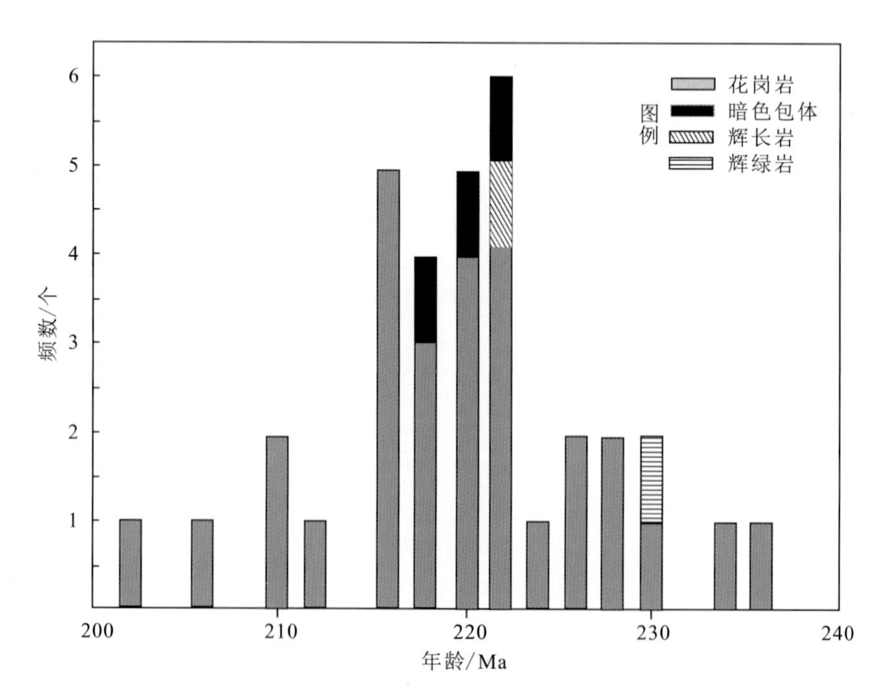

图4-19　常德-安仁构造岩浆带花岗岩类年龄频数分布图

表 4-2　常德-安仁构造岩浆带印支期侵入岩同位素年龄

岩体	岩性	测定方法	年龄值/Ma	产状	资料来源
岩坝桥岩体	黑云母花岗闪长岩	锆石 SHRIMP U-Pb	(220.7±1)	侵入青白口系	湖南省地质调查院,2017
	闪长质岩石包体	锆石 SHRIMP U-Pb	(219.1±1.1)	发育于黑云母花岗闪长岩中	
桃江岩体	角闪辉长岩	锆石 SHRIMP U-Pb	(222±2)	岩株,发育于花岗闪长岩中	
	角闪石黑云母花岗闪长岩	锆石 SHRIMP U-Pb	(210±3.2)	侵入青白口系	续海金等,2004
	黑云母花岗闪长岩	锆石 LA-ICP-MS	(216±2)	侵入青白口系	Wang et al.,2012
	黑云母花岗闪长岩	锆石 LA-ICP-MS	(217±1)	侵入青白口系	Wang et al.,2012
	黑云母花岗闪长岩	锆石 LA-ICP-MS	(217±1)	侵入青白口系	Wang et al.,2012
	暗色微粒包体	锆石 LA-ICP-MS	(219±3)	发育于花岗闪长岩中	Wang et al.,2012
沩山岩体	黑云母二长花岗岩	单颗粒云母 Rb-Sr	(221.9±5.8)	侵入青白口系，与白垩系地层断层接触	丁兴等,2012
	花岗岩	单颗粒云母 Rb-Sr	(227.0±13)	侵入青白口系	丁兴等,2012
	二云母花岗岩	单颗粒云母 Rb-Sr	(210.1±3.3)	岩株	丁兴等,2012
	花岗岩	锆石 LA-ICP-MS	(211.0±1.6)	侵入青白口系	丁兴等,2005
	花岗岩	锆石 LA-ICP-MS	(215.7±1.9)	侵入青白口系	丁兴等,2005
紫云山岩体	斑状石英二长岩	锆石 LA-ICP-MS	(225.2±1.7)	侵入青白口系	鲁玉龙等,2017
	二云母花岗岩	锆石 LA-ICP-MS	(227.9±2.2)	侵入青白口系	鲁玉龙等,2017
	斑状石英二长岩	锆石 LA-ICP-MS	(225.6±1.4)	侵入青白口系	鲁玉龙等,2017
	花岗闪长岩	锆石 LA-ICP-MS	(222.5±1.0)	侵入青白口系	刘凯等,2014
	黑云母花岗岩	锆石 LA-ICP-MS	(222.3±1.8)	与早侵入花岗岩呈脉动接触	刘凯等,2014
	花岗闪长岩	锆石 LA-ICP-MS	(218.8±2.1)	侵入青白口系	Wang et al.,2015
	黑云母花岗岩	锆石 LA-ICP-MS	(219.9±3.6)	侵入青白口系	Wang et al.,2015
	黑云母花岗岩	锆石 SHRIMP U-Pb	(216.6±3.7)	侵入青白口系	王先辉等,2013
歇马岩体	黑云母花岗岩	锆石 LA-ICP-MS	(220.8±3.8)	侵入青白口系；与白垩系地层断层接触	Wang et al.,2015
	黑云母花岗岩	锆石 LA-ICP-MS	(216.2±2.1)	侵入青白口系；与白垩系地层断层接触	Wang et al.,2015
	暗色微粒包体	锆石 LA-ICP-MS	(221.0±2.5)	发育于黑云母花岗岩中	Wang et al.,2015
	暗色微粒包体	锆石 LA-ICP-MS	(217.4±2.4)	发育于黑云母花岗岩中	Wang et al.,2015
南岳岩体	二长花岗岩	锆石 LA-ICP-MS	(215.5±1.5)	侵入青白口系	马铁球等,2013b
将军庙岩体	斑状二云母二长花岗岩	锆石 SHRIMP U-Pb	(229.1±2.8)	侵入青白口系、泥盆系	王先辉等,2017
川口花岗岩体群	二云母二长花岗岩	锆石 SHRIMP U-Pb	(223.1±2.6)	侵入青白口系	
	黑云母二长花岗岩	锆石 LA-ICP-MS	(206.4±1.4)	岩株	
	白云母花岗岩	锆石 LA-ICP-MS	(202.0±1.8)	岩株	
五峰仙岩体	黑云母二长花岗岩	锆石 SHRIMP U-Pb	(233.5±2.5)	侵入泥盆系、石炭系、二叠系	陈迪等,2017a
	黑云母二长花岗岩	锆石 LA-ICP-MS	(236±6)	侵入泥盆系、石炭系、二叠系	Wang et al.,2007
	二云母花岗岩	锆石 LA-ICP-MS	(221.6±1.5)	与早侵入花岗岩呈脉动接触	王凯兴等,2012

岩坝桥岩体、桃江岩体、紫云山岩体及五峰仙岩体中发育暗色微粒包体，包体的形成时代与常德-安仁构造岩浆带上大规模的岩浆作用形成时限一致，均集中在220Ma左右。包体的矿物学、岩石学、岩石地球化学特征及锆石U-Pb年代学研究认为，岩石包体是岩浆混合成因（陈迪等，2017a；曾认宇等，2016）。另外，桃江岩体中发育角闪辉长岩，角闪辉长岩来源于深度较深高压石榴子石相的地幔部分熔融（湖南省地质调查院，2017），桃江地区发育印支期辉绿岩（金鑫镖等，2017）。这些均表明常德-安仁构造岩浆带上大规模岩浆活动过程中有地幔岩浆的参与。该带上与花岗岩密切相关的钨矿床（川口钨矿）形成于（226.5±3.2）～（225.3±3.4）Ma（彭能立等，2017），成矿年龄集中且与花岗岩的形成年龄吻合，表明该带上花岗岩具有一定的成矿能力。

近年的年代学资料表明，华南地区印支期岩浆活动的强度超出了以往的认识，越来越多的高精度锆石定年数据表明原来拟定为加里东期、海西期、燕山期的岩体实际为印支期花岗岩，如赵葵东等（2013）报道的江西金滩花岗岩体，陈迪等（2013）报道的湖南锡田复式岩体，刘园园（2013）报道的福建营林岩体、浙江靖居、周庄等岩体，以及以往认为侵位于加里东期的湖南桃江岩体、岩坝桥岩体。马铁球等（2013b）对桃江岩体、岩坝桥岩体开展SHRIMP锆石U-Pb定年获得桃江岩体侵位时限为（222±2）～（210±3.2）Ma，岩坝桥岩体侵位时限为（220.7±1）～（219.1±1.1）Ma，均为晚三叠世侵位的花岗岩。华南地区印支期花岗岩侵位年龄的峰值为220Ma和240Ma，且绝大部分侵位于250Ma之后，常德-安仁构造岩浆带上印支期花岗岩的集中侵位时间与区域上一致（图4-19），显示出该构造带上晚三叠世强烈的岩浆活动还受区域构造背景影响。

二、印支期花岗岩地球化学特征

常德-安仁构造岩浆带印支期的岩坝桥岩体、桃江岩体、沩山岩体、紫云山岩体、歇马岩体、南岳岩体、将军庙岩体、川口花岗岩体群、五峰仙岩体的岩石组成角闪辉长岩、角闪石黑云母花岗闪长岩、黑云母花岗闪长岩、二云母二长花岗岩、白云母花岗岩等。该构造岩浆带上除川口花岗岩体群为浅色、高分异酸性花岗岩外，其他岩体中均富含暗色微粒包体。常德-安仁构造岩浆带上花岗岩体的地球化学特征按辉长岩类，花岗闪长岩、二长花岗岩（含寄主岩中发育岩石包体的岩石）和浅色高分异的花岗岩3个类别来进行讨论，部分数据来源于陈迪等（2017a）、Wang等（2007）、刘凯等（2014）、Wang等（2012）、鲁玉龙等（2017）。

1. 主量元素特征

桃江角闪辉长岩的SiO_2含量在51.07%～55.7%之间，根据SiO_2含量分类，角闪辉长岩为基性岩。全碱值（Alk）介于3.21%～5.89%之间，在TAS图解上投点落在辉长闪长岩区域（图4-20A），为亚碱性系列的岩石。角闪辉长岩的K_2O含量为1.42%～2.73%，Na_2O含量为1.79%～3.16%，K_2O/Na_2O值为0.79～0.86，在Na_2O-K_2O图解上投点落在钾质岩石区域（图4-20B）；岩石的里特曼指数（δ）为1.17～2.6，为钙碱性岩（钙碱性

岩 $\delta<3.3$)，里特曼指数的判别特征与 SiO_2 -（Na_2O+K_2O-CaO）图解的投点结果一致（图 4-20C）。角闪辉长岩的 A/CNK 值较小，为 0.73～0.82，A/NK 值为 2.05～3.13；花岗闪长岩的 A/CNK 值为 0.93～0.99，A/NK 值为 1.63～1.76，在 A/CNK-ANK 图解中投点显示为偏铝质岩石（图 4-20D）。

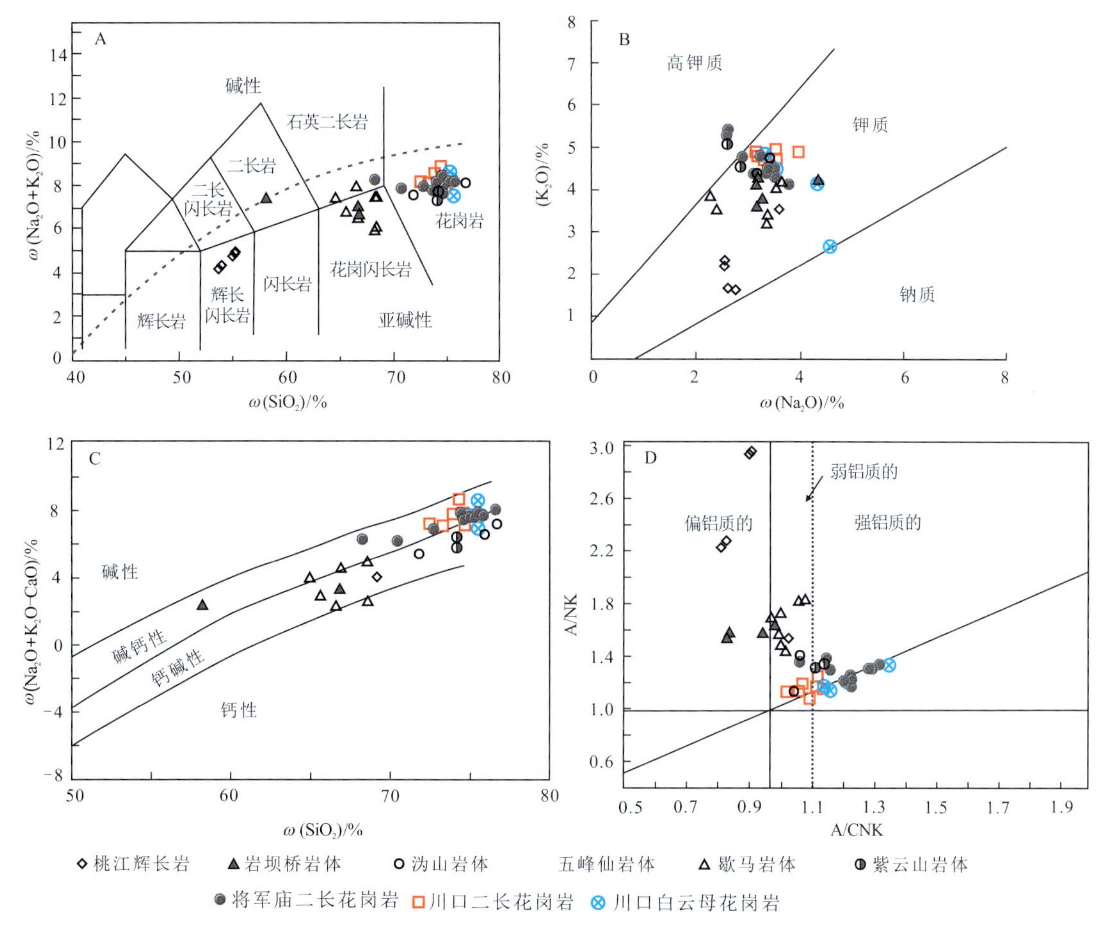

图 4-20　常德-安仁构造岩浆带花岗岩的岩石化学图解

A. TAS 图解；B. Na_2O-K_2O 图解；C. SiO_2 -（Na_2O+K_2O-CaO）图解；D. A/CNK-A/NK 图解

桃江、岩坝桥岩体中角闪石黑云母花岗闪长岩 SiO_2 含量 66.1%，全碱含量（Alk）6.35%，在 SiO_2 -（K_2O+Na_2O）图解上投点在花岗闪长岩区域，显示为亚碱性岩石（图 4-20A）；里特曼指数为 1.74（$\delta<3.3$），显示为钙碱性岩；岩石的 A/CNK 值为 0.96，A/NK 值为 1.74，在 A/CNK-A/NK 图解中投点在偏铝质岩石区域（图 4-20D）。

桃江、岩坝桥岩体中的暗色微粒包体的 SiO_2 含量 65.6%、全碱含量（Alk）6.19%、里特曼指数 $\delta=1.69$，在 SiO_2 -（K_2O+Na_2O）图解上投点在花岗闪长岩区域（图 4-20A），显示为亚碱性、钙碱性岩；包体的 A/CNK 值为 0.93，CIPW 标准矿物中不含刚玉（Cs）分子，为偏铝质的岩石；暗色微粒包体的 MgO 含量（2.6%）、TFeO 含量（4.34%）均比寄主岩高，对包体中 $Mg^{\#}$ 值进行计算，$Mg^{\#}=56$，显示出包体高镁、偏基性的特征，指示包体源区可能为深部地幔。

在常德-安仁构造岩浆带上，沩山岩体、紫云山岩体、歇马岩体、南岳岩体、将军庙岩体及五峰仙岩体中的主体岩石为斑状黑云母二长花岗岩，SiO_2 含量为 65.68%～75.72%，K_2O 含量为 3.9%～5.63%，Na_2O 含量为 2.22%～3.62%，K_2O/Na_2O 值为 1.15～2.54，(K_2O+Na_2O) 含量为 5.96%～8.06%，该类花岗岩的 SiO_2 含量较高，K_2O/Na_2O 值大于 1，Alk (K_2O+Na_2O) 大于 6%，上述元素特征显示该类花岗岩富硅、富碱、富钾。在 SiO_2 - (K_2O+Na_2O) 图解中，斑状黑云母二长花岗岩投点主要在亚碱性的花岗岩区域（图 4-20A）；ASI 值为 1～1.34，A/NK 值为 1.29～1.55，A/CNK 较高，均值 1.13（大于 1），在 A/CNK 图解中显示为过铝质和强过铝质特征（图 4-20D）；对里特曼指数（δ）进行计算，其值为 1.62～2.68，显示为钙碱性岩（钙碱性岩 δ 值<3.3），其特征与SiO_2 -(Na_2O+K_2O-CaO)图解的投点结果基本一致（图 4-20C）。

川口二长花岗岩 SiO_2 含量为 72.5%～74.8%，K_2O 含量为 4.61%～4.97%，Na_2O 含量为 3.16%～3.97%，K_2O/Na_2O 值在 1.24～1.55 之间，(K_2O+Na_2O) 值在 8.01%～8.88%之间。白云母花岗岩 SiO_2 含量为 74.5%～75.5%，K_2O 含量为 2.67%～4.84%，Na_2O 含量为 3.33%～4.56%，K_2O/Na_2O 值在 0.59～1.45 之间，(K_2O+Na_2O) 值在 7.23%～8.49%之间。川口花岗岩的 SiO_2 含量较高，K_2O/Na_2O 均值为 1.27，(K_2O+Na_2O) 大于 7%。上述元素特征表明衡阳川口花岗岩具有富硅、富碱、富钾的特征。在 TAS 图解（图 4-20A）中，衡阳川口花岗岩的投点主要落在亚碱性的花岗岩和碱性的碱长花岗岩区域；在 Na_2O-K_2O 图解中，显示为钾质岩石（图 4-20B）；其 ASI 值为 1.02～1.35，均值为 1.13，总体上表现为强过铝质，在 A/CNK-A/NK 图解（图 4-20D）中也显示为过铝质、强过铝的特征；计算获得里特曼指数（δ）值为 1.61～2.52，其 $\delta<3.3$，为钙碱性岩，在钙碱指数图解（图 4-20D）中，样品投点落在碱钙性及钙碱性岩区域，显示出衡阳川口花岗岩总体偏碱性的特征。

2. 微量元素特征

桃江角闪辉长岩、桃江岩体、岩坝桥岩体中的花岗闪长岩及部分沩山岩体二长花岗岩的微量元素图分布特征基本一致（图 4-21A）。在微量元素蛛网图中，大离子亲石元素 Rb、K、Th 富集，图解呈峰值，Ba、Sr 亏损，Ba、Sr 显示出低槽的特征，Rb/Sr 值为 0.31～1.12，高于原始地幔值 0.025（Hofmann，1988）；Nb^* 值为 0.12～0.43，显示 Nb 相对于 K 和 La 亏损；Nb 和 Ti 显示为低槽，表现为高场强元素亏损特征。

紫云山花岗岩均具有不相容元素 Rb、U、La、Nd 和 Zr 相对富集，而 Ba、Nb、Ta、Sr、P 和 Ti 明显亏损的特征（图 4-21B）。Ba、Sr 的亏损说明有斜长石的熔融残留相或结晶分离相存在，P 和 Ti 的强亏损可能与磷灰石、钛铁矿的分离结晶有关。

歇马岩体具有 Ba、P、Ti 等元素弱的负异常，Th 相对较富集的特征，与紫云山花岗岩各岩石曲线基本相似（图 4-21B）。紫云山、歇马岩体中发育暗色微粒包体，且微量元素分布曲线与 I 型花岗岩基本一致，反映其花岗岩物质可能是地幔或下地壳物质与地壳物质混合重熔而成的。

将军庙花岗岩在微量元素原始地幔蛛网图中（图 4-21C）表现为 Rb、Th、U 富集，Ba、Sr、Ti 亏损且低槽明显的特征。高场强元素 Nb 含量在 10.6×10^{-6}～45.9×10^{-6}之间，

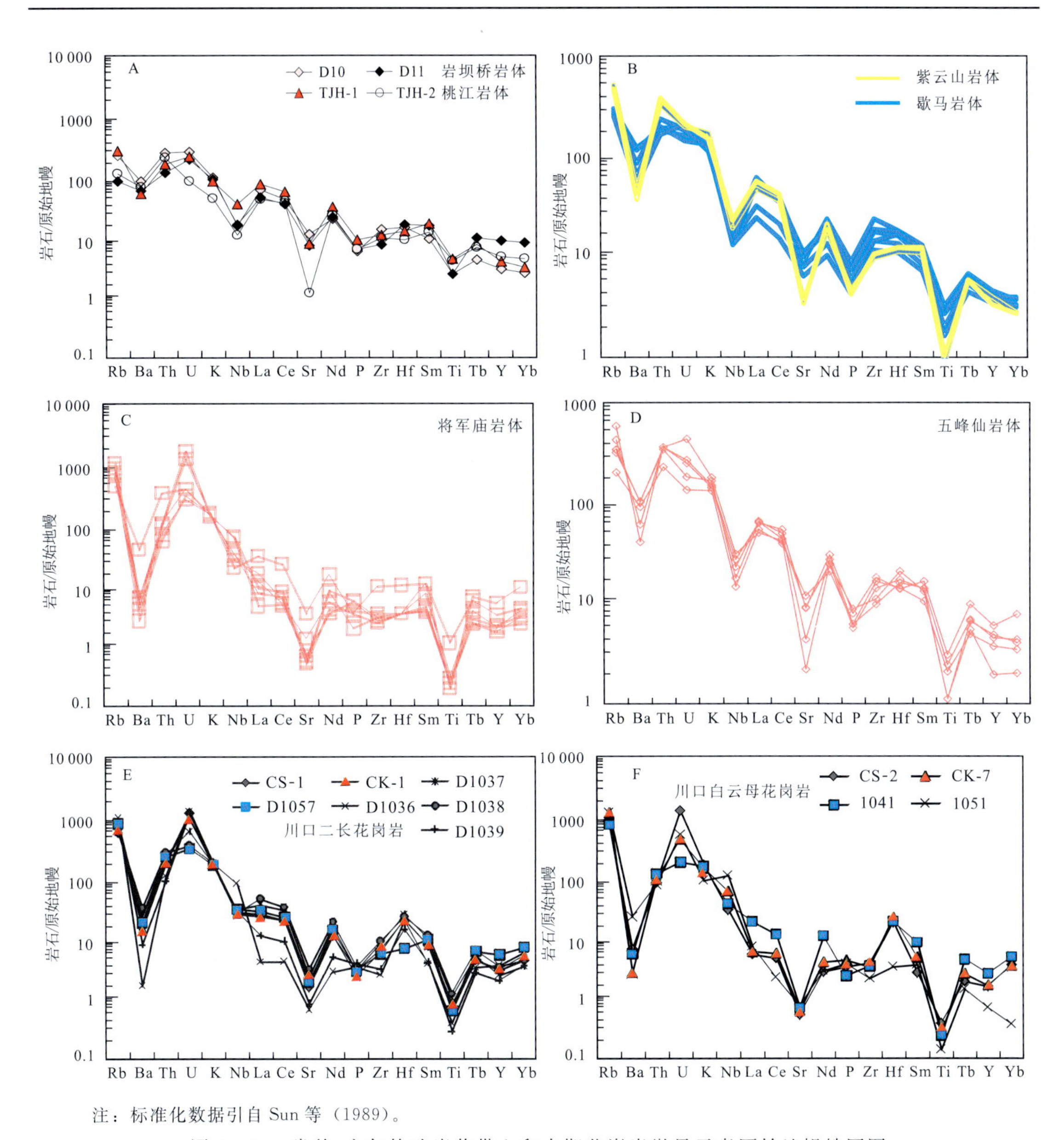

注：标准化数据引自 Sun 等（1989）。

图 4-21　常德-安仁构造岩浆带上印支期花岗岩微量元素原始地幔蛛网图

Ti 含量在 $240\times10^{-6}\sim2580\times10^{-6}$ 之间，Nb 和 Ti 在微量元素原始地幔蛛网图中出现低槽（Nb 的亏损程度不及 Ti 明显），表现为高场强元素亏损特征。Sr 含量在 $10.2\times10^{-6}\sim127\times10^{-6}$ 之间，均值为 44.1×10^{-6}，Yb 含量在 $1.07\times10^{-6}\sim4.4\times10^{-6}$ 之间，均值为 2.61×10^{-6}，Sr 的含量变化范围大，但总体表现为 Sr 含量低的特征。指示它是在地壳中等深度（30～50km）下熔融形成的。

五峰仙花岗岩的微量元素原始地幔蛛网图总体表现为右倾的特征（图 4-21D）。其大离子亲石元素 Rb、Ce 富集，Ba、Sr 亏损；高场强元素 Th、Zr、Hf 富集，Nb、P 亏损，出现明显的 Ba、Nb、Sr、Ti 低槽，Nb^* 值在 0.14～0.31 之间，均值为 0.21，Nb^* 均小于 1，表明 Nb 具有较强的负异常特征。

在川口花岗岩的微量元素原始地幔蛛网图中（图 4-21E、F），二长花岗岩、白云母花岗岩均表现为大离子亲石元素 Rb、Th、U 富集，Ba、Sr 亏损，高场强元素 Ti 亏损。二长花岗岩的 Nb^* 值在 0.24～0.92 之间，均值为 0.38；白云母花岗岩的 Nb^* 值在 0.34～2.22 之间，均值为 0.95。二长花岗岩、白云母花岗岩的 Nb^* 均小于 1，表明 Nb 具有负异常，但在微量元素蛛网图上 Nb 相对 K、La 亏损特征不明显，尤其是白云母花岗岩，表现出一定的 Nb 富集。

3. 稀土元素特征

桃江角闪辉长岩，桃江、岩坝桥岩体中的花岗闪长岩及部分沩山岩体二长花岗岩稀土总量∑REE 值为 $181\times10^{-6}\sim263\times10^{-6}$，LREE/HREE 值为 2.26～7.36，表现出富集 LREE，稀土配分模式曲线呈右倾（图 4-22A）；δEu 值在 0.56～0.80 之间，δEu 小于 1，Eu 的分布模式呈“V”字形，为负铕异常。

紫云山花岗岩的 ΣREE 值均较高，二云母花岗岩和似斑状石英二长岩分别为 $125.1\times10^{-6}\sim257.8\times10^{-6}$ 和 $133.8\times10^{-6}\sim214.1\times10^{-6}$。前者较后者具有较显著的负铕异常、较高的 LREE/HREE 值（分别为 11.3～15.5 和 6.66～12.9）和 $(La/Yb)_N$ 值（分别为 15.5～22.7 和 6.06～17.4），显示出前者的轻、重稀土分馏更为强烈。紫云山花岗岩的稀土元素配分模式呈明显的右倾“V”字形，重稀土部分较为平坦，Eu 显示负异常（图 4-22B），均属轻稀土富集型。歇马岩体稀土元素特征与紫云山花岗岩基本一致，ΣREE 相对其他晚三叠世花岗岩中等偏高，为 $113.79\times10^{-6}\sim305.3\times10^{-6}$；LREE/HREE 值（ΣCe/ΣY）较大，均大于 4.33（4.33～7.82），为轻稀土富集型；$(Ce/Yb)_N$ 值较大，为 11.14～25.20；δEu 值较大，在 0.60～0.81 之间，为弱的负铕异常。在稀土元素配分型式图（图 4-22B）中，各单元曲线形态基本相似，总体为铕谷较小向右倾斜型曲线。

将军庙花岗岩稀土总量 ΣREE 在 $31\times10^{-6}\sim237\times10^{-6}$ 之间，均值为 89.5×10^{-6}，LREE 含量在 $18.3\times10^{-6}\sim186\times10^{-6}$ 之间，HREE 含量在 $12.7\times10^{-6}\sim50.6\times10^{-6}$ 之间，稀土元素总量低。其稀土元素球粒陨石标准化配分模式图（图 4-22c）表现出微右倾模式和平坦“海鸥”形配分模式。将军庙花岗岩 δEu 值在 0.04～0.51 之间，δEu 均小于 1 且较低，其值表现出负异常，在配分模式图中呈“V”字形分布，这种特征表明在岩浆分离结晶过程中，斜长石的大量晶出将导致残余熔体中形成明显负异常。

五峰仙花岗岩稀土总量 ΣREE 为 $99\times10^{-6}\sim264\times10^{-6}$，均值 167×10^{-6}，LREE 含量为 $62\times10^{-6}\sim175\times10^{-6}$，HREE 含量为 $8.41\times10^{-6}\sim20.4\times10^{-6}$，LREE/HREE 值为 4.02～8.32，均值为 5.24，表现出岩石稀土总量较低但富集 LREE 的特征。其稀土元素球粒陨石配分模式图表现为右倾模式（图 4-22D），并出现一定程度的 Eu 低槽，δEu 值为 0.34～0.65，δEu 小于 1，表现出负铕异常，指示在岩浆源区或岩浆房内，岩浆的分离结晶过程中，有斜长石晶出；$(La/Yb)_N$ 值在 8.12～25.3 之间，均值为 17.1，表明五峰仙花岗岩经历过中等程度分异。

川口二长花岗岩稀土总量 ΣREE 在 $40.1\times10^{-6}\sim149\times10^{-6}$ 之间，均值为 96.5×10^{-6}，LREE 含量在 $15.8\times10^{-6}\sim122\times10^{-6}$ 之间，HREE 含量在 $15.5\times10^{-6}\sim38.4\times10^{-6}$ 之间，LREE/HREE 值为 0.06～4.98，均值为 2.93。川口白云母花岗岩稀土总量 ΣREE 在 20.5×

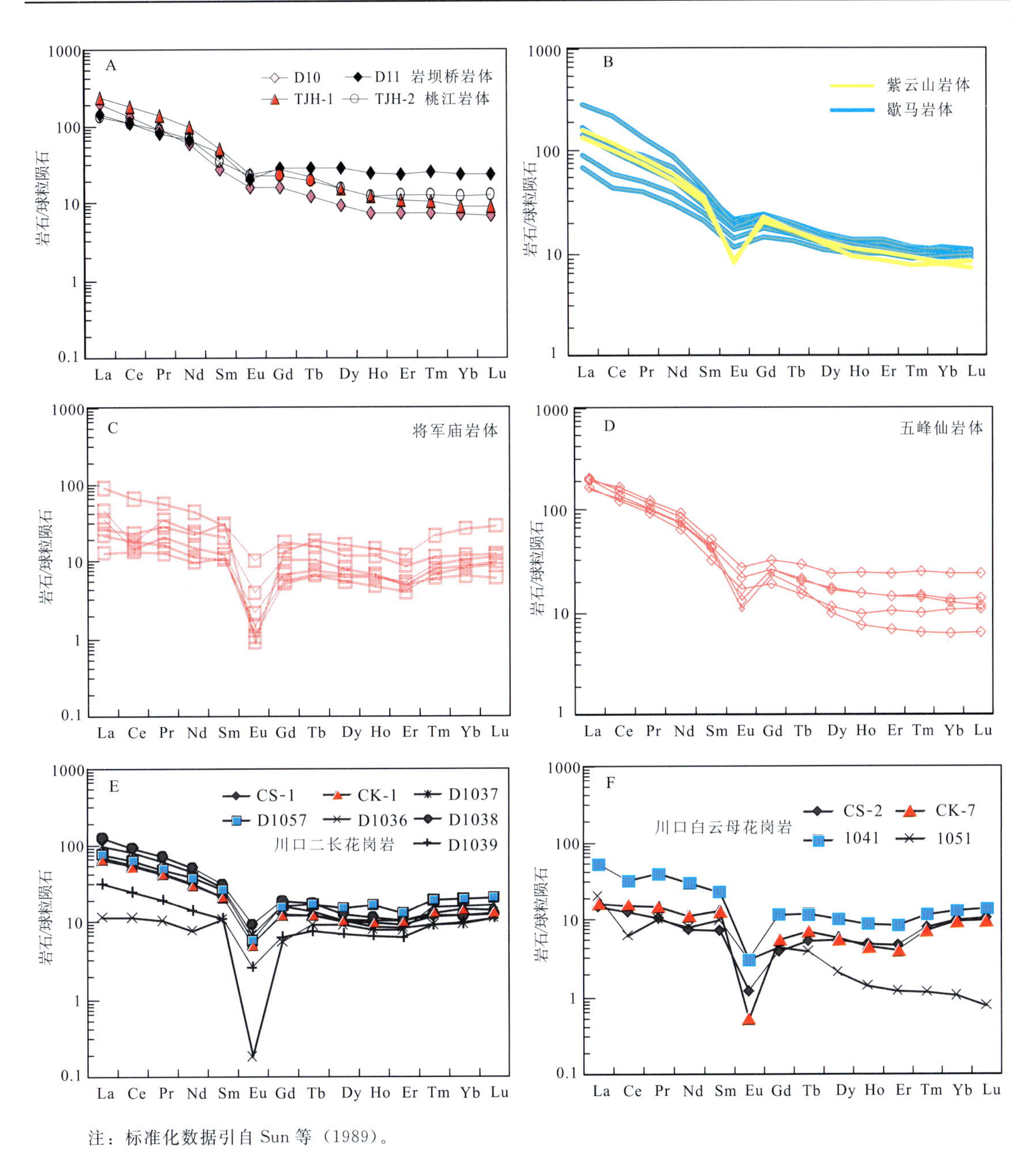

注：标准化数据引自 Sun 等（1989）。

图 4-22　常德-安仁构造岩浆带上印支期花岗岩稀土元素球粒陨石配分模式图

A. 岩坝桥岩体和桃江岩体；B. 紫云山岩体和歇马岩体；C. 将军庙岩体；D. 五峰仙岩体；E. 川口二长花岗岩；F. 川口白云母花岗岩

10^{-6}～77.1×10^{-6}之间，均值为40.9×10^{-6}，LREE 含量在15.2×10^{-6}～55.2×10^{-6}之间，HREE 含量在5.25×10^{-6}～21.9×10^{-6}之间，LREE/HREE 值为 1.39～2.91，均值为 1.39。川口花岗岩的稀土总量较低，LREE/HREE 的均值为 2.63，表现为弱的轻稀土富集，其稀土元素球粒陨石配分模式图部分呈右倾，部分呈平坦的“海鸥”形分布（图 4-22E、F），二长花岗岩 $(La/Yb)_N$ 值在 0.72～10.4 之间，均值为 5.57，白云母花岗

岩的 $(La/Yb)_N$ 值在 1.53～19.5 之间，均值为 6.68，川口花岗岩 $(La/Yb)_N$ 均值 5.97，表明其轻重稀土的分异不明显。二长花岗岩的 δEu 值为 0.02～0.37，均值为 0.27；白云母花岗岩的 δEu 值为 0.05～0.43，均值为 0.22，其 δEu 值异常特征明显，表现为较强的负铕异常，在稀土元素配分模式图中呈"V"字形分布模式。

三、印支期花岗岩形成构造环境

1. 岩石成因类型

桃江岩体、岩坝桥岩体、紫云山岩体的 A/CNK 值均小于 1.1，部分小于 1.0，样品投点均落于准铝质—弱过铝质区域（图 4-20A），具有 I 型花岗岩的特征（Chappell et al.，1992）。从岩石化学组成来看，桃江岩体、岩坝桥岩体、紫云山岩体的主量元素具有富 Si、Na、K，贫 Ca、Mg、Al 的特征，碱质含量高，属于钙碱性、碱钙性花岗岩（赵振华，2007）；微量元素具有富集 Rb、U、La、Nd、Zr，亏损 Ba、Nb、Ta、Sr、P、Ti 的特征；稀土元素配分模式图为右倾"V"字形，有较显著的负铕异常，ΣREE 含量高，轻、重稀土分馏明显，表现出 A 型花岗岩的特征。桃江岩体、岩坝桥岩体、紫云山岩体中花岗岩的固结指数较高，表明该岩体的分异程度均较高。

鉴于桃江岩体、岩坝桥岩体、紫云山岩体为钙碱性—碱钙性花岗岩，笔者选择张旗（2013）推荐的图解进行判别。在图 4-23A 中，确实有部分样品点落入 A 型花岗岩区域，显示上述岩体同时具有 I 型和 A 型花岗岩的特征。然而，上述岩体的 Ga/Al 值为 2.30～2.83，多数小于 2.6（A 型花岗岩的 Ga/Al 值大于 2.6）。因此，桃江岩体、岩坝桥岩体、紫云山岩体应该不属于 A 型花岗岩，其 A 型花岗岩特征可能为高度分异的结果（Whalen et al.，1987；Wu et al.，2002；吴福元等，2007）。陶继华等（2013）认为，$P_2O_5-SiO_2$ 相关关系是判断初始岩浆是 I 型还是 S 型的重要指标，紫云山岩体样品明显沿 I 型花岗岩演化趋势线分布（图 4-23B）。尽管桃江岩体、岩坝桥岩体、紫云山岩体之间的主量元素、微量元素存在一定的差异，但在岩石类型判别中显示为 I 型花岗岩的特征趋于一致。因此，桃江

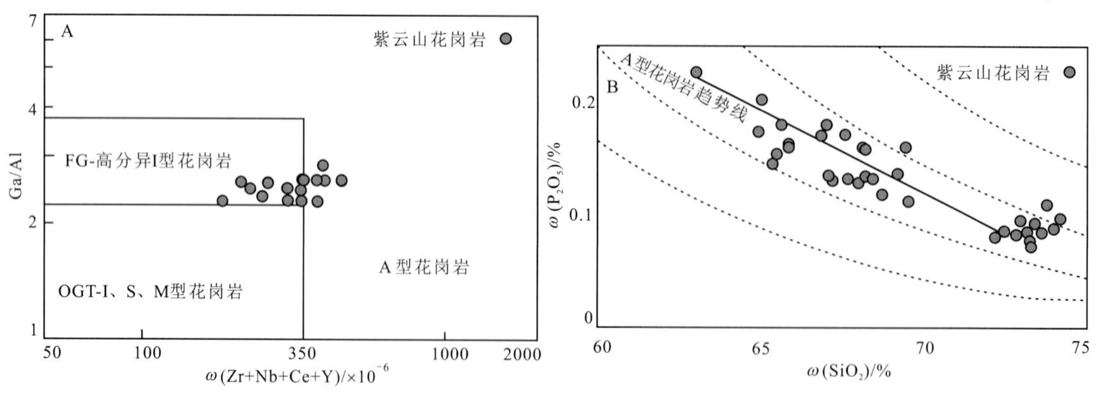

图 4-23 紫云山岩体岩石类型判别图解

A.（Zr+Nb+Ce+Y）-Ga/Al 图解；B. $SiO_2-P_2O_5$ 图解

岩体、岩坝桥岩体、紫云山岩体中的花岗闪长岩应该具有相同的岩石成因，均应划归为高分异的Ⅰ型花岗岩。

常德-安仁构造岩浆带上的沩山岩体、南岳岩体、将军庙岩体、川口花岗岩体群、五峰仙岩体等印支期花岗岩均含过铝质花岗岩的特征矿物白云母、堇青石，具有高的 SiO_2 含量（70.6%～76.7%），高的A/CNK值（1.15～1.32），为强过铝质的特征，在CIPW标准矿物计算中，富含刚玉分子（Cs），也体现为过铝值特征；在微量元素方面，大离子元素Rb、Th、U富集，Nb、Ba、Sr、Ti亏损明显；在稀土元素方面，轻稀土富集明显，配分模式呈右倾型，Eu亏损相对明显，上述特征表明，常德-安仁构造岩浆带上的沩山岩体、南岳岩体、将军庙岩体、川口花岗岩体群、五峰仙岩体等印支期花岗岩应属于S型花岗岩范畴。

在同位素示踪方面，将军庙、川口印支期花岗岩总体来说具有高的初始Sr和低的 $\varepsilon_{Nd}(t)$，利用 $(^{87}Sr/^{86}Sr)_i-\varepsilon_{Nd}(t)$ 图解显示将军庙印支期花岗岩为S型花岗岩（图4-24），其Sr、Nd同位素显示高的初始Sr和低的 $\varepsilon_{Nd}(t)$，与地壳重熔的S型花岗岩特征一致。

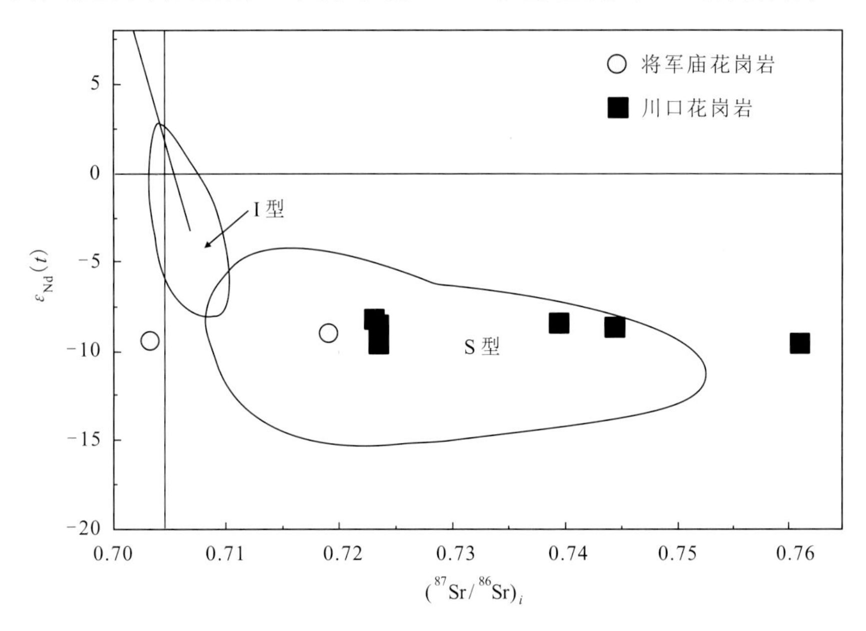

图4-24　将军庙、川口Ⅰ型、S型花岗岩 $(^{87}Sr/^{86}Sr)_i-\varepsilon_{Nd}(t)$ 图解

五峰仙岩体、南岳岩体、将军庙岩体中局部发育有暗色微粒包体，花岗岩的 SiO_2 含量可以分为两组，一组 SiO_2 含量小于70%，另一组大于70%，分别为弱过铝和强过铝质的花岗岩。该分组与五峰仙岩体、南岳岩体、将军庙岩体中富含黑云母、暗色微粒包体的二长花岗岩和二云母二长花岗岩相对应。岩石地球化学特征方面：(K_2O+Na_2O) 含量为7.29%～8.06%，K_2O/Na_2O 值为1.15～2.54，里特曼指数（δ）值为1.62～2.68，TFeO/MgO值为2.08%～4.45%，Zr含量为 $58\times10^{-6}\sim212\times10^{-6}$，Sr含量为 $48\times10^{-6}\sim260\times10^{-6}$。尽管五峰仙岩体、南岳岩体、将军庙岩体富钾，体现出一定程度的高TFeO/MgO、高Zr含量，在图4-25中部分投点显示为A型花岗岩，但其TFeO/MgO>10%甚至大于16%，Zr含量大于 200×10^{-6}，Sr含量低，可低于 10×10^{-6}，因此，从地球化学特征来看，五峰仙岩体、南岳岩体、将军庙岩体不属于A型花岗岩。其图4-25A中投点显示为S型、Ⅰ型花

岗岩向 A 型花岗岩过渡的特点，并不能很好地识别出五峰仙岩体、南岳岩体、将军庙岩体的岩石成因类型。

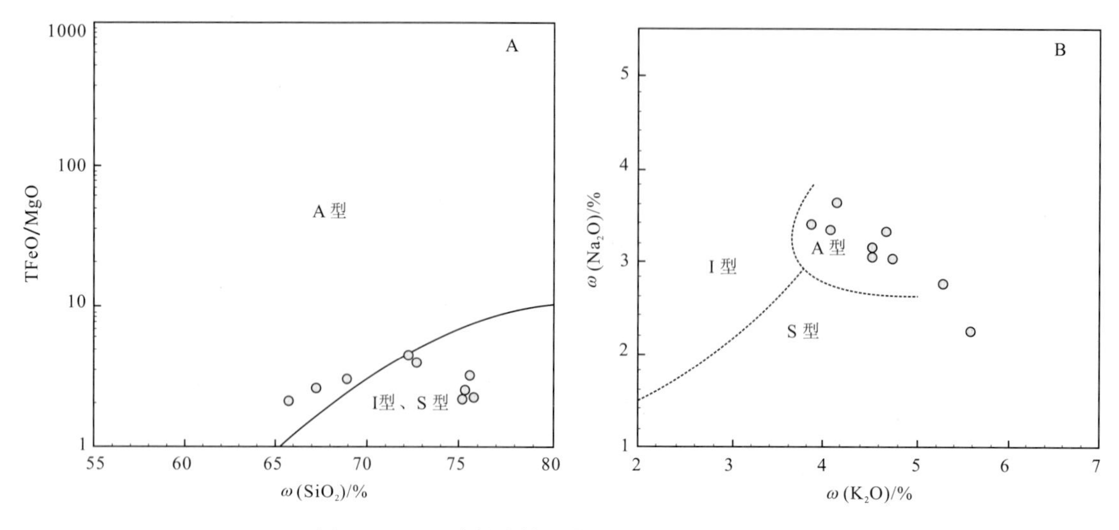

图 4-25　五峰仙岩体花岗岩岩石类型判别图解

A. SiO_2-TFeO/MgO 图解；B. K_2O-Na_2O 图解

以往对湖南印支期花岗岩的研究认为，其 A/CNK=1～1.1 的弱过铝质花岗岩为 I 型花岗岩。王强等（2005）认为 I 型花岗岩 TFeO/MgO 值小于 1%，Rb 含量大于 270×10^{-6}。五峰仙岩体、南岳岩体、将军庙岩体的 Rb 含量为 135×10^{-6}～397×10^{-6} 相对较高，但也未具 I 型花岗岩中含矿物角闪石的典型特征。五峰仙岩体、南岳岩体、将军庙岩体的 P_2O_5 含量较高（0.13%～0.2%，均值为 0.16%），Na_2O 均值为 3%及富含刚玉分子（Cs）显示具有 S 型花岗岩特征。五峰仙岩体、南岳岩体、将军庙岩体总体有较高的 SiO_2 含量（>65%），A/CNK>1，大离子元素 Rb、Th、U 富集，Ba、Sr、Ti 亏损明显；轻稀土富集，配分模式呈右倾，Eu 呈负异常等特征显示五峰仙岩体、南岳岩体、将军庙岩体等为 S 型花岗岩。其岩体Rb/Sr=0.52～8.23，高于地壳平均值 0.32，表现为成熟度较高的陆壳物质重熔形成的特征。综合上述，常德-安仁构造岩浆带南段位置上及其附近的五峰仙岩体、南岳岩体、将军庙岩体、川口花岗岩体群的主体岩石为 S 型花岗岩。

2. 印支期花岗岩物质来源

关于岩浆源区地壳成分特征，Sylvester（1998）提出以 CaO/Na_2O 值进行判别：CaO/Na_2O值大于 0.3，表示源区物质属于贫黏土质岩石；CaO/Na_2O 值不大于 0.3，表示源区物质属于富黏土质岩石。

常德-安仁构造岩浆带上 S 型花岗岩多为富黏土源区物质重熔，将军庙岩体、南岳岩体等印支期花岗岩的 CaO/Na_2O 值为 0.04～0.56，均值为 0.19，而 CaO/Na_2O 值大于 0.3 的样品较少。总体来看，印支期花岗岩的 CaO/Na_2O 比值较低，显示为富黏土质岩石重熔形成的特征。利用 Sylvester（1998）提出 Rb/Sr-Rb/Ba 图解对岩浆源区地壳成分进行判别，其源区特征（图 4-26）与 CaO/Na_2O 值判别特征一致，投点分布在富黏土质岩石区域，且

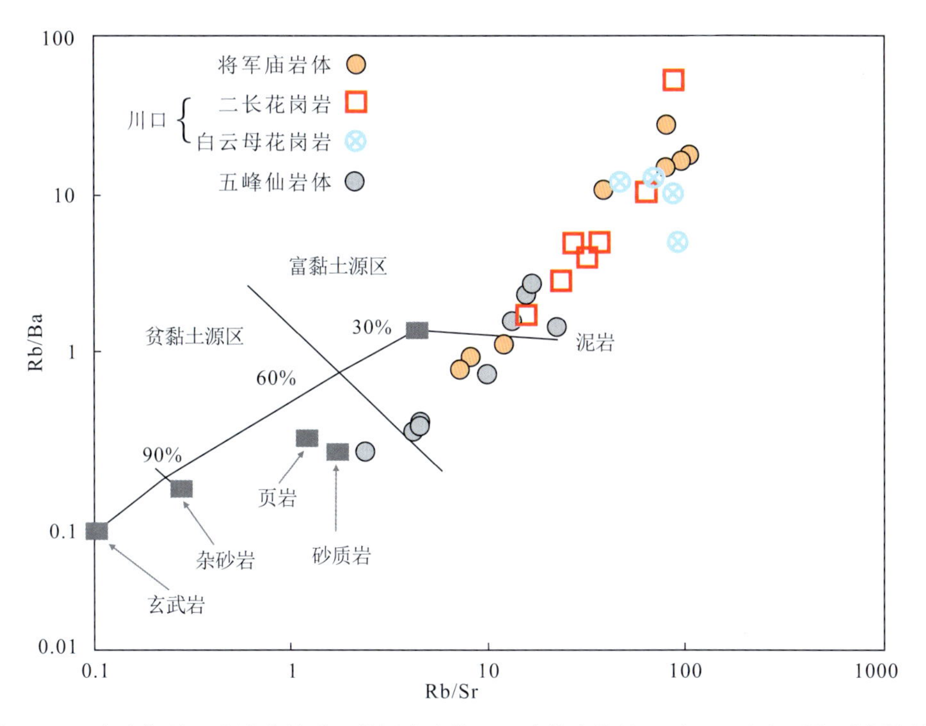

图 4-26　印支期川口花岗岩体群、将军庙岩体、五峰仙岩体的 Rb/Sr-Rb/Ba 源区判别图解

部分显示原岩为泥岩的特点。印支期将军庙岩体、南岳岩体、五峰仙岩体等花岗岩的 Nd 同位素的两阶段模式年龄（T_{DM2}）为 1.76～1.73Ga，利用 $t-\varepsilon_{Nd}(t)$ 演化图解对岩浆源区进行判别，投点总体显示为 1800Ma 地壳重熔的特点（图 4-27），Nd 两阶段模式年龄表明将军庙岩体、南岳岩体、五峰仙岩体等印支期花岗岩具古元古代晚期地壳物质的部分熔融形成的特征。

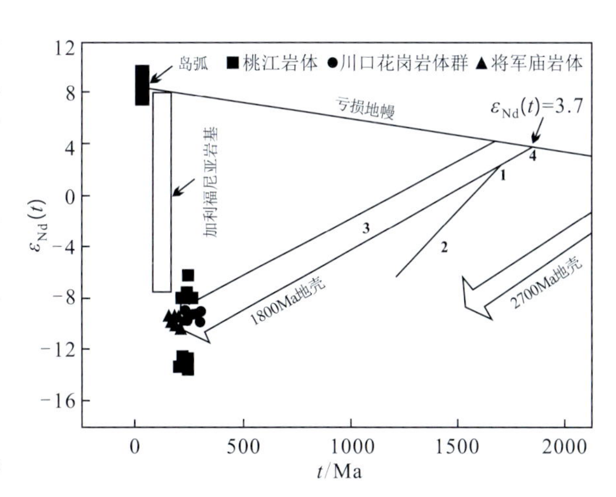

图 4-27　花岗岩的 $t-\varepsilon_{Nd}$（t）演化图

（底图据 Depaolo，1981）

1.1670Ma Boulder Creek 花岗岩体；2.1400Ma Silver Plume 等花岗岩体；3.1015Ma Pikes Peak 花岗岩体；4.18 亿年地壳

川口富硅二长花岗岩的 CaO/Na_2O 值为 0.08～0.3，均值为 0.21，按 Sylvester（1998）提出 CaO/Na_2O 值进行判别。川口白云母花岗岩的CaO/Na_2O 值为 0.04～0.13，均值为 0.08，白云母花岗岩 CaO/Na_2O 比值更低，也显示为富黏土质岩石重熔形成的特点。利用 Sylvester（1998）提出 Rb/Sr-Rb/Ba 图解对岩浆源区地壳成分进行判别，其源区特征（图 4-26）与 CaO/Na_2O 值判别特征一致，投点主要落在富黏土质岩石区域。利用$t-\varepsilon_{Nd}$（t）演化图解对岩浆源区进行判别，投点总体显示为 1800Ma 地壳重熔的特点（图 4-27）。

桃江角闪辉长岩的 T_{DM2} 为 1.42Ga，花岗闪长岩的 T_{DM2} 为 1.71Ga。利用 $t-\varepsilon_{Nd}(t)$ 演化图解对岩浆源区进行判别，投点总体显示为 1800Ma 地壳重熔的特点（图 4-27），但因 $\varepsilon_{Nd}(t)$ 的差异桃江角闪辉长岩、花岗闪长岩的投点分布有所不同，暗示桃江岩体中角闪辉长岩、花岗闪长岩可能有不同的源区。

在常德-安仁构造岩浆带上，桃江、岩坝桥、紫云山、歇马等Ⅰ型花岗岩体以富含暗色微粒包体为特征。鲁玉龙等（2017）对锆石原位微区 Hf-O 同位素分析表明，紫云山岩体中不同锆石样品的 Hf-O 同位素组成非常相似，对应的 $\varepsilon_{Hf}(t)$ 值分布在 −10～−1.6 之间，两阶段模式年龄 T_{DM2} 为 1.22～1.79Ga，平均为 1.36Ga，显示花岗岩的源区为中元古代岩石；桃江、紫云山、歇马等Ⅰ型花岗岩的 $\delta^{18}O$ 值（7.8‰～11.4‰）明显大于地幔的 $\delta^{18}O$ 值[(5.3±0.3)‰；Valley et al.，1998]，岩浆源区具有壳源特征。鲁玉龙等（2017）对Ⅰ型花岗岩的锆石 Hf-O 同位素研究结果表明紫云山岩体中岩石包体为岩浆混合成因，岩体有幔源物质的加入，且加入地幔物质的比例至少可达 20%（陶继华等，2013；李献华等，2009）。常德-安仁构造岩浆带上的桃江岩体、岩坝桥岩体、紫云山岩体、歇马岩体中均富含岩石包体，且基本上都为钾玄岩—高钾钙碱性系列岩石，并为岩浆混合成因，指示桃江岩体、岩坝桥岩体、紫云山岩体、歇马岩体中有幔源岩浆参与了该岩体的成岩作用（陈迪等，2014）。

紫云山岩体中的岩株、岩脉（分异程度高的二云母花岗岩）具有较低的 $Al_2O_3/(Mg+TFeO)$ 值，在图解中投点显示为变质杂砂岩源区熔融，与组成岩体主体的花岗闪长岩投点主要落在变质基性岩的区域不同。鲁玉龙等（2017）对岩体中Ⅰ型花岗岩和分异程度高的二云母花岗岩进行对比研究，其Ⅰ型花岗岩和高分异花岗岩主要氧化物比值表现出良好的协变关系，暗示它们在成因上可能存在密切的联系（陈迪等，2014）。考虑到常德-安仁构造岩浆带上花岗岩体集中在同一时限侵位，且在相同的构造背景、趋于相同的时限内形成，花岗岩体的岩浆源区应该为同源，图 4-28 中显示的岩石源区的不同可能是同一岩浆不同演化阶段的结果。

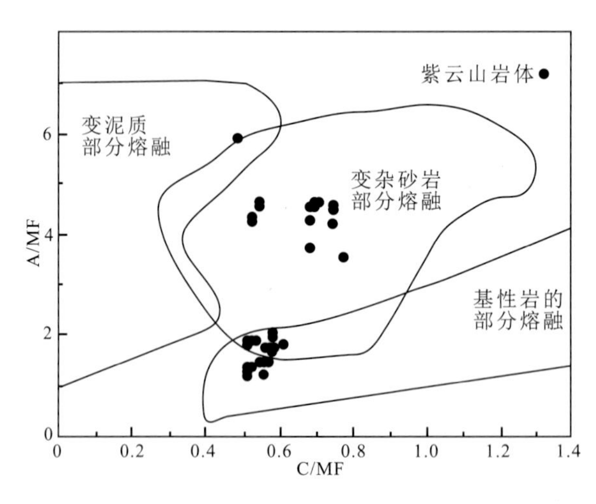

图 4-28　紫云山岩体 C/MF-A/MF 图解

3. 印支期花岗岩形成的构造背景

常德-安仁构造岩浆带上的岩坝桥岩体年龄为 220.7～219.1Ma，桃江岩体年龄为 222～

210Ma，沩山体年龄为227～210.1Ma，紫云山岩体年龄为227.9～216.6Ma，歇马岩体年龄为221～216.2Ma，南岳岩体年龄为215.5Ma，将军庙岩体侵位年龄为（229.1±2.8）Ma，川口花岗岩体群的侵位年龄为（223.1±2.6）Ma、（206.4±1.4）Ma、（202.0±1.8）Ma，五峰仙岩体的侵位年龄为（233.5±2.5）Ma、（236±6）Ma和（221.6±1.5）Ma。从年龄分布特征来看，该构造带上的岩浆岩侵位时限跨度大，具有多阶段侵位的特征。

越来越多的年代学资料表明，华南地区印支期岩浆活动的强度超出了以往的认识。高精度锆石定年数据表明，原来厘定为加里东期、海西期、燕山期的岩体实为印支期花岗岩，如陈迪等（2013）报道的湖南锡田复式岩体，刘园园（2013）报道的福建营林岩体、浙江靖居、周庄等岩体，以及以往认为侵位于加里东期的湖南桃江岩体、岩坝桥岩体。马铁球等（2013b）采用SHRIMP锆石U-Pb定年获得桃江岩体侵位时限为（210±3.2）～（222±2）Ma，岩坝桥岩体侵位时限为（219.1±1.1）～（220.7±1）Ma（湖南省地质调查院，2017），均显示岩体为晚三叠世侵位的花岗岩而非以往认为的加里东期花岗岩。华南地区印支期花岗岩侵位年龄的峰值为220Ma和240Ma，且绝大部分侵位于250Ma之后。李曙光等（1993）获得扬子板块北缘安徽滁县三界蓝片岩带$^{40}Ar/^{39}Ar$年龄为245Ma，且认为该年龄与扬子板块北缘的其他高级变质岩及高压变质矿物的年龄一致。华南地区印支期众多的侵入体侵位时限滞后于高压变质阶段和印支运动的主碰撞阶段，花岗岩侵位是在主碰撞期后的应力松弛阶段侵位形成的。

常德-安仁构造岩浆带上花岗岩的侵位时限均滞后于印支运动的变质峰期（258～243Ma），印支期花岗岩不具有挤压变形特征，通过Maniar等（1989）花岗岩的主量元素构造环境判别图解，将军庙花岗岩、川口花岗岩的投点分布具有POG型花岗岩的特征（图4-29）。利用

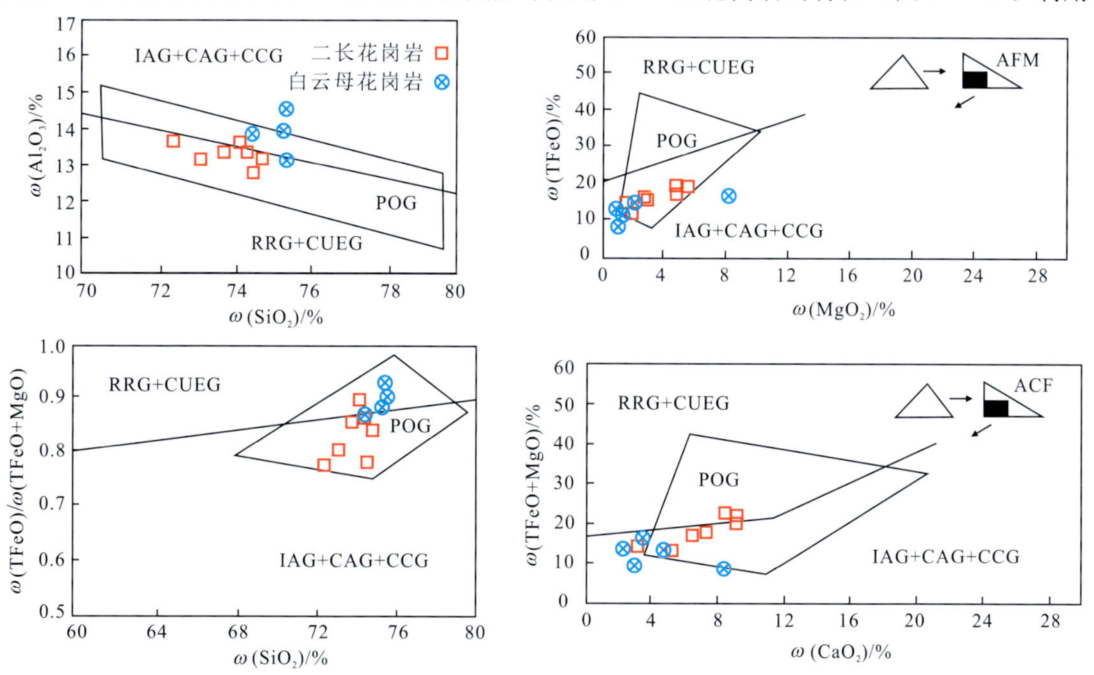

图4-29　将军庙、川口花岗岩构造环境判别图解

IAG. 岛弧花岗岩；RRG. 与裂谷有关的花岗岩；CAG. 大陆弧花岗岩类；CEUG. 大陆的造陆抬升花岗岩类；CCG. 大陆碰撞花岗岩类；POG. 后造山花岗岩类

Pearce 等（1984）提出的 Y－Nb 及（Yb＋Ta）－Rb 环境判别图解可对常德-安仁构造岩浆带上的花岗岩形成环境进行判别。在 Nb－Y 图解中，投点集中在 VAG＋ syn－COLG 区域（图 4－30A），在（Yb＋Ta）－Rb 图解中，投点主要集中在 syn－COLG 区域（图 4－30B），而 VAG 为火山弧花岗岩，常德-安仁构造岩浆带上的花岗岩不具火山弧花岗岩的特征，应为 syn－COLG 花岗岩。利用 Rb/30－Hf－3Ta 三角图解（图 4－31）、R_1－R_2 环境判别图解（图 4－32）对岩坝桥岩体、紫云山岩体、五峰仙岩体形成环境进行判别，其投点显示为碰撞及碰撞后花岗岩。但是该构造带花岗岩并非碰撞造山阶段产出，其侵位于印支运动（主幕）的主碰撞阶段之后，如川口花岗岩体群、将军庙岩体花岗岩为 POG 型，这就表明常德-安仁构造岩浆带上的花岗岩形成于碰撞挤压之后的应力松弛阶段。

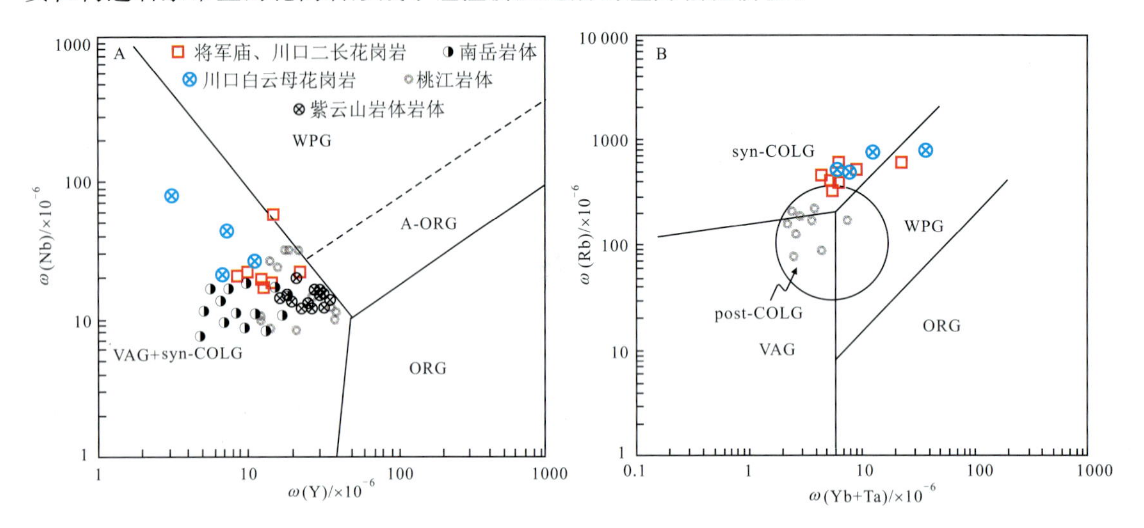

图 4－30　常德-安仁构造带印支期花岗岩的 Y－Nb（A）及（Yb＋Ta）－Rb（B）环境判别图解

VAG. 火山弧花岗岩；WPG. 板内花岗岩；syn－COLG. 同碰撞花岗岩；post－COLG. 后碰撞花岗岩；ORG. 洋中脊花岗岩；A－ORG. 异常洋中脊花岗岩

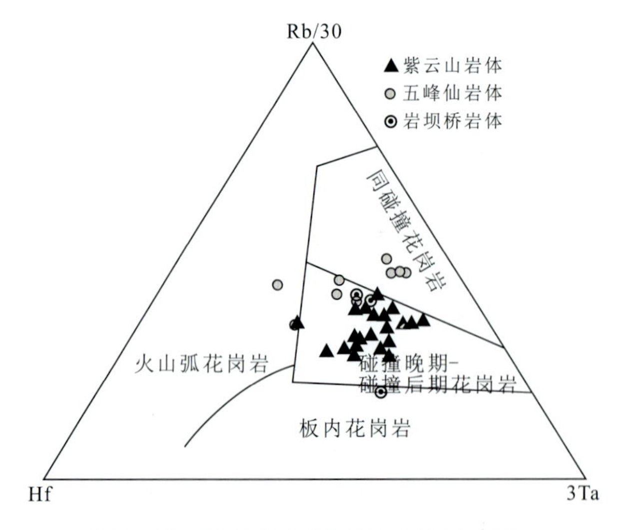

图 4－31　花岗岩的三角构造环境判别图解

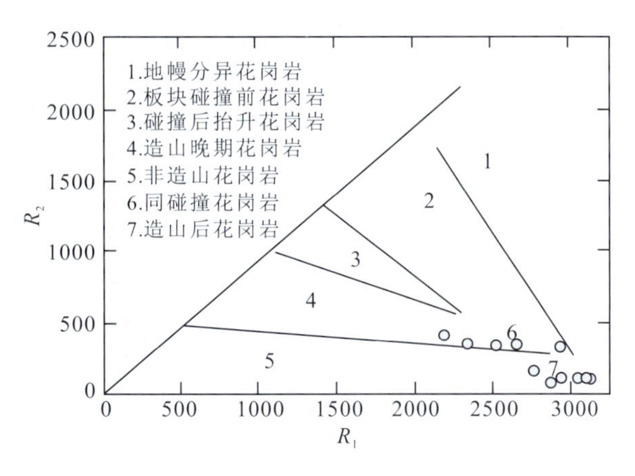

图 4-32 五峰仙岩体 R_1-R_2 环境判别图解

四、印支期辉绿岩时代、特征及成因

桃江地区位于扬子板块东南缘江南造山带中部，该地区出露地层以新元古界青白口系、下古生界及第四系为主。该地区发育有印支期的桃江岩体、沩山岩体、岩坝桥岩体，岩体侵入的围岩主要是青白口系冷家溪群的一套岩屑杂砂岩、石英杂砂岩夹板岩、粉砂岩。桃江辉绿岩出露于桃江岩体和沩山岩体之间的石炭系中，该套地层岩性以灰岩、泥晶灰岩、亮晶灰岩、粉晶灰岩、生物碎屑灰岩为主，局部夹白云质灰岩、灰质白云岩。

桃江辉绿岩出露于湖南省益阳市桃江县江石桥村（图 4-33A），呈岩脉产出，辉绿结构（图 4-33B），块状构造，主要由斜长石（约 55%）、辉石（约 45%）及少量金红石、钛铁矿、磁铁矿、黄铁矿、锆石等组成。斜长石杂乱分布，形成三角状格架，格架之间充填不规则的辉石，显示较典型的辉绿结构。斜长石呈较自形板条状，以 0.1～0.15mm 者居多；辉石呈不规则粒状，以 0.05～0.1mm 者居多，少数矿物发生绿泥石化。

图 4-33 桃江地区江石桥辉绿岩的野外照片（A）和显微照片（B）

据金鑫镖等（2017），桃江县江石桥辉绿岩 SiO_2 含量为49.65%～50.55%，K_2O 含量为0.36%～0.41%，Na_2O 含量为2.53%～2.56%，(K_2O+Na_2O) 含量为2.89%～2.96%，Al_2O_3 含量较高，为16.99%～17.16%，TiO_2 含量较低，为0.12%。Fe_2O_3、FeO 含量变化较大，分别为2.39%～7.73%和1.97%～6.75%，MgO 含量为7.42%～7.90%，且 $Mg^{\#}$ 值较集中，为56.37～58.58。主量元素特征显示它为低钾、钙碱性系列碱性辉绿岩。

桃江县江石桥辉绿岩稀土元素总量较低，轻、重稀土元素分馏较明显，稀土元素配分模式呈略右倾的轻稀土元素富集型，辉绿岩不存在 Ce 异常和 Eu 异常，反映在岩浆演化过程中无明显的斜长石分离结晶作用。辉绿岩表现为大离子亲石元素 Ba、Th、U 富集，高场强元素 Ta、Nb、Ti 亏损，P 弱亏损，其中 Ti 亏损程度最高。Ti 的亏损可能与金红石、钛铁矿的分离结晶有关，P 的亏损可能与磷灰石的分离结晶有关。

金鑫镖等（2017）对桃江县江石桥地区辉绿岩脉进行了 LA-ICP-MS 锆石 U-Pb 定年，获得辉绿岩脉侵位年龄为（229.0±2.3）Ma，结合地球化学分析认为桃江辉绿岩脉形成于晚三叠世，为下地壳和亏损地幔的混合来源，是在印支运动（主幕）造山后的伸展背景下，软流圈上涌促使下地壳及地幔物质发生熔融形成的。

五、常德-安仁断裂对印支期岩浆岩的控制

常德-安仁断裂带上的印支期花岗岩形成于碰撞挤压之后的应力松弛阶段，同时期发育有伸展背景下源自地幔的辉长岩（年龄为222Ma）、辉绿岩（年龄为229Ma）及岩浆混合成因的岩石包体（陈迪等，2017a，2017b；金鑫镖，2017；曾认宇等，2016），显示该时期湖南省处于区域伸展构造背景。李金冬（2005）认为湘东南地区印支期花岗岩体在区域挤压应力减弱或挤压作用松弛的情况下就位。在地球动力学背景下，花岗质岩浆在就位过程中，通常沿断裂（带）上侵，因此华南地区中生代花岗岩体大多受到规模不一的主干断裂控制，尤其是断裂交会处或交会处附近更易成为岩体就位场所。

本书讨论的岩坝桥岩体、歇马岩体、南岳岩体、五峰仙岩体、桃江岩体、沩山岩体、紫云山岩体、川口花岗岩体群产出位置在 NE-SW 向的茶陵-郴州断裂和溆浦-安化断裂之间，沿常德-安仁断裂带展布（图4-34），且具有常德-安仁断裂与一系列 NE-SW 向断裂交会处发育大岩体或成矿的特征。如常德-安仁断裂与灰汤-新宁断裂交会处的沩山岩体，常德-安仁断裂与连云山-零陵断裂交会处的南岳岩体、歇马岩体、紫云山岩体，常德-安仁断裂与川口-双牌断裂交会处的将军庙岩体、川口花岗岩体群及大型川口钨矿（彭能立等，2017），常德-安仁断裂与茶陵-郴州断裂交会处的五峰仙岩体。上述现象显示出断裂控岩、控矿的特征。

常德-安仁断裂带上印支期花岗岩体呈线状排列，岩体长轴方向与该断裂带基本一致。就单个岩体的出露特征而言，印支期花岗岩体多呈近圆状（岩坝桥岩体、歇马岩体、南岳岩体、五峰仙岩体）、椭圆状（桃江岩体、沩山岩体、紫云山岩体、川口花岗岩体群）展布，在岩体中岩石分布具同心环带特征，岩坝桥岩体、歇马岩体、紫云山岩体及五峰仙岩体中发育的流面构造产状平行于岩体与围岩接触边界，其流面、流线构造及暗色微粒包体发育程度由边缘向中心逐渐减弱（倪永进，2016）。

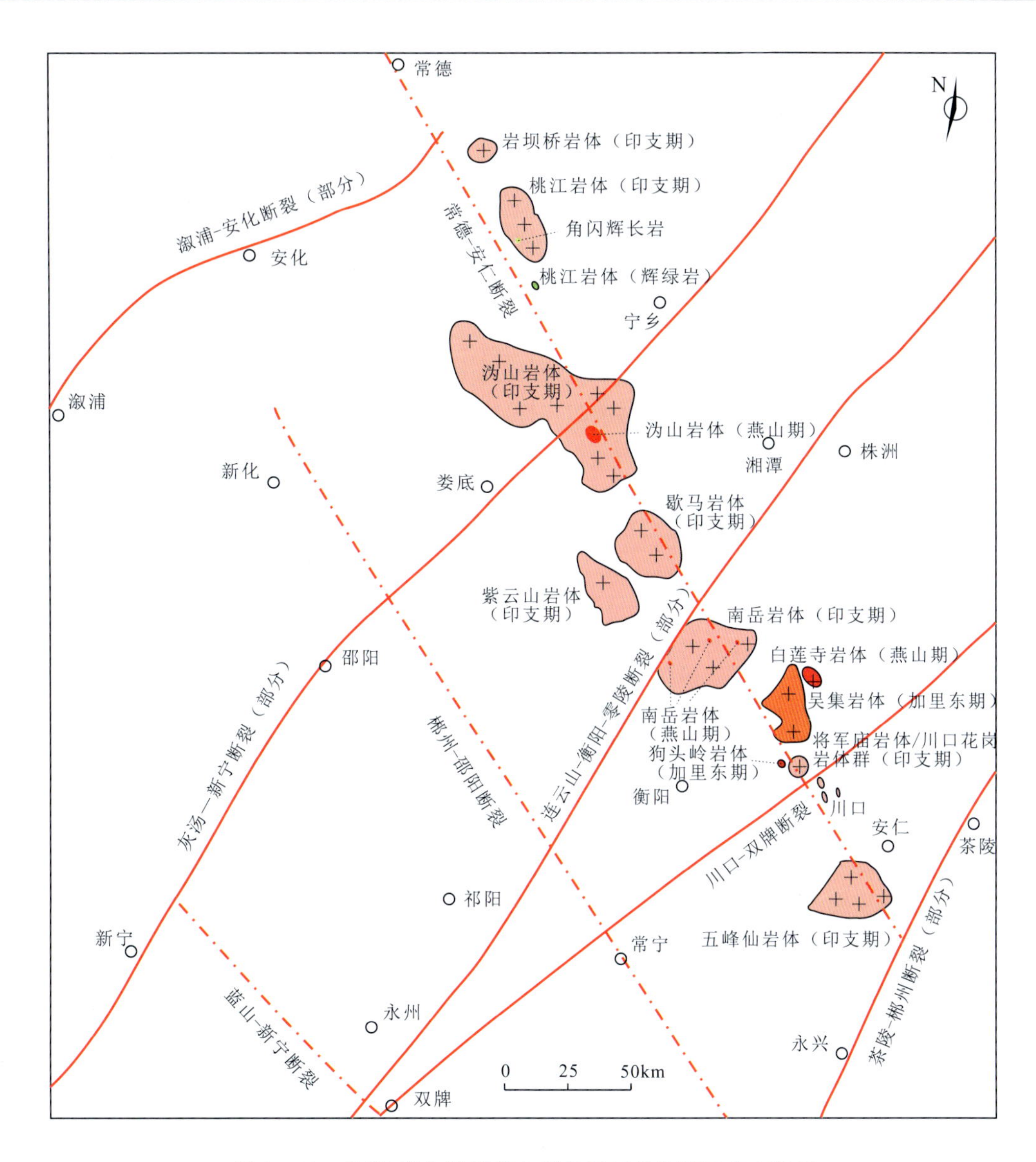

图 4-34 常德-安仁断裂带上岩体及区域性断裂分布简图

常德-安仁断裂带上印支期花岗岩早期的侵位可能受区域 SN 向挤压、EW 向拉张的影响。常德-安仁断裂带破裂处形成侵位空间，常德-安仁断裂起着导岩作用（倪永进，2016），岩浆首先在断裂带或次生断裂上侵位。岩浆早期的侵位空间扩张速度大于岩浆上涌速度，岩浆流速度相对较小，岩浆侵位主要受断裂控制；尔后，侵位空间扩张速度减缓，岩浆供给量增大，此时岩浆上涌速度逐渐占据主导位置，并且有深部幔源岩浆沿着断裂注入到酸性岩浆中，形成高温、高流速的岩浆。该时期有大量的岩浆侵入，表现出主动就位的特征，在此背景下还形成了岩浆混合成因的暗色微粒包体。主动就位期岩浆的侵入造就了在宏观上岩体沿断裂大规模分布，显示断裂导岩特点，同时大量的岩浆主动侵位使得岩坝桥岩体、歇马岩体、南岳岩体、五峰仙岩体呈近圆状、同心环带等主动就位特征。晚期由于区域挤压作用的影响，岩浆侵位空间扩张速度和岩浆供给量同时大幅度减小，岩浆以被动就位为主，多沿着裂隙形成小岩株或岩脉。

岩浆上涌速度和产生侵位空间扩张速度的相对大小决定了岩浆侵位的机制，当主导速度从空间扩张改变为岩浆上涌时，岩浆侵位机制由被动转变为主动（Hutton，1988）。常德-安仁断裂带上的印支期花岗岩表现出被动、主动、被动的侵位过程，与该带上花岗岩总体特征沿该构造带分布，单个岩体呈近圆状、椭圆状，岩体内部岩石呈环带展布，且岩体边部发育流线构造，晚期岩体中发育岩株、岩脉的特征相一致。

综上所述，常德-安仁断裂对印支期岩浆岩具有显著的控制作用，可主要归结为两方面：一是断裂剪切生热及幔源热量沿断裂的向上传递为地壳重熔提供了条件；二是断裂为岩浆提供了运移通道和就位空间。

第三节　断裂对燕山期花岗岩的控制

在常德-安仁断裂带上，燕山期花岗岩总体不发育，以单独岩体出露的仅有白莲寺岩体，其他的主要以小型岩体（岩株）侵入于南岳岩体、沩山岩体等印支期花岗岩体中。

一、燕山期花岗岩的地质特征和形成时代

白莲寺岩体分布于衡东县吴集岩体的北东侧，呈 NW 展布的纺锤体状产出，出露面积约 $35km^2$。岩体主要侵入于新元古界冷家溪群中，围岩产生了 500～2000m 宽的接触变质带，蚀变以角岩化为主，靠近岩体内接触带多为角岩，往外为斑点状板岩。岩体内蚀变多为绿泥石化、绢云母化、云英岩化等。

白莲寺岩体的主体岩性为中粒斑状黑云母二长花岗岩，呈似斑状结构、中粒花岗结构，块状构造。岩石中斑晶为微斜微纹长石，呈半自形板状，见卡氏双晶、格子状双晶，有时见黑云母、石英细小嵌晶，钠长石微纹呈点状，粒径大小在 5～7.5mm 之间，含量在 20%左右。基质以斜长石、钾长石、石英、云母为主，斜长石呈半自形板状，见钠氏双晶、卡钠复合双晶等，偶见环带状构造，有轻度绢云化，有交代微斜微纹长石现象，受应力作用双晶纹有扭折等变形亚颗粒产生，钾长石呈半自形板状，石英呈他形粒状，矿物粒径大小在 2～5mm 之间。副矿物有褐帘石、锆石、磷灰石、磁铁矿等。

白莲寺岩体中出露少量的细粒二云母二长花岗岩，细粒花岗结构，块状构造，主要由微斜微纹长石、斜长石、石英、黑云母、白云母等矿物组成。

沩山岩体中燕山期花岗岩主要为细粒黑云母二长花岗岩，呈细粒花岗结构，块状构造，组成矿物有斜长石、钾长石、石英、黑云母等。斜长石为半自形板状，An=29，属更长石，钠式双晶较发育，卡钠双晶次之，常见不甚发育的环带状消光。少量斜长石与石英交生形成文象结构，具轻—中度绢云母化和黝帘石化。钾长石格状双晶较发育，钠长石为条纹状、斑块状，常见钾长石与石英交生构成文象结构，少数具云雾状消光。石英呈他形粒状，常包有黑云母、斜长石晶体。

在南岳岩体中，燕山期花岗岩呈小株或岩滴状侵入，单个岩体出露面积较小，一般小于0.5km^2，前人将这类岩体归为晚侏罗世；《1∶25万株洲市幅区域地质调查报告》（马铁球等，2013b）根据141Ma的锆石U－Pb年龄，将岩体置于早白垩世。其岩性为细粒二云母二长花岗岩，呈细粒花岗结构，块状构造，主要由微斜微纹长石、斜长石、石英、黑云母、白云母等矿物组成。微斜微纹长石为他形板状，格子状双晶清晰，粒径大小在0.6～2mm之间。斜长石呈半自形板状，具钠氏双晶、卡钠复合双晶等，可被微斜长石交代构成反条纹结构，粒径大小在0.7～1.9mm之间。石英为他形粒状，多呈连晶，粒径大小在0.4～2mm之间，有波状消光特征。白云母呈半自形板片状—他形板片状，分布不均匀，片径大小在0.3～1.7mm之间。黑云母为半自形板片状，大多数被白云母交代，片径大小在0.3～1.2mm之间。岩石形成晚期钠长石化发育，呈糖粒状，部分钠长石交代微斜长石并有蠕英石析出物。

目前，常德-安仁断裂带上燕山期花岗岩的成岩年龄数据较少。丁兴等（2005）报道的沩山岩体中黑（二）云母花岗岩锆石LA－ICP－MS年龄为（187.4±3.5）Ma和（184.5±5.1）Ma。以往白莲寺岩体取得有全岩Rb－Sr等时线年龄175Ma和黑云母K－Ar法年龄180Ma。《1∶25万株洲市幅区域地质调查报告》（马铁球等，2013a）对中粒斑状黑云母二长花岗岩进行LA－ICP－MS锆石U－Pb定年，给出的3组加权平均年龄为（162.0±1.2）Ma，（145.9±1.1）Ma、（154.6±1.2）Ma。结合前人工作及区域对比认为，白莲寺岩体侵位于燕山期，但没有获得精度较高的年龄数据。在南岳岩体中，马铁球等（2013b）对二云母花岗岩岩株进行了锆石LA－ICP－MS定年，获得年龄为（140.6±0.8）Ma，认为该类岩株侵位于燕山期。常德-安仁断裂带上燕山期花岗岩多呈岩株、脉体状产出，已获得的年龄数据谐和性较差，且多见捕获锆石年龄，显示燕山期花岗岩在该构造带上不甚发育的特征。

二、燕山期花岗岩地球化学特征

常德-安仁构造岩浆带上的燕山期花岗岩体（岩株、岩脉）以富硅、过铝质为特征，SiO_2含量较高，为73.39%～74.49%，K_2O含量较高，为7.24%～8.44%，平均7.73%，且$K_2O>Na_2O$，K_2O/Na_2O为1.78%～2.30%；燕山期花岗岩在硅、钾相关图解中显示为高钾钙碱性系列岩石（图4－35A）。岩石的ASI值大于1.17，属强过铝质岩系（图4－35B）。

岩石微量元素丰度值Sc、Zn、Rb、Pb、Th、U、Ga、Hf、Li、Ce、Cd、Cs、Sn、As、Sb、Bi、Hg、Mo、W等成矿金属元素及亲石元素丰度较高，一般为维氏值的2～6倍；V、Cr、Ni、Cu、Sr、Co、Zr、Nb、Ta、B、Ag、F、Cl、Ba、Au等元素丰度较低，一般为维氏值的30%～50%，其在微量元素蛛网图（图4－36A）总体表现为Sr、P、Ba、Ti等元素强烈亏损，与非造山花岗岩特征相似，说明岩石形成于一种较稳定的环境，反映有强烈分异的分离结晶作用存在；Th、Nb相对较富集，表明花岗岩的成因趋于S型花岗岩。

岩石稀土元素总量中等偏低，为92.88×10^{-6}～203.67×10^{-6}，平均为136.74×10^{-6}；$\Sigma Ce/\Sigma Y$值较大（1.65～14.87），反映为轻稀土富集型；δEu值较小（0.28～0.45），反映

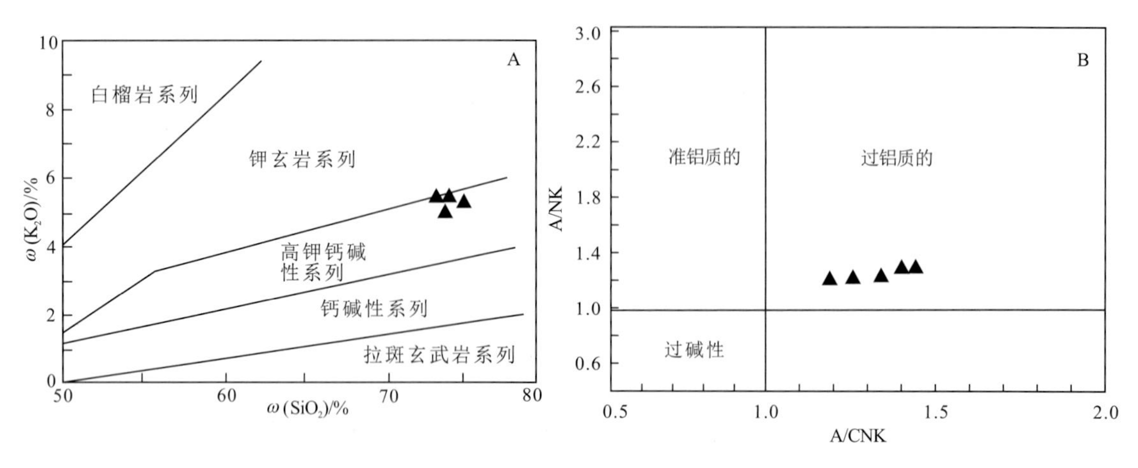

图 4-35　常德-安仁构造岩浆带上燕山期花岗岩的岩石类型判别图解

A. SiO_2 - K_2O 图解；B. A/CNK - A/NK 图解

中等铕亏损。稀土元素配分型式图（图 4-36B）为向右倾斜的不对称“V”字形曲线，铕谷较大。

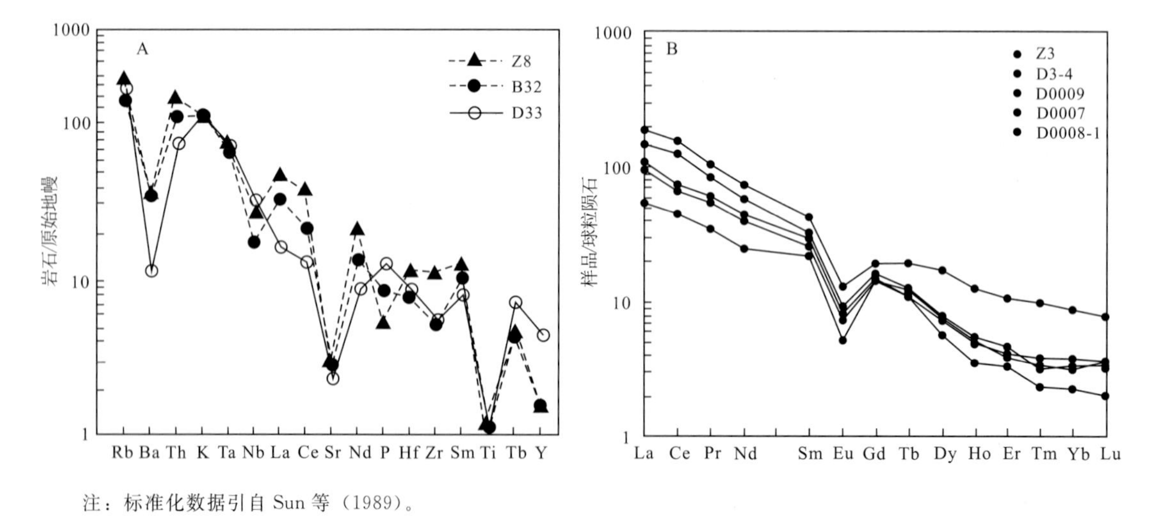

注：标准化数据引自 Sun 等（1989）。

图 4-36　常德-安仁构造岩浆带上的燕山期花岗岩微量元素原始地幔蛛网图（A）和稀土元素配分模式图（B）

在岩石 Sr - Nd 同位素组方面，白莲寺岩体铷、锶初始值$^{87}Sr/^{86}Sr$（t）较小，为 0.704 77～0.708 58，可能反映出物质来源较深。Nd 同位素具有较小的 ε_{Nd}（t）值（－9.30～－9.75）和较大的 T_{DM2} 年龄为特点（1.74～1.70Ga）；T_{DM2} 年龄低于中国东南部前中生代花岗岩的 Nd 同位素模式年龄（2.2～1.8Ga；陈江峰等，1999），其区间在中国东南部基底岩石的 Nd 同位素模式年龄值范围内（3.3～1.1Ga；陈江峰等，1999）。南岳岩体中燕山期的花岗岩 Sr - Nd 同位素计算出的结果具有较高的锶初始值，$^{87}Sr/^{86}Sr$（t）为 0.718 5；Nd 同位素以较低 ε_{Nd}（t）值（－11.38）和较高 T_{DM2} 年龄（1.85Ga）为特点；T_{DM2} 年龄与华南中生代花岗岩 T_{DM2} 年龄平均值相当，表明花岗岩的物质组分可能与华南地壳重熔有关。

三、燕山期花岗岩形成构造环境

常德-安仁断裂带上的燕山期花岗岩呈岩株、脉体状产出于沩山岩体、南岳岩体中，仅白莲寺岩体单独产出于吴集岩体北东侧。因该构造带上的该时期花岗岩出露较少，其工作程度较低，又受岩株、脉体中锆石多为捕获锆石的影响，高精度的锆石定年往往获得多组年龄数据。因此，本书中将常德-安仁断裂带上燕山早期、燕山晚期的花岗岩一并进行论述。

从目前获得的年龄来看，沩山岩体中黑（二）云母花岗岩锆石 LA－ICP－MS 年龄为（187.4±3.5）Ma 和（184.5±5.1）Ma（丁兴等，2005），以往在白莲寺岩体取得有全岩 Rb－Sr 等时线年龄为 175Ma 和黑云母 K－Ar 法年龄为 180Ma，1∶25 万株洲幅区调获得中粒斑状黑云母二长花岗岩锆石年龄有（162.0±1.2）Ma、（145.9±1.1）Ma、（154.6±1.2）Ma 三组；结合该时期区域上大规模的岩浆活动，认为上述岩体为燕山早期侵位形成的。燕山早期，华南地区岩石圈拆沉而发生大规模花岗质岩浆活动，类比区域上该时期花岗岩的岩石组合、地球化学特征及大规模有色金属成矿（柏道远等，2007b），笔者认为常德-安仁构造岩浆带上燕山早期花岗岩是在后造山的构造背景下形成的。

南岳岩体中花岗岩岩株的年龄为（140.6±0.8）Ma（马铁球等，2013b），侵位于燕山晚期，该时期在华南地区发育大量白垩纪辉绿岩、煌斑岩等基性岩脉以及花岗斑岩、石英斑岩等酸性岩脉［汝城盆地中辉绿岩全岩 K－Ar 年龄为（112.1±3.2）Ma，九峰一带辉绿岩 K－Ar年龄为 87.3Ma，郴州—桂阳一带酸性斑岩脉时代为（131～118）Ma］。同时，区域上广泛发育裂陷盆地（如衡阳盆地、枚县盆地、茶永盆地、临武盆地、宜章盆地），显示燕山晚期花岗岩的形成构造环境发生根本性的大转变，已由燕山早期的后造山伸展转变为板内裂谷强拉张，形成断陷盆地及过铝质花岗岩、火山岩、次火山岩等（梁新权等，2003）。

从区域构造演化过程来看，中侏罗世后期的早燕山运动为具强烈变形的陆内造山运动，而白垩纪则处于区域非造山伸展（裂谷）构造环境，因此其间的晚侏罗世处于造山向非造山过渡的后造山构造环境；白垩纪发育双峰式火成岩，与广泛发育的裂陷盆地和基性岩共同指示白垩纪为陆内裂谷环境。

四、常德-安仁断裂对燕山期花岗岩的控制

华南地区中侏罗世早期—晚侏罗世（174～135Ma）因岩石圈拆沉而发生大规模花岗质岩浆活动与成矿作用（柏道远等，2008b），但常德-安仁断裂带上该时期仅发育了少量的花岗岩，呈小岩株、岩脉状产出在常德-安仁断裂与灰汤-新宁断裂交会处的沩山岩体、常德-安仁断裂与连云山-零陵断裂交会处的南岳岩体中，以及在 NE－SW 向的连云山-零陵断裂和川口-双牌断裂之间呈单独岩体产出的白莲寺岩体。常德-安仁断裂带上岩体主体形成于印支期，燕山期花岗岩发育较少，因该断裂带上燕山期岩浆的供给量有限，岩浆侵位以被动就位为主，形成不具规模的岩脉及岩株。

毛建仁等（1999）的研究亦表明，中国东南大陆边缘存在中新生代地幔柱活动的岩石学

记录和构造地球物理证据。显然，钦州湾-杭州湾深断裂带是幔源物质上升的通道，以钦州湾-杭州湾深断裂带为中心地区的地幔上涌可能提供了中生代华南伸展拉张的原动力（梁新权等，2003）。常德-安仁断裂带上燕山期花岗岩分布在钦州湾-杭州湾成矿带上，且NE-SW向断裂与NW-SE向断裂的交会处显示出常德-安仁断裂带上燕山期花岗岩受多组断裂控制的特征。

第四节 断裂对白垩纪基性—超基性火山岩的控制

一、冠市街玄武岩地质地球化学特征及成因

在衡阳白垩纪红层盆地的南东侧有较多的似层状玄武岩产出，出露于衡南县冠市街附近，在衡阳盆地北东角攸县盆地中也有少部分玄武岩出露。玄武岩喷发于白垩系中，下伏岩层有烘烤现象，上覆岩层近玄武岩处局部发育玄武岩砾石，接触面产状与围岩大体一致，局部呈微角度相交。岩性以蚀变橄榄玄武岩（或伊丁玄武岩）为主，下部夹一层蚀变杏仁橄榄玄武岩（图4-37），上部和顶部有两层气孔状伊丁玄武岩（或蚀变气孔状橄榄玄武岩），具多次喷发的特征。岩体在冠市街附近呈近SN向分布，向南转向NE向，受NE向断裂破坏，使之部分地段产生褶皱、重复、错开等现象，玄武岩延伸20km以上，在各地的宽度不一，冠市街附近最宽，一般为100～300m，褶皱处宽近1000m。

图4-37 玄武岩中发育的杏仁构造

冠市街玄武岩底部为深褐色气孔杏仁状熔岩，厚度较小，一般为2～3m。杏仁体以沸石、绿泥石、蛋白石充填为主，少量石英呈灰白色，多风化淋滤后呈黄绿色胶泥状，最大者达1～2cm，一般为0.5cm左右。气孔、杏仁体呈压扁拉长状，具很强的定向排列特征，长轴方向平行于熔岩与灰白色砂岩的接触面。顶部溢流相岩性为深灰绿色、致密块状玄武岩，可见长石斑晶，厚约50m，局部厚度可达100m。

冠市街玄武岩可见斜长石（3%）、橄榄石（2%）、斜方辉石斑晶。斜长石斑晶为自形晶，高岭土化较明显，钠氏双晶等时隐时现，粒径大小在1～2mm之间；橄榄石斑晶为自形晶，被蛇纹石及铁质交代呈假像轮廓，粒径大小在0.4～1.3mm之间；斜方辉石斑晶为自形，粒径大小为1mm左右。基质主要由斜长石（58%）、单斜辉石（35%）（图4-38）、微量石英等组成。斜长石板条状微晶杂乱分布，在由它构成的多角形空隙内充填有数粒细小辉石、磁铁矿、石英，斜长石被高岭石交代。岩石中含1%左右的杏仁体，形态不规则，充

填物为绿泥石、蛋白石，大小在 0.2～0.6mm 之间。副矿物主要有磁铁矿。杏仁状玄武岩矿物组成与玄武岩大致相似，基质中有 20%左右的玻璃质，杏仁体较多，占 12%左右。

图 4-38　玻基橄榄玄武岩镜下特征

冠市街玄武岩总体具有富碱的特征，(K_2O+Na_2O) 含量为 3.94%～5.03%，所有样品的 Na_2O 高于 K_2O。在图 4-39 中，部分投点显示为碱性系列的玄武岩。冠市街玄武岩 SiO_2 含量在 46.9%～51.9%之间，按 SiO_2 含量分类为基性岩，在 SiO_2-(Na_2O+K_2O) 图解中投点在玄武岩区域（图 4-39A），岩石地球化学分类命名与岩石薄片野外特征一致。在 SiO_2-n(TFeO)/n(MgO)图解中，其投点显示冠市街玄武岩为主要钙碱性系列（图 4-39B）。

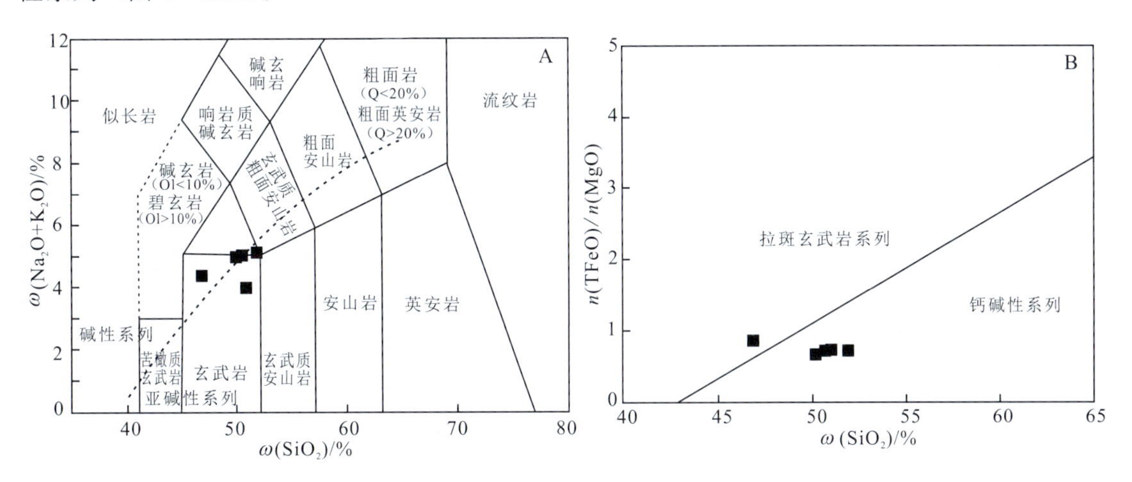

图 4-39　玄武岩的 SiO_2-(Na_2O+K_2O) 分类图解（A）及玄武岩系列判别图解（B）

在冠市街玄武岩微量元素中，大离子亲石元素 Rb 含量在 20.2×10^{-6}～60.8×10^{-6}之间，Th 含量在 4.12×10^{-6}～5×10^{-6}之间，Ba 含量在 372×10^{-6}～572×10^{-6}之间，Sr 含量在 361×10^{-6}～700×10^{-6}之间。其微量元素原始地幔蛛网图（图 4-40A）总体表现为右倾的曲线，除掉 U 和 Hf 的富集外，其余元素的亏损和富集不明显。冠市街玄武岩的 Nb^* 值在 0.88～1.31 之间，均值为 1.06（大于 1）。Nb^* 均值大于 1，表明 Nb 具有正异常，Nb 相对 K 和 La 表现为富集，指示玄武岩岩浆来源于深部地幔的特征；部分 Nb^* 值小于 1，表明玄武岩在喷出的过程中混染了部分地壳物质。

冠市街玄武岩稀土总量 ΣREE 在 113×10^{-6}～135×10^{-6}之间，均值为 123×10^{-6}，表现为稀土元素总量含量较低；LREE 含量在 80.1×10^{-6}～98.1×10^{-6}之间，HREE 含量在 33.2×10^{-6}～36.8×10^{-6}之间，岩石具有富集 LREE 特征，在稀土元素球粒陨石标准化配分模式图中（图 4-40B）表现出右倾模式。LREE/HREE 值在 2.39～2.66，均值为 2.51；$(La/Yb)_N$ 值在 5.47～6.71 之间，均值为 6.25。LREE/HREE 值及 $(La/Yb)_N$ 较低，表明

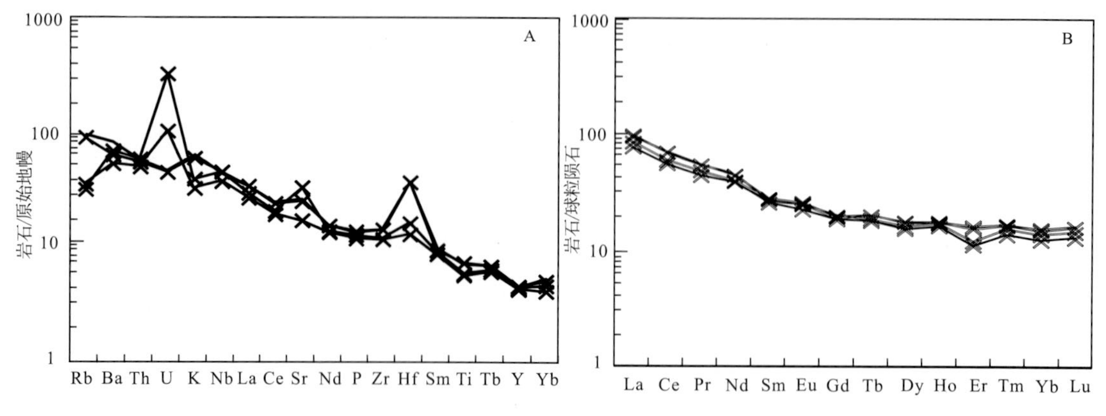

注：标准化数据引自 Sun 等（1989）。

图 4-40 玄武岩微量元素原始地幔蛛网图（A）和稀土元素球粒陨石配分模式图（B）

轻重稀土的分异程度不明显。从图 4-40B 中可以看出配分模式图右倾的斜率小。稀土元素 δEu 值在 1.01～1.11 之间，δEu 大于 1 但趋近 1，表明在岩浆分离结晶过程中的斜长石分离结晶作用不明显，在稀土元素球粒陨石标准化配分模式图中未见明显的正铕异常。

以往获得衡阳盆地中玄武岩的全岩 K-Ar 法同位素年龄为 71.8～70.1Ma，其时限为晚白垩世。这表明区域上岩浆活动至白垩纪时已接近尾声，仅有少量的富黑云母过铝质花岗岩（CPG 花岗岩）、拉斑玄武岩及辉绿岩、煌斑岩等分布，且主要出露在湘东南及湘东北地区。研究表明，早在 140～130Ma，华南地区及湘东北地区就已完成了由陆内碰撞挤压向陆内伸展的转变，构造背景为紧随侏罗纪挤压造山运动之后的构造松弛和拉张减薄的环境。

冠市街玄武岩具有贫 Si、低 K、富 Ti、轻稀土富集并不强烈的特征，正铕异常（δEu 值为 1.01～1.11），Rb、Sr、LILE 弱富集，K、HREE 有一定程度的亏损，总体上反映为 WPB 特征。在 Zr/Y-Zr 图解中，其样品投点主要在 WPB 区域（图 4-41A）；在 Th/Yb-Ta/Yb 图解中，其样品投点在大陆边缘弧区域附近（图 4-41B）。图解的判别特征与冠市街

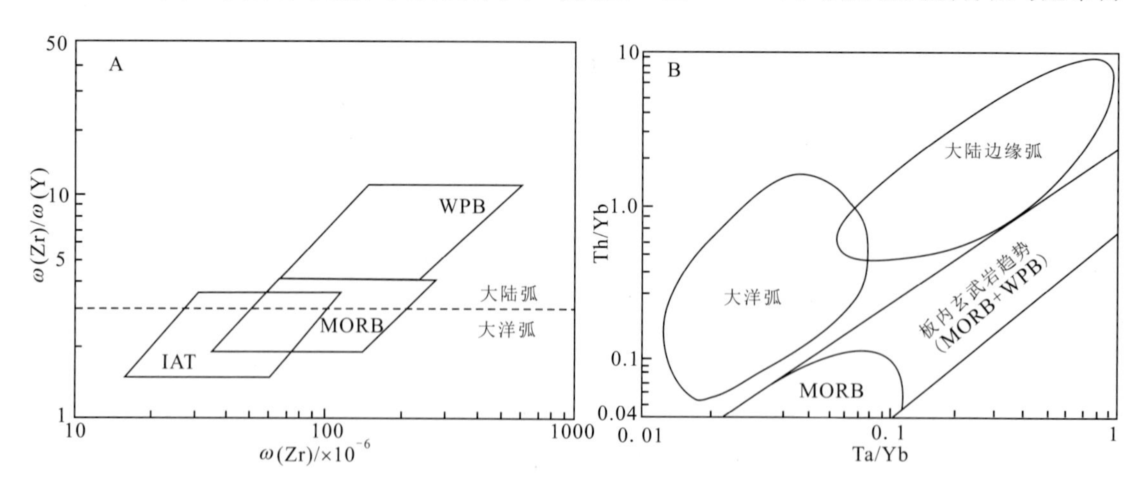

图 4-41 玄武岩 Zr-Zr/Y（A）和 Ta/Yb-Th/Yb（B）构造背景判别图解

WPB. 板内玄武岩；MORB. 洋中脊玄武岩；IAT. 岛弧拉斑玄武岩

玄武岩产出在华南内陆中生代盆地中的特征吻合。冠市街玄武岩具有较低的 I_{sr} 值、较高的 ε_{Nd} (t)，较小的 T_{DM2} 年龄等特点，表明其物质来源为原始地幔，是地幔岩石部分熔融形成的原生岩浆。冠市街玄武岩具有陆内裂谷玄武岩特征，反映玄武岩形成于变薄的大陆岩石圈、且为陆内拉张环境。

二、青华铺玄武岩地质地球化学特征及成因

在宁乡县青华铺一带，白垩系—古近系白花亭组与古近系枣市组之间发育玄武岩，厚7.6～52.9m，一般厚11～30m。玄武岩顶部、底部与沉积岩呈整合接触，但其接触面常有凸凹不平的现象。玄武岩底部常见灰岩碎屑，玄武岩顶部围岩中常见玄武岩碎屑。底部局部可见烘烤现象，顶部无接触变质。根据岩石结构构造，青华铺玄武岩可进一步分为拉斑玄武岩、气孔-杏仁状拉斑玄武岩、气孔-杏仁状玻质玄武岩，但以拉斑玄武岩为主。

拉斑玄武岩呈黑色、绿黑色，拉斑-辉绿结构，块状构造。主要矿物为斜长石、辉石和玻璃质。斜长石呈板条薄板状，大小0.02mm×0.1mm～0.1mm×0.4mm，含量约60%（An=58～65，属拉长石），聚片双晶发育，常被黏土矿物交代。辉石含量约25%，呈他形粒状及板状，少数为自形，大小0.07～0.30mm，$Ng \wedge C=40°\sim50°$，属普通辉石，大多被黑云母、绿泥石交代。玻璃含量约15%，大多分解成绿泥石质隐晶物或似绿泥石类矿物。此外，还有少量钛铁矿、方解石、沸石、阳起石等。

气孔-杏仁状玻璃质玄武岩具变余玻晶交织结构及变余玻质含长结构，主要成分为玻璃质（55%）、斜长石（25%）、辉石（5%）。岩石中气孔构造和杏仁构造特别发育，含量达15%左右。气孔及杏仁体形状多为不规则的椭圆形—圆形，少数为水滴状，部分为拉长的扁饼状及不规则状，常显示定向排列，大小不等。杏仁体多为粗大的方解石，部分为纤维状阳起石或黑云母、绿泥石集合体及硅质。此外，在岩石中还有斜长石捕虏晶，大小2mm×5mm，边缘呈花纹状。

气孔-杏仁状拉斑玄武岩介于上述两类岩石之间，气孔构造、杏仁构造在玄武岩的顶部、底部发育，矿物粒度细小，蚀变较强，岩石因含氧化铁较多而略带红褐色；中部的气孔构造、杏仁构造不发育，矿物粒度较粗，蚀变较弱，颜色较深。底部的气孔及杏仁体较小，杏仁体多为方解石；顶部的气孔及杏仁体较粗大，部分已互相连通，杏仁体多为绿泥石和阳起石。气孔-杏仁状拉斑玄武岩普遍具不同程度的蚀变，主要为碳酸盐化、绿泥石化及硅化。

青华铺玄武岩总体表现为高硅、低钛、低碱的特征。与中国（黎彤）玄武岩、世界（戴里）玄武岩、岛弧型玄武岩相比较，SiO_2、Al_2O_3、CaO相对偏高，而MgO、Na_2O、K_2O则含量偏低，且更为接近岛弧型玄武岩。相对于科马提岩，其岩石略微偏酸性一些。岩石微量元素含量与维氏基性岩值相比Zn、Cr、Ni等元素含量偏高，其余元素大体相近。总体来看，玄武岩中Ni、Cr、V、Ti、Mn、Cu、Ga等的含量均高于顶部、底部沉积岩。

青华铺玄武岩中可见一些铜、锌及黄铁矿化等，还见有与火山岩活动有关的赤铁矿砾石。根据青华铺玄武岩呈带状分布的特点，结合区域构造特征分析认为，青华铺玄武岩由裂隙式喷溢形成，形成时代为古近纪早期。

三、云影窝钾镁煌斑岩年代学、地质地球化学特征及成因

在宁乡大湖云影窝附近发现的钾镁煌斑岩平面上多呈椭圆状、近 SN 向分布，南北长 10～350m、东西宽 20～300m。剖面上呈上大下小的不规则漏斗状，钾镁煌斑岩与围岩呈侵入接触关系（图 4-42）。从钾镁煌斑岩产出特征来看，呈脉状侵入的煌斑岩中部为熔岩型钾镁煌斑岩，边部则为钾镁煌斑岩质火山角砾岩，并且前者呈岩枝状伸入后者之中，说明熔岩型钾镁煌斑岩形成时代要晚。

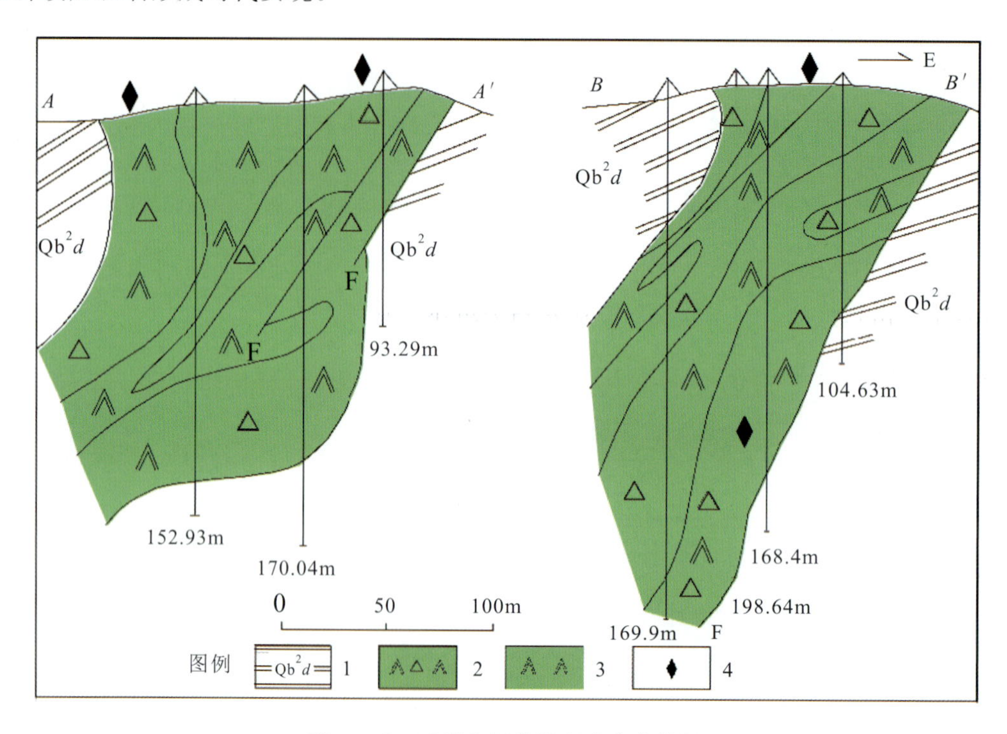

图 4-42　云影窝钾镁煌斑岩产出特征

1. 多益塘组板岩；2. 钾镁煌斑岩质火山角砾岩；3. 熔岩型钾镁煌斑岩；4. 发现金刚石位置

钾镁煌斑岩质火山岩具角砾结构，角砾呈不规则状，大小不等，一般为 0.5～1cm，个别达 5～6cm。钾镁煌斑岩质火山岩中常见定向构造，岩石中还含有 2%～5%的尖晶石橄榄岩深源包体。胶结物主要为钾镁煌斑岩、硅质岩。

熔岩型钾镁煌斑岩风化十分强烈，只能根据金云母含量及个别半风化岩石外貌推测。它可分为金云透辉橄榄钾镁煌斑岩、透辉金云橄榄钾镁煌斑岩，二者之间常呈过渡关系。岩石为斑状结构，斑晶粒径一般为 1～2mm，个别达 6mm，组成矿物主要为橄榄石，次为透辉石、金云母及白榴石；基质为显晶质—隐晶质结构，基质一般小于 0.1mm，主要为透辉石、金云母，其次为橄榄石、白榴石，偶见透长石、钾长石、透闪石、碱镁闪石。岩石中可见少量尖晶石橄榄岩、橄榄岩等深源包体及橄榄石、金云母巨晶。岩石蚀变较强烈，主要有碳酸盐化、绿泥石化、硅化等，具橄榄石、透辉石假象。

钾镁煌斑岩中的副矿物除金刚石、镁铝榴石外，其他钾镁煌斑岩指示副矿物均有出现，如铬铁矿、碳硅石、铬尖晶石、铬透辉石等。金刚石粒径为1～2mm，以黄绿色为主，其次为褐黄色、淡黄色、无色等，形态多为碎块状，少量为八面体或十二面体。铬铁矿呈圆粒—尖棱角状、八面体等，有的具深坑、麻面等，碎片呈棕红色，粒径为0.5～1mm。铬透辉石呈绿色—翠绿色，常为碎块，解理发育。

钾镁煌斑岩的 SiO_2 含量为39.49%～52.65%，平均为47.85%，属基性—超基性岩；MgO含量为14.46%～18.76%，平均为16.12%，MgO含量相对较低，可能是由于钾镁煌斑岩的主要造岩矿物橄榄石和金云母发生蚀变，导致MgO流失造成的；K_2O 含量为0.05%～1.44%，平均0.71%；Na_2O 的含量为0.06%～0.09%，平均为0.08%，均远远低于其他地区的含量。K_2O/Na_2O 的平均值为8.58，这可能与岩石矿物的蚀变及风化有一定关系。K_2O 主要来自金云母、白榴石、透长石等含钾矿物，而这些矿物较易受蚀变交代的影响，从而使 K_2O 含量明显减少。MnO是钾镁煌斑岩中分布较少的稳定组分之一，云影窝钾镁煌斑岩的MnO含量相对较高，但MnO的含量过高常不利于钾镁煌斑岩金刚石成矿。

在沩山岩体北东边缘的宁乡黄材、大湖一带出露有云斜煌斑岩、闪斜煌斑岩。该类煌斑岩受断裂控制明显，多数为NE向，规模较小，一般为0.5m×5m～5m×20m，岩石风化强烈。云斜煌斑岩、闪斜煌斑岩具变余斑状结构或斑状结构，基质为（变余）半自形粒状结构。斑晶主要由长石、黑云母及少量普通角闪石组成，粒径大小一般在0.4～1.3mm之间，含量3%左右；基质主要由长石、黑云母及绿泥石等组成，岩石化学成分中 SiO_2 含量为56.43%，为偏酸性的煌斑岩。

宁乡云影窝钾镁煌斑岩边部的钾镁煌斑岩质火山角砾岩属火山岩类，见该类岩体喷发或侵入于上泥盆统中，取得的全岩Rb-Sr等时线年龄为433～362Ma，地质和同位素年龄值矛盾。林玮鹏等（2011）对其中Ⅰ号及Ⅲ号岩管钾镁煌斑岩中4颗锆石LA-ICP-MS U-Pb定年，得到加权平均年龄（101±5.1）Ma，认为其形成时代为早白垩世。

云影窝钾镁煌斑岩主要由铁镁矿物组成，为超基性超铁镁质岩石，煌斑岩中含有2%～5%的尖晶石橄榄岩、橄榄岩等上地幔包体，并含有微量的金刚石、橄榄石、辉石、金云母巨晶，显示云影窝钾镁煌斑岩来源于上地幔。云影窝钾镁煌斑岩中含有少量白榴石、透长石等似长石碱性岩指示矿物，岩石化学成分与我国典型钾镁煌斑岩不同类型相比，介于橄榄钾镁煌斑岩与白榴钾镁煌斑岩之间。

四、常德-安仁断裂对白垩纪基性—超基性火山岩的控制

常德-安仁构造岩浆带附近的冠市街玄武岩、青华铺玄武岩具有板内玄武岩特征，其中冠市街玄武岩形成年龄为70Ma，显示Nb-Ta-Ti正异常和Pb负异常，具有明显的地壳混染特征。整体上，华南内陆的地幔岩浆活动从145～63Ma具有越来越亏损的Sr-Nd同位素组成和越来越典型的板内玄武岩特征，表明晚白垩世期间华南地区岩石圈拉张越来越强烈，可能与太平洋板块的持续后撤有关（杨帆等，2018）。

常德-安仁构造岩浆带附近的青华铺玄武岩、衡阳盆地冠市街玄武岩（71.8～70.1Ma）宁乡云影窝钾镁煌斑岩［（101±5.1）Ma］侵位发生于区域强烈伸展构造背景，受燕山晚期

NE 向挤压派生的 NW－SE 向伸展控制（杨帆等，2018），具富集地幔源特征。空间关系显示基性—超基性岩与区域 NE 向断陷盆地密切相关，显示其形成主要受岩石圈强烈拉伸影响，常德-安仁断裂的控制作用可能有限。不过青华铺玄武岩和云影窝钾镁煌斑岩位于常德-安仁断裂之上，后者作为岩浆运移通道，客观上对火山岩的形成具有一定控制作用。

第五章　断裂对成矿作用的控制

由于常德-安仁断裂对多个时期的沉积盆地和岩相古地理及印支晚期以来的岩浆活动具有明显的控制作用（详见第三章和第四章），沿断裂带及邻近地区的部分沉积矿床和与岩浆作用相关的内生热液矿床也相应受到该断裂不同程度的控制。

第一节　断裂对沉积矿床的控制

构造控盆、盆控相、相控矿（包括油气矿床）是关于沉积型矿床成矿规律和成矿机制的共识。本次研究对常德-安仁断裂与沉积型矿床的关系进行了全面分析，认为断裂对近侧地区大塘坡组锰矿、奥陶系锰矿、上古生界非金属矿、上泥盆统铁矿、上白垩统铜矿、古近系膏盐矿等具有不同程度的控制作用。首先需要指出的是，在长期地质历史发展过程中，湖南地区形成了多时代、多类型的沉积型矿产，相关矿床的分布主要受沉积岩相古地理的控制（柏道远等，2020b），而沉积岩相古地理格局可受区域海平面升降、区域构造体制（挤压或伸展）、深部幔-壳物质热状态和运动、不同深度和规模断裂活动特征、地表风化剥蚀和沉积充填过程等众多地质因素不同程度的控制，因此，后文关于常德-安仁断裂对某些（类）沉积型矿床控制作用的认识与阐述，并不排除其他地质因素的控矿作用。

1. 常德-安仁断裂对大塘坡组锰矿的控制

中南华世大塘坡期在陆内裂谷环境下形成不同级次的堑-垒构造格局，锰质于Ⅳ级断陷（地堑）盆地中沉积形成大塘坡式锰矿床（周琦等，2016）。前人对其成因进行了大量研究，提出了生物成因、火山喷发沉积成因、热水沉积成因、碳酸盐岩帽沉积成因及天然气渗漏成因等认识（谢小峰等，2015），反映出成矿受多种因素控制。在湖南省内，本期锰矿主要分布于花垣、靖县、湘潭等地，其中湘潭地区代表性矿床有鹤岭锰矿和九潭冲锰矿等（图 1-2）。常德-安仁断裂对湘潭地区大塘坡期盆地特征和沉积型锰矿的形成具有重要的控制作用。

大塘坡间冰期，常德-安仁断裂控制了 NW 向湘潭盆地的发展演化，并制约了盆地内锰矿的形成与分布（图 3-6）。在古城期—大塘坡早期，桃江、衡山等地与洞庭古陆相连隔绝海水，在湘潭一带形成相对局限的冰下海湾。由于常德-安仁断裂伸展，海湾不断变深并逐渐转变为环境更加局限的滞流断陷盆地。进入大塘坡期后，大量深部锰质在拉张环境下随热卤水或海底火山沿常德-安仁断裂上涌进入湘潭断陷盆地，并在滞流环境下沉积形成锰矿（付胜云，2017）。

2. 常德-安仁断裂对奥陶系锰矿的控制

早奥陶世，常德-安仁断裂带具伸展活动并控制了安化—湘潭一带 NW 向陆棚盆地的形成与演化（图 3-9）。受限于四周的陆隆或岛链，该地区成为静水海湾。随着断裂带的不断拉张，处于静水海湾中心区域的响涛源一带逐渐向局限盆地转变。

中—晚奥陶世，区域进入前陆盆地阶段，挤压体制下岩石圈弯曲，导致包括安化—湘潭一带在内的部分地区盆地基底下沉、海平面上升。与此同时，在区域 NNW 向挤压下，常德-安仁断裂带桃江-湘乡段伸展而产生基底沉降的叠加，由此形成了小型深水盆地，在相对缺氧的滞流环境下形成碳酸锰矿或氧化锰矿（石少华等，2016；付胜云等，2014），代表性矿床为产于烟溪组中的桃江县响涛源锰矿（图 1-2）。

3. 常德-安仁断裂对上古生界非金属矿的控制

晚古生代，省内总体属陆表海伸展构造环境，巨量的沉积物以不同古地理环境下形成的碳酸盐岩和碎屑岩为主，由此形成了分布广泛且层位众多的灰岩、白云岩、石英砂岩、黏土等非金属矿产。如本书第三章所述，常德-安仁断裂在中泥盆世早期和晚期（图 3-10）、晚泥盆世早期和中晚期（图 3-11～图 3-13）、早石炭世早—中期（图 3-14）和中—晚期（图 3-15）、晚石炭世等地质时期具伸展活动而控制了沉积岩相带的展布，在二叠纪乐平世初具挤压抬升活动而控制了乐平世早期和晚期（图 3-16、图 3-17）沉积岩相带的展布，由此控制了相关非金属矿床的分布。与常德-安仁断裂控制岩相展布有关的代表性矿床有湘潭竹节坝熔剂用灰岩矿、姚家塘灰岩矿、湘乡棋梓桥灰岩矿，湘潭谭家坳玻璃用砂岩矿、雷子排砂岩矿，湘乡龙洞海泡石黏土矿、湘潭八亩冲海泡石黏土矿等。

4. 常德-安仁断裂对上泥盆统宁乡式铁矿的控制

晚泥盆世，湖南地区因构造沉降而发生海侵。在湿热气候条件下于较封闭或半封闭的古海盆、古海湾或潮坪中的浅海—滨海等古地理环境中，铁质沉淀而形成宁乡式铁矿（黄德仁，1992；赵一鸣等，2000）。除正常沉积成矿作用外，部分矿床尚见有后生热液活动叠加成矿（祝新友等，2015）。宁乡式铁矿主要发育于湘西北黄家磴组和写经寺组及湘中—湘东岳麓山组中，其中湘中宁乡、湘东攸县—安仁一带岳麓山组中铁矿发育与常德-安仁断裂对岩相的控制有一定关系。

如本书第三章所述，晚泥盆世中期，随着地壳缓慢抬升，江南古陆南侧的宁乡、浏阳等地发育了三角洲相沉积，其中宁乡一带三角洲规模较大，常德-安仁断裂宁乡段大体控制了三角洲前缘位置（图 3-12）。河流将古陆风化而成的铁质大量带入海水之中，于以三角洲前缘为主的环境中沉积下来，从而形成了宁乡式铁矿，代表性矿床有桃江县笛楼坪铁矿（图 1-2）。

在常德-安仁断裂的衡阳—安仁段，沿断裂形成了碳酸盐岩台地，两侧则为混积陆棚（图 3-12），其中东侧潞水—排前一带形成多个铁矿，西侧于九家坳一带形成铁矿（图 1-2）。

5. 常德-安仁断裂对上白垩统铜矿的控制

晚白垩世，湖南地区在区域伸展构造背景下形成盆-岭构造格局。古陆区或山地暴露区的碎屑含矿物质搬运至盆地内沉积，尔后，经地下热卤水溶离、运移至有利的岩性-构造部位沉淀成矿（曾乔松等，1997；黄满湘，1999；杨兵，2018）。省内代表性矿床有麻阳九曲湾铜矿、衡南车江铜矿，均为小型矿床。其中，车江铜矿一定程度上受到常德-安仁断裂的控制，具体表现在两个方面：一是它所在的衡阳盆地的 NE 向边界受控于常德-安仁断裂；二是该矿床的成矿物质很可能主要来源于常德-安仁隆起带内出露的新元古代变质碎屑岩层（图 1－2）。

6. 常德-安仁断裂对古近系膏盐矿的控制

白垩纪开始形成的断陷盆地在古近纪中晚期转为坳陷盆地，洞庭盆地的澧县凹陷、衡阳盆地在地形高差不大、构造稳定且相对封闭的条件下形成大量湖相膏盐沉积，前者代表性矿床有澧县盐井盐矿、曾家河芒硝矿、金罗石膏矿、石门歇驾山石膏矿、临澧合口石膏矿和赵家坪石膏矿，后者代表性矿床有衡阳上马塘芒硝矿石盐矿、茶山坳石盐芒硝矿、七里井芒硝矿、衡南县咸塘石膏芒硝矿等（图 1－2）。除坳陷盆地构造背景外，常德-安仁断裂对上述膏盐矿的形成可能也有一定影响，即古近纪盆地大多靠近断裂带分布，因此常德-安仁断裂邻侧地区更易发育古近纪含膏盐层系。

第二节　断裂对内生热液矿床的控制

沿常德-安仁断裂带发生的大规模花岗质岩浆活动导致了大量内生热液型矿床的形成，如川口钨矿田、双江口萤石矿、马迹长石矿、大坪铷矿、司徒铺钨矿、板溪锑矿、木瓜园钨矿、半边山金矿等。此外，与常德-安仁断裂活动相关的岩体构造、断裂和节理裂隙等对矿脉的分布和矿体的赋存特征等也具控制作用。

一、典型内生热液型矿床的地质特征及成因

1. 川口钨矿田

川口钨矿田位于川口岩体群及其近侧围岩，区内发育多个大小不一的矿床（点），其中主要矿床有三角潭钨矿床和杨林坳钨矿床，二者成矿均与常德-安仁断裂和川口岩体密切相关，但其矿床地质特征迥异。

1）三角潭钨矿地质特征及成因

三角潭钨矿是一个以黑钨矿为主、伴生辉钼、白钨、黄铜矿等有用组分的大脉型高（中）温热液裂隙充填黑钨-石英脉型大型矿床。前人对其地质特征进行过较详细的研究（宋

宏邦等，2002），总体认识如下。

矿体成群成带产在川口花岗岩内接触带隆起部位的断裂中，未穿切至岩体围岩冷家溪群中。矿体呈脉状赋存在岩体内接触带断裂、裂隙中，矿体顶部、底部均为云英岩化的白云母花岗岩。矿体与围岩界线清楚，显示裂隙充填特征。矿体走向近 EW 向（75°～85°），倾向南（165°～175°），倾角较陡（55°～85°）。区内大小矿脉（体）近 60 条，矿体以大脉状为主，属大脉型矿床。其中，规模较大的工业矿体不足 20 个，矿体沿走向延长可达 500m，沿倾向延深可达 300m，厚 2～3m；规模小的矿体沿走向延伸仅数十米，沿倾向延深数米，厚 10cm。矿体形态一般较规则，单体在空间上呈板状，沿走向分枝复合，尖灭再现、侧现等现象可见。在剖面上，矿体之间大致平行，单个矿体上大，向下逐渐变小，直至深部尖灭。值得指出的是，含矿裂隙在原始横节理基础上发育而成，成群成组发育在内接触带岩体边（顶）部。单个节理沿走向延伸不远，节理面粗糙不平，剖面上节理开口上宽下窄，规模一般不大。

含矿裂隙发育在 SN 向花岗岩体的东西两侧或倾伏端的内接触带，黑钨矿化较好，而位于岩体顶部或近岩体中心部位的裂隙含矿性差。含矿裂隙的上端，紧靠花岗岩与围岩的接触界面，一般不穿切围岩。含矿裂隙上部较宽，往下逐渐变窄，延至深部消失。

川口岩体的外部形态反映出早期近 SN 向构造和晚期 EW 向构造，后者控制了矿脉（矿体）的分布。SN 向川口隆起（复背斜）控制了川口岩体长轴方向，使后者在平面上呈近 SN 向展布。在 SN 向构造之上，矿区接触带叠加有 3 个较大的 EW 向隆起，各隆起长300～400m，宽 150～200m，隆起间距为 100m 左右。矿脉（体）主要分布于 EW 向隆起带上，从而形成 3 个 EW 向脉组。

在平面上，同一条矿脉沿走向近接触带处（即矿体西段）以铜铁硫化物矿化为主，越远接触带，铜铁硫化物逐渐减少，钨钼矿化增加；矿体的中段，铜、铁、钨、钼矿化共存。在剖面上，沿矿体倾向，上部以钨、钼矿化为主，往下钨、钼逐渐减少，出现铜、铁等硫化物矿化，至矿体下部（深部），钨钼矿化消失，被铜、铁等硫化物矿化取代，即上富钨钼，下富铜铁，矿化呈逆向分带现象。

矿石主要由石英、长石、白云母、萤石、重晶石、方解石及黑钨矿、辉钼矿、白钨矿、黄铜矿、黄铁矿等矿物组成。金属矿物呈粒状和团块状浸染分布于石英脉中，其中黑钨矿呈自形晶板状，有的垂直于脉壁生长；白钨矿、方解石晶形完好，多分布于石英脉的晶洞中。

三角潭钨矿辉钼矿的 Re－Os 同位素模式年龄（222.5±3.3）～（226.9±3.2）Ma，加权平均年龄为（224.9±1.3）Ma，等时线年龄为（225.8±4.4）Ma，揭示三角潭钨矿形成于晚三叠世早期（彭能立等，2017）。此与前文所述川口花岗岩体群早期侵入二云母二长花岗岩的锆石 SHRIMP U－Pb 年龄［（223.1±2.6）Ma］一致，表明该成矿与二云母二长花岗岩有关。

根据上述矿床地质特征，结合成岩、成矿年龄和区域地质背景，初步确定三角潭钨矿成矿的构造-岩浆动力机制即矿床成因如下。

（1）中三叠世后期发生印支运动（主幕），在区域 NWW 向挤压下常德-安仁断裂产生左行走滑兼逆冲运动，走滑派生应力场及逆时针牵引旋转形成了近 SN 向（NNW 向）川口隆起或复背斜。在此过程中，深部地壳因剪切生热及叠置增厚而温度升高。

（2）晚三叠世，印支运动晚幕区域构造体制转变为 SN 向挤压，但挤压应力减弱；SN

向挤压下形成EW向叠加小褶皱。在挤压减弱的后碰撞构造环境下，先期升温的深部地壳发生减压熔融，岩浆向上侵位于近SN向川口复背斜的轴部，岩体顶面形态同时受EW向小褶皱控制，在背斜部位形成EW向顶面隆起。

(3) 岩体顶面EW向隆起部位温度相对较低，产生EW向冷凝收缩节理并形成节理裂隙带。与此同时，隆起部位的节理裂隙因SN向挤压而进一步变形、归并，形成南倾断裂。

(4) 岩体侵位后，岩浆期后热液即含矿气水溶液（矿液）上升到花岗岩的顶面并受围岩遮挡，流体压力增大而沿接触面向两侧流动，在液压致裂作用下倒灌充填在EW向隆起带的冷缩节理和断裂中，形成上大（富钨钼）下小（富铜铁）钨钼铜铁于一体的大脉状矿体，矿体顶部、底部也因热液交代作用而发生云英岩化。

由上可见，三角潭钨矿的形成与常德-安仁断裂的活动密切相关，断裂在中三叠世末的左行走滑兼逆冲使得深部地壳增温，并形成了近SN向川口隆起，从而为晚三叠世花岗质岩浆的形成和上侵就位分别提供了温度条件与空间条件，进而控制了岩浆热液成因三角潭钨矿的发育和分布。

2) 杨林坳钨矿地质特征及成因

杨林坳白钨矿床位于近SN向川口隆起西侧，是一个以白钨矿为主的岩浆期后高—中温热液充填交代型矿床（欧阳玉飞等，2008）。矿区东部和西部分别出露青白口系冷家溪群和上古生界泥盆系跳马涧组—棋梓桥组，跳马涧组与冷家溪群之间为角度不整合接触。

跳马涧组与冷家溪群之间的不整合面因滑脱而具构造破碎带特征，并成为重要的导矿和容矿构造（欧阳玉飞等，2008）。工业矿体大部分主要分布在不整合面上、下几十米范围内。靠近不整合面附近矿化强，矿体厚大稳定；离不整合面愈远，矿体变薄、分支且矿化减弱。一般自不整合面向上40～50m、向下100～150m为主要工业矿体产出部位。此外，跳马涧组砂岩中矿化富集，冷家溪群砂岩中矿化相对较贫。这一成矿差异可能与跳马涧组砂岩含钙相对较高、空隙度好、硫逸度较高，有利于形成充填交代型白钨矿有关。

矿区主要发育NNW向和NE向断裂和节理裂隙，前者为控矿构造，后者则为成矿后构造。主要NNW向断裂为F_{24}，其倾向为NE向，与不整合面连通，为控制杨林坳钨矿床形成的重要导矿、容矿构造。其他NNW向小断裂和节理裂隙密集发育，大多倾向NE，沿裂面充填含矿石英脉。密集的含矿石英单脉构成了石英脉带，石英脉带控制了矿体的发育。主体石英脉一般厚5～10cm，产状相对稳定。主体石英脉两侧的小脉则分支交接，发育密集，平均延展方向与主脉一致。

F_{24}是重要的矿液运移通道及导矿、容矿构造。断裂带内矿化程度不一，靠顶板一侧的矿化强度高于靠底板一侧。此外，含矿石英脉大多分布于F_{24}上盘（东盘），表明F_{24}断层上盘矿液活动较下盘强。杨林坳钨矿床工业矿体主要分布在不整合面上、下几十米处，且离F_{24}越近矿体品位越高，即矿区东段矿化好，往西矿化逐渐变弱。

根据上述成矿地质特征，结合区域构造、岩浆背景，初步确定杨林坳钨矿的成因机制如下。

(1) 中三叠世后期，印支运动主幕中，倾向NE的常德-安仁断裂在区域NWW向挤压下产生左行走滑兼逆冲，走滑派生应力场及逆时针牵引旋转形成近SN向（NNW向）川口复背斜；于复背斜西侧形成了以F_{24}为代表的走向NNW、倾向NE的浅表发散断裂和节理裂隙；跳马涧组与冷家溪群之间的角度不整合面因川口隆起的褶皱作用而产生顺层滑脱。在此过程中，深部地壳因剪切生热以及叠置增厚而温度升高。

（2）晚三叠世进入后碰撞构造环境。深部地壳发生减压熔融而形成侵位于SN向川口复背斜轴部的花岗岩体；区域构造体制转变为SN向挤压，先期NNW向倾向NE的断裂及沿不整合面的滑脱断裂产生拉张作用，岩浆期后热液即含矿气水溶液（矿液）上升并沿NNW向主断裂F_{24}运移至不整合面滑脱断裂，进而充填于NNW向小断裂及节理裂隙中形成矿体。

由上可见，常德-安仁断裂对杨林坳钨矿的形成具有重要的控制作用。断裂在中三叠世末的活动形成了川口复背斜西侧的NNW向断裂、节理裂隙和沿不整合面的滑脱断裂等导矿、容矿构造；断裂剪切及逆冲使得深部地壳增温，为之后晚三叠世花岗质岩浆活动及相关的岩浆期后成矿热液活动提供了条件。

2. 双江口萤石矿

双江口萤石矿区地处NW向常德-安仁和NE向川口-双牌两条基底隐伏断裂的交会部位（图1-2）。矿区出露地层为冷家溪群碎屑岩，另有呈捕虏体零星分布且几乎全部被硅化交代的泥盆系跳马涧组砂砾岩和棋梓桥组白云质灰岩出露，捕虏体长轴方向多在NE50°～60°之间（刘昌福，2007）。碳酸盐岩捕虏体中的钙质成分为萤石矿的形成提供了重要的物质基础。矿区出露将军庙岩体的灰白色（少部分肉红色）粗中—中粒斑状黑云母二长花岗岩和细—中细粒少斑状黑云母二长花岗岩，斑状黑云母二长花岗岩的锆石SHRIMP U-Pb年龄为（229.1±2.8）Ma，属晚三叠世。岩体中常见有细粒花岗岩脉、石英脉、花岗伟晶岩脉及萤石矿脉等，并发育NE向和NW向断裂及其派生的次级断裂，其中NE向断裂数量较多且规模较大。

双江口萤石矿产于将军庙岩体内NE向的断裂破碎带中，矿体严格受断裂破碎带的控制。断裂既是导矿构造，又是容矿构造。破碎带及附近围岩具强烈蚀变，且蚀变有明显的水平分带：破碎带中部矿体的近矿围岩遭受硅化，向外依次是绢云母化、绿泥石化、钠长石化、高岭土化，并被晚期重晶石化、碳酸盐化叠加。破碎带宽窄不同，因此，形成的矿体规模不同。当破碎带宽且附近有灰岩捕虏体供给足够的钙质时，矿体厚且品位高；否则，矿体薄且品位低甚至尖灭。矿体呈脉状，具有膨大收缩、分支复合等特征。已发现规模较大的矿体有2个，即Ⅶ号矿体和Ⅵ号矿体。两矿体平行排列，Ⅵ号矿体位于Ⅶ号矿体上盘，相距30～50m。其中Ⅶ号矿体达大型规模，资源储量达470万t（刘昌福，2007）。

矿石组分较简单，有用矿物主要为萤石，次为方铅矿、闪锌矿，偶见黄铜矿、辉铜矿、赤铜矿；脉石矿物主要为石英，次为方解石、钾长石、重晶石、白云石及黏土矿物。矿化蚀变具有多阶段性，尤以石英最为突出。萤石以绿色、白色为主，次为紫色，呈半自形粒状产出，粒径一般大于2cm。萤石主要形成于第二硅化期，第三硅化期形成了少量紫红色萤石。由于断裂持续活动或多期活动，矿石普遍经历破碎→胶结→再破碎过程，从而形成较为复杂的结构。

双江口萤石矿属中低温热液充填型萤石矿床，白色萤石爆裂温度为223℃，紫色萤石爆裂温度为217℃，绿色萤石石爆裂温度为248℃，石英爆裂温度为237℃（刘昌福，2007）。

根据上述矿床地质特征，结合区域构造背景，初步确定双江口萤石矿成因机制如下。

（1）中三叠世后期发生印支运动（主幕），在区域NWW向挤压下，NW向常德-安仁和NE向川口-双牌基底隐伏断裂产生剪切活动，中深部地壳因剪切生热而温度升高。

（2）晚三叠世进入挤压应力减弱的后碰撞阶段，中深部地壳因减压熔融而形成花岗质岩浆，岩浆上侵并就位于常德-安仁断裂和川口-双牌断裂交会处而形成将军庙岩体。同期构造体制为SN向挤压，川口-双牌基底断裂活动而于岩浆中形成NE向浅表断裂。

（3）受岩体就位后的岩浆期后热液活动和矿化作用控制，于NE向浅表断裂中形成萤石矿脉。

综上所述，常德-安仁断裂对双江口萤石矿的控制作用主要体现在两方面：一是断裂为成矿岩浆（岩体）提供了上侵通道和就位空间；二是断裂在中三叠世后期的剪切及逆冲使得深部地壳增温，为之后晚三叠世花岗质岩浆活动及相关成矿作用提供了前提条件。

3. 马迹长石矿

马迹长石矿位于NW向常德-安仁断裂与NNE向连云山-衡阳断裂的交会处，属南岳岩体与连云山-衡阳断裂之间钠长石矿带的一部分。该钠长石矿带西南起自衡阳县的江柏堰，向北经国庆、银溪桥、界牌、马迹、平口丘直至温家坳，绵延约28km。矿带中段衡山马迹一带的钠长石矿最为集中，且规模最大，质量最好。

1）区域地质概况

矿区自西往东依次为地层出露区、NE向连云山-衡阳断裂、韧性剪切带（拆离带，即边缘混合岩带）、南岳岩体花岗岩等（图5-1）（肖大涛，1989；张岳桥等，2012）。其中，地层出露区发育白垩系及新元古界板溪群和冷家溪群，二者之间呈不整合或断层接触。连云山-衡阳断裂倾向NW，倾角为25°～30°，表现为几米厚的微角砾岩层，组成韧性剪切带顶部，属拆离带晚期脆性变形记录；沿此断裂及其旁侧见有明显蚀变与矿化，主要蚀变有硅化、伟晶岩化、钠化、重晶石化、高岭土化及金属矿化。韧性剪切带或拆离带为典型的糜棱岩带，厚度为2～4km，S-C组构、旋转碎斑等指示上盘向西倾滑。南岳岩体主体为印支期花岗岩，包括第一期细中粒斑状黑云母二长花岗岩、第二期中细粒黑云母二长花岗岩、第三期二云母二长花岗岩，LA-ICP-MS锆石U-Pb年龄为（215.5±1.5）Ma；另有少量白垩纪二云母二长花岗岩侵入于印支期花岗岩中，LA-ICP-MS锆石U-Pb年龄为（140.6±0.8）Ma（马铁球等，2013b）。靠近拆离带的岩体没有发生明显的韧性剪切变形（张岳桥等，2012）。

值得指出的是，花岗岩体与拆离带（韧性剪切带）的分界及拆离带中面理走向在岩体南西面呈NW向；在岩体西面总体呈NNE向，但在中段马迹一带界线内凹，致使芋头冲矿段的伸展断裂和面理呈NW走向，倾向NW（图5-1）（肖大涛，1989；张岳桥等，2012）。

上述韧性剪切带属衡山变质核杂岩西缘拆离带（张岳桥等，2012），同时表现为一条岩体边缘混合岩带，由西向东至花岗岩体依次发育条带状混合岩、眼球状混合岩和均质混合岩（肖大涛，1989）。条带状混合岩呈灰色、灰白色，变余糜棱结构，细眼球构造、条带状—条纹状构造；混合岩中的脉体含量与基体含量相近；岩石普遍遭受钠质交代，形成钠化混合岩，为矿区中钠长石矿重要围岩。眼球状混合岩呈灰色—灰白色，鳞片变晶结构、不等粒结构，片麻状构造；脉体长石中钠奥长石与钾长石近等量，部分钾长石呈变斑晶出现，常构成直径2～5mm的眼球体顺片麻理排列；基体为细片黑云母集合体，围绕眼球体分布。均质混合岩主要分布于矿区最东部，与花岗岩体接触，属强混合岩化带，基体与脉体极难区分；岩石呈灰白色，花岗变晶结构，块状构造、定向构造、似层状构造，特征与黑云母花岗岩

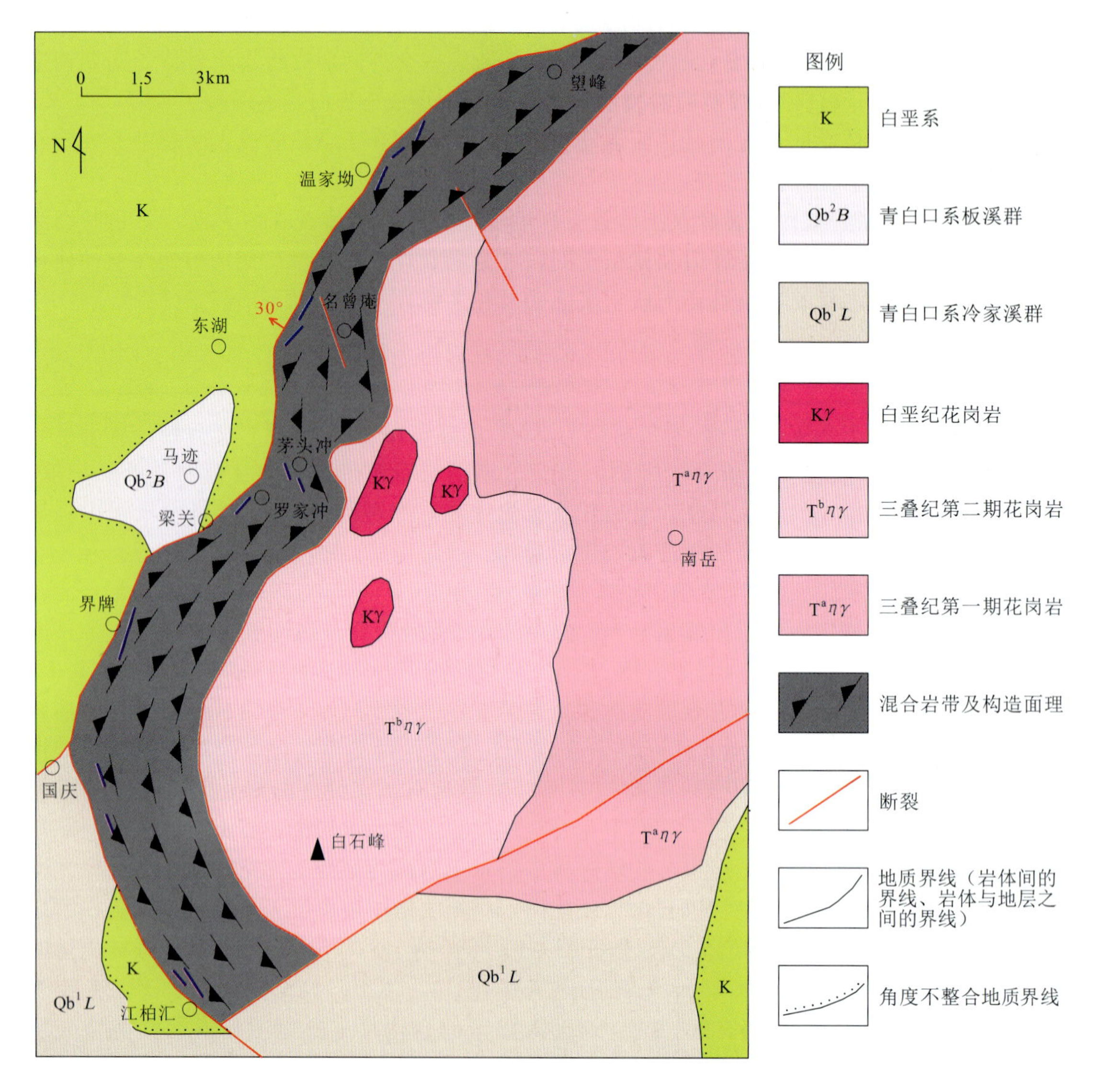

图 5-1　马迹长石矿区域地质图
［据肖大涛（1989）、张岳桥等（2012）、马铁球等（2013b）编制］

近似。

边缘混合岩带，即整个拆离带，可见细粒白云母花岗岩呈岩株侵入，并可见到花岗伟晶岩脉、细晶岩脉、石英钠长岩脉、钠长石脉、钾长石脉侵入广泛钠化后的条带状混合岩中。伟晶岩体呈不规则的团块与钠长石共生，其间往往没有明显的界线。伟晶岩主要矿物有正长石、微斜长石、钠长石、石英、白云母，并含少量电气石、石榴子石，其粒径一般约为0.5cm，个别达2～3cm，具花岗伟晶结构、文象结构，块状构造（肖大涛，1989）。

钠长岩中的热液锆石 SHRIMP U-Pb 年龄平均约 137Ma，而钠长岩脉发生了强烈的同构造拉伸作用，因此该年龄（早白垩世早期）可视为钠长岩的形成时代和伸展拆离时间（张岳桥等，2012）。

2）矿床地质特征

马迹长石矿北起东湖，南经石碑冲、芋头冲、罗家冲、上马迹至梁关，长约4km，宽1km，主体分布于连云山-衡阳断裂东侧（下盘）的条带状混合岩中和部分眼球状混合岩（片麻岩）中。

马迹长石矿区内围岩蚀变主要有硅化和钠长石化，其中硅化常沿连云山-衡阳断裂分布；钠化广泛分布在断裂下盘的条带状混合岩中，局部进入眼球状混合岩带，越接近断裂钠化越强，在强钠化地段常形成石英钠长岩和钠长石矿床。此外，尚有钾化与赤铁矿化、镜铁矿化，前者主要见于钠长石矿体内，后者主要在早期的硅化带中，在硅化和赤铁矿化附近见晚期弱铅、锌、铜及重晶石矿化。钠长石风化后广泛出现高岭土，形成该区规模较大的优质高岭土矿床。

矿区富大矿体大部分集中在罗家冲和芋头冲地段，储量约占总储量的70%～80%，其中罗家冲Ⅲ号矿体及芋头冲的Ⅰ号、Ⅱ号、Ⅺ号、Ⅻ号矿体规模最大，走向长都在300～500m之间，斜深均大于100m，厚度平均在10～29m之间，最大可达74m。芋头冲矿体的厚度和延深比罗家冲矿体更大且更稳定。矿体在浅部基本顺片理、片麻理方向充填，厚度一般较大，常出现膨大体；往深部矿体明显斜交片理，矿体厚度逐渐变薄而趋于尖灭（肖大涛，1989）。

罗家冲矿段矿体基本走向NNE，倾向NW，倾角30°，与连云山-衡阳断裂平行展布，距断裂硅化破碎带100m左右。矿体呈透镜状、楔状，形态较复杂，延深较小，一般在150～200m之间。

芋头冲矿段钠长石脉充填于NW向断裂中。Ⅰ号、Ⅱ号、Ⅺ号、Ⅻ号矿体走向NW330°，倾向SW，倾角35°。矿体呈不规则的透镜状、似层状，分支复合明显。矿体中呈透镜状的夹石、夹层较多，沿走向倾向分布长达100m，主要为黑云母片岩，厚5～6m；镜下亦见混合岩化黑云母片岩被钠长石包裹。

矿区矿石矿物成分主要为钠长石，含量在80%～90%之间，其次为石英和钾长石。除钠长岩体外，随矿物组分含量变化，常出现石英钠长岩、钾长钠长岩或钠化伟晶岩。钠长岩体沿走向和倾向常过渡为石英钠长岩，同时在一些地段常与伟晶岩体伴生。这些岩石中含有极少量黄铁矿、镜铁矿、白云母、钙铀云母。岩石中钠长石、钾长石和石英均有两个世代。早期钠长石为粗粒不等粒状，是主要成矿阶段产物；晚期钠长石呈细粒状，分布于早期钠长石的颗粒之间或裂隙中，并交代早期钠长石。早期钾长石与粗晶钠长石同时生成呈嵌生出现，而晚期钾长石属伟晶岩化产物。早期石英与钠长石或石英钠长岩呈细粒或条纹状产出，晚期石英呈平行脉或网脉产出。其他金属矿物均呈细小鳞片状浸染出现。

矿石结构主要有交代结构、粒状变晶结构、不等粒变晶结构、变余碎斑糜棱结构、松散结构等。交代结构是矿体内最常见的结构，常见于早期钠长石交代钾长石和晚期细粒钠长石交代早期粗晶钠长石。粒状变晶结构表现为钠长石呈他形等粒结构，粒径在2～4mm之间，细者达0.15～0.4mm，矿物互相嵌生。不等粒变晶结构主要发育于芋头冲钾长钠长岩中，钾、钠长石嵌生，颗粒大小不一，一般为1～4mm，局部颗粒达10～20mm或者更大。变余碎斑糜棱结构主要发育在构造破碎带附近的钠长岩中，常为细粒钠长石所充填。松散结构主要发育于原生矿风化带。

根据上述区域地质情况和矿床地质特征，结合区域构造背景，本书提出马迹长石矿的成因机制如下。

（1）早白垩纪世早期，矿区处于区域伸展构造环境，深部花岗质岩浆沿常德-安仁断裂与连云山-衡阳断裂交会部位上侵就位。连云山-衡阳断裂的伸展作用与花岗质岩浆上隆作用联合控制下，于岩体西侧、西南侧形成围绕岩体的大型拆离带即韧性剪切带或混合岩带，片理、片麻理等构造面理的产状分别为走向NNE、倾向NW，走向NW、倾向SW。可能受常德-安仁断裂局部浅表发散断裂的控制，岩体北西边界中段在芋头冲一带呈NW走向，导致伸展断裂和剪切面理相应呈NW走向，并向南西缓倾。

（2）富含硅质、碱质元素的岩浆期后热液沿着断裂及构造面理进行交代，发生规模较大的硅化蚀变作用和广泛的碱质交代过程；尔后，钠质溶液在弱酸性围岩环境里沿伸展剪切断裂或剪切面理进行中和沉淀而形成钠长石矿脉和规模巨大的钠长石矿床。岩体西侧拆离带中段马迹一带构造运动幅度最大，相应的热液活动和蚀变作用也最为强烈，从而形成了矿脉最密集、规模最大、质量最好的钠长石矿。另外，受剪切断裂与面理产状横向变化控制，矿区南部罗家冲矿段矿脉（体）走向NNE、倾向NW，而中北部芋头冲矿段矿脉（体）则走向NW，倾向SW。

（3）连云山-衡阳断裂是重要的导矿构造，因此矿床主要集中分布在断裂下盘的条带状混合岩和部分眼球状混合岩带中。

（4）NW向常德-安仁断裂对拆离带及矿床的形成具重要意义。该断裂的存在提供了更为开放的构造环境，使早白垩世早期花岗质岩浆上侵时具有更强的热隆作用，从而为岩体西侧拆离带（混合岩带）的形成和发展提供了动力条件，而拆离带或混合岩带的岩性组成和断裂、剪切面理等构造为热液交代和矿质充填提供了物质条件和空间条件。

综上所述，常德-安仁断裂对马迹长石矿的控制作用主要体现在3个方面：一是为早白垩世早期花岗质岩浆的上侵提供了通道和空间；二是该断裂提供的开放环境，为更强烈的岩浆热隆和相关岩体西侧拆离带（即成矿构造带）的形成提供了动力条件；三是该断裂的NW向局部浅表发散断裂对白垩纪岩体边界具有一定控制作用，使芋头冲一带岩体边界、拆离带、拆离带内面状构造（伸展断裂和剪切面理）及其中所充填矿体的走向呈NW向，马迹长石矿NW向矿脉规模大、质量好很可能与浅表NW向发散断裂提供了更好的岩浆-流体运移和充填空间及更好的热液交代条件有关。

4. 大坪铷矿

大坪铷矿位于紫云山岩体中段，矿体赋存在岩体顶部的白云母花岗岩中（肖冬贵等，2014；文春华等，2017）。

紫云山岩体位于常德-安仁断裂带湘乡段的西缘，并处于NWW向龙山-桥亭子串珠状隆起上。岩体侵入板溪群、寒武系—泥盆系，其长轴方向与常德-安仁断裂一致，为NNW向（图1-2）。岩体的主体岩性为粗中粒斑状黑云母二长花岗岩，分布于岩体的边部，岩体中心为细中粒二云母花岗岩（图4-12），另有少量白云母花岗岩呈EW向条带状分布于黑云母二长花岗岩中。岩体锆石U-Pb年龄为227～216Ma（刘凯等，2014；鲁玉龙等，2017），为晚三叠世。

矿区范围内共出露5条矿体。矿体呈近EW向展布，长610～1247m，宽23～150m，规模较大。含矿岩体的岩性为细粒白云母花岗岩，围岩为黑云母二长花岗岩。矿体从地表至深部见2～3层矿化，其中在Ⅰ号矿体的钻孔深部见2层铷矿体：第一层矿体孔深为82.1～115.4m，Rb_2O品位为0.087%～0.137%（平均0.092%）；第二层矿体孔深为145.5～165.1m，Rb_2O品位为0.042%～0.073%（平均0.065%），总体上为低品位矿体。

已有研究揭示大坪铷矿的形成与花岗质岩浆的高度演化有关（文春华等，2017）。地球化学特征反映出紫云山复式花岗岩经历了高程度的分异演化过程，并且F、H_2O等挥发分在岩浆演化到晚期阶段逐渐富集。由于F与稀有金属元素有较强的亲和力，它们形成络合物一起迁移和富集，当岩浆演化到晚期发生了熔体-流体不混溶作用，稀有金属络合物被破坏，铷以类质同象的形式在白云母花岗岩中富集成矿。

根据上述区域地质和矿床特征及矿床成因，结合区域构造演化背景，可初步推断大坪铷矿的成矿机制如下。

（1）中三叠世后期发生印支运动主幕，倾向NE的常德-安仁断裂产生左行走滑兼逆冲活动，主断裂位置大体对应歇马岩体；深部主断裂向SE逆冲，于其西盘派生NNW向次级逆冲断裂，次级断裂的位置大体对应于紫云山岩体。与此同时，中深部地壳因剪切生热和增厚而温度升高。

（2）晚三叠世印支运动晚幕遭受区域SN向挤压，常德-安仁断裂产生右行走滑，派生NNE向挤压而形成NWW向龙山-桥亭子串珠状隆起（详见本书第二章）。由于挤压应力相对较弱，中深部地壳在后碰撞环境下因减压熔融而形成花岗质岩浆，部分岩浆上侵于常德-安仁断裂的主断裂而形成歇马岩体，部分上侵于西侧次级断裂与龙山-桥亭子隆起交会处而形成紫云山岩体（图1-2）。

（3）在SN向挤压下，岩体中形成EW向同侵位断裂，晚期高程度演化岩浆及含矿流体沿EW向断裂充填，从而形成了EW向铷矿体。

5. 金坑冲金矿

金坑冲矿区位于常德-安仁隆起带与湘中凹陷交接地带、紫云山岩体的北侧（图1-2），自西向东分布有金坑冲、包金山、王家湾等中小型金矿床。其矿床地质特征以包金山金矿最为典型。该矿床赋矿地层主要为板溪群马底驿组钙质板岩。矿区发育走向NW、倾向NE的花岗斑岩脉，以及近EW向、NNE向、层间破碎带和NW向等4组断层，其中近EW向断裂控制矿床的空间定位，层间破碎带和NW向断层为重要的赋矿构造；矿化类型可分为石英脉型和破碎带蚀变岩型（鞠培姣等，2016）。在花岗斑岩脉弧状拐弯处，上、下盘的破碎蚀变带中常发育较富金矿体，暗示岩浆活动提供了部分成矿物质和热源。成矿作用划分为变质热液期、岩浆热液期和热液叠加期等3个成矿期，主成矿期为岩浆热液期（鞠培姣等，2016）。鉴于成矿作用与岩浆活动密切相关，而矿区南侧紫云山岩体的锆石U-Pb年龄为227～222Ma（刘凯等，2014；湖南省地质调查院，2017；鲁玉龙等，2017），因此推断成矿时代为印支晚期（晚三叠世）。

与前述大坪铷矿一样，金坑冲金矿一定程度上受控于常德-安仁断裂。该断裂在印支运动中的剪切生热引发了晚三叠世的花岗质岩浆活动，从而为围岩中金矿的形成提供了成矿流体与热源。

6. 司徒铺钨矿

司徒铺钨矿位于印支晚期伪山花岗岩体北西内接触带（图 1－2），为高—中温热液石英脉型白钨矿床（刘钟伟等，1983）。矿区西面（即岩体围岩）为遭受不同程度热变质的板溪群及震旦纪—寒武纪沉积岩层；岩体中局部见地层呈残留顶盖发育（图 5－2）。印支晚期花岗岩自早至晚分为粗粒斑状黑云母花岗岩、中—粗粒黑云母二长花岗岩和细粒二云母二长花岗岩等 3 个侵入单元。前二者呈岩基产出，后者呈岩枝、岩滴状产出；白钨矿化主要与后二者有关。

矿区主要发育近 EW 向、NE 向、NNE 向断裂（图 5－2）。近 EW 向断裂多倾向南，倾角为 30°～50°，个别可达 70°左右。挤压破碎带宽数米至十多米，个别达 25m，长 60～2000m 不等，常造成花岗岩糜棱岩化，构造透镜体、断层泥及断层角砾岩发育。断面呈舒缓波状，擦痕阶步指示上盘向北逆冲。部分断裂叠加了后期走滑。NE 向、NNE 向断裂多数倾向 SE，倾角为 50°～60°，多显示左行走滑特征，部分叠加了后期右行走滑。断裂具韧性、脆韧性特征，带内发育千枚状花岗质糜棱岩、石英质糜棱岩、泥质糜棱岩等。石英呈眼球状、肉肠状，与云母类矿物相间排列组成片理、片麻理。部分断裂具云英岩化。

矿床类型主要为石英脉型，含矿脉体产于近 EW 向、NE 向和 NNE 向断裂及其派生的近 SN 向、NW 向裂隙中。

根据上述矿床地质特征，结合沩山岩体的形成时代（印支晚期）及区域构造演化背景，可初步推断钨矿形成于印支晚期，成矿作用和含矿断裂分别与岩浆期后热液活动和晚三叠世印支运动晚幕区域 SN 向挤压有关（柏道远等，2015a）。此外，矿床的形成与常德-安仁断裂的活动有一定关系：中三叠世后期，印支运动主幕中常德-安仁断裂活动，使中深部地壳因剪切生热和增厚而温度升高；晚三叠世，区域 SN 向挤压下常德-安仁断裂产生右行走滑，派生 NNE 向挤压而形成 NWW 向沩山隆起，同时中深部地壳在后碰撞环境下因减压熔融而形成花岗质岩浆，岩浆上侵就位于常德-安仁断裂及沩山隆起形成沩山岩体，并于岩体西缘形成了岩浆期后热液成因的司徒铺钨矿。

7. 板溪锑矿

板溪锑矿位于桃江岩体南西约 15km，城步-新化大断裂旁侧（图 1－2），为中低温热液充填型辉锑矿-石英脉矿床，主要赋矿围岩为板溪群五强溪组板岩、砂质板岩和砂岩。矿区北部小港地区发育 EW 向脉状、透镜状石英斑岩脉群，受 EW 向断裂控制。矿床含锑金较高，少数被含锑金石英脉穿插。

矿体受 NE 向压扭性断裂与 EW 向断裂控制（图 5－3），二者复合的弧形部位形成富矿体。NNE—NE 向断层 F_1 和 F_2 是矿床主要导矿、控矿构造，主脉 V_2、V_1 均位于两大断裂之间，远离这两条断裂则矿化明显减弱或消失。NNE—NE 向断裂具有多期活动特征，早期具控矿、导矿作用，晚期则错断矿脉。容矿的压扭性断裂只存在于片理带中，当无厚大的挤压破碎带时，主脉延长且延深较稳定，并多为富矿（如主脉 V_2）；而受厚大挤压破碎带控制的矿脉，一般出现多条近于平行的透镜状、囊状、豆荚状交替脉体，单个矿体规模较小。断裂分支复合、膨大缩小和旁侧羽状裂隙发育地段、NE 向片理或裂隙与早期 EW 向构造交切

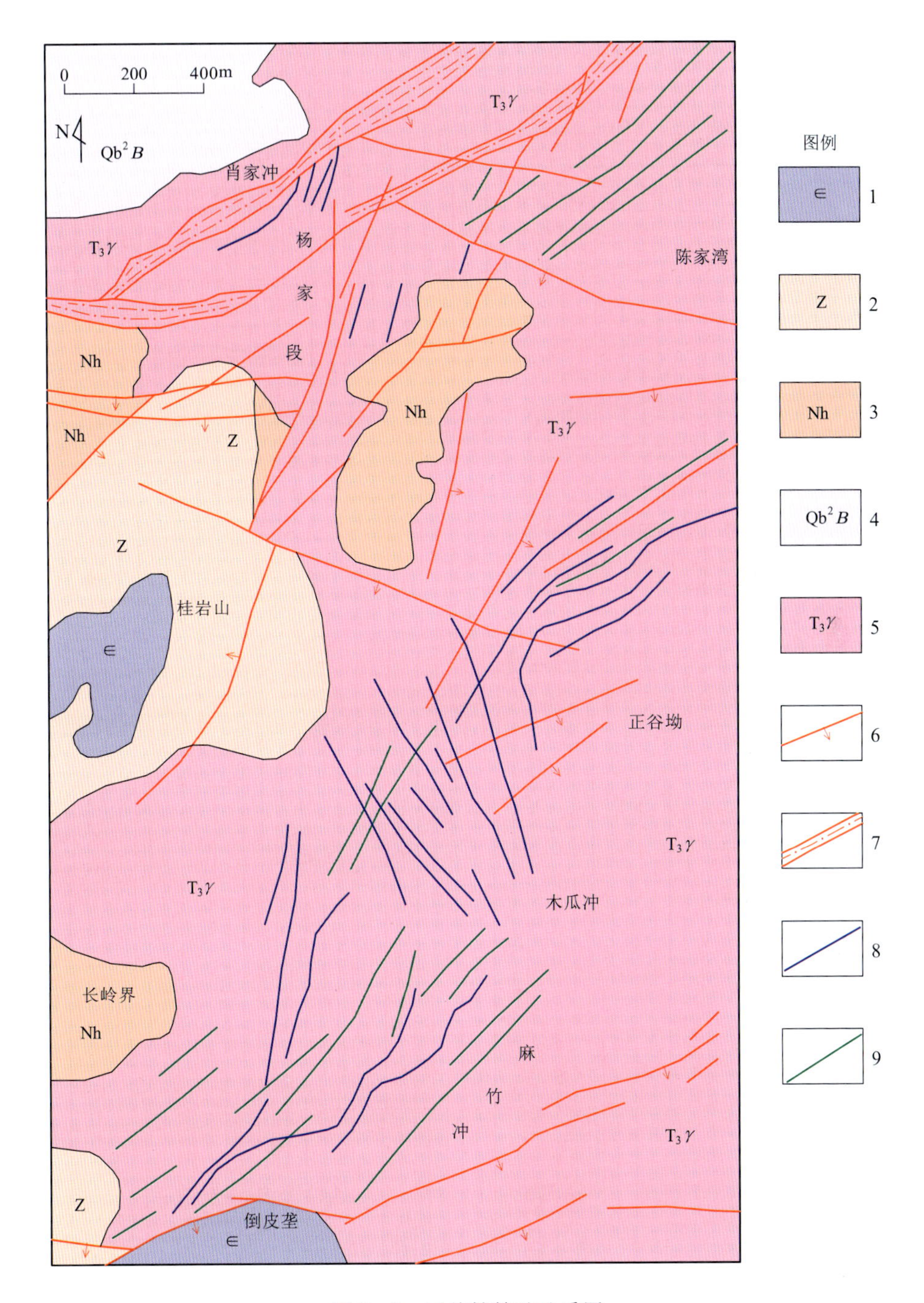

图 5-2　司徒铺钨矿地质图

［据刘钟伟等（1983）修改］

1. 寒武系；2. 震旦系；3. 南华系；4. 板溪群；5. 印支晚期花岗岩；6. 断裂及倾向；7. 韧性剪切带；8. 钨矿（化）脉；9. 非含矿石英脉

处、多阶段矿化叠加处等构造部位，往往矿化更强或形成富矿体和小矿包（罗献林，1995）。

矿床围岩蚀变有毒砂化、黄铁矿化、硅化、碳酸盐化、绿泥石化等。毒砂化是矿床的重

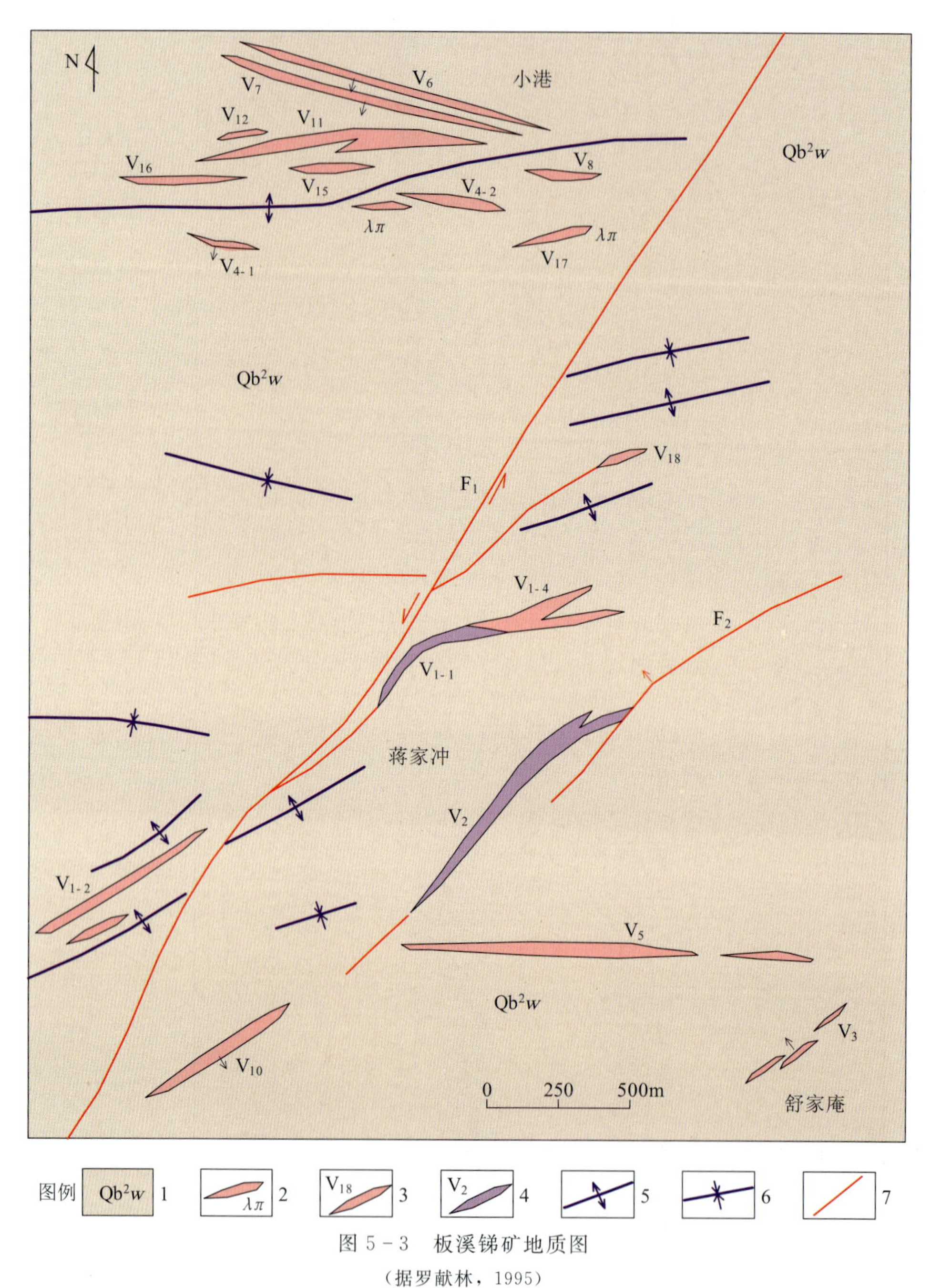

图 5-3　板溪锑矿地质图

（据罗献林，1995）

1. 板溪群五强溪组；2. 石英斑岩脉；3. 蚀变（矿化）带；4. 矿脉；5. 背斜；6. 向斜；7. 褶皱

要找矿标志，毒砂化存在处往往发育矿体或矿化体。毒砂化、黄铁矿化、硅化、碳酸盐化等蚀变同时出现，且强、中、弱蚀变带发育齐全往往指示富矿体的存在。在相同围岩条件下，蚀变宽度与矿脉厚度、矿化强度多呈正相关关系。绿泥石化出现处，一般矿化减弱或矿脉尖灭。

已知矿脉及蚀变带共 21 条，按产状可分为北东向和东西向脉组（图 5-3）。北东向脉组共有矿脉及蚀变带 6 条，其中 V_2 和 V_{1-1} 为主脉，V_3 见有矿化及矿包；东西向脉组共有矿脉及蚀变带 15 条，已知有矿化的 5 条。按矿石和矿物组合特征分为富锑石英脉型（V_2）、含锑破碎带型（V_{1-1}）、富锑金石英脉型（北部小港矿段）3 种矿化类型。辉锑矿可分为两期，早期辉锑矿呈致密状，结晶较差，被晚期结晶稍好的辉锑矿细脉充填切割（罗献林，1995）。

彭建堂等（2001）对矿区含矿石英斑岩进行了全岩 K－Ar 分析，获得 202～194Ma 的成岩年龄，Fu 等（2019）获得石英斑岩脉锆石 U－Pb 年龄为（218.8±3.1）Ma 和（223.8±3.0）Ma，表明它为印支晚期岩体。Li 等（2019）获得成矿期石英流体包裹体 Rb－Sr等时线年龄为（196±4）Ma，反映出印支期成矿作用。Li 等（2018）对矿石中石英流体包裹体和辉锑矿分别进行了 Rb－Sr 等时线和 Sm－Nd 等时线分析，得到（129.4±2.4）Ma 和（130.4±1.9）Ma 的年龄，反映出燕山期的成矿作用。值得指出的是，矿区石英斑岩脉（218.8±3.1）Ma 和（223.8±3.0）Ma 的成岩年龄，与东邻桃江花岗岩体（210±3.2）～（219±3）Ma 的年龄在误差范围内一致，暗示二者具有相同的深部岩浆背景。

上述矿床地质特征和成岩、成矿年龄数据大体反映出板溪锑矿经历了印支晚期和燕山期两期成矿事件，其中印支晚期的锑金成矿与同期酸性岩浆活动密切相关，形成早期致密块状锑金矿；而燕山期成矿作用可能与区域岩浆作用驱动下的基底来源热流体与大气降水的混合流体有关（Li et al.，2018），形成晚期辉锑矿细脉。

鉴于板溪锑矿紧邻常德-安仁断裂带及带内桃江岩体，推测常德-安仁断裂对板溪锑矿印支晚期成矿具有一定控制作用。印支运动，NNW 向常德-安仁断裂产生基底剪切活动，诱发深部地壳在晚三叠世后碰撞环境下减压熔融，所形成的花岗质岩浆上侵形成桃江花岗岩体及岩体周边的酸性斑岩脉（体）。板溪矿区在形成酸性斑岩的同时，在岩浆期后热液作用下产生蚀变和矿化，从而形成了印支晚期致密块状锑矿。

8. 木瓜园钨矿

木瓜园钨矿床地处常德-安仁断裂带桃江段北部（图 1－2），位于桃江岩体的北面、岩坝桥岩体南面，距两岩体距离分别约为 6km 和 7km。矿区及周缘出露地层主要为青白口系冷家溪群和板溪群马底驿组（图 5－4），后者角度不整合于前者之上。冷家溪群主要为粉砂质板岩、绢云母板岩等。板溪群马底驿组分布于矿区中部，为矿区的主要赋矿层位，其上部主要为浅灰色、灰绿色粉砂质板岩，风化后呈灰黄色、紫红色；下部见岩屑砂岩或长石石英杂砂岩。二者均为浅变质碎屑岩系。

矿区岩浆岩主要分布于矿区东部木瓜园一带，其次为矿区中部三仙坝一带的含矿花岗斑岩体。与成矿关系密切的三仙坝花岗斑岩体主要分布于三仙坝，沿花桥港断裂 F_2 分布，出露宽度约 50m，长约 200m，不连续出露，大致呈脉状，岩脉走向约 290°。斑岩体最大埋深为 757m，单个岩体（脉）最大垂直厚度为 483m。三仙坝花岗斑岩体主要岩性为花岗斑岩，局部为花岗岩、石英斑岩。

主要构造有 NWW 向褶皱、断裂，次为 NEE 向断裂。NWW 向断裂以花桥港断裂 F_2 和柳溪-花果山断裂 F_3 为代表。其中花桥港断裂分布于矿区中部，控制长约 800m，宽 0.15～0.80m，总体走向约 290°，倾向 NNE，倾角为 65°～88°，一般在 80°以上。断裂主要

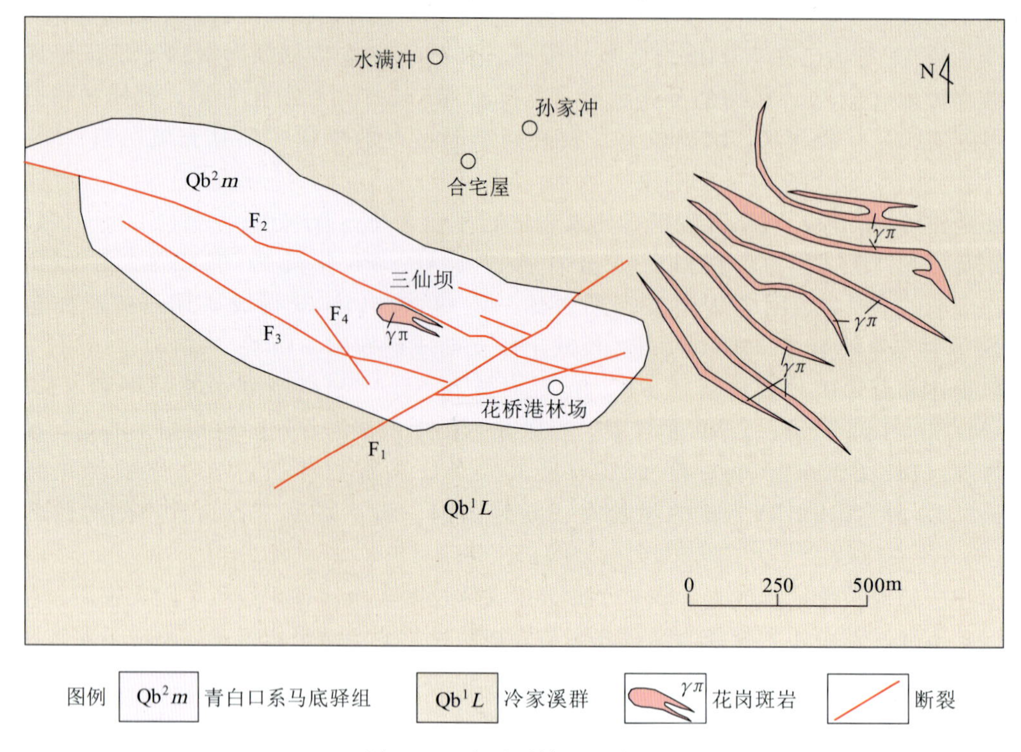

图 5-4　木瓜园钨矿地质图

由碎裂化板岩、石英脉、断层泥及少量构造角砾岩等组成，多期构造活动明显，早期属压性，后期属张性（李洪英等，2019）。花桥港断裂是本矿区主要含矿及导矿断裂。NEE 向断裂主要有杜家冲断裂 F_1，位于矿区南东面，总体走向约 60°，倾向 NW，倾角一般为 60°～70°；控制长约 600m，宽 0.2～3.0m，一般宽为 0.2～0.5m，局部具有收缩膨大、分支复合现象；主要由碎裂化板岩、石英脉、断层泥和少量构造角砾岩组成。矿区最大的褶皱为花桥港向斜，位于矿区中部，核部由马底驿组灰绿色、紫红色粉砂质板岩组成，两翼为冷家溪群上部粉砂质板岩、绢云母板岩等。

钨矿体主要产于花桥港断裂带南侧三仙坝花岗斑岩体中（李洪英等，2019；陕亮等，2019），大致呈似层状、浸染状产出。少量金矿化赋存于围岩板溪群断裂破碎带石英脉中，为破碎带蚀变型（陕亮等，2019）。钨矿化类型主要为蚀变花岗斑岩中呈浸染状、薄膜状、细脉状和网脉状产出的钨矿脉，其次为断裂带中充填的薄饼状白钨矿或白钨矿-石英脉。后者往往品位较高。

矿石矿物组成主要有白钨矿，其次为少量的黄铁矿和辉钼矿，偶见毒砂。脉石矿物主要为长石、石英和绢云母，局部含高岭土，偶见绿泥石和方解石（李洪英等，2019）。白钨矿多呈星点状、细脉状分布于花岗斑岩或石英脉内。黄铁矿在花岗斑岩中较普遍，也是最主要的金属硫化物，为白钨矿富集的辅助标志。辉钼矿多呈鳞片状集合体分布于石英脉边缘。毒砂为锡白色，一般呈浸染状集合体分布于石英脉内，其一般与白钨矿共生，是白钨矿的找矿标志之一。

矿石结构主要为斑状结构和充填结构；矿石构造主要为块状构造、星点状构造和斑点状构造。

围岩蚀变主要有绢云母化、硅化、黄铁矿化和高岭土化，局部可见绿泥石化和碳酸盐化等，其中与钨矿化关系密切的为硅化、黄铁矿化、绢云母化。高岭土化、绢云母化和硅化相互叠置穿插，分带不明显（李洪英等，2019）。

热液成矿期可划分为4个阶段（李洪英等，2019）。①早期的钾硅酸盐阶段。主要形成黑云母等含钾矿物，黑云母化主要位于花岗闪长岩之中，该阶段钾长石均发生了绢云母化；矿物组合为石英＋云母＋绿泥石，见有少量的白钨矿。②白钨矿-石英阶段。主要形成以石英、白钨矿为主的脉体，脉中也可见少量黑云母、黄铁矿等矿物。此类脉体主要产于石英斑岩和花岗闪长斑岩中。③白钨矿-硫化物-石英阶段。该阶段共产出两种脉体，分别为石英＋黄铁矿＋白钨矿脉和石英＋黄铁矿＋辉钼矿＋白钨矿脉。其中，石英＋黄铁矿＋白钨矿脉体在矿区发育较多，脉体中金属矿物呈线状连续或不连续分布于脉体中心或边缘；石英＋黄铁矿＋辉钼矿＋白钨矿脉中黄铁矿和白钨矿呈浸染状分布于脉体中，辉钼矿呈细脉状、薄膜状分布于脉体中，脉旁有微弱的绿泥石化。④碳酸盐阶段。形成方解石和白云石。

三仙坝花岗斑岩的LA－ICP－MS锆石U－Pb年龄为（224.2±2.0）Ma（陕亮等，2019）、（219±3）Ma（李洪英等，2019），矿体中辉钼矿Re－Os等时线为(225.4±1.4)Ma（陕亮等，2019）、（220±21）Ma（李洪英等，2019），表明花岗质岩浆活动与成矿作用密切相关，均发生于225Ma左右的印支晚期（晚三叠世）。

根据上述区域地质和矿床地质特征，结合矿床南面桃江花岗岩体和北面岩坝桥岩体220～210Ma、桃江岩体中角闪辉长岩株（基性岩）(222±2）Ma的锆石U－Pb年龄（表4－2），可确定木瓜园钨矿为受常德-安仁断裂控制、与印支晚期大规模花岗质岩浆活动密切相关的斑岩型钨矿床。其具体成矿机制如下。

（1）中三叠世后期印支运动主幕及晚三叠世早期印支运动晚幕中，NNW向常德-安仁断裂产生基底剪切活动，中深部地壳因剪切生热而温度升高。

（2）晚三叠世为后碰撞环境，挤压应力较弱，中深部地壳因减压熔融而产生花岗质岩浆并上侵，形成中酸性—酸性桃江花岗岩体、岩坝桥岩体及三仙坝等酸性斑岩脉（体）。

（3）与此同时，由于常德-安仁断裂深切地幔，幔源热量通过断裂向上传递而促使深部地壳熔融，部分幔源基性岩浆则通过断裂向上运移而混入花岗质岩浆中形成暗色微粒包体，局部形成基性侵入体（角闪辉长岩株）。

（4）部分高度分异演化、钨含量高的酸性岩浆沿武陵期—加里东期NWW向断裂上侵，在岩浆量少、环境温度低的条件下形成酸性斑岩体，并在岩浆期后热液作用下产生蚀变和矿化，从而形成三仙坝花岗斑岩体和主要产于岩体中的木瓜园钨矿。

总之，常德-安仁断裂通过对花岗质岩浆活动的控制而控制了岩浆热液成因木瓜园钨矿的形成，表现为：断裂的剪切生热以及断裂沟通地幔使幔源热量向上传递，为深部地壳熔融形成花岗质岩浆提供了温度条件，断裂本身则为岩浆运移和就位提供了通道和空间。

9. 半边山金矿

半边山金矿位于印支期桃江花岗岩体东侧（图1－2），矿区出露地层为冷家溪群绢云母板岩、粉砂质板岩（鲍振襄，1994）。广泛发育的NNE—近SN向陡倾斜断裂和劈理，以及NNE向断裂之间的少数NW向和NE向断裂或羽状分支断裂，为本区控岩控矿构造。矿区发育多条含金石英斑岩脉，主要充填于 NNE 向断裂带（主）及 NW 向和 NE 向断裂带（次）内。斑岩本身为含 Au 异常体，其 Au 平均含量高于维氏酸性岩丰度 19～44 倍，高出围岩的 1.4～3.3 倍（鲍振襄，1994）。金矿化主要富集在石英斑岩内的石英脉、蚀变带及其接触破碎带，其中石英脉一般不穿入围岩中，属岩浆期后热液活动形成。上述矿床地质特征表明半边山金矿与石英斑岩在成因上相关且形成时代相同。

在空间上，半边山酸性斑岩和金矿体紧邻桃江岩体，并与前文三仙坝花岗斑岩和木瓜园钨矿及岩坝桥岩体相近（图 1-2）。结合前文所述有关晚三叠世的成岩和成矿年龄，可推断半边山酸性斑岩及金矿的形成时代为 225～220Ma，属晚三叠世。此外，金山金矿位于半边山金矿东侧，地质背景与后者相近，最大可能也是形成于晚三叠世。

总之，与木瓜园钨矿一样，半边山金矿与常德-安仁断裂活动所产生的晚三叠世花岗质岩浆活动密切相关，是岩浆高度演化和岩浆期后热液蚀变的产物。

二、常德-安仁断裂对内生热液型矿床的控制作用

前文基于区域地质和矿床地质特征，结合区域构造演化背景，对川口钨矿田、双江口萤石矿、马迹长石矿、大坪铷矿、司徒铺钨矿、木瓜园钨矿、半边山金矿等矿床的成因机制及常德-安仁断裂对这些矿床的控制作用分别进行了解析。根据这些资料和分析，常德-安仁断裂对内生热液型矿床的控制作用可归结为以下几个方面。

（1）常德-安仁断裂导致深部地壳增温，为花岗质岩浆及岩浆相关热液矿床的形成提供了基本条件。增温作用主要通过两种途径：一是中三叠世印支运动主幕中的断裂活动使中深部地壳因剪切生热和壳体加厚而升温，从而导致晚三叠世后碰撞环境下中深部地壳减压熔融而形成花岗质岩浆，如与三角潭钨矿、杨林坳钨矿相关的川口花岗岩体群，与双江口萤石矿相关的将军庙岩体，与大坪铷矿相关的紫云山岩体，与司徒铺钨矿相关的沩山岩体，与板溪锑矿、木瓜园钨矿和半边山金矿相关的花岗斑岩体（脉）等；二是常德-安仁断裂深切地幔，幔源热量通过断裂向上传递而促使深部地壳熔融，如与木瓜园钨矿相关的三仙坝花岗斑岩体。

（2）常德-安仁断裂为花岗质岩浆提供运移通道和就位空间，从而控制岩浆相关热液矿床的空间分布。如常德-安仁断裂在中三叠世末的左行走滑兼逆冲形成了近 SN 向川口隆起，岩浆沿隆起轴部就位而形成近 SN 向川口花岗岩体群，三角潭钨矿主要含矿裂隙即发育在 SN 向花岗岩体的东西两侧；与双江口荧石矿相关的将军庙岩体、与马迹长石矿相关的南岳岩体、与木瓜园钨矿和半边山金矿相关的花岗斑岩体（脉）等位于常德-安仁断裂带上；与大坪铷矿相关的紫云山岩体位于常德-安仁断裂西侧的次级 NNW 向逆冲断裂和派生 NWW 向龙山-桥亭子串珠状隆起的交会部位；与司徒铺钨矿相关的沩山岩体就位于常德-安仁断裂右行走滑所派生的 NWW 向沩山隆起的轴部。此外，岩体中同侵位断裂或节理裂隙构造为矿体（脉）充填提供了空间，如三角潭钨矿、马迹长石矿、大坪铷矿、司徒铺钨矿、木瓜园钨矿等。

（3）断裂及其派生的断裂和节理裂隙等作为导矿和容矿构造，控制了矿体的空间定位。如常德-安仁断裂在中三叠世晚期发生左行走滑兼逆冲，于川口复背斜西侧形成走向 NNW、

倾向NE的浅表发散断裂和节理裂隙以及沿跳马涧组与板溪群之间角度不整合面的顺层滑脱断裂，从而为杨林坳钨矿提供了导矿和容矿构造。常德-安仁断裂提供的开放环境，为早白垩世早期南岳岩体强烈的岩浆热隆和相关的岩体西侧拆离带（即马迹长石矿成矿构造带）的形成提供了动力条件，且该断裂的NW向局部浅表发散断裂使得芋头冲一带岩体边界、拆离带、拆离带内面状构造（伸展断裂和剪切面理）及其中所充填矿体的走向呈NW向。

第三节　断裂对雪峰金矿带金矿的控制

一、雪峰金矿带概况

江南造山带湖南段是湖南省金矿的主要发育构造带（以下称雪峰金矿带），有湖南省“金腰带”之称（黄建中等，2020）。该带金矿床广泛分布于湘东北隆起区，雪峰弧形构造带的北段（EW向段）、中段和南段（NE向、NNE向段）及湘中大乘山-龙山隆起带。其中较为知名的或规模较大的有黄金洞、大万（大洞、万古）、沃溪、铲子坪、漠滨、龙山等金矿。带内不同规模金矿产地的成矿元素多以金为主；在板溪锑矿、同心锑矿、渣滓溪锑钨金矿、龙王江锑金矿田等少部分矿床中，金以次要或伴生元素产出。

不同区（带）金矿的赋矿地层存在显著差异。湘东北地区金矿主要产于冷家溪群中；雪峰弧形构造带北段（EW向段）金矿产于板溪群和冷家溪群中；中段—南段金矿产于板溪群（西带）和南华系（东带）中；湘中大乘山-龙山隆起带的大新金矿、龙山锑金矿产于南华系中，高家坳金矿产于泥盆系底部的碎屑岩中。

雪峰金矿带内金矿体均产于断裂中，但主容矿断裂类型多样，或为顺层（局部切层）剪切断裂，如黄金洞金矿和大万金矿的NWW向容矿剪切带（黄强太等，2010；顾江年等，2012；文志林等，2016；高顺，2017）、雁林寺地区NE向容矿层间剪切带（柳德荣等，1993；黄诚等，2012）、沃溪金矿中的层间矿脉（鲍正襄等，2002）、合仁坪金矿中控矿层间断裂（邓穆昆等，2016；李玉坤等，2016）、大坪金矿中NE向容矿韧性剪切带（李华芹等，2008）、漠滨金矿区NE向赋矿层间断裂（鲍振襄等，1998）等；或为顺岩层或构造线走向的切层断裂，如黄金洞矿区金塘矿段3号矿脉容矿断裂（高磊等，2017；高顺，2017）、大新金矿NE向容矿断裂（龚贵伦等，2007；陈西等，2008）、龙山锑金矿NE—NNE向容矿断裂（鲍肖等，1995；刘鹏程等，2008）等；或为走向与岩层或构造线大角度相交的切层断裂，如雁林寺地区NW向容矿断裂（骆珊等，2014；徐昊等，2016）、铲子坪金矿NW向主容矿断裂（骆学全，1993）、大新金矿中NW向容矿断裂（龚贵伦等，2007；陈西等，2008）、龙山锑金矿NW向主容矿断裂（鲍肖等，1995；刘鹏程等，2008；王德恭，2017）、渣滓溪锑钨金矿NW向主容矿断裂（鲍振襄等，1991；吴迎春等，2016）等。成矿元素Au一般沿矿脉走向分段富集，矿脉走向与倾角突变转折、分支、膨胀，与多组断裂交切，主断裂与派生断裂交会等部位的Au更为富集（鲍肖等，1995；文志林等，2016；高顺，2017）。

矿床成因类型主要为与变质作用、构造作用和岩浆活动有关的中低温热液型金矿。根据矿石结构和组分特征主要可分为石英脉型和蚀变岩型两大类，另有个别微细粒浸染型和花岗岩体接触带型金矿床发育。石英脉型金矿又可进一步分为顺层石英脉型和切层石英脉型，前者以雁林寺、黄金洞、大万、沃溪、柳林汊、漠滨等金矿床等为代表（鲍正襄等，1998，2002；黄强太等，2010；顾江年等，2012；高顺，2017；陆文等，2020），后者以铲子坪、龙山、大新等金矿床为代表（骆学全，1993；鲍肖等，1995；龚贵伦等，2007）。蚀变岩型金矿可进一步分为蚀变板岩型、蚀变破碎带型、蚀变构造角砾岩型等，可为独立矿体，也可分布于石英脉型矿体的两侧。微细粒浸染型见于湘中高家坳金矿（陈贻旺，2002）。花岗岩体接触带型见于湘东北隆起区南部的团山背金矿和正冲金矿（王淑军等，2008）。

矿石常见构造有块状构造、（网）脉状构造、条带状构造、角砾状构造、浸染状构造等。常见结构有粒状结构、片状结构、交代结构、包含结构、充填结构、碎裂结构、固溶体分离结构等。常见金属矿物有自然金、毒砂、黄铁矿、闪锌矿、方铅矿、黄铜矿、黝铜矿等（部分有锑、钨矿物）。常见非金属矿物有石英、绢云母、方解石、绿泥石、白云母、铁白云石、黏土矿物等（部分有钠长石、斜长石）。金主要以裂隙金、晶隙金的形式充填于石英、毒砂、黄铁矿、辉锑矿、钠长石等矿物中或板岩碎块与石英脉接触处裂隙中。常见矿脉及围岩蚀变有硅化、绢云母化、绿泥石化、碳酸盐岩化、毒砂化、黄铁矿化、黏土化等，部分伴有钨矿化、辉锑矿化、闪锌矿化、黄铜矿化、辉铜矿化、方铅矿化等；金矿化与硅化、毒砂化、黄铁矿化关系密切（鲍肖等，1995；骆学全，1996；鲍正襄等，2002；邓穆昆等，2016；文志林等，2016；高顺，2017）。

成矿作用主要为中低温热液成矿（杨燮，1992；柳德荣等，1993；鲍肖等，1995；龚贵伦等，2007；安江华等，2011；黄诚等，2012；曹亮等，2015；李伟等，2016；邓穆昆等，2016），流体包裹体均一温度主要集中在150～300℃之间。同一矿体的成矿过程常具多阶段特征，一般从早阶段到晚阶段成矿温度逐渐降低，如沃溪金矿（杨燮，1992）、古台山金矿（李伟等，2016）、桐溪金矿（孟宪刚等，2001）、铲子坪金矿（骆学全，1996）、龙山锑金矿（梁华英，1991）等。

关于矿质（Au）来源存在地层（罗献林，1988；梁华英，1991；柳德荣等，1994；刘亮明等，1999；彭建堂，1999；陈贻旺，2002；董国军等，2008；黄诚等，2012）、岩浆（龚贵伦等，2007；李伟等，2016）、地层和深部岩浆（刘英俊等，1993；毛景文等，1997；贺转利等，2004；陈西等，2008）等不同认识。基于硫、铅、碳、氢、氧等同位素研究提出的成矿流体来源认识不一，有围岩或区域变质热液（罗献林，1988；刘英俊等，1993；邓穆昆等，2016）、岩浆热液（陈佑纬等，2016）、变质热液与岩浆热液（彭渤等，2006；刘鹏程等，2008；李伟等，2016）、变质热液与大气降水（杨燮，1992；柳德荣等，1994；韩凤彬等，2010）、岩浆热液与大气降水（夏浩东等，2017；毛景文等，1997）、区域变质和动力变质热液（柳德荣等，1993；黄诚等，2011）、海水热液（顾雪祥等，2000；董树义等，2008）、混合热液（陈贻旺，2002；贺转利等，2004；董国军等，2008；曹亮等，2015）等。总体而言，前人研究表明成矿物质来源于围岩或下部基底构造层，岩浆可能有部分贡献；成矿流体以区域变质热液为主，同时存在天水深循环流体和岩浆流体；多期构造-岩浆-热作用是形成、驱动成矿流体的动力机制；流体混合可能是成矿流体发生成矿元素卸载、沉淀和富集的原因。

关于雪峰金矿带的成矿时代背景一直存在不同认识，最近柏道远等（2020b）对雪峰金矿带的成矿事件及其构造背景进行了较深入研究，提出了相对全面、客观的认识，具体如下。通过测年数据与矿床地质特征、矿床成因和流体来源、区域构造演化背景等综合约束的方法，柏道远等（2020b）对雪峰金矿带各金矿区（床）成矿时代进行了解析和厘定。结果表明存在武陵期、加里东期、印支晚期和燕山期等4期金成矿事件（表5-1）。武陵期金矿见于湘东北地区，赋存于冷家溪群中，与新元古代中期武陵运动造成的变质、变形和构造活化作用有关。加里东期金矿成矿年代为430～410Ma（志留纪后期），产于同期雪峰冲断带的中段—西南段和东段东部、湘中—湘东南构造岩浆带的东北部等3个地区，对应的赋矿地层分别为板溪群、冷家溪群和冷家溪群；前二者的成矿与加里东运动变质变形和构造活化作用有关，后者的成矿与志留纪后期花岗质岩浆活动提供热能和流体有关。印支晚期金矿成矿年代为227～200Ma（晚三叠世），主要分布于同期雪峰东南缘构造岩浆隆起带，与后碰撞花岗质岩浆活动的热能和热液驱动有关。燕山期金矿成矿年代为152～130Ma（晚侏罗世—早白垩世初），主要分布于同期雪峰东南部构造岩浆隆起带的东部，与伸展环境下的花岗质岩浆活动有关。

表5-1　雪峰金矿带成矿地质事件及相关矿床一览表

成矿地质事件	相关矿床
武陵期成矿	雁林寺金矿区内的金矿床；黄金洞-万古金矿区内的金矿床
加里东期成矿	雁林寺金矿区内的金矿床、黄金洞-万古金矿区内的金矿床；沃溪金锑钨矿、沈家垭金矿、柳林汊金矿、合仁坪金矿及众多小型金矿床（点）；羊皮帽锑（金）矿床；字溪金矿；大坪金矿、龙王江锑金矿田内相关矿床；漠滨、米贝、肖家、淘金冲、阳团湾、平茶、茶溪等金矿床
印支晚期成矿	雁林寺金矿区内的金矿床；半边山金矿、金山金矿和木瓜园钨矿等；板溪锑矿、王家冲锑矿、符竹溪金锑矿、西冲金矿等；大溶溪钨矿、同心锑矿、渣滓溪锑钨金矿；古台山金锑矿、铲子坪金矿；大坪金矿、龙王江锑金矿田内的相关矿床；桐溪金矿；漠滨金矿；龙山锑金矿、曹家坝钨矿；金坑冲、包金山、王家湾等金矿
燕山期成矿	黄金洞—万古金矿区内的金矿床；板溪锑矿；锡矿山锡矿、大新金矿、高家坳金矿；龙山锑金矿、曹家坝钨矿

注：表中不同成矿区（带）的矿床之间用分号隔开。鉴于带内成矿元素Sb、W常与Au共生，锑矿和钨矿与金矿的成矿时代背景总体相同或密切相关，因此表中除金矿和金多金属矿外，尚列了锑矿和钨矿。

二、常德-安仁断裂对金矿的控制

基于前述雪峰金矿带成矿地质特征，结合区域地质构造背景，本书分析认为常德-安仁断裂在武陵期（冷家溪群沉积期）矿源地层、金矿赋矿层位、金矿含矿构造类型等3个方面对雪峰金矿带金矿具有控制作用。

1. 对武陵期矿源地层的控制

武陵期冷家溪群是雪峰金矿带内的主要赋矿层位之一，但该层位中的金矿主要产于常德-安仁断裂以东的湘东北隆起区内，如雁林寺地区金矿、黄金洞-万古矿集区金矿、半边山

—金山地区金矿等，而断裂以西则基本无金矿床发育（图 1-2）。尽管这一成矿差异可能与断裂以东冷家溪群出露面积更广有一定关系，但断裂以西冷家溪群分布面积也有相当规模，因此，本书推测成矿差异尚与常德-安仁断裂对武陵期矿源地层的控制有关，具体分析如下。

如本书第三章所述，冷家溪群属武陵期弧后盆地沉积，而常德-安仁断裂是武陵期横切弧后盆地的转换断层。受常德-安仁断裂的块体分划性控制，断裂以东弧后盆地的拉张作用更强烈，不仅发育浏阳文家市具弧后小洋盆特征的蛇绿岩套残片（贾宝华等，2004）、浏阳南桥具 N-MORB 特性的玄武岩（周金城等，2003）、益阳具弧后环境特征的科马提质玄武岩（王孝磊等，2003）等基性—超基性岩，冷家溪群砂、泥质复理石沉积中还夹有大量酸性凝灰岩、沉凝灰岩、凝灰质砂岩、凝灰质板岩等，尤其是紧邻弧后扩张带的雁林寺金矿区和黄金洞-万古金矿区火山物质含量更高。相对而言，常德-安仁断裂以西弧后盆地的构造活动性较弱，沉积物中的火山物质很少。前人研究表明湘东北金矿的成矿物质主要来源于赋矿地层冷家溪群（罗献林，1988；柳德荣等，1994；董国军等，2008；黄诚等，2012），因此，可以推断常德-安仁断裂以东更多的火山物质导致冷家溪群中 Au 含量更高，从而为金矿的成矿提供了更好的物质条件。

2. 对金矿赋矿层位的控制

雪峰金矿带内金矿赋矿地层在常德-安仁断裂两侧具显著差异，断裂以东的湘东北地区金矿均产于冷家溪群中，而断裂以西金矿则主要产于板溪群和南华系长安组中。这一成矿差异除与前述断裂以东冷家溪群 Au 含量更高有关外，更重要的是与常德-安仁断裂控制下的雪峰期—南华纪构造岩相古地理格局及中生代构造抬升幅度差异有关。

（1）在板溪群沉积期早期（马底驿期），常德-安仁断裂以东大部分地区为暴露剥蚀区，近断裂的少部分地区也以滨岸带为主；断裂西面的现有金矿分布带则为陆棚和陆坡相区（图 3-2）。在板溪群沉积期晚期（五强溪期），常德-安仁断裂以东为滨岸带和陆棚区，断裂西面的现有金矿分布带则为陆坡相区（图 3-3）。在上述古地理格局下，常德-安仁断裂西侧相对东侧而言，板溪群沉积层序更全、厚度更大，且盆地伸展活动性更强，导致沉积物中火山物质（凝灰质）和 Au 含量更高，因此，断裂西侧具有更好的板溪群金成矿物质基础。

（2）在南华纪早期长安期，常德-安仁断裂以东全为暴露剥蚀区，而断裂以西、桃江—怀化一线以南地区则以滨水浅海为主（图 3-4）。在此古地理格局下，断裂东侧无长安组发育，金矿不可能发育长安组中；断裂以西则发育厚度很大的长安组含砾碎屑沉积，从而具备以长安组为赋矿围岩的金矿成矿物质条件。

（3）如本书第三章所述，常德-安仁断裂在中三叠世后期的印支运动中具自西向东的逆冲，由此导致断裂东盘即湘东北地区的整体大幅抬升，经后期剥蚀后主要出露冷家溪群，板溪群和南华系极少留存，此亦导致断裂以东的板溪群和南华系不具备金矿成矿条件。

3. 对含矿构造类型的控制

常德-安仁断裂以东，金矿体主要赋存于（近）顺层脆韧性剪切带和层间断裂中，南部的雁林寺矿集区和北部的黄金洞-万古矿集区都是如此（柳德荣等，1993；黄强太等，2010；顾江年等，2012；黄诚等，2012；高顺，2017）；少量赋存于切层脆性断裂中，如雁林寺矿集区内正冲金矿的矿体主要产于NW向断裂破碎带中（骆珊等，2014；徐昊等，2016）。在常德-安仁断裂以西，金矿体有的产于板溪群顺层（局部切层）韧脆性剪切断裂中，如沃溪金矿（鲍正襄等，2002）、合仁坪金矿（邓穆昆等，2016；李玉坤等，2016）、漠滨金矿（鲍振襄等，1998）等；有的产于南华系（个别为板溪群）切层脆性断裂带中，如铲子坪金矿（骆学全，1993）、大新金矿（龚贵伦等，2007；陈西等，2008）、龙山金矿（鲍肖等，1995；刘鹏程等，2008）、渣滓溪锑钨金矿（鲍振襄等，1991；吴迎春等，2016）等。

断裂两侧含矿构造的差异主要与构造层次及断裂形成的构造背景不同有关。断裂东侧含矿地层为冷家溪群，构造层次低，因此断裂更具韧性特征（脆韧性剪切带）。含矿顺层剪切断裂的发育与形成于沉积后首次构造运动（武陵运动）有关，因为沉积地层的首次变形更容易产生顺层滑脱和层间剪切作用。断裂西侧含矿地层为板溪群和南华系，构造层次相对较高，因此含矿断裂更具脆性，主要为韧脆性（板溪群）和脆性（南华系）断裂；含矿的顺层韧脆性剪切断裂和切层脆性断裂带分别形成于加里东运动和印支运动（柏道远等，2020b），与沉积地层在首次构造变形中更容易产生顺层滑脱和层间剪切有关。

第四节　常德-安仁断裂带地质找矿建议

从前文所述常德-安仁断裂带构造特征、活动历史、控矿特征及其他地质条件出发，本书就今后常德-安仁断裂带主要找矿方向和思路提出以下建议。

1. 宁乡—湘潭—湘乡一带的大塘坡组锰矿

如前文所述，受常德-安仁断裂伸展活动控制，宁乡—湘潭—湘乡一带于大塘坡间冰期形成了NW向深水成锰盆地即湘潭盆地，因此该地区是寻找大塘坡式锰矿的远景区，已探明锰矿有鹤岭锰矿和九潭冲锰矿。该地区主要出露上古生界，前泥盆系主要出露于边缘地带（图1-2）。受加里东运动造成的构造变形及抬升剥蚀影响，泥盆系下伏地层层位不一，下自板溪群，上至奥陶系。从地表地层出露情况看，南华系大塘坡组主要留存于鹤岭—韶山一带（图1-2），因此该带上古生界之下是寻找大塘坡组深部隐伏锰矿的主要部位。由于该区经历了加里东运动、印支运动、早燕山运动等多期挤压变形事件及白垩纪—古近纪伸展事件，不同方向和性质的断裂、褶皱等构造变形强烈，因此寻找大塘坡组锰矿的关键是要查明地质构造特征，以正确评估和预测矿体的空间展布特征。

2. 川口隆起区花岗岩体和围岩中的钨矿

近SN向川口隆起区内大量小岩体零散出露，反映川口花岗岩基剥蚀深度浅。在花岗岩体内接触带发育三角潭中型钨矿和塘江源等其他多个小型钨矿；在隆起西侧跳马涧组与冷家溪群不整合面附近发育杨林坳大型钨矿。上述地质条件和成矿特征表明，川口隆起区具有良好的钨矿找矿远景。该区今后找矿仍以钨矿为主攻矿种，找矿空间除已知矿床深边部外尚可扩大找矿范围，隆起西侧和东侧泥盆系下伏不整合面上、下100～200m范围及隆起轴部区域岩体内接触带均是值得关注的找矿靶区。

3. 南岳岩体西缘和南西缘混合岩带中的钠长石矿

如前文所述，南岳岩体西缘、南西缘发育宽 2～4km 的具韧性剪切拆离带特征的边缘混合岩带。该带同时为钠长石矿带，钠长石矿脉主要分布于混合岩带外带的条带状混合岩中和部分眼球状混合岩（片麻岩）中。矿带中段马迹一带的钠长石矿规模最大，质量最好。马迹长石矿富大矿体大部分集中在罗家冲和芋头冲地段，其中罗家冲段矿脉呈 NNE 走向，与区域构造面理走向一致；芋头冲段矿脉呈 NW 走向，矿体的厚度和延深比罗家冲矿体更大且更稳定。马迹长石矿 NW 向矿脉的发育很可能与常德-安仁断裂带上局部浅表 NW 向发散断裂提供了更好的岩浆-流体运移和充填空间及更好的热液交代条件有关。

上述区域地质与矿床地质特征表明，南岳岩体西缘和南西缘混合岩带具有良好的钠长石矿找矿远景，找矿重点区域是混合岩带西部、南西部的条带状混合岩带（主）和眼球状混合岩带（次）。此外，岩体南西缘国庆—江柏汇一带 NW 向混合岩带（图 5-1）是寻找高质量大型钠长石矿的有利靶区。

4. 沩山岩体南西缘至紫云山岩体北缘板溪群中的金矿

如前文所述，紫云山岩体北缘板溪群马底驿组中分布金坑冲、包金山、王家湾等多个中小型金矿床，花岗斑岩脉和 EW 向、NW 向、NNE 向断裂及层间破碎带控制了矿床和矿脉（体）的发育与定位；成矿作用与晚三叠世花岗质岩浆活动提供成矿流体和热源有关。区域上，紫云山岩体北缘的板溪群往北连续延伸至沩山岩体南西缘（图 1-2），并有多个小型花岗斑岩体（脉）发育，具有与金坑冲金矿区相近的成矿条件。鉴此，本书认为沩山岩体南西缘至紫云山岩体北缘的板溪群中具有较好的金矿找矿前景，其中马底驿组和花岗斑岩脉是需重点关注的成矿地质体。

5. 板溪一带板溪群中的锑金矿

板溪锑矿区位于城步-新化断裂带上，出露板溪群五强溪组。矿区北部发育一 EW 向复式背斜，地层总体上南部新、北部老。NE 向、近 EW 向的断裂和蚀变矿化脉发育，北部小港一带尚有多条含锑金石英斑岩脉发育，显示出良好的成矿地质条件（图 5-3）。该区目前所发现具工业价值的矿脉仅有 V_2 和 $V_{1\text{-}1}$ 锑矿脉，进一步寻找金锑矿床的潜力较大。

根据矿区地质条件和成矿特征，结合区域上锑金共生和锑上金下的成矿规律，本书提出该区以下找矿方向：一是于现有锑矿脉 V_2 和 $V_{1\text{-}1}$ 脉的深部寻找金矿；二是于矿区南部寻找 NE 向和 EW 向矿化脉向深部延伸的可能锑（金）矿体；三是于矿区北部小港一带寻找近 EW 向金矿体。

6. 木瓜园—金山一带冷家溪群和板溪群中的钨矿与金矿

桃江花岗岩体北东面发育木瓜园大型钨矿、半边山金矿和金山金矿等（图 1-2）。该区主要出露冷家溪群，局部少量板溪群。区内含金石英斑岩发育广，沿 NNE 向断裂带（主）及 NW 向和 NE 向断裂带（次）呈脉状产出，半边山金矿和金山金矿地区的金矿化主要富集在石英斑岩内的石英脉、蚀变带及其接触破碎带。木瓜园钨矿赋存于三仙坝花岗斑岩体中，受NWW向断裂控制，围岩为板溪群马底驿组。木瓜园—金山一带冷家溪群中岩层走向主要为NWW向，与湘东北黄金洞-万古矿集区一致。

上述地层、岩浆岩和构造条件及矿床发育情况表明木瓜园—金山一带具有较好的钨矿和金矿找矿远景。主要找矿方向为斑岩型钨矿、斑岩型金矿。鉴于该区与黄金洞-万古矿集区具有相近的地层和构造条件，尚应重点关注冷家溪群内NW向层间剪切带中可能产出的金矿。

第六章　湘东北前中生代抬升剥蚀过程及其与常德-安仁断裂的关系

第一节　概　述

位于扬子板块东南缘的江南造山带为前寒武纪基底广泛出露的构造隆起带（黄汲清，1945；张文佑，1986）。常德-安仁断裂东盘的湘东北地区即位于江南造山带中西段（图 6-1A），主要出露新元古界冷家溪群以及少量的板溪群，由此显示强烈隆起特征（图 6-1B）。区内以金、铅锌多金属和稀有金属为主的矿产资源丰富，并发育新元古代、加里东期、印支期和燕山期等多阶段花岗岩。前人对相关的成矿作用和成矿背景进行了大量研究（刘亮明等，1997；毛景文等，1997；韩凤彬等，2010；黄诚等，2012；刘翔等，2019；周芳春等，2019），对花岗岩的时代和成因环境等进行了大量探讨（王孝磊等，2004；李鹏春等，2005；许德如等，2006b，2009；关义立等，2013；李鹏等，2017），但与之相关的构造演化过程研究还很薄弱。

湘东北地区的隆起特征是长期构造演化及多次构造运动抬升的结果，其中印支期和燕山期花岗质深成岩体剥露地表表明中新生代以来发生过大幅抬升作用；基于锆石和磷灰石裂变径迹所进行的低温热年代学研究也揭示出白垩纪以来发生过强烈隆升和剥蚀夷平过程（彭和求等，2004；石红才等 2013）。但由于区域上新元古界板溪群—下古生界保存有限或大面积缺失，致使该区前中生代的抬升剥蚀历史研究相对薄弱，具体过程模糊不清。

湘东北隆起区位于常德-安仁断裂北东侧，暗示两者存在密切的动力学联系，这种联系可能体现在两个方面。一是印支运动中倾向 NE 的常德-安仁断裂产生过强烈的逆冲活动（兼具走滑），断裂逆冲和深部滑脱及相关的挤压导致其东盘湘东北地区的整体抬升。二是燕山中晚期古西太平洋板块向东亚大陆之下低角度平板俯冲（Li et al.，2007；许德如等，2017），俯冲板片向西止于常德-安仁深大断裂；断裂东侧因外来板片插入及诱发的热扰动而产生隆升和大规模花岗质岩浆活动。因此，常德-安仁断裂的活动及断裂的块体分划性特征一定程度上控制了湘东北隆起区中生代的构造抬升。

综上所述，湘东北隆起区存在中生代的构造抬升且与常德-安仁断裂的控制有关。那么，湘东北隆起区前中生代是否存在构造抬升？如存在抬升，则抬升过程、幅度及其横向差异如何？是否受常德-安仁断裂的控制？针对上述问题，本章重点通过冷家溪群—上古生界的地层序列、地层发育和缺失情况及其反映的不整合特征，重塑了湘东北前中生代抬升剥蚀过程，简单探讨了常德-安仁断裂对前中生代抬升的控制作用，从而为该区域前中生代构造演化特征及成岩成矿的构造背景研究提供了新的参考资料。

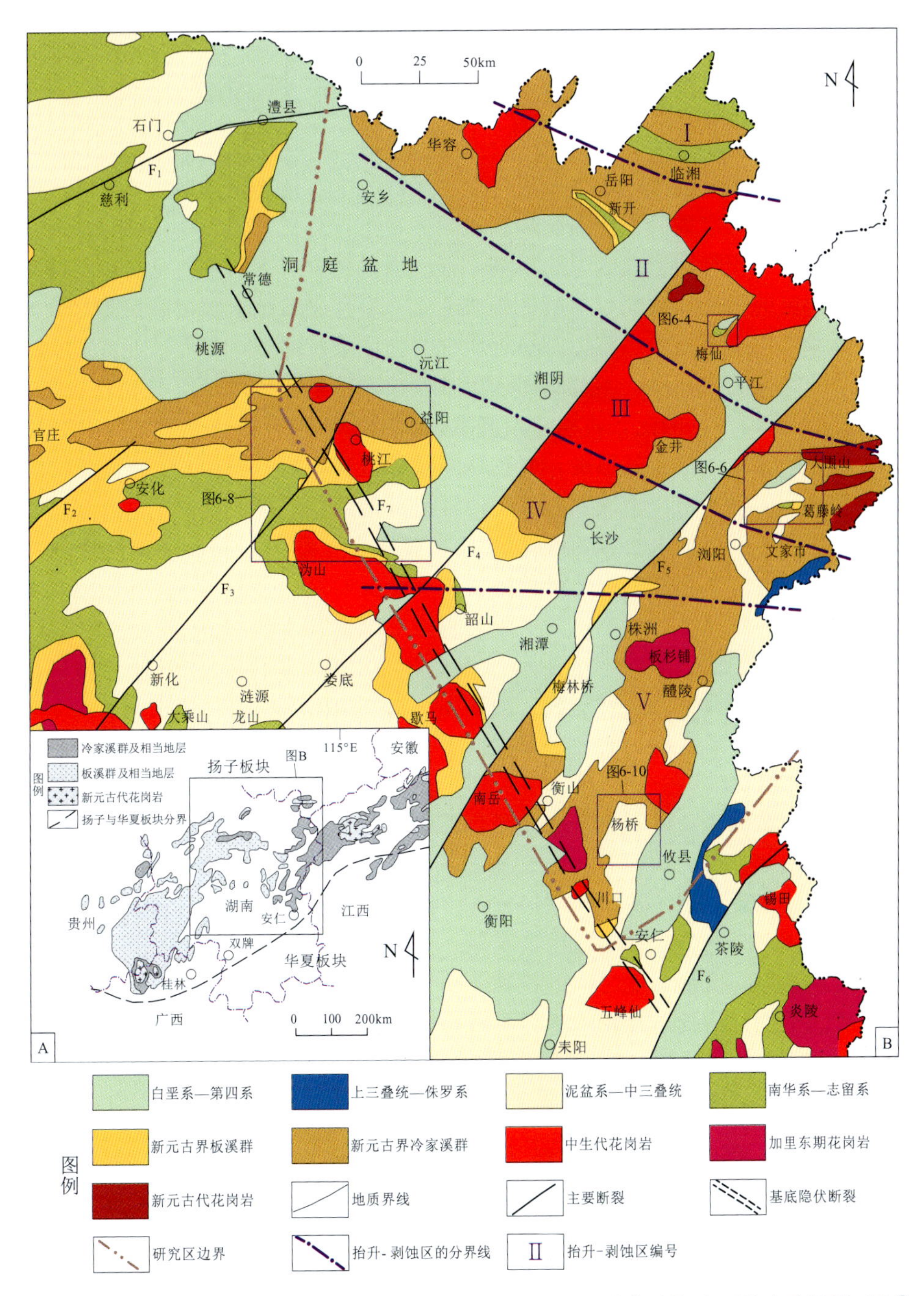

图 6-1　研究区所在构造位置（A）［据周金城等（2009），略修改］及区域地质简图（B）①

F_1. 慈利-保靖断裂；F_2. 溆浦-靖州断裂；F_3. 城步-新化断裂；F_4. 公田-新宁断裂；F_5. 连云山-衡阳断裂；F_6. 茶陵-郴州断裂；F_7. 常德-安仁断裂；Ⅰ. 临湘抬升-剥蚀区；Ⅱ. 岳阳抬升-剥蚀区；Ⅲ. 金井抬升-剥蚀区；Ⅳ. 长沙抬升-剥蚀区；Ⅴ. 醴陵抬升-剥蚀区

① 受地表沉积记录的高度不连续性限制，图中抬升-剥蚀区的分界线位置只是基于零星或小面积残留地层并结合构造线走向、区域岩相古地理总体格局等因素进行的大体推断。

第二节　抬升剥蚀过程分析方法

研究区前中生代抬升剥蚀过程主要通过冷家溪群—上古生界内部地层不整合所代表的构造运动、构造抬升及其造成的地层剥蚀和沉积缺失来进行分析。

鉴于前中生代沉积物均形成于海相环境，且区域地质资料表明各不整合面上覆地层厚度具有大范围内稳定的特征，据此可推断各次构造抬升事件之后至下次沉降沉积之前地表经历了较充分的夷平作用，因此本书将抬升量近似视为剥蚀量。此外，研究区在武陵运动和加里东运动中处于陆缘或陆内环境，不具陆间造山带性质，构造变形以挤压增厚和褶皱为主（湖南省地质调查院，2017），因此，将构造抬升事件所对应不整合面下伏地层层位与区域地层序列对比，确定所剥蚀地层及其厚度，并将该厚度近似视为抬升剥蚀量。需要说明的是，理论上不整合面之下的最新层位可能并非真正的最上部的沉积地层，因此通过区域地层序列确定的残留最大地层厚度可能并非实际的最大地层厚度，导致所计算的剥蚀地层厚度可能偏小。但就研究区而言，各不整合面之下的残留最新地层的时代一般与区域构造运动的时间相近，因此残留最大地层厚度可近似视为实际最大地层厚度。

值得指出的是，理论上单次构造运动的不整合面所对应的地层缺失可分为早、晚两部分。早期地层缺失由抬升后的剥蚀造成，即存在同期沉积；晚期地层缺失则是由于抬升导致盆地封闭而缺失沉积所造成的。对应于多次构造运动的不整合面，相应的抬升剥蚀过程更为复杂。

不整合面进一步分为角度不整合面和平行不整合面。这两种不同不整合地层关系所对应缺失地层厚度的计算方法均如前所述，只是其下伏地层层位及对应抬升剥蚀量的变化特征有别。角度不整合面主要由褶皱造山作用形成，因此下伏地层层位和抬升剥蚀量横向上具显著变化，即自背斜核部至向斜核部层位由老变新，对应的抬升剥蚀量则由大变小。值得指出的是，从构造运动强度与变形强度之间的正相关性考虑，更大的抬升幅度和更显著的抬升剥蚀量差异通常反映更强烈的构造运动。平行不整合面主要由整体抬升造成，下伏地层层位较稳定，对应的抬升剥蚀量差异很小。

第三节　前中生代地层序列、不整合及抬升剥蚀过程

根据前中生代地层发育、缺失情况及其反映的不整合特征和抬升剥蚀过程差异，可将湘东北地区划分为临湘抬升-剥蚀区（Ⅰ）、岳阳抬升-剥蚀区（Ⅱ）、金井抬升-剥蚀区（Ⅲ）、长沙抬升-剥蚀区（Ⅳ）、醴陵抬升-剥蚀区（Ⅴ）等5个抬升-剥蚀过程分区（图6-1B）。造成抬升-剥蚀的构造事件包括冷家溪期末的武陵运动、板溪期末的雪峰运动和早古生代后期的加里东运动，其中加里东运动又分为早幕（即奥陶纪末的北流运动）、晚幕[①]（即志留纪中后期的广西运动）。临湘抬升-剥蚀区与岳阳抬升-剥蚀区的主要差异为：前者缺少板溪

① 本书早、晚幕的划分仅就湖南省境而言。

期沉积，而后者发育板溪期沉积；前者加里东运动仅有小幅整体抬升和剥蚀而无褶皱变形，而后者有大幅差异抬升剥蚀和褶皱变形。岳阳抬升-剥蚀区与金井抬升-剥蚀区的主要差异为：前者武陵运动后暴露时间更长而仅形成板溪群上段沉积，后者武陵运动后暴露时间短而形成了板溪群下段和上段沉积。金井抬升-剥蚀区与长沙抬升-剥蚀区的主要差异为：前者雪峰运动产生了大幅抬升剥蚀，而后者雪峰运动未产生明显抬升剥蚀。长沙抬升-剥蚀区与醴陵抬升-剥蚀区的主要差异在于，前者加里东运动发生时间较晚，产生的抬升剥蚀量更小；而后者加里东运动发生的时间较早，产生的抬升剥蚀量总体上更大。

以下分别介绍各抬升-剥蚀区的前中生代地层序列及分布特征、不整合特征及其反映的抬升剥蚀过程。

一、临湘抬升-剥蚀区

1. 前中生代地层序列及分布特征

临湘抬升-剥蚀区主要出露冷家溪群和南华系—志留系（图 6 - 1B）。根据区内出露地层，结合区域岩相古地理特征及邻区地层发育情况，本书厘定本区前中生代地层序列如表 6 - 1所示，自早至晚就各时期地层说明如下。

（1）冷家溪群在区内广泛出露。

（2）南华系缺失最下部的长安组，中、上部的富禄组—南沱组连续发育，其中富禄组角度不整合于冷家溪群之上，其间缺失板溪群。

（3）震旦系金家洞组和留茶坡组的沉积以硅泥质为主。

（4）寒武系—奥陶系属台地相区沉积。

（5）志留系本区仅保留下部，上部因剥蚀无保留，地层及岩性参考同相区的西邻慈利—石门地区。

（6）缺失泥盆纪—早石炭世沉积。

（7）中石炭世—中三叠世发育连续海相沉积，底部的黄龙组平行不整合于志留系之上，但该套地层仅出露于相邻的湖北赤壁地区，本区（湖南省内）因剥蚀而无保留。

2. 不整合特征及其反映的抬升剥蚀过程

临湘抬升-剥蚀区内前中生代存在武陵运动和加里东运动等 2 次主要构造运动，造成了幅度不一的抬升剥蚀及不同构造层之间的角度不整合或平行不整合接触（表 6 - 1）。

南华系富禄组角度不整合于冷家溪群雷神庙组上部—小木坪组之上，其间缺失板溪群；鉴于东部尚有大药姑组出露，推断沉积期富禄组下伏地层为雷神庙组—大药姑组（图 6 - 2A；为简便起见，本书将类似示意图中不整合面下伏地层层位变化视为褶皱作用的结果，未考虑断裂因素）。南邻岳阳新开地区板溪群仅发育其上部的五强溪组和多益塘组（缺少下部横路冲组—通塔湾组），结合北高南低的区域岩相古地理展布特征（湖南省地质调查院，2017），推测本区板溪期为古地理高地而无同期沉积，富禄组与冷家溪群之间无板溪

表 6-1　临湘抬升-剥蚀区前中生代沉积地层序列

时代	地层单位	代号	岩性	厚度/m	备注
P	吴家坪组	P_3w	下部薄层硅质岩与灰岩互层；上部含燧石条带灰岩	125	据北西侧赤壁地区；临湘地区因中生代剥蚀已无保留
	龙潭组	P_3l	页岩夹煤层，局部夹粉砂岩	30	
	茅口组	P_2m	厚层含燧石团块或条带灰岩夹白云质灰岩	240	
	栖霞组	P_2q	中厚层灰岩、泥质灰岩夹泥灰岩	163	
	梁山组	P_2l	碳质页岩及煤层，夹碳质灰岩和碳质粉砂岩	15	
	船山组	P_1c	厚层状生物碎屑灰岩、含白云岩团块泥晶灰岩	92	
D—C	黄龙组	C_2h	厚层块状含灰岩团块细晶白云岩、粉晶灰质白云岩	18	
					加里东运动
S	小溪峪组	S_2x	灰绿色—灰黄色细砂岩、粉砂岩	247	据西邻慈利—石门地区；本区因剥蚀无保留
	回星哨组	S_2h	紫红色—黄绿色泥质粉砂岩、泥岩、粉砂质泥岩夹砂岩	93	
	吴家院组	S_1w	灰绿色页岩、粉砂质页岩夹薄层砂岩、灰岩、泥灰岩	117	
	溶溪组	S_1r	紫红色、灰绿色泥岩、粉砂质泥岩夹粉砂岩	280	本区出露
	小河坝组	S_1xh	灰绿色薄—中层粉砂岩、细砂岩夹页岩，中部夹灰岩	848	
	新滩组	S_1x	黄绿、灰绿色页岩、粉砂质页岩夹薄层粉砂岩	1113	
	龙马溪组	OSl	碳质页岩、硅质碳质页岩夹粉砂岩	25	
O	宝塔组	O_3b	龟裂纹灰岩	44	
	牯牛潭组	O_2g	灰绿色瘤状泥质灰岩	53	
	大湾组	O_2d	灰绿色—紫红色瘤状泥质灰岩	68	
	红花园组	O_1h	生物屑灰岩夹页岩	67	
	桐梓组	O_1t	灰岩、白云质灰岩	345	
∈	娄山关组	$\in_{3-4}l$	巨厚层—块状白云岩	490	
	高台组	$\in_3g$	白云岩、灰岩夹钙质砂岩	242	
	清虚洞组	$\in_2q$	灰岩、云质灰岩夹泥灰岩	145	
	石牌组	$\in_2s$	粉砂质页岩、页岩	104	
	牛蹄塘组	$\in_{1-2}n$	碳质页岩夹硅质岩、石煤层	85	
Z	留茶坡组	Z_2l	薄—中层硅质岩	148	
	金家洞组	Z_1j	硅质板岩、粉砂质板岩，偶夹白云岩	77	
Nh	南沱组	Nh_3n	块状砾岩、砂泥质砾岩、中细粒石英砂岩	63	
	大塘坡组	Nh_2d	板岩、砂质板岩、沉凝灰岩、含砾板岩、含锰黏土岩	90	
	古城组	Nh_2g	含砾砂质泥岩、泥质粉砂岩，顶部长石石英砂岩	20	
	富禄组	Nh_1f	含砾砂岩、长石石英砂岩、粉砂岩，少量砂砾岩	85	
					雪峰运动
Qb^2（板溪期）					武陵运动
Qb^1（冷家溪期）	大药姑组	Qb^1d	条带状板岩夹浅变质砾岩、岩屑杂砂岩	725	
	小木坪组	Qb^1x	薄—中层状条带状板岩夹砂质板岩、砂岩	1282	
	黄浒洞组	Qb^1h	厚层状浅变质细砂岩夹粉砂岩、板岩	2959	
	雷神庙组	Qb^1l	板岩、粉砂质板岩夹粉砂岩、细砂岩	1535	
	潘家冲组	Qb^1p	砂质粉砂岩、岩屑杂砂岩与板岩、粉砂质板岩呈韵律	约 900	
	易家桥组	Qb^1y	石英杂砂岩夹晶屑凝灰岩、千枚岩	>1455	未见底

注：主要据《1∶25 万岳阳市幅区域地质调查报告》（柏道远等，2009c）和《1∶25 万常德市幅区域地质调查报告》（柏道远等，2009d）资料综合；五强溪组和多益塘组为笔者近期于岳阳新开剖面原南华系中解体厘定；各地层单位厚度有变化时取均值。

群缺失的原因系沉积缺失，而非雪峰运动造成的抬升剥蚀。鉴上，富禄组与雷神庙组—大药姑组的不整合接触，反映了临湘抬升-剥蚀区于冷家溪期末武陵运动后至南华纪早期（区域

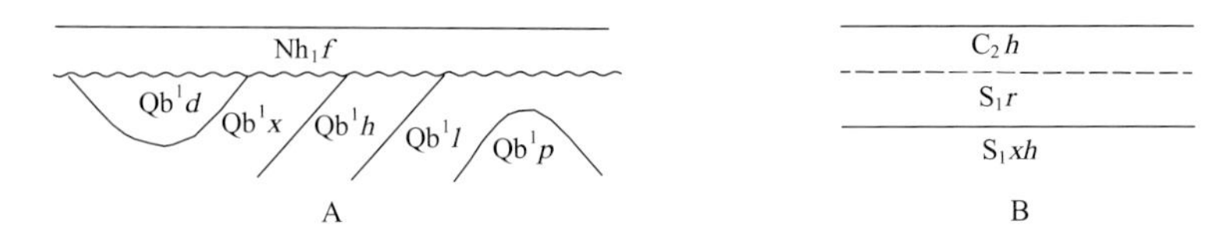

图 6-2　临湘抬升-剥蚀区富禄组和黄龙组沉积期不整合示意图（地层单位见表 6-1）

A. 富禄组沉积期角度不整合；B. 黄龙组沉积期平行不整合

上对应于长安期）处于暴露状态，不等量剥蚀了雷神庙组顶部—大药姑组顶部，对应的抬升剥蚀量为 0～5200m 不等。值得指出的是，本区雪峰运动可能有过升降活动，但无可厘定的独立沉积与抬升剥蚀。

区内因后期剥蚀无上古生界出露，但北东面的湖北赤壁地区有上古生界发育，且上石炭统黄龙组平行不整合于志留系溶溪组之上（图 6-2B），其间因剥蚀而缺失了志留系上部的吴家院组—小溪峪组，反映了临湘抬升-剥蚀区于志留纪后期加里东运动晚幕广西运动（杜远生等，2012；柏道远等，2015a）后至早石炭世处于暴露状态，并发生过 500m 左右的抬升剥蚀。

综上所述，临湘抬升-剥蚀区经冷家溪期末武陵运动抬升后至早南华世长安期处于暴露剥蚀状态，抬升剥蚀量为 0～5200m 不等，剥蚀地层为冷家溪群；经志留纪后期广西运动后至早石炭世处于暴露剥蚀状态，抬升剥蚀量 500m 左右，剥蚀地层为志留系（图 6-3A）。

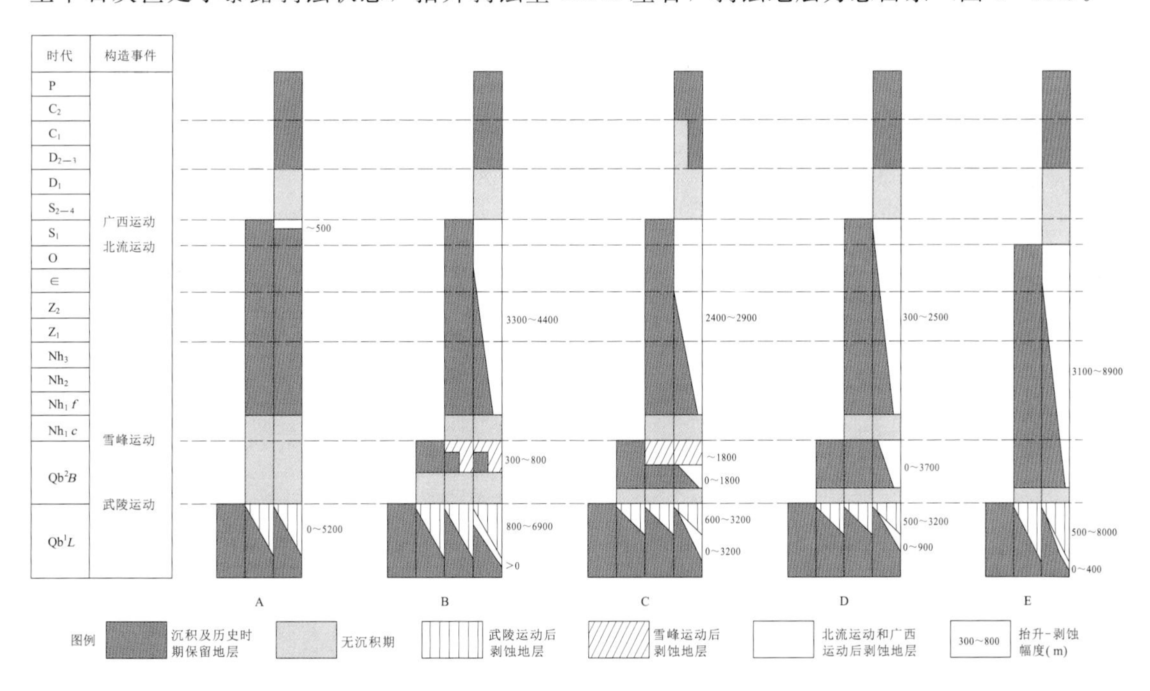

图 6-3　湘东北地区前中生代沉积和抬升-剥蚀过程

A. 临湘抬升-剥蚀区（Ⅰ）；B. 岳阳抬升-剥蚀区（Ⅱ）；C. 金井抬升-剥蚀区（Ⅲ）；D. 长沙抬升-剥蚀区（Ⅳ）；E. 醴陵抬升-剥蚀区（Ⅴ）

顺便说明，从构造变形特征和机制考虑，本区武陵运动及后文其他地区的不等量抬升剥蚀主要与造山运动的褶皱和冲断作用有关（岳阳抬升-剥蚀区雪峰运动不等量抬升主要与断块旋转和差异升降有关），自背斜核部至向斜核部、自逆冲断裂上盘至下盘，抬升剥蚀量减小；抬升剥蚀量的差异越大暗示着构造运动和构造变形的强度越大。

二、岳阳抬升-剥蚀区

1. 前中生代地层序列及分布特征

由于多阶段大幅度抬升剥蚀，岳阳抬升-剥蚀区大部出露冷家溪群、白垩系—第四系（图 6－1B）。此外，岳阳新开地区出露有板溪群上部、南华系—寒武系，平江梅仙地区出露有少量南华系—寒武系（图 6－4）。

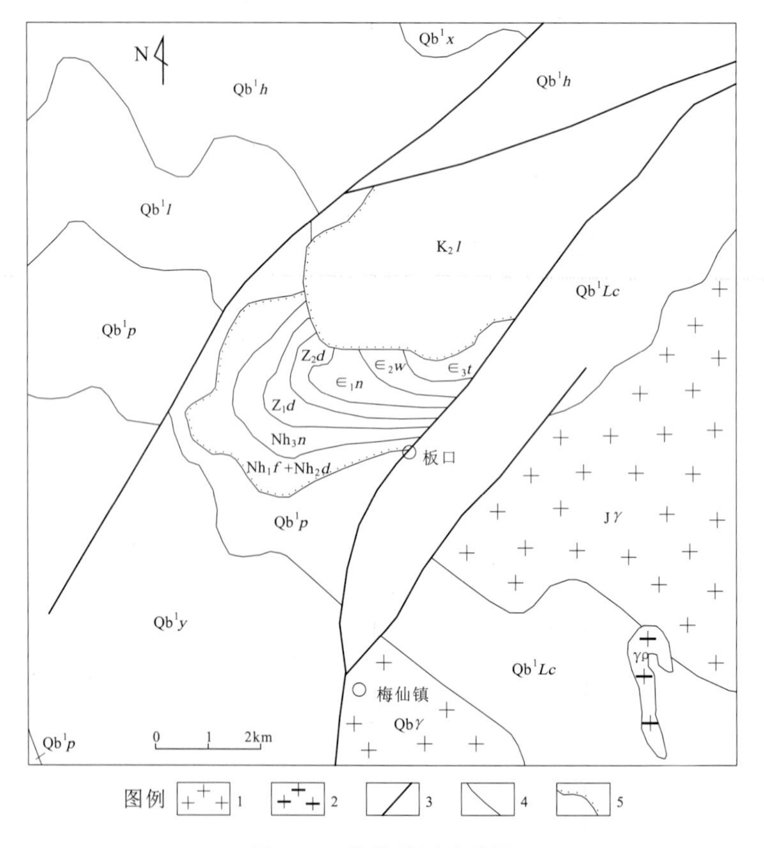

图 6－4　梅仙地区地质图

［据贾宝华等（2003）修改］

1. 花岗岩；2. 花岗伟晶岩；3. 断裂；4. 地质界线；5. 角度不整合地质界线；K_2l. 上白垩统罗镜滩组；$\in_3t$. 寒武系第三统探溪组；$\in_2w$. 寒武系第二统污泥塘组；$\in_{1-2}n$. 寒武系牛蹄塘组；Z_2d. 上震旦统陡山沱组；Z_1d. 下震旦统灯影组；Nh_3n. 上南华统南沱组；Nh_2d. 中南华统大塘坡组；Nh_1f. 下南华统富禄组；Qb^1x. 青白口系小木坪组；Qb^1h. 青白口系黄浒洞组；Qb^1l. 青白口系雷神庙组；Qb^1p. 青白口系潘家冲组；Qb^1y. 青白口系易家桥组；Qb^1Lc. 青白口纪连云山杂岩；$Qb\gamma$. 青白口纪花岗岩；$J\gamma$. 侏罗纪花岗岩

根据区内出露地层，结合区域岩相古地理特征及邻区地层发育情况，本书厘定本区前中生代地层序列如表 6-2 所示。自早至晚就各时期地层说明如下。

表 6-2　岳阳抬升-剥蚀区前中生代沉积地层序列

<table>
<tr><th colspan="2">时代</th><th colspan="2">地层单位</th><th colspan="2">代号</th><th colspan="2">岩性</th><th colspan="2">厚度/m</th><th colspan="2">备注</th></tr>
<tr><td colspan="2" rowspan="5">P</td><td colspan="2">吴家坪组</td><td colspan="2">P_3w</td><td colspan="2">下部厚层灰岩，上部为含碳质页岩、含硅质团块灰岩</td><td colspan="2">188</td><td colspan="2" rowspan="6">据南邻金井（永和）地区；本区因中生代剥蚀已无保留</td></tr>
<tr><td colspan="2">龙潭组</td><td colspan="2">P_3l</td><td colspan="2">页岩、粉砂岩、砂岩夹煤层</td><td colspan="2">60</td></tr>
<tr><td colspan="2">茅口组</td><td colspan="2">P_2m</td><td colspan="2">灰岩、泥质灰岩、含燧石条带灰岩夹少量薄层硅质岩</td><td colspan="2">280</td></tr>
<tr><td colspan="2">栖霞组</td><td colspan="2">P_2q</td><td colspan="2">灰岩、泥质灰岩夹泥灰岩、含碳质页岩及燧石条带</td><td colspan="2">170</td></tr>
<tr><td colspan="2">马平组</td><td colspan="2">P_1m</td><td colspan="2">厚—巨厚层状灰岩夹少量细晶白云岩、灰质白云岩</td><td colspan="2">285</td></tr>
<tr><td colspan="2" rowspan="2">D—C</td><td colspan="2">大埔组</td><td colspan="2">C_2d</td><td colspan="2">块状白云岩、灰质白云岩夹少量灰岩或灰岩透镜体</td><td colspan="2">359</td></tr>
<tr><td colspan="8"></td><td colspan="2">加里东运动</td></tr>
<tr><td colspan="2">S</td><td colspan="2">志留系</td><td colspan="2">S</td><td colspan="2">地层单位及岩性参见表 6-1</td><td colspan="2">2698</td><td colspan="2" rowspan="5">据西邻慈利—石门地区；本区因剥蚀无保留</td></tr>
<tr><td colspan="2" rowspan="4">O</td><td colspan="2">龙马溪组</td><td colspan="2">OSl</td><td colspan="2">碳质页岩、硅质碳质页岩夹粉砂岩</td><td colspan="2">25</td></tr>
<tr><td colspan="2">烟溪组</td><td colspan="2">$O_{2-3}y$</td><td colspan="2">碳质页岩、炭硅质页岩、薄层硅质岩</td><td colspan="2">52</td></tr>
<tr><td colspan="2">桥亭子组</td><td colspan="2">$O_{1-2}q$</td><td colspan="2">灰绿色、黄绿色页岩、粉砂质页岩</td><td colspan="2">416</td></tr>
<tr><td colspan="2">白水溪组</td><td colspan="2">O_1bs</td><td colspan="2">纹层状页岩、钙质页岩</td><td colspan="2">60</td></tr>
<tr><td colspan="2" rowspan="3">∈</td><td colspan="2">探溪组</td><td colspan="2">$\in_{3-4}t$</td><td colspan="2">薄层灰岩、泥灰岩</td><td colspan="2">399</td><td colspan="2" rowspan="3">出露于平江梅仙地区；牛蹄塘组尚见于岳阳新开地区</td></tr>
<tr><td colspan="2">污泥塘组</td><td colspan="2">$\in_{2-3}w$</td><td colspan="2">碳质页岩、纹层灰岩、泥质灰岩互层</td><td colspan="2">166</td></tr>
<tr><td colspan="2">牛蹄塘组</td><td colspan="2">$\in_1n$</td><td colspan="2">碳质页岩夹硅质岩、石煤层和磷块岩</td><td colspan="2">581</td></tr>
<tr><td colspan="2" rowspan="2">Z</td><td>留茶坡组</td><td>灯影组</td><td>Z_2l</td><td>Z_2d</td><td>薄—中层硅质岩</td><td>白云质灰岩</td><td>148</td><td>33</td><td rowspan="2">出露于岳阳新开地区</td><td rowspan="2">出露于平江梅仙地区</td></tr>
<tr><td>金家洞组</td><td>陡山沱组</td><td>Z_1j</td><td>Z_1d</td><td>硅质板岩、粉砂质板岩，偶夹白云岩</td><td>灰岩、白云岩、磷块岩</td><td>77</td><td>45</td></tr>
<tr><td colspan="2" rowspan="2">Nh</td><td colspan="2">南华系</td><td colspan="2">Nh</td><td colspan="2">地层单位及岩性参见表 6-1</td><td colspan="2">258</td><td colspan="2">出露于岳阳新开、平江梅仙地区</td></tr>
<tr><td colspan="8"></td><td colspan="2">雪峰运动</td></tr>
<tr><td colspan="2" rowspan="5">Qb^2
（板溪期）</td><td colspan="2">牛牯坪组</td><td colspan="2">Qb^2n</td><td colspan="2">以含粉砂质板岩、凝灰质板岩为主，夹沉凝灰岩</td><td colspan="2">240</td><td colspan="2" rowspan="2">据西邻常德地区；区内因雪峰运动剥蚀无保留</td></tr>
<tr><td colspan="2">百合垅组</td><td colspan="2">Qb^2b</td><td colspan="2">砂岩、含砾砂岩夹粉砂质板岩、板岩</td><td colspan="2">22</td></tr>
<tr><td colspan="2">多益塘组</td><td colspan="2">Qb^2d</td><td colspan="2">条带状板岩、含粉砂质板岩夹粉砂岩、砂岩</td><td colspan="2">270</td><td colspan="2" rowspan="2">出露于岳阳新开地区</td></tr>
<tr><td colspan="2">五强溪组</td><td colspan="2">Qb^2w</td><td colspan="2">石英砂岩、粉砂岩夹板岩</td><td colspan="2">290</td></tr>
<tr><td colspan="8"></td><td colspan="2">武陵运动</td></tr>
<tr><td colspan="2">Qb^1
（冷家溪期）</td><td colspan="2">冷家溪群</td><td colspan="2">Qb^1L</td><td colspan="2">地层单位及岩性参见表 6-1</td><td colspan="2">>8856</td><td colspan="2">顶部大药姑组因剥蚀在区内无保留</td></tr>
</table>

注：主要据《1∶25 万长沙市幅区域地质调查报告》（贾宝华等，2003）、《1∶25 万岳阳市幅区域地质调查报告》和《1∶25 万常德市幅区域地质调查报告》（柏道远等，2009c，2009d）资料综合；五强溪组和多益塘组为笔者近期于岳阳新开剖面原南华系中解体厘定；各地层单位厚度有变化时取均值。

（1）冷家溪群除顶部大药姑组因剥蚀无保留外，其他各组在区内均有出露。

（2）板溪群仅发育其上部旋回的五强溪组和多益塘组（缺少下部旋回横路冲组—通塔湾组），出露于岳阳新开地区，角度不整合于小木坪组之上。根据北高南低的区域岩相古地理特征，推测自岳阳往南至平江地区均有五强溪组和多益塘组沉积。

（3）南华系缺失最下部的长安组，上部的富禄组—南沱组出露于岳阳新开、平江梅仙两地，其中富禄组分别平行不整合于板溪群之上、角度不整合于冷家溪群之上。

（4）震旦系金家洞组和留茶坡组分布于岳阳新开地区，同期异相的陡山沱组和灯影组出露于平江梅仙地区，反映本区震旦系均有发育且存在岩相分异。

（5）寒武系—奥陶系属盆地相区沉积（牛蹄塘组—烟溪组）（表 6－2），有别于北邻临湘地区的台地相沉积（表 6－1）。区内仅有寒武系见于平江梅仙地区、寒武系底部牛蹄塘组见于岳阳新开地区，奥陶系区内无保留，其地层序列及岩性参考同相区的西邻慈利地区。

（6）志留系本区也无保留，地层及岩性参考北邻临湘地区和西邻慈利地区。

（7）本区因剥蚀而无上古生界出露，沉积层序推测与南邻金井（永和）地区相近（表 6－2、表 6－3）。

表 6－3　金井抬升-剥蚀区前中生代沉积地层序列

时代	地层单位	代号	岩性	厚度/m	备注
P	吴家坪组	P_3w	下部为厚层灰岩，上部为含碳质页岩、含硅质团块灰岩	188	
	龙潭组	P_3l	页岩、粉砂岩、砂岩夹煤层	60	
	茅口组	P_2m	灰岩、泥质灰岩、含燧石条带灰岩夹少量薄层硅质岩	280	
	栖霞组	P_2q	灰岩、泥质灰岩夹泥灰岩、含碳质页岩及燧石条带	170	
	马平组	P_1m	厚—巨厚层状灰岩夹少量细晶白云岩、灰质白云岩	285	
C	大埔组	C_2d	块状白云岩、灰质白云岩夹少量灰岩或灰岩透镜体	359	
	梓门桥组	C_1z	灰岩、含泥质灰岩夹泥灰岩、页岩和粉砂岩	85	
	樟树湾组	C_1zs	砂岩、粉砂岩、粉砂质泥岩夹煤层	200	
D	尚保冲组	D_3s	页岩、粉砂岩、砂岩夹泥灰岩、灰岩	84	
	岳麓山组	D_3yl	细砂岩、(泥质)粉砂岩夹页岩、钙质页岩、赤铁矿	172	
	吴家坊组	D_3w	细粒石英砂岩、粉砂岩夹砂质页岩	350	
	佘田桥组	D_3s	下部为粉砂质页岩、粉砂岩、砂岩，上部为泥灰岩	266	
	棋梓桥组	D_2q	灰岩夹白云质灰岩、白云岩和少量泥质灰岩	391	
	易家湾组	D_2y	钙质泥岩、泥岩、粉砂质泥岩夹泥灰岩	216	
	跳马涧组	D_2t	砾岩、石英砂岩、粉砂岩和粉砂质页岩	210	
S	珠溪江组	S_1zx	以泥岩、粉砂质泥岩、粉砂岩为主，夹细粒石英砂岩	850	加里东运动
	两江河组	S_1l	以细粒(岩屑)石英杂砂岩为主，次为(含粉砂质)泥岩	730	据西邻安化—桃江地区；区内因加里东运动后抬升剥蚀无保留
O	龙马溪组	OSl	薄层碳质板岩、含粉砂质碳质板岩	22	
	天马山组	O_3t	粉砂岩、泥质粉砂岩、粉砂质泥岩	44	
	烟溪组	$O_{2-3}y$	碳质页岩、碳硅质页岩夹薄层硅质岩、凝灰岩	24	
	桥亭子组	$O_{1-2}q$	灰绿色、黄绿色泥页岩、(含)粉砂质页岩	270	
	白水溪组	O_1bs	以薄—中层状泥岩为主，夹少量泥灰岩、泥晶灰岩透镜体	27	

续表 6-3

时代	地层单位	代号	岩性	厚度/m	备注
∈	探溪组	$\in_{3-4}t$	深灰色—灰黑色纹层状含砂屑云质化灰岩	82	据北邻梅仙地区；区内无出露
	污泥塘组	$\in_{2-3}w$	碳质页岩、含碳质白云质灰岩、泥质灰岩	180	
	牛蹄塘组	$\in_{1-2}n$	碳质页岩、粉砂质碳质页岩夹硅质岩、石煤层和磷块岩	250	
Z	灯影组	Z_2d	白云质灰岩、白云岩、锰质白云质灰岩夹磷质硅质岩	33	
	陡山沱组	Z_1d	碳质板岩、白云质磷块岩夹白云岩、含锰白云岩	45	
Nh	南沱组	Nh_3n	杂砾岩、泥砾岩与含砾砂质板岩、含砾板岩	130	
	大塘坡组	Nh_2d	板岩、凝灰质板岩、沉凝灰岩、磷块岩、含锰白云岩	160	
	富禄组	Nh_1f	含砾石英砂岩、砂岩夹粉砂质板岩	110	
					雪峰运动
Qb²（板溪期）	牛牯坪组	Qb^2n	以含粉砂质板岩、凝灰质板岩为主，夹沉凝灰岩	349	据南邻长沙地区；区内因雪峰运动剥蚀无保留
	百合垅组	Qb^2bh	砂岩、含砾砂岩夹粉砂质板岩、板岩	38	
	多益塘组	Qb^2dy	板岩、粉砂质板岩、凝灰质板岩夹粉砂岩、沉凝灰岩	225	
	五强溪组	Qb^2w	灰白色、紫红色（含砾）石英砂岩、粉砂岩夹板岩	978	
	通塔湾组	Qb^2t	灰绿色板岩夹粉砂质板岩、粉砂岩	234	
	马底驿组	Qb^2m	紫红色、灰紫色板岩、粉砂质板岩夹粉砂岩和钙质团块	1459	
	横路冲组	Qb^2hl	砾岩、含砾砂岩夹板岩	387	
					武陵运动
Qb¹（冷家溪期）	杨林组	Qb^1yl	灰黄色杂砾岩，砂砾岩与粉砂质板岩	182	
	小木坪组	Qb^1x	板岩与粉砂质板岩互层，间夹少量粉砂岩或泥质粉砂岩	1200	
	黄浒洞组	Qb^1h	浅变质细砂岩夹粉砂岩、板岩或砂岩与板岩互层	1250	
	雷神庙组	Qb^1l	板岩、粉砂质板岩夹粉砂岩	1070	
	潘家冲组	Qb^1p	粉砂岩、岩屑杂砂岩与板岩、粉砂质板岩构成韵律	1370	
	易家桥组	Qb^1y	千枚状板岩夹粉砂质板岩、凝灰质板岩、沉凝灰岩	＞2722	未见底

注：主要据《1∶25万长沙市幅区域地质调查报告》（贾宝华等，2003）、《1∶25万益阳市幅区域地质调查报告》（彭和求等，2002）及本项目资料综合；各地层单位厚度有变化时取均值。

2. 不整合特征及其反映的抬升剥蚀过程

岳阳抬升-剥蚀区内前中生代存在武陵运动、雪峰运动和加里东运动等几次主要构造运动，各期构造运动造成了幅度不一的抬升剥蚀以及不同构造层之间的角度或平行不整合。

岳阳新开地区武陵运动和雪峰运动不整合界面均表现清楚。板溪群五强溪组角度不整合于小木坪组中上部之上（图 6-5A），其间因剥蚀而缺失了冷家溪群大药姑组和小木坪组中上部，反映武陵运动后至板溪期中期（通塔湾期）处于暴露状态，并造成了 800～1200m 不等的差异抬升剥蚀。富禄组平行不整合于多益塘组之上（图 6-5B），其间因剥蚀而缺失了板溪群牛牯坪组和百合垅组，反映板溪期末雪峰运动后至早南华世长安期处于暴露状态，造成了约 300m 的抬升剥蚀。

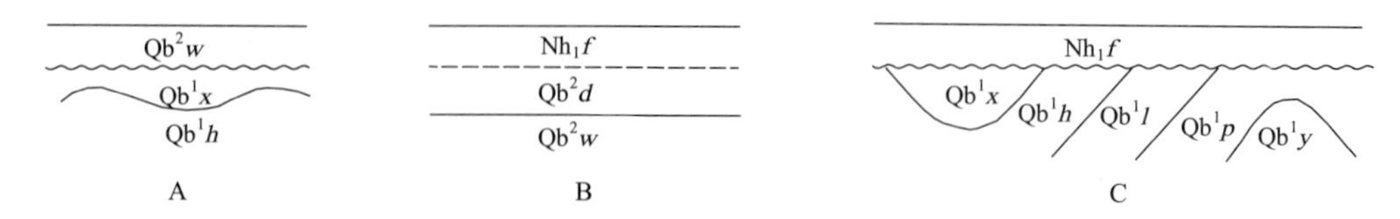

图 6-5　岳阳抬升-剥蚀区沉积期不整合示意图（地层单位见表 6-2）

A. 新工地区五强溪组沉积期角度不整合；B. 新开地区富禄组沉积期平行不整合；C. 梅仙地区富禄组沉积期角度不整合

南部平江梅仙地区有少量南华系—下古生界残留，且富禄组角度不整合于冷家溪群潘家冲组中上部之上（图 6-4）。鉴于周边尚有更高层位的小木坪组发育（图 6-4），大体推断沉积期富禄组下伏地层为潘家冲组—小木坪组（图 6-5C），其间缺失了板溪群（五强溪组—牛牯坪组）、冷家溪群的大药姑组（全部）和潘家冲组—小木坪组（不等量）。从构造演化过程来看，板溪群的缺失应为雪峰运动后抬升剥蚀导致的；冷家溪群的缺失主要为武陵运动后差异抬升剥蚀导致的，雪峰运动可能有少量贡献。据此，结合缺失地层厚度分析，在梅仙地区，武陵运动造成了约 800～6900m 不等的抬升剥蚀，雪峰运动造成了约 800m 的抬升剥蚀。

本区无上古生界保留，加里东运动晚幕（广西运动）不整合特征缺少物质记录，造成的抬升剥蚀量难以准确厘定。鉴于梅仙北面板口向斜中残留有南华系—寒武系探溪组（图 6-4），大体推测加里东运动抬升后剥蚀层位上至探溪组顶，下至富禄组以下，对应差异抬升剥蚀量为 3300～4400m 不等。

综上所述，岳阳抬升-剥蚀区经冷家溪期末武陵运动抬升后至板溪期中期处于暴露剥蚀状态，抬升剥蚀量 800～6900m 不等，剥蚀地层为冷家溪群；经板溪期末雪峰运动抬升后至早南华世长安期处于暴露剥蚀状态，抬升剥蚀量 300～800m 不等，剥蚀地层为板溪群；经志留纪后期广西运动后至早石炭世处于暴露剥蚀状态，抬升剥蚀量 3300～4400m 不等，剥蚀地层为南华系—志留系（3300～4400m）及冷家溪群（＞0m）（图 6-3B）。

顺便指出，岳阳抬升-剥蚀区与北邻临湘抬升-剥蚀区的差别主要在于，前者存在板溪期沉积，加里东运动（广西运动）具陆内造山变形且导致大幅抬升剥蚀（3300～＞4400m）；后者则缺失板溪期沉积，加里东运动未发生褶皱变形且仅造成小幅抬升剥蚀（约 500m）。

三、金井抬升-剥蚀区

1. 前古生代地层序列及分布特征

金井抬升-剥蚀区主要出露白垩系—第四系及冷家溪群（图 6-1B），另有少量板溪群、南华系、震旦系、泥盆系—二叠系及上三叠统和侏罗系出露于东部浏阳永和地区（图 6-6）。

据区内出露地层、区域岩相古地理格局和邻区地层发育情况，本区重建的前中生代地层序列如表 6-3 所示。冷家溪群在区内广泛出露，局部受构造-岩浆活动影响而产生较深变质，形成连云山杂岩和苍溪岩群片岩（图 6-6）。板溪群仅在永和南东面保留有下部的横路

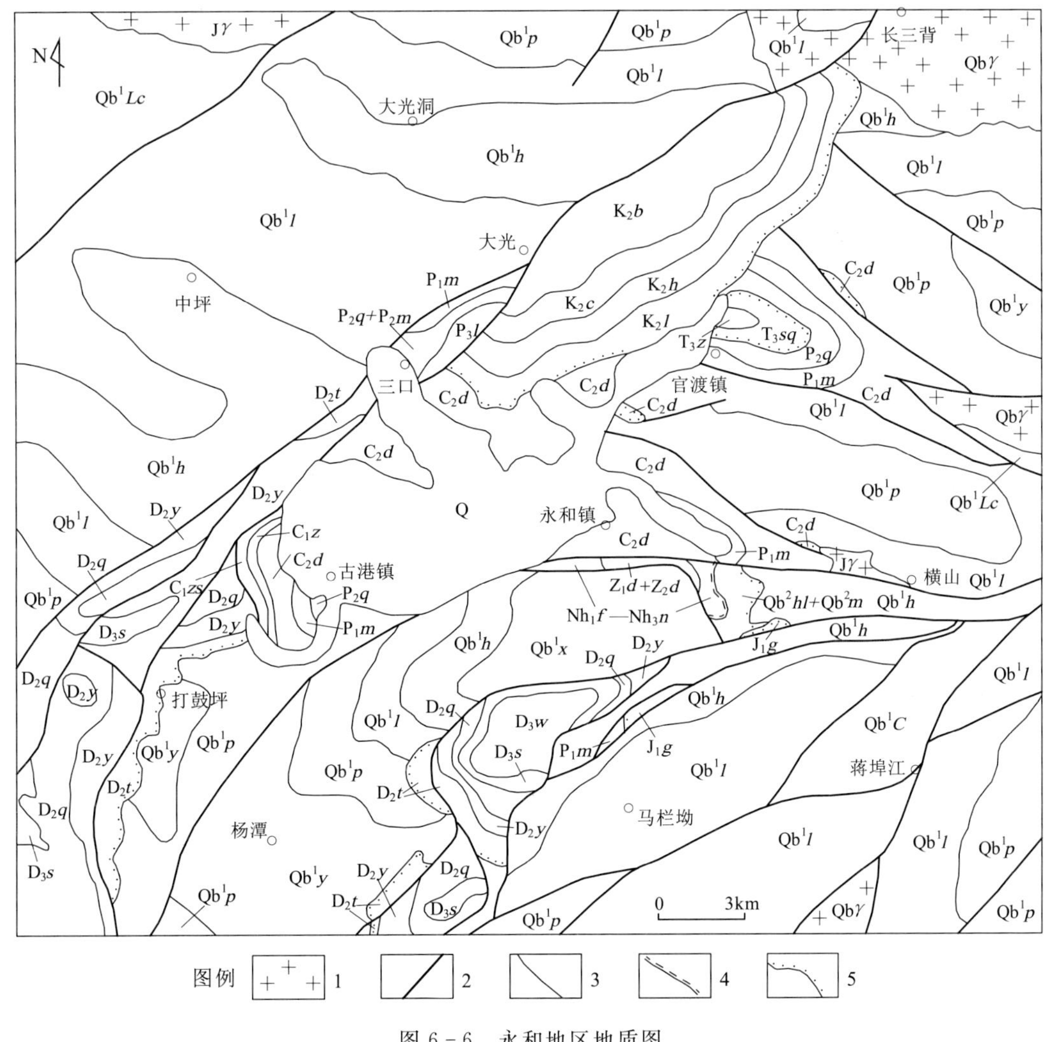

图 6-6　永和地区地质图

［据贾宝华等（2003）修改］

1. 花岗岩；2. 断裂；3. 地质界线；4. 平行不整合界线；5. 角度不整合地质界线；Q. 第四系；K_2b. 上白垩统百花亭组；K_2c. 上白垩统车江组；K_2h. 上白垩统红花套组；K_2l. 上白垩统罗镜滩组；T_3z. 上三叠统造上组；T_3sq. 上三叠统三丘田组；P_3l. 上二叠统龙潭组；P_2m. 中二叠统茅口组；P_2q. 中二叠统栖霞组；P_1m. 下二叠统马平组；C_2d. 上石炭统大埔组；C_1z. 下石炭统梓门桥组；C_1zs. 下石炭统樟树湾组；D_3w. 上泥盆统吴家坊组；D_3s. 上泥盆统佘田桥组；D_2q. 中泥盆统棋梓桥组；D_2y. 中泥盆统易家湾组；D_2t. 中泥盆统跳马涧组；Z_2d. 上震旦统陡山沱组；Z_1d. 下震旦统灯影组；$Nh_1f—Nh_3n$. 下南华统富禄组—上南华统南沱组；Qb^2hl＋Qb^2m. 青白口系横路冲组和马底驿组；Qb^1x. 青白口系小木坪组；Qb^1h. 青白口系黄浒洞组；Qb^1l. 青白口系雷神庙组；Qb^1p. 青白口系潘家冲组；Qb^1y. 青白口系易家桥组；Qb^1Lc. 青白口纪连云山杂岩；Qb^1C. 青白口系仓溪岩群；$Qb\gamma$. 青白口纪花岗岩；$J\gamma$. 侏罗纪花岗岩

冲组和马底驿组，角度不整合于冷家溪群黄浒洞组之上（图 6-6）；但据区域岩相古地理格局，推断存在上部的通塔湾组—牛牯坪组沉积，只是因雪峰运动抬升剥蚀而未得以保存。南华系缺失最下部的长安组，上部的富禄组—南沱组及震旦系陡山沱组和灯影组于永和南东面小面积出露，其中富禄组平行不整合于板溪群马底驿组之上（图 6-6）。寒武系—志留系因加里东运动抬升剥蚀而无保留，但据区域古地理格局应有同期沉积，其中寒武系地层单位及岩性特征参照北邻梅仙地区（图 6－4），奥陶系—志留系参照同一岩相带的西邻安化—桃江地区。上古生界分布于古港—官渡地区，角度不整合于冷家溪群之上（图 6－6），其中古港地区最下部地层为中泥盆统跳马涧组，而官渡地区最下部地层则为上石炭统大埔组，反映北部的暴露剥蚀时间更长。

2. 不整合特征及其反映的抬升剥蚀过程

金井抬升-剥蚀区的前中生代不整合仅见于浏阳永和地区（图 6－6），包括板溪群与冷家溪群之间的角度不整合、南华系与板溪群之间的平行不整合、上古生界与冷家溪群之间的角度不整合。

板溪群横路冲组在永和地区角度不整合于冷家溪群黄浒洞组中部之上（图 6－6），而不整合出露于武陵期向斜部位，因此沉积期不整合面之下应有更早地层。结合上古生界下伏最早地层为冷家溪群易家桥组（见后述），并考虑加里东运动后的抬升剥蚀，大体估计横路冲组下伏的最老地层至雷神庙组下部。此外，在永和西面的金井地区尚有冷家溪群小木坪组下部出露，因此大致推断金井抬升-剥蚀区沉积期不整合面下伏地层为雷神庙组下部—小木坪组（图 6－7A），因剥蚀而缺失了杨林组（全部）和雷神庙组上部—小木坪组（不等量），反映出武陵运动造成了 600～3200m 不等的差异抬升剥蚀。

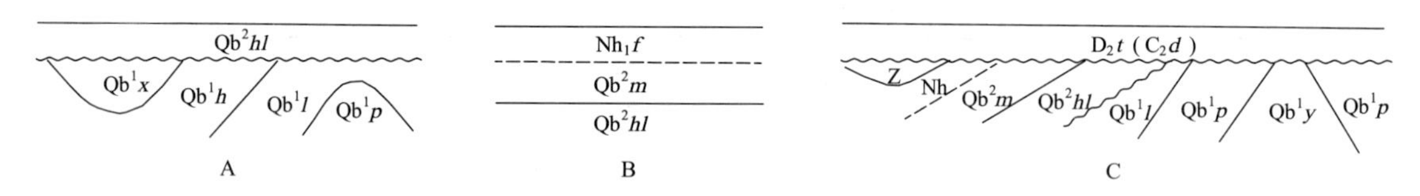

图 6－7 金井抬升-剥蚀区沉积期不整合示意图（地层单位见表 6－3）

A. 横路冲组沉积期角度不整合；B. 富禄组沉积期平行不整合；C. 上古生界沉积期角度不整合

南华系富禄组平行不整合于板溪群马底驿组之上（图 6－7B），其间因剥蚀而缺失了板溪群通塔湾组—牛牯坪组，反映板溪期末雪峰运动后至南华纪早期长安期处于暴露状态，并造成了约 1800m 的抬升剥蚀。

永和地区上古生界（南部为中泥盆统跳马涧组，北部为上石炭统大埔组）角度不整合于冷家溪群易家桥组中上部和潘家冲组之上，而前泥盆系存留最新地层为震旦系灯影组，因此沉积期不整合面下伏地层大体为冷家溪群易家桥组中上部—雷神庙组下部（雷神庙组上部—杨林组已在武陵运动后剥蚀）、板溪群横路冲组和马底驿组（板溪群上部地层已在雪峰运动后剥蚀）、南华系—震旦系（图 6－7C），指示该不整合面对应的剥蚀地层包括寒武系—志留系（全部）、南华系—震旦系（不等量）、板溪群横路冲组—马底驿组（不等量）、冷家溪群易家桥组上部—雷神庙组下部（不等量），反映志留纪后期加里东运动晚幕广西运动（杜远生等，2012；柏道远等，2015a）后至早泥盆世（南部）或早石炭世（北部）处于暴露状态，造成了 2400～7900m 不等的差异抬升。

综上所述，金井抬升-剥蚀区经冷家溪期末武陵运动抬升后至板溪期初期处于暴露剥蚀状态，抬升剥蚀量 600～3200m 不等，剥蚀地层为冷家溪群；经板溪期末雪峰运动抬升后至早南华世长安期处于暴露剥蚀状态，抬升剥蚀量约 1800m，剥蚀地层为板溪群；经志留纪后期广西运动后至早泥盆世（南部）或早石炭世（北部）处于暴露剥蚀状态，抬升剥蚀量2400～7900m不等，剥蚀地层为南华系—志留系（2400～2900m）、板溪群（0～1800m）、冷家溪群（0～3200m）（图6-3C）。

金井抬升-剥蚀区与北邻岳阳抬升-剥蚀区的主要差别在于：前者发育板溪早期和晚期沉积，且雪峰运动造成大幅抬升与剥蚀（约1800m）而导致板溪晚期沉积无保存；后者则仅发育板溪晚期沉积，武陵运动后的暴露剥蚀时间相对较长，且雪峰运动造成的抬升剥蚀幅度较小（300～800m）。

四、长沙抬升-剥蚀区

1. 前古生代地层序列及分布特征

长沙抬升-剥蚀区内冷家溪群、板溪群、南华系—志留系、中泥盆系—下三叠统、上三叠统—侏罗系、白垩系—第四系等多时代地层出露较全，其中前中生代详细地层序列、岩性特征及分布情况等如表6-4所示。顺便指出，除南华系—寒武系外，表6-4中其他时代地

表6-4　长沙抬升-剥蚀区前中生代沉积地层序列

时代	地层单位	代号	岩性	厚度/m	备注
D—P	吴家坪组—跳马涧组	P_3w—D_2t	地层单位及岩性参见表6-3	3316	主要分布于本区西南部
					加里东运动
O—S	珠溪江组—白水溪组	S_1zx—O_1bs	地层单位及岩性参见表6-3	1387	分布于本区西南部
∈	探溪组	$\in_{3-4}t$	含粉砂及炭泥质灰岩、灰岩、云质灰岩	195	
	污泥塘组	$\in_{2-3}w$	碳质页岩、含碳质泥灰岩、泥灰岩夹含云质泥灰岩	197	
	牛蹄塘组	$\in_{1-2}n$	碳质页岩、粉砂质碳质页岩夹硅质岩、石煤层和磷块岩	250	
Z	留茶坡组	Z_2l	灰色薄—中层状硅质岩，间夹薄层状硅质板岩	27	
	金家洞组	Z_1j	碳质板岩、碳质硅质板岩，局部夹似层状白云岩	62	
Nh	南沱组	Nh_3n	杂砾岩、泥砾岩与含砾砂质板岩、含砾板岩	130	
	大塘坡组	Nh_2d	板岩、凝灰质板岩、沉凝灰岩、磷块岩、含锰白云岩	160	
	富禄组	Nh_1f	含砾石英砂岩、砂岩夹粉砂质板岩	105	
					雪峰运动
Qb^2（板溪期）	板溪群	Qb^2B	地层单位及岩性参见表6-3	3670	主要出露于本区西南部
					武陵运动
Qb^1（冷家溪期）	冷家溪群	Qb^1L	地层单位及岩性参见表6-3	>7794	区内广泛出露

注：主要据《1∶25万长沙市幅区域地质调查报告》（贾宝华等，2003）、《1∶25万益阳市幅区域地质调查报告》（彭和求等，2002）及本项目资料综合；各地层单位厚度有变化时取均值。

层序列因同表 6-3 一致而未具体列出。

2. 不整合特征及其反映的抬升剥蚀过程

长沙抬升-剥蚀区内前中生代不整合接触关系包括板溪群与冷家溪群之间的角度不整合、南华系与板溪群之间的平行不整合、泥盆系与冷家溪群—志留系之间的角度不整合等。

板溪群横路冲组在长沙南面以及西部桃江地区均角度不整合于冷家溪群雷神庙组—小木坪组之上（图 6-8），根据具体层位大体推断本区沉积期不整合面下伏地层为雷神庙组下部—小木坪组（图 6-9A），因剥蚀而缺失了杨林组（全部）和雷神庙组上部—小木坪组（不等量），反映武陵运动造成了 500～3200m 不等的差异抬升剥蚀。

本区西部南华系富禄组平行不整合于板溪群顶部的牛牯坪组之上（图 6-8），反映出雪峰运动有过幅度很小的抬升剥蚀（图 6-9B）。

中泥盆统跳马涧组在本区西部角度不整合于板溪群五强溪组顶部—下志留统不同层位之上（图 6-8），在中部长沙地区角度不整合于板溪群马底驿组—南华系富禄组之上，在东部浏阳地区角度不整合于冷家溪群雷神庙组中部之上，因此，大致推断沉积期不整合面下伏地层为冷家溪群雷神庙组—黄浒洞组中下部及板溪群—南华系—志留系（据北邻永和地区资料，本区东部武陵运动后黄浒洞组上部—杨林组可能被侵蚀）（图 6-9C），且总体上自西向东下伏地层层位渐低。据上所述，志留纪后期加里东运动晚幕广西运动（杜远生等，2012；柏道远等，2015a）后至早泥盆世本区处于暴露状态，结合剥蚀地层厚度进行估算，期间发生了约 300～7100m 的不等量抬升剥蚀。

综上所述，长沙抬升-剥蚀区经冷家溪期末武陵运动抬升后至板溪期初处于暴露剥蚀状态，抬升剥蚀量 500～3200m 不等，剥蚀地层为冷家溪群；经板溪期末雪峰运动抬升后至早南华世长安期处于暴露剥蚀状态，但抬升剥蚀量很小；经志留纪后期广西运动后至早泥盆世处于暴露剥蚀状态，抬升剥蚀量 300～7100m 不等（图 6-3D），且总体上自西向东变大，剥蚀地层为南华系—志留系（300～2500m）、板溪群（0～3700m）、冷家溪群（0～900m）。

长沙抬升-剥蚀区与北邻金井抬升-剥蚀区的主要差别在于：前者雪峰运动后抬升剥蚀量很小，且板溪群保存完整；后者雪峰运动造成大幅抬升与剥蚀（约 1800m），且板溪上部因剥蚀而无保存。

五、醴陵抬升-剥蚀区

1. 前古生代地层序列及分布特征

醴陵抬升-剥蚀区主要出露冷家溪群、板溪群（南部相变为高涧群）、上古生界和白垩系（图 6-1B）。此外，韶山地区和川口地区南面有少量南华系—奥陶系出露；局部有少量整合于二叠系之上的下三叠统；攸县东面有较多侏罗系出露，醴陵、株洲、湘潭等地也有零星的上三叠统—侏罗系发育（图 6-1B 中未表示出来）。

结合不同时期岩相古地理格局，根据区内和邻区地层出露和发育特征，本区厘定的前中

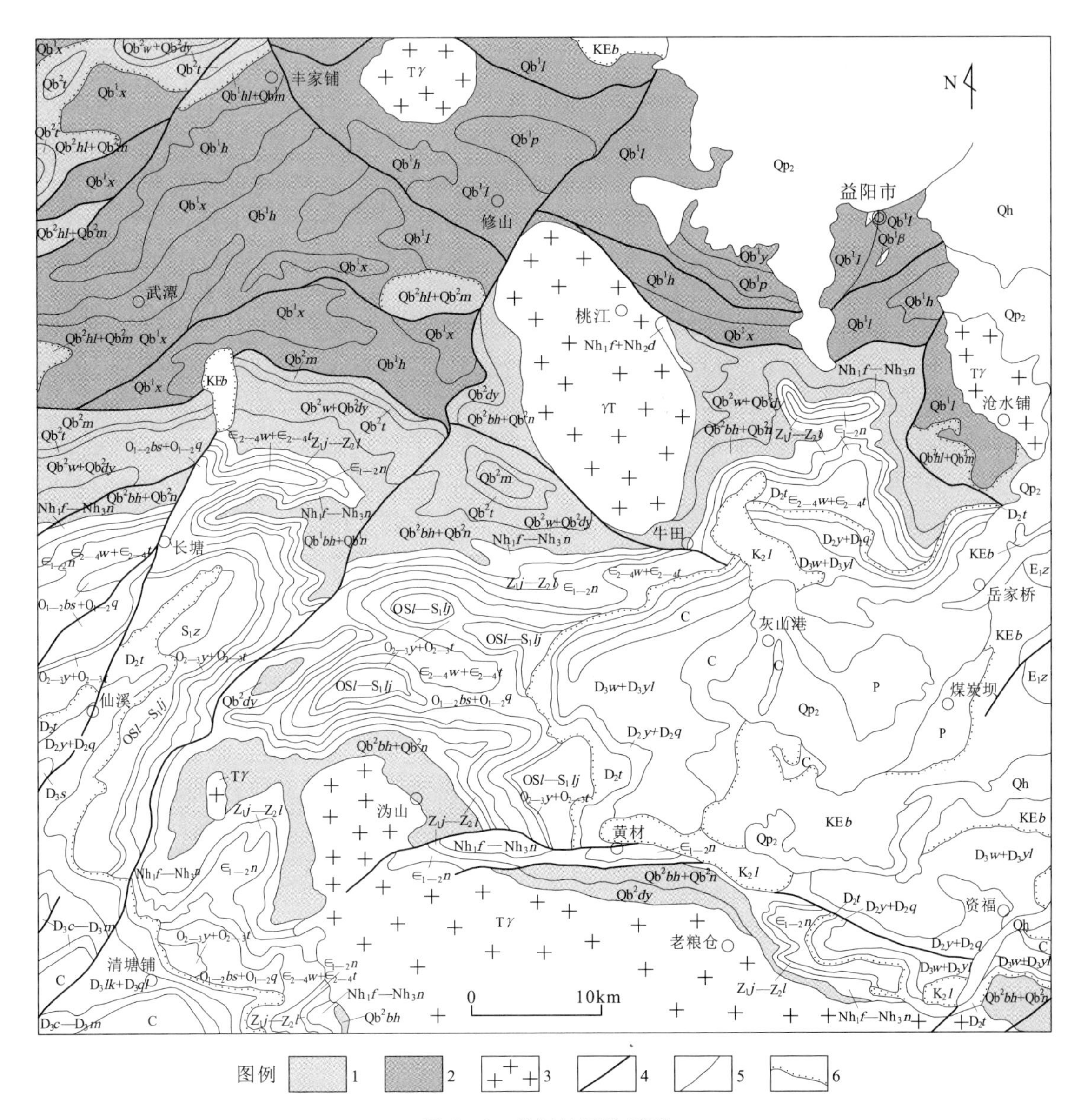

图 6-8 桃江地区地质图

［据《湖南省1∶50万地质图》（湖南省地质调查院，2017）修改］

1. 青白口系板溪群；2. 青白口系冷家溪群；3. 花岗岩；4. 断裂；5. 地质界线；6. 角度不整合地质界线；Qh. 全新统；Qp_2. 中更新统；E_1z. 古近系枣市组；KE*b*. 白垩系-古近系百花亭组；K_2l. 上白垩统罗镜滩组；P. 二叠系；C. 石炭系；D_3w+D_3yl. 上泥盆统吴家坊组和岳麓山组；D_2y+D_2q. 中泥盆统易家湾组和棋梓桥组；D_2t. 中泥盆统跳马涧组；S_1z. 下志留统珠溪江组；S_1lj. 下志留统两江河组；OS*l*. 奥陶系-志留系龙马溪组；$O_{2-3}y+O_{2-3}t$. 奥陶系烟溪组和天马山组；$O_{1-2}bs+O_{1-2}q$. 奥陶系白水溪组和桥亭子组；$\in_{2-4}w+\in_{2-4}t$. 寒武系污泥塘组和探溪组；$\in_{1-2}n$. 寒武系牛蹄塘组；Z_2l. 上震旦统留茶坡组；Z_1j. 下震旦统金家洞组；$Nh_1f—Nh_3n$. 下南华统富禄组—上南华统南沱组；Qb^2bh+Qb^2n. 青白口系百合垅组和牛牯坪组；Qb^2w+Qb^2dy. 青白口系五强溪组和多益塘组；Qb^2t. 青白口系通塔湾组；Qb^2m. 青白口系马底驿组；Qb^2hl+Qb^2m. 青白口系横路冲组和马底驿组；Qb^1x. 青白口系小木坪组；Qb^1h. 青白口系黄浒洞组；Qb^1l. 青白口系雷神庙组；Qb^1p. 青白口系潘家冲组；Qb^1y. 青白口系易家桥组；$Qb^1\beta$. 青白口纪玄武岩；$T\gamma$. 三叠纪花岗岩

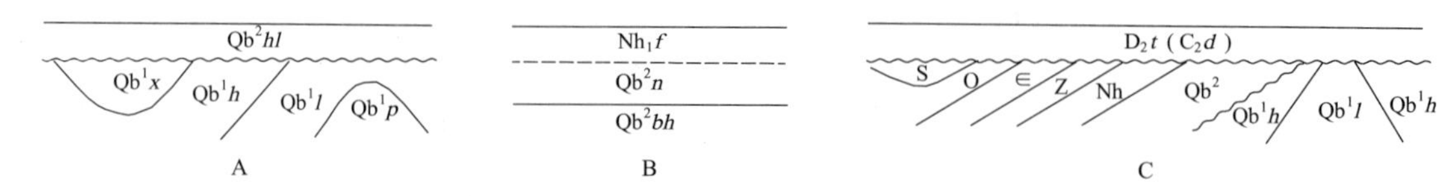

图 6-9 长沙抬升-剥蚀区沉积期不整合示意图（地层单位见表 6-4）

A. 横路冲组沉积期角度不整合；B. 富禄组沉积期平行不整合；C. 跳马涧组沉积期角度不整合

生代地层序列如表 6-5 所示。冷家溪群在区内广泛出露并总体呈 NE 向展布（图 6-1B）。板溪群（俗称"红板溪"）角度不整合于冷家溪群之上，自下而上可分为横路冲组、马底驿组、通塔湾组、五强溪组、多益塘组等，层序齐全。板溪群主要出露于本区中部并呈 NE 向带状展布，韶山西面和湘乡南面也有出露。与板溪群同期的高涧群（俗称"黑板溪"）自下而上可分为石桥铺组、黄狮洞组、砖墙湾组、架枧田组和岩门寨组（表 6-5），于西邻双峰—南岳一带出露较齐全，本区仅于南端川口一带出露少量上部的岩门寨组。南华系—奥陶系由于本区出露很少，其层序、岩性及厚度等主要据同岩相古地理分带的西邻双峰地区；底部的长安组平行不整合于板溪期多益塘组或岩门寨组之上。缺失志留系和下泥盆统沉积，中泥盆统—二叠系为连续沉积并广泛出露于向斜部位，只是经剥蚀后保存程度不一；其中底部跳马涧组角度不整合于冷家溪群（图 6-10）、板溪期、南华系—下古生界的不同层位之上。值得指出的是，本区奥陶纪末发生的加里东运动早幕北流运动，导致块体抬升而遭受剥蚀，因而缺失志留纪沉积（杜远生等，2012；柏道远等，2015a）。

2. 不整合特征及其反映的抬升剥蚀过程

醴陵抬升-剥蚀区内前中生代不整合包括板溪群与冷家溪群之间的角度不整合和泥盆系与前泥盆系之间的角度不整合；南华系与板溪群之间多表现为平行不整合，但其间沉积间断不明显，近似视为连续沉积。

北西部韶山地区因无冷家溪群出露而缺乏武陵运动不整合记录，故参考北邻桃江地区，将武陵运动造成的抬升剥蚀量大体厘定为 500～3200m 不等。韶山地区中泥盆统跳马涧组角度不整合于前泥盆系之上，地表地层出露情况表明沉积期不整合面下伏地层为板溪群五强溪组中部—寒武系牛蹄塘组上部（图 6-11A），其间缺失了寒武系污泥塘组—奥陶系天马山组（全部）及五强溪组上部—寒武系牛蹄塘组（不等量），反映奥陶纪末加里东运动早幕北流运动（杜远生等，2012；柏道远等，2015a）后至中泥盆世长期处于暴露剥蚀状态，并造成了 3100～5700m 的差异抬升剥蚀。

在中部梅林桥一带，板溪群横路冲组角度不整合于冷家溪群小木坪组中—上部之上（图 6-11B），反映武陵运动造成了 500～1200m 不等的差异抬升剥蚀。该带中泥盆统跳马涧组角度不整合于板溪群通塔湾组中部—多益塘组中部之上（图 6-11C），其间缺失了南华系—奥陶系（全部）及通塔湾上部—多益塘组（不等量），反映奥陶纪末北流运动后至中泥盆世长期处于暴露剥蚀状态，并造成了 5200～6000m 的差异抬升剥蚀。

在南部杨桥地区，中泥盆统跳马涧组角度不整合于冷家溪群潘家冲组下部—小木坪组之上（图 6-10），往南至川口南面尚出露有高涧群岩门寨组（图 6-1B），反映跳马涧组沉积期不整合于下伏地层潘家冲组下部—岩门寨组之上（（图 6-11D），其间缺失了南华系—奥

表 6-5　醴陵抬升-剥蚀区前中生代沉积地层序列

<table>
<tr><th>时代</th><th colspan="2">地层单位</th><th colspan="2">代号</th><th colspan="2">岩性</th><th colspan="2">厚度/m</th><th colspan="2">备注</th></tr>
<tr><td>P</td><td colspan="2">二叠系</td><td colspan="2">P</td><td colspan="2">自下而上发育栖霞组灰岩、小江边组页岩和泥灰岩、茅口组灰岩(或孤峰组硅质岩)、龙潭组砂岩和页岩、吴家坪组灰岩(或大隆组硅质岩)</td><td colspan="2">约 1100</td><td colspan="2" rowspan="3">区内广泛出露,但各地保存程度不一</td></tr>
<tr><td>C</td><td colspan="2">石炭系</td><td colspan="2">C</td><td colspan="2">自下而上发育马栏边组灰岩、天鹅坪组泥灰岩、石磴子组灰岩、测水组砂岩和页岩、梓门桥组砂岩、壶天群(跨二叠系)碳酸盐岩</td><td colspan="2">约 1400</td></tr>
<tr><td>D</td><td colspan="2">中—上泥盆统</td><td colspan="2">D_2—D_3</td><td colspan="2">自下而上分别发育跳马涧组碎屑岩、易家湾组泥灰岩、棋梓桥组灰岩、佘田桥组泥灰岩和钙质页岩、七里江组灰岩、长龙界组泥灰岩、锡矿山组灰岩、欧家冲组砂岩和粉砂、孟公坳组钙质粉砂岩和砂质页岩</td><td colspan="2">约 1700</td></tr>
<tr><td>S</td><td colspan="8"></td><td colspan="2">加里东运动</td></tr>
<tr><td rowspan="4">O</td><td colspan="2">天马山组</td><td colspan="2">O_3t</td><td colspan="2">长石石英砂岩、杂砂岩与粉砂岩、粉砂质页岩</td><td colspan="2">1049</td><td colspan="2" rowspan="13">主要据西邻双峰地区;区内因加里东运动抬升剥蚀仅韶山地区和川口南面有少量保留</td></tr>
<tr><td colspan="2">烟溪组</td><td colspan="2">$O_{2-3}y$</td><td colspan="2">碳质页岩、硅质岩及碳质硅质页岩</td><td colspan="2">78</td></tr>
<tr><td colspan="2">桥亭子组</td><td colspan="2">$O_{1-2}q$</td><td colspan="2">页岩、粉砂质页岩夹粉砂岩</td><td colspan="2">901</td></tr>
<tr><td colspan="2">白水溪组</td><td colspan="2">O_1bs</td><td colspan="2">粉砂质页岩、钙质页岩夹泥灰岩和晶灰岩透镜体</td><td colspan="2">542</td></tr>
<tr><td rowspan="3">∈</td><td colspan="2">探溪组</td><td colspan="2">$\in_{3-4}t$</td><td colspan="2">上部为钙质页岩夹灰岩透镜体,下部为灰岩</td><td colspan="2">196</td></tr>
<tr><td colspan="2">污泥塘组</td><td colspan="2">$\in_{2-3}w$</td><td colspan="2">上部为泥灰岩夹钙质页岩,下部为钙质碳质页岩</td><td colspan="2">316</td></tr>
<tr><td colspan="2">牛蹄塘组</td><td colspan="2">$\in_{1-2}n$</td><td colspan="2">碳质页岩,下部为夹硅质页岩、硅质岩</td><td colspan="2">345</td></tr>
<tr><td rowspan="2">Z</td><td colspan="2">留茶坡组</td><td colspan="2">Z_2l</td><td colspan="2">硅质岩夹硅质板岩</td><td colspan="2">63</td></tr>
<tr><td colspan="2">金家洞组</td><td colspan="2">Z_1j</td><td colspan="2">碳质板岩、硅质板岩夹薄层硅质岩及含锰结构</td><td colspan="2">11</td></tr>
<tr><td rowspan="4">Nh</td><td colspan="2">洪江组</td><td colspan="2">Nh_3h</td><td colspan="2">泥砾岩、含砾砂质板岩、含砾板岩、绢云母板岩</td><td colspan="2">70</td></tr>
<tr><td colspan="2">大塘坡组</td><td colspan="2">Nh_2d</td><td colspan="2">板岩、钙质粉砂质板岩夹硅质岩、含锰白云岩</td><td colspan="2">38</td></tr>
<tr><td colspan="2">富禄组</td><td colspan="2">Nh_1f</td><td colspan="2">含砾石英砂岩、砂岩、粉砂岩夹粉砂质板岩或互层</td><td colspan="2">160</td></tr>
<tr><td colspan="2">长安组</td><td colspan="2">Nh_1c</td><td colspan="2">含砾砂质板岩、含砾板岩、板岩</td><td colspan="2">1190</td></tr>
<tr><td rowspan="5">Qb^2
(板溪期)</td><td>多益塘组</td><td>岩门寨组</td><td>Qb^2dy</td><td>Qb^2y</td><td>粉砂质板岩、凝灰质板岩</td><td></td><td>436</td><td>2170</td><td rowspan="5">出露于韶山及株洲—衡阳一带</td><td rowspan="5">出露于南部川口一带</td></tr>
<tr><td>五强溪组</td><td>架枧田组</td><td>Qb^2w</td><td>Qb^2j</td><td>砂岩、粉砂质板岩</td><td></td><td>299</td><td>314</td></tr>
<tr><td>通塔湾组</td><td>砖墙湾组</td><td>Qb^2t</td><td>Qb^2z</td><td>浅灰色凝灰质板岩、板岩</td><td>含钙质砂岩、碳质板岩</td><td>608</td><td>466</td></tr>
<tr><td>马底驿组</td><td>黄狮洞组</td><td>Qb^2m</td><td>Qb^2hs</td><td>灰紫色板岩夹粉砂岩</td><td>钙质板岩板岩夹大理岩</td><td>220</td><td>448</td></tr>
<tr><td>横路冲组</td><td>石桥铺组</td><td>Qb^2hl</td><td>Qb^2s</td><td>砾岩、砂砾岩、砂岩</td><td>含砾砂岩夹(粉砂质)板岩</td><td>218</td><td>580</td></tr>
<tr><td></td><td colspan="8"></td><td colspan="2">武陵运动</td></tr>
<tr><td rowspan="5">Qb^1
(冷家溪期)</td><td colspan="2">小木坪组</td><td colspan="2">Qb^1x</td><td colspan="2">板岩、粉砂质板岩夹粉砂岩</td><td colspan="2">1974</td><td colspan="2" rowspan="5">区内广泛出露</td></tr>
<tr><td colspan="2">黄浒洞组</td><td colspan="2">Qb^1h</td><td colspan="2">(含砾)岩屑杂砂岩夹粉砂岩、板岩或砂岩与板岩互层</td><td colspan="2">2039</td></tr>
<tr><td colspan="2">雷神庙组</td><td colspan="2">Qb^1l</td><td colspan="2">板岩、绢云母板岩夹岩屑石英杂砂岩</td><td colspan="2">3276</td></tr>
<tr><td colspan="2">潘家冲组</td><td colspan="2">Qb^1p</td><td colspan="2">下部和上部为砂岩夹板岩,中部为板岩夹砂岩</td><td colspan="2">1470</td></tr>
<tr><td colspan="2">易家桥组</td><td colspan="2">Qb^1y</td><td colspan="2">绢云母板岩夹含凝灰质板岩、石英杂砂岩</td><td colspan="2">1455</td></tr>
</table>

注：主要据《1：25 万株洲市幅区域地质调查报告》（马铁球等，2013a）、《1：25 万邵阳市幅区域地质调查报告》（王先辉等，2013）资料综合；各地层单位厚度有变化时取均值。

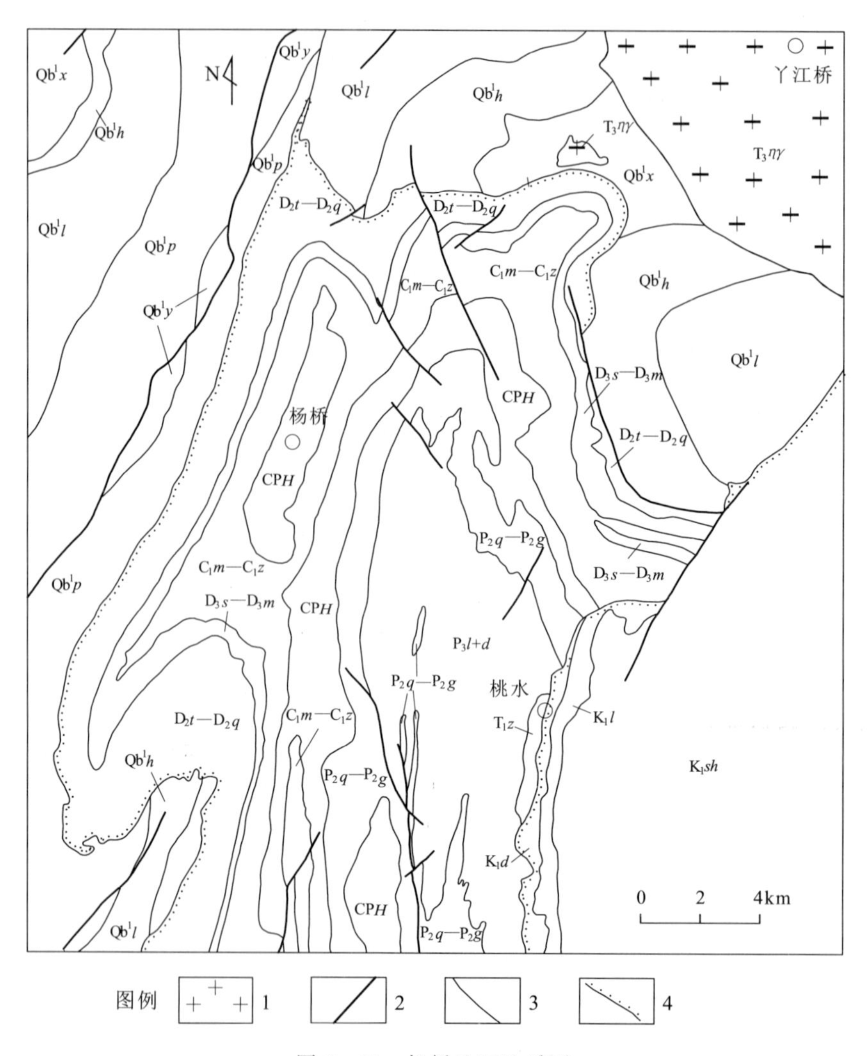

图 6-10　杨桥地区地质图

［据《1∶25 万株洲市幅地质图》（马铁球等，2013a）修改］

1. 花岗岩；2. 断裂；3. 地质界线；4. 角度不整合地质界线；K_1sh. 下白垩统神皇山组；K_1l. 下白垩统栏垅组；K_1d. 下白垩统东井组；T_1z. 下三叠统张家坪组；P_3l+P_3d. 上二叠统龙潭组和大隆组；$P_2q—P_2g$. 中二叠统栖霞组—孤峰组；CPH. 石炭系-二叠系壶天群；$C_1m—C_1z$. 下石炭统马栏边组—梓门桥组；$D_3s—D_3m$. 上泥盆统佘田桥组—孟公坳组；$D_2t—D_2q$. 中泥盆统跳马涧组—棋梓桥组；Qb^1x. 青白口系小木坪组；Qb^1h. 青白口系黄浒洞组；Qb^1l. 青白口系雷神庙组；Qb^1p. 青白口系潘家冲组；Qb^1y. 青白口系易家桥组；$T_3\eta\gamma$. 晚三叠世二长花岗岩

陶系（全部）及冷家溪群潘家冲组中部—高涧群岩门寨组（不等量），反映武陵运动和加里东运动总共造成了 5000～17 300m 的差异抬升剥蚀量。参照上述北西面梅林桥和韶山地区以及前文长沙抬升-剥蚀区东部的抬升-剥蚀量，估计南部杨桥—川口地区武陵运动抬升剥蚀量为 1000～8000m，加里东运动抬升剥蚀量为 4000～9300m。

综上所述，醴陵抬升-剥蚀区经冷家溪期末武陵运动抬升后至板溪期初处于暴露剥蚀状态，抬升剥蚀量 500～8000m 不等，剥蚀地层为冷家溪群；经奥陶纪末期北流运动后至早泥

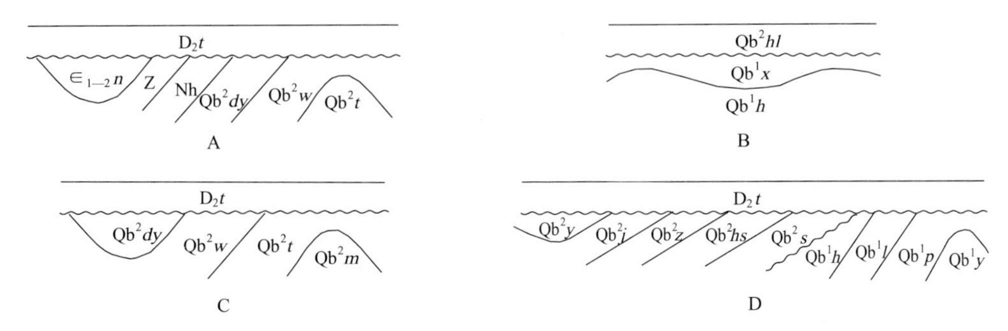

图 6-11　醴陵抬升-剥蚀区沉积期不整合示意图（地层单位见表 6-5）

A. 韶山地区跳马涧组沉积期角度不整合；B. 梅林桥地区横路冲组沉积期角度不整合；C. 梅林桥地区跳马涧组沉积期角度不整合；D. 杨桥—川口地区跳马涧组沉积期角度不整合

盆世处于暴露剥蚀状态，抬升剥蚀量 3100～9300m 不等，且总体上自 NW 向 SE 变大，剥蚀地层为板溪群—南华系—奥陶系（3100～8900m）、冷家溪群（0～400m）（图 6-3E）。

醴陵抬升-剥蚀区与北邻长沙抬升-剥蚀区的主要差别在于：前者雪峰运动抬升后暴露时间很短，发育南华纪早期长安期沉积，且加里东运动发生时间较早，为奥陶纪末（北流运动）。后者雪峰运动抬升后暴露时间稍长，长安期无沉积，且加里东运动发生时间较晚，为志留纪后期（广西运动）。

第四节　讨　论

一、前中生代抬升剥蚀过程对构造运动的约束

地层序列及厚度是本书研究湘东北前中生代抬升剥蚀过程的基础。受强烈隆起特征和地层保存条件限制，各抬升-剥蚀区部分时代地层的序列和厚度参照同岩相古地理单元的邻区资料，与实际地层特征可能存在一定偏差。同样受保存条件限制，部分沉积期不整合面下伏地层层位的确定带有一定主观性。因此，本书部分抬升剥蚀量数据具有一定程度的不确定性。尽管如此，地层序列、地层发育和缺失情况及其反映的不整合特征研究是目前重塑湘东北前中生代抬升剥蚀过程的重要途径，且在目前对湘东北隆起区前中生代抬升-剥蚀过程无任何认识的研究现状下，本书计算数据对定性认识历史抬升-剥蚀特征无疑具有重要的参考意义。系统的分析数据不仅全面反映了湘东北隆起区前中生代抬升剥蚀过程的基本框架和总体面貌，并为区域构造背景和武陵、雪峰和加里东等构造运动特征提供了一定程度的约束。

（1）湘东北地区在武陵期属扬子板块东南缘的弧后盆地，而武陵运动则与盆地收缩和弧-陆碰撞有关（柏道远等，2018）。前文研究表明，自北往南，武陵运动在临湘抬升-剥蚀区（Ⅰ）、岳阳抬升-剥蚀区（Ⅱ）、金井抬升-剥蚀区（Ⅲ）、长沙抬升-剥蚀区（Ⅳ）和醴陵抬升-剥蚀区（Ⅴ）的抬升剥蚀量分别为 0～5200m、800～6900m、600～3200m、500～

3200m、500～8000m，巨大的抬升幅度及各区内部显著的抬升剥蚀量差异，表明武陵运动在整个湘东北地区均发生了强烈的褶皱、断裂等构造变形。因此，本书认为前人所提出的湘潭—株洲以南地区板溪群与冷家溪群之间为平行不整合—整合接触、武陵运动强度弱（湖南省地质矿产局，1988）的认识有误，该认识可能与特殊构造部位（如武陵期向斜核部）接触关系表象造成的误解有关。

（2）雪峰运动是湖南省一次区域性的构造运动，造成了南华系与板溪群之间的低角度不整合—平行不整合接触（局部地区为整合接触）（湖南省地质矿产局，1988），一般将它视为裂谷环境下的伸展运动和差异升降运动（张世红等，2008；王剑和潘桂棠，2009；柏道远等，2016b）。雪峰运动在临湘抬升-剥蚀区造成的抬升剥蚀量因无沉积记录而不明；在岳阳抬升-剥蚀区造成的抬升剥蚀量较小，300～800m；在金井抬升-剥蚀区造成的抬升剥蚀量较大，达1800m；在长沙抬升-剥蚀区和醴陵抬升-剥蚀区未造成明显抬升剥蚀。这种抬升剥蚀特征与块体差异升降特征及堑-垒构造格局相吻合，一定程度上印证了上述"裂谷-伸展"观点。

（3）自北往南，加里东运动在临湘抬升-剥蚀区（Ⅰ）、岳阳抬升-剥蚀区（Ⅱ）、金井抬升-剥蚀区（Ⅲ）、长沙抬升-剥蚀区（Ⅳ）和醴陵抬升-剥蚀区（Ⅴ）造成的抬升剥蚀量分别为500m、3300～4400m、2400～7900m、300～7100m、3100～9300m，反映江南断裂（大体对应于临湘抬升-剥蚀区与岳阳抬升-剥蚀区的分界（柏道远等，2009b）以北仅发生抬升作用，以南发生陆内造山运动（Wang et al.，2007b；Faure et al.，2009；舒良树，2012；陈旭等，2012；Shu et al.，2013；张国伟等，2013）且变形总体自南向北减弱，进一步印证了区域上加里东运动经历了自南东向北西扩展的发展过程（柏道远等，2015a；陈旭等，1999）。

二、常德-安仁断裂对湘东北前中生代抬升剥蚀过程的控制

在常德-安仁断裂以东的湘东北地区，上古生界泥盆系下伏地层一般为冷家溪群；而在断裂南西侧的雪峰构造带和湘中地区，泥盆系下伏地层一般为寒武系—志留系（图1-2）。显然，断裂北东侧泥盆系之前缺失的地层层位远多于南西侧。本书定性分析认为造成这一差异的原因有两个方面：一是相对南西侧而言，断裂北东侧板溪期—震旦纪沉积期间相对隆起，沉积地层厚度较小，加里东运动中同等抬升剥蚀量的情况下会侵蚀掉更多的地层层位；二是相对南西侧，断裂北东侧在武陵运动和加里东运动中产生了更大规模的抬升剥蚀，即常德-安仁断裂对湘东北前中生代抬升剥蚀过程具有控制作用，其作用机制可能如下。

（1）武陵期（冷家溪期），常德-安仁断裂两侧为扬子东南缘的弧后盆地，断裂则为横贯弧后盆地的转换断裂；区域弧-盆构造格局显示，断裂北东侧弧后盆地的宽度远小于断裂南西侧（图3-1）。受其控制，武陵运动弧-陆碰撞、弧后盆地收缩封闭时，断裂北东侧相应会产生更强烈的相对收缩及更大幅度的抬升与剥蚀。

（2）如本书第一章所述，板溪期—早古生代研究区属扬子陆块东南缘盆地，并经历了裂谷盆地—被动大陆边缘盆地—前陆盆地的演化过程；盆地南东边界总体呈NE向（图3-2～图3-9），使得常德-安仁断裂北东侧盆地宽度明显小于断裂南西侧。受此盆地构造格局及常德-安仁断裂构造分划性的联合控制，在加里东运动区域SN向挤压过程中，断裂北东侧产生明显有别于南西侧的更强的收缩和更大幅度的抬升与剥蚀。

第七章　结　语

第一节　主要研究成果

本书研究成果主要体现在以下 10 个方面。

一、常德-安仁断裂构造特征

本书确定常德-安仁断裂为倾向 NE 的基底隐伏断裂，与断裂同走向的表露断裂仅局部发育。分别查明并阐述了常德-安仁断裂安仁-衡山段、湘乡段、桃江段和常德-石门段的地表构造特征，识别出断裂派生的各种次级构造，并确定了其形成的构造背景和变形机制。

（1）安仁—衡山段总体表现为构造-岩浆隆起带，沿断裂发育多个花岗岩体，其南段主要出露上古生界，中段—北段主要出露冷家溪群，并显示为 NNW 向的构造隆起。断裂带及近侧构造形迹以 NE—NNE 向不同性质的断裂和褶皱为主。中段尚发育 NNW 向紫金仙背斜、蕉园背斜及 NW 向水垅冲左行平移断裂。断裂带西缘为衡阳盆地的 NE 边界，断裂带东缘则为株洲盆地和攸县盆地的南西端边界。

（2）湘乡段总体表现为构造-岩浆隆起带，隆起带轴部为板溪群—下古生界，两翼为上古生界，沿断裂带发育歇马、紫云山、沩山等印支晚期花岗岩体。NNE 向湘潭断陷盆地的南西端止于常德-安仁断裂带西缘。断裂带及近侧地质构造以 NE 向、NNE 向断裂和褶皱为主，另有少量其他方向的断裂与褶皱。本段缺乏与断裂带同走向的 NW 向表露断裂，但断裂带中深层次的走滑活动派生了 NEE 向枣子坪右行平移断裂、NWW 向棋梓-乌石和杨林逆冲断裂、NWW 向龙山-桥亭子串珠状隆起等次级构造。

（3）桃江段南段西部南华系—下古生界中发育加里东期 EW 向褶皱和同走向逆断裂，东部上古生界中发育印支期 NEE 向褶皱和同走向逆断裂、白垩纪—古近纪断陷盆地（湘阴凹陷南段）的控盆断裂与构造调节带；南部和北缘尚分别发育 NWW 向正断裂和逆断裂。桃江段北段沿断裂发育桃江、岩坝桥等印支晚期花岗岩体；主要构造形迹为冷家溪群中的武陵期褶皱和同走向逆断裂、板溪群中的加里东期褶皱和同走向逆断裂，构造线走向自西向东总体由 EW 向转为 NW 向；尚发育较多中生代 NE—NNE 向断裂。桃江段内的 NWW 向沩山隆起、湘阴凹陷南段控盆断裂与构造调节带、NWW 向逆断裂、冷家溪群中走向偏转的褶皱等与常德-安仁断裂不同阶段走滑活动有关。

（4）常德-石门段南段为白垩纪—古近纪断陷盆地所覆。中段—北段总体表现为以上古生界—中三叠统为核部、以南华系—下古生界为两翼的 NEE 向复式向斜。前白垩系中褶皱和同走向断裂发育，构造线方向以 NEE—EW 向为主，少量为 NNE 向。常德-安仁断裂造成了其两盘早燕山运动褶皱走向差异：早燕山运动区域 NWW 向挤压下，断裂上盘即东盘产生主动斜向上冲运动而具更强的活动性，从而形成了新生的 NNE 向隐伏断裂及 NNE 向断裂相关褶皱；断裂下盘（即西盘）则为相对静止的被动盘，缺乏 NNE 向断裂和褶皱的发育，但受印支期 EW 向隐伏断裂继承性斜冲运动控制而形成了 EW 向同向叠加褶皱。

（5）常德-安仁断裂不同时代活动所派生的次级构造及形成背景和变形机制：青白口纪中期武陵运动 NWW 向褶皱，与区域 SN 向挤压下常德-安仁断裂右行走滑导致 EW 向构造线顺时针旋转有关；志留纪后期加里东运动 NWW 向逆断裂，与区域 SN 向挤压下常德-安仁断裂右行走滑派生 NNE 向挤压有关；中三叠世晚期印支运动主幕 NW 向左行平移断裂和 NNW 向褶皱，与区域 NW—NWW 向挤压作用下常德-安仁断裂产生基底左行走滑、派生 NWW 向挤压及逆时针牵引旋转有关。晚三叠世—早侏罗世印支运动晚幕 NWW 向逆断裂和隆起与区域 SN 向挤压下常德-安仁断裂右行走滑派生 NNE 向挤压有关；中侏罗世晚期早燕山运动 NEE 向右行平移断裂与区域 NWW 向挤压下常德-安仁断裂产生基底左行走滑、派生 NWW 向挤压有关；白垩纪—古近纪盆地端部或边界断裂为区域伸展体制下常德-安仁断裂产生伸展活动而形成的表层发散断裂。

二、常德-安仁断裂的剖面结构

本书初步揭示常德-安仁断裂在前中生代和中生代以来两个时期具有不同的剖面结构特征。该断裂在前中生代总体表现为一产状近直立的深大断裂。部分时段的部分地段表现为向 SW 陡倾的伸展正断裂，控制了断陷盆地的发育及岩相带的展布。断裂中生代以来总体表现为向 NE 陡倾的基底隐伏断裂。在安仁—衡山段的川口地区，断裂往西的逆冲形成了川口隆起，并于隆起区西缘派生倾向 NEE 的逆断裂和节理裂隙；在湘乡段的歇马地区，断裂向西逆冲于西侧派生 NW 向次级断裂，主断裂和次级断裂控制了构造隆起及印支期花岗岩体的发育；在桃江段的煤炭坝地区，断裂的地表发散断裂控制了白垩纪—古近纪湘阴凹陷南西端的延伸；在常德-石门段石门地区，断裂在早燕山运动 NWW 向挤压下斜冲，于其上盘（东盘）形成 NNE 向褶皱，于其下盘（西盘）形成同向叠加于印支期褶皱之上的 EW 向褶皱。

三、常德-安仁断裂活动历史

在常德-安仁断裂带构造特征和变形时代解析及断裂对不同地质时期沉积盆地和岩相古地理的控制作用分析基础上，本书重塑了常德-安仁断裂的活动历史，提出断裂自早至晚经历了新元古代武陵期同沉积期走滑、武陵运动中右行走滑、雪峰期（板溪群沉积期）—早古生代伸展活动、加里东运动中右行走滑、晚古生代伸展活动、印支运动主幕左行走滑兼逆冲、晚三叠世—早侏罗世印支运动晚幕中右行走滑、早燕山运动中左行走滑、白垩纪—古近纪伸展等 9 期构造活动。

四、常德-安仁断裂变形机制

从常德-安仁构造隆起带形成时间及机制、常德-安仁断裂地表断裂形迹缺乏成因、断裂对白垩纪—古近纪盆地边界的控制、断裂中生代分段运动特征及变形机制等方面，探讨了常德-安仁断裂的构造变形机制。

(1) 上古生界下伏不整合面卷入了褶皱-隆起变形；印支运动晚幕 NWW 向逆断裂（棋梓-乌石断裂）横切常德-安仁隆起带，并为印支运动主幕 NNE—NE 向的翻江断裂所限；沿隆起带及近侧充填了多个晚三叠世后碰撞花岗岩体等，表明构造隆起形成于中三叠世后期的印支运动主幕。隆起的形成受常德-安仁断裂深部北东盘向 SW 逆冲（斜冲）控制。此外晚三叠世大规模的花岗质岩浆活动会导致地壳热隆上升，进一步增加了常德-安仁断裂带的隆升幅度。

(2) 常德-安仁断裂具隐伏特征，可能与以下几方面原因有关。

A. 断裂在冷家溪群沉积期为同沉积转换断层、板溪群沉积期和南华纪在陆内裂谷环境下具有较强烈的伸展活动，而震旦纪—早古生代被动陆缘盆地和晚古生代陆表海盆地阶段仅有较弱的伸展活动。由此导致加里东运动和印支运动主幕中，断裂在冷家溪群、板溪群—南华系中易于产生继承性活动，而在浅部的震旦系—下古生界、上古生界中则不易发生断裂变形。此外，震旦系底部金家洞组软弱层的滑脱“屏蔽”作用，也使得深部断裂不易切入上部块体。

B. 区域上发育的多条 NE—NNE 向大断裂将 NW 向常德-安仁断裂截切为运动相对独立的若干段，从而减小后者的运移规模，使基底隐伏断裂难以向上扩展至浅表构造层。

C. 常德-安仁断裂沿线发育大量花岗岩体和白垩纪—古近纪盆地，即使部分地段发育相对早期的 NW 向表露断裂，也可能被后期盆地叠覆或被花岗岩体吞没而不得见。

(3) 常德-安仁断裂明显控制了洞庭盆地湘阴坳陷、湘潭盆地西支和东支、株洲盆地及醴攸盆地等 NNE 向断陷盆地的南西端边界。这一控盆作用的机制为：①常德-安仁断裂在印支运动主幕中的深部逆冲（斜冲）导致湘东北地区相对隆起，继之在白垩纪—古近纪更易产生重力伸展而形成断陷盆地；②常德-安仁断裂在伸展体制下于表层形成小规模 NW 向发散断裂，这些发散断裂成为 NNE 向断陷盆地南西端的调整断裂。

(4) 常德-安仁断裂被茶陵-郴州、连云山-衡阳、公田-灰汤-新宁、城步-新化、溆浦-靖州等多条 NE 向深大断裂截切成多段。NE 向断裂主要形成于加里东运动并左行切错常德-安仁断裂，使得中生代构造变形事件中常德-安仁断裂各分段的端部运动受限、各段具有相对独立的运动学特征。受自中心向周边扩展的断裂变形机制控制，各段运动幅度自中部向两端减小，至端部靠近 NE 向深大断裂处运动幅度为（或近于）零。这一机制在湘乡段、安仁—衡山段、桃江段的印支运动变形中得到充分反映：印支运动中断裂深部运动幅度和剪切强度以及相应的深部地壳升温幅度自各段中部向端部减小，导致晚三叠世断裂深部的减压熔融仅发生于各段中部，靠近端部区域则无岩浆产生，加之端部 NE 向断裂倾向 NW，使得岩浆上侵至上部地壳所形成的花岗岩体紧邻各段北端的 NE 向断裂，而远离南端 NE 向断裂。

五、常德-安仁断裂对沉积盆地和岩相古地理的控制

本书系统研究并揭示了常德-安仁断裂对不同地质时期沉积盆地和岩相古地理的控制作用：断裂在武陵期具弧后盆地转换断层性质，并致断裂东侧火山活动明显强于断裂西侧；板溪群沉积期断裂的伸展导致桃江西侧区域形成断陷盆地；南华纪控制了 NW 向湘潭成锰盆地的形成与演化；震旦纪—寒武纪塑造了断裂两侧北东高、南西低的古地理格局，并于断裂带沿线形成斜坡带；奥陶纪控制了桃江成锰盆地的形成与演化；晚古生代的伸展导致其南西侧多为台盆或陆棚、北东侧多为台地或潮坪、断裂带沿线长期处于斜坡带，并与靖州-溆浦-安化断裂一起促成了常德海峡的形成；白垩纪—古近纪断裂的伸展控制了断陷盆地的边界。

六、常德-安仁断裂对岩浆岩的控制

本书对常德-安仁断裂带上加里东期花岗岩、印支期岩浆岩、燕山期花岗岩、白垩纪基性—超基性火山岩的地质学、年代学和地球化学特征以及岩石成因和形成环境进行了系统研究，探讨了断裂对各期岩浆岩的控制作用。

(1) 加里东期花岗岩主要岩性为花岗闪长岩和石英闪长岩，含暗色微粒包体。新获得的 3 个加里东期花岗岩 MC－ICP－MS 锆石 U－Pb 年龄，分别为(432.0±2.8)Ma、(428.8±3)Ma 和(428.3±3.9)Ma，表明花岗岩形成于志留纪中期。岩石成因类型为 I 型花岗岩，与加里东期陆内造山峰期之后中、上地壳酸性岩石在后碰撞环境下减压熔融有关，同时存在深部软流圈上涌和热量的向上传递以及少量幔源物质的加入。岩体受常德-安仁断裂控制不明显。

(2) 常德-安仁断裂带上自北而南发育有岩坝桥、桃江、沩山、紫云山、歇马、南岳、将军庙、川口、五峰仙等印支期花岗岩体，并发育印支期辉长岩、辉绿岩等基性岩。其中，花岗岩年龄在(202±1.8)～(236±6)Ma 之间，且集中在 220～216Ma 之间，为晚三叠世。岩石类型有石英闪长岩、角闪石黑云母花岗闪长岩、角闪石黑云母二长花岗岩、黑云母二长花岗、二云母二长花岗岩、白云母花岗岩等。成因类型有 I 型花岗岩和 S 型花岗岩，主要与后碰撞环境下壳源物质的减压重熔有关，部分岩体有少量幔源物质的加入。常德-安仁断裂对上述岩浆岩具有显著控制作用：一是断裂剪切生热及幔源热量沿断裂的向上传递为地壳重熔提供了条件，二是断裂为岩浆提供了运移通道和就位空间。

(3) 常德-安仁断裂带上的燕山期花岗岩仅局部少量发育，主要岩石类型有黑云母二长花岗岩、二云母二长花岗岩，形成时代为晚侏罗世—早白垩世初。花岗岩主要源于地壳重熔，形成于后造山-陆内裂谷环境。常德-安仁断裂对燕山期花岗岩的控制作用主要是为岩浆提供运移通道和就位空间。

(4) 白垩纪基性—超基性火山岩主要有衡阳冠市街玄武岩、宁乡青华铺玄武岩（为隐伏火山岩）、宁乡云影窝钾镁煌斑岩等，后者 LA－ICP－MS 锆石 U－Pb 年龄为(101±5.1)Ma，属早白垩世末。常德-安仁断裂作为岩浆运移通道，对青华铺玄武岩和云影

窝钾镁煌斑岩具有一定控制作用。

七、常德-安仁断裂对矿床的控制

本书探讨了常德-安仁断裂对沉积矿床和岩浆相关内生热液矿床的控制作用，提出以下新的认识。

（1）常德-安仁断裂对沉积矿床的控制。中南华世大塘坡间冰期，常德-安仁断裂的伸展活动控制了NW向湘潭深水盆地及盆内锰矿的形成；奥陶纪，常德-安仁断裂带桃江—湘乡段伸展形成小型深水盆地，滞流环境下形成沉积型锰矿；泥盆纪—二叠纪，常德-安仁断裂主要具伸展活动而控制了沉积岩相带的展布，由此控制了灰岩、白云岩、石英砂岩、黏土等相关非金属矿床的分布；晚泥盆世，源于古陆风化的铁质随河流进入海水，于常德-安仁断裂控制下的宁乡三角洲前缘、衡阳—安仁段NW向碳酸盐岩台地两侧的混积陆棚等沉积相单元中沉淀，形成宁乡式铁矿；晚白垩世，常德-安仁隆起带内新元古代变质碎屑岩层含矿物质进入衡阳盆地，经地下热卤水溶离、运移至有利的岩性-构造部位沉淀而形成车江铜矿；古近纪，含盐坳陷盆地靠近常德-安仁断裂分布而形成膏盐矿。

（2）常德-安仁断裂对岩浆相关内生热液矿床的控制。中三叠世印支运动主幕中的断裂剪切生热和壳体加厚以及幔源热量通过断裂向上传递，均导致深部地壳增温，从而为花岗质岩浆及岩浆相关热液矿床的形成提供了基本条件；断裂为花岗质岩浆提供运移通道和就位空间，从而控制岩浆相关热液矿床的空间分布；岩体中同侵位断裂或节理裂隙构造为矿体（脉）充填提供了空间；常德-安仁断裂及其派生的断裂和节理裂隙等作为导矿和容矿构造，控制了矿体的空间定位。

八、常德-安仁断裂对雪峰金矿带的控制

提出常德-安仁断裂在3个方面对雪峰金矿带金矿具控制作用。

（1）对武陵期矿源地层的控制。断裂以东弧后盆地拉张更强烈，冷家溪群中火山物质及Au含量更高，从而在冷家溪群中形成较多金矿；断裂以西弧后盆地构造活动性较弱，沉积物中火山物质和金含量较低，冷家溪群中未能形成规模金矿。

（2）对金矿赋矿层位的控制。①板溪群沉积期，常德-安仁断裂以东为暴露剥蚀区或滨岸带和陆棚区，而断裂以西则为陆棚和陆坡相区，沉积层序更全，厚度更大，且盆地伸展活动性更强致沉积物中火山物质（凝灰质）和金含量更高；②南华纪长安期，断裂以东全为暴露剥蚀区，而断裂以西的桃江—怀化一线以南地区则以滨水浅海为主；③断裂在印支运动中的逆冲导致其东盘整体大幅抬升，经后期剥蚀后主要出露冷家溪群，板溪群和南华系保留极少。以上3个方面因素导致断裂以东主要出露下部冷家溪群，而上部板溪群及南华系极少保留，断裂以西则主要出露板溪群和南华系且其中金含量较高，加之前述断裂以东冷家溪群金含量相对断裂以西更高，使得雪峰金矿带内金矿赋矿地层在常德-安仁断裂以东的湘东北地区为冷家溪群，而断裂以西则主要为板溪群和南华系长安组。

(3) 对含矿构造类型的控制。断裂东侧含矿地层为冷家溪群，构造层次低，因此金矿体主要赋存于（近）顺层脆韧性剪切带和层间断裂中。断裂西侧含矿地层为板溪群和南华系，构造层次相对较高，因此金矿体主要产于板溪群顺层韧脆性剪切断裂和南华系切层脆性断裂带中。

九、常德-安仁断裂带地质找矿

本书提出常德-安仁断裂带主要找矿方向有宁乡—湘潭—湘乡一带大塘坡组锰矿、川口隆起区花岗岩体和围岩中钨矿、南岳岩体西缘和南西缘混合岩带中钠长石矿、沩山岩体南西缘至紫云山岩体北缘板溪群中金矿、板溪一带板溪群中锑金矿、木瓜园—金山一带冷家溪群和板溪群中钨矿与金矿等，并简单说明了各地区找矿工作的重点事项。

十、湘东北隆起区前中生代抬升剥蚀过程及其与常德-安仁断裂的关系

本书重塑了湘东北临湘、岳阳、金井、长沙、醴陵等5个抬升-剥蚀区的前中生代抬升剥蚀过程。造成抬升剥蚀的构造事件包括冷家溪期末的武陵运动、板溪期末的雪峰运动和早古生代后期的加里东运动。武陵运动自北而南在各抬升-剥蚀区造成的抬升剥蚀量分别为0～5200m、800～6900m、600～3200m、500～3200m、500～8000m。雪峰运动在临湘抬升-剥蚀区造成的抬升剥蚀量不明，在岳阳抬升-剥蚀区造成的抬升剥蚀量为300～800m，在金井抬升-剥蚀区造成的抬升剥蚀量约为1800m，在长沙和醴陵抬升-剥蚀区造成的抬升剥蚀不明显。加里东运动自北而南在各抬升-剥蚀区造成的抬升剥蚀量分别约为500m、3300～4400m、2400～7900m、300～7100m、3100～9300m。

上述抬升剥蚀过程为武陵运动、雪峰运动和加里东运动等的特征提供了一定的约束：武陵运动造成了湘潭—株洲以南地区板溪群与冷家溪群之间的角度不整合，而非以往认为的平行不整合；雪峰运动为裂谷环境下的伸展和差异升降运动；加里东运动中江南断裂以北仅发生抬升作用，以南发生自SE向NW扩展的陆内造山运动。

常德-安仁断裂对湘东北前中生代抬升剥蚀过程具有控制作用：武陵期（冷家溪期）和板溪期—早古生代断裂北东侧盆地宽度均明显小于断裂南西侧，加之常德-安仁断裂的构造分划性，导致武陵运动和加里东运动中断裂东侧的湘东北地区发生更强烈的收缩和更大幅度的抬升与剥蚀。

第二节　问题与建议

(1) 地处常德-安仁断裂带北段东缘的常德太阳山地区为区域地震多发带和强震带，是湖南省防震减灾重点工作地区。常德-安仁断裂是否与太阳山地区近现代地震活动性有关，如有关系，其作用机制是什么，对此可设立“常德-安仁断裂与太阳山地区新构造和地震活

动关系研究”项目，以开展相关研究。

（2）常德-安仁断裂北东侧湘东北地区燕山期花岗岩分布广泛，而断裂带及其南西侧花岗岩则以印支期为主，这一岩浆活动差异的构造背景与机制是什么，是否与常德-安仁断裂的控制有关，对此可申报“常德-安仁断裂与区域中生代花岗质岩浆活动关系研究”课题。

主要参考文献

安江华，李杰，陈必河，等，2011. 湘东北万古金矿的流体包裹体特征[J]. 华南地质与矿产，27(2)：169－173.

柏道远，陈必河，钟响，等，2014a. 湘西南印支期五团岩体锆石 SHRIMP U－Pb 年龄、地球化学特征及形成背景[J]. 中国地质，41(6)：2002－2018.

柏道远，黄建中，刘耀荣，等，2005a. 湘东南及湘粤赣边区中生代地质构造发展框架的厘定[J]. 中国地质，32(4)：557－570.

柏道远，黄建中，王先辉，等，2006b. 湖南邵阳-郴州北西向断裂左旋走滑暨水口山-香花岭南北向构造成因[J]. 中国地质，33(1)：56－63.

柏道远，贾宝华，刘伟，等，2010a. 湖南城步火成岩锆石 SHRIMP U－Pb 年龄及其对江南造山带新元古代构造演化的约束[J]. 地质学报，84(12)：1715－1726.

柏道远，贾宝华，马铁球，等，2007b. 湘东南印支期与燕山早期花岗岩成矿能力差异与岩石地球化学特征关系探讨[J]. 岩石矿物学杂志，26(5)：387－398.

柏道远，贾宝华，王先辉，等，2013. 湘中盆地西部构造变形的运动学特征及成因机制[J]. 地质学报，87(12)：1791－1802.

柏道远，贾宝华，钟响，等，2012a. 湘东南印支运动变形特征研究[J]. 地质论评，58(1)：19－29.

柏道远，贾宝华，钟响，等，2012b. 湘中南晋宁期和加里东期构造线走向变化成因[J]. 地质力学学报，18(2)：165－177.

柏道远，姜文，钟响，等，2015d. 湘西沅麻盆地中新生代构造变形特征及区域地质背景[J]. 中国地质，42(6)：1851－1875.

柏道远，李彬，姜文，等，2020a. 洞庭盆地湘阴凹陷南段构造特征及动力机制[J]. 桂林理工大学学报，40(2)：241－250.

柏道远，李彬，姜文，等，2020b. 湖南省主要内生成矿事件的构造格局控矿特征及动力机制[J]. 地球科学与环境学报，42(1)：49－70.

柏道远，李建清，周柯军，等，2008a. 祁阳山字型构造质疑[J]. 大地构造与成矿学，32(3)：265－275.

柏道远，李银敏，钟响，等，2018. 湖南 NW 向常德-安仁断裂的地质特征、活动历史及构造性质[J]. 地球科学，43(7)：2496－2517.

柏道远，李长安，王先辉，等，2010b. 第四纪洞庭盆地构造性质及动力机制探讨[J]. 大地构造与成矿学，34(3)：317－330.

柏道远，刘波，倪艳军，等，2010c. 湘东北湘阴凹陷控盆断裂特征、盆地性质及动力机制研究[J]. 资源调查与环境，31(3)：157－168.

柏道远，马铁球，王先辉，2008b. 南岭中段中生代构造-岩浆活动与成矿作用研究进展[J]. 中国地质，35(3)：436－455.

伯道远，马铁球，王先辉，等，2009. 1∶25 万常德市幅区域地质调查报告[R]. 长沙：湖南省地质调查院.

柏道远，倪艳军，李送文，等，2009b. 江南造山带北部早中生代岳阳-赤壁断褶带构造特征及变形机制研究[J]. 中国地质，36(5)：996－1009.

柏道远，王先辉，李长安，等，2011b. 洞庭盆地第四纪构造演化特征[J]. 地质论评，57(2)：261－276.

柏道远,王先辉,马铁球,等,2006a.湘东南印支期褶皱特征及形成机制[J].华南地质与矿产(4):50-57.

柏道远,吴能杰,钟响,等,2016a.湘西南印支期瓦屋塘岩体年代学、成因与构造环境研究[J].大地构造与成矿学,40(5):1075-1091.

柏道远,熊雄,杨俊,等,2015c.齐岳山断裂东侧盆山过渡带褶皱特征及其变形机制[J].大地构造与成矿学,39(6):1008-1021.

柏道远,熊延望,王先辉,等,2005b.湖南常德-安仁NW向断裂左旋走滑与安仁"y"字型构造[J].大地构造与成矿学,29(4):435-442.

柏道远,钟响,贾朋远,等,2011a.湘东南晚三叠世—侏罗纪沉积特征及盆地性质和成因机制[J].地质力学学报,17(4):338-349.

柏道远,钟响,贾朋远,等,2014b.雪峰造山带南段构造变形研究[J].大地构造与成矿学,38(3):512-529.

柏道远,钟响,贾朋远,等,2015a.雪峰造山带及邻区构造变形和构造演化研究新进展[J].华南地质与矿产,31(4):321-343.

柏道远,钟响,贾朋远,等,2015b.南岭西段加里东期越城岭岩体锆石SHRIMP U-Pb年龄、地质地球化学特征及其形成构造背景[J].地球化学,44(1):27-42.

柏道远,钟响,贾朋远,等,2016b.雪峰造山带溆浦-靖州断裂活动历史及构造属性[J].地球科学与环境学报,38(3):306-317.

柏道远,周亮,马铁球,等,2007a.湘东南印支期花岗岩成因及构造背景[J].岩石矿物学杂志,26(3):197-212.

柏道远,邹宾微,赵龙辉,等,2009a.湘东太湖逆冲推覆构造基本特征研究[J].中国地质,36(1):53-64.

鲍肖,陈放,1995.湖南龙山锑金矿床成矿规律与成因探讨[J].湖南冶金(6):24-28,46.

鲍振襄,1994.桃江半边山含金斑岩特征及其相关问题探讨[J].湖南地质,13(4):212-216.

鲍振襄,鲍珏敏,1991.渣滓溪锑矿带地质特征及成矿条件探讨[J].湖南地质,10(1):25-32.

鲍振襄,万溶江,鲍珏敏,1998.湖南漠滨金矿成矿地质地球化学特征[J].黄金地质,4(3):54-60.

蔡杨,陆建军,马东升,等,2013.湖南邓阜仙印支晚期二云母花岗岩年代学、地球化学特征及其意义[J].岩石学报,29(12):4215-4231.

曹亮,段其发,彭三国,等,2015.雪峰山铲子坪金矿床流体包裹体特征及地质意义.地质与勘探,51(2):212-224.

曾乔松,刘石年,1997.麻阳铜矿控矿因素及矿床形成机制浅析[J].湖南有色金属,13(2):7-10.

曾认宇,赖健清,张利军,等,2016.湘中紫云山岩体暗色微粒包体的成因:岩相学、全岩及矿物地球化学证据[J].地球科学,41(9):1461-1478.

陈迪,陈焰明,马爱军,等,2014.湖南锡田岩体的岩浆混合成因:岩相学、岩石地球化学和U-Pb年龄证据[J].中国地质,41(1):61-78.

陈迪,刘珏懿,付胜云,等,2017b.湖南邓阜仙岩体地质地球化学特征、锆石U-Pb年龄及其意义[J].地质通报,36(9):1601-1615.

陈迪,马爱军,刘伟,等,2013.湖南锡田花岗岩体锆石U-Pb年代学研究[J].现代地质,27(4):819-830.

陈迪,马铁球,刘伟,等,2016.湘东南万洋山岩体的锆石SHRIMP U-Pb年龄、成因类型及构造意义[J].大地构造与成矿学,40(4):873-890.

陈迪,王先辉,杨俊,2017a.湖南五峰仙岩体岩石地球化学、SHRIMP U-Pb年龄及Hf同位素特征[J].地质科技情报,36(6):1-12.

陈江峰,郭新生,汤加富,等,1999.中国东南地壳增长与Nd同位素模式年龄[J].南京大学学报(自然科学),35(6):649-658.

陈卫锋,陈培荣,黄宏业,等,2007.湖南白马山岩体花岗岩及其包体的年代学和地球化学研究[J].中国科学D辑,37(7):873-893.

陈西，刘海兴，戴建斌，等，2008. 湖南大新金矿床地质特征与找矿方向[J]. 矿床地质，27(S1)：190－198.

陈旭，戎嘉余，1999. 从生物地层学到大地构造学：以华南奥陶系和志留系为例[J]. 现代地质，13(4)：385－389.

陈旭，张元动，樊隽轩，等，2012. 广西运动的进程：来自生物相和岩相带的证据[J]. 中国科学 D 辑，42(11)：1617－1626.

陈贻旺，2002. 新邵高家坳微细浸染型金矿床构造控矿特征[J]. 湖南地质，21(1)：26－29.

陈佑纬，毕献武，付山岭，等，2016. 湘中地区龙山金锑矿床酸性岩脉 U－Pb 年代学和 Hf 同位素特征及其地质意义[J]. 岩石学报，32(11)：3469－3488.

程顺波，付建明，崔森，等，2018. 湘桂边界越城岭岩基北部印支期花岗岩锆石 U－Pb 年代学和地球化学特征[J]. 地球科学，43(7)：2330－2349.

程顺波，付建明，马丽艳，等，2013. 桂东北越城岭—苗儿山地区印支期成矿作用：油麻岭和界牌矿区成矿花岗岩锆石 U－Pb 年龄和 Hf 同位素制约[J]. 中国地质，40(4)：1189－1201.

戴传瑞，张廷山，郑华平，等，2006. 盆山耦合关系的讨论：以洞庭盆地与周边造山带为例[J]. 沉积学报，24(5)：657－665.

邓宏文，郭建宇，王瑞菊，等，2008. 陆相断陷盆地的构造层序地层分析[J]. 地学前缘，15(2)：1－7.

邓穆昆，彭建堂，胡诗倩，等，2016. 湘西合仁坪金矿床硫、铅同位素地球化学[J]. 矿床地质，35(5)：953－965.

丁道桂，郭彤楼，胡明霞，等，2007. 论江南-雪峰基底拆离式构造：南方构造问题之一[J]. 石油实验地质，29(2)：120－127，132.

丁兴，陈培荣，陈卫锋，等，2005. 湖南沩山花岗岩中锆石 LA－ICPMS U－Pb 定年：成岩启示和意义[J]. 中国科学 D 辑，35(7)：606－616.

丁兴，孙卫东，汪方跃，等，2012. 湖南沩山岩体多期云母的 Rb－Sr 同位素年龄和矿物化学组成及其成岩成矿指示意义[J]. 岩石学报，28(12)：3823－3840.

董斌，陈明珊，肖湘辉，2006. 湖南原生金刚石成矿地质背景及找矿方向[J]. 矿床地质，2006，25(增刊)：337－340.

董国军，许德如，王力，等，2008. 湘东地区金矿床矿化年龄的测定及含矿流体来源的示踪：兼论矿床成因类型[J]. 大地构造与成矿学，32(4)：482－491.

董树义，顾雪祥，SCHULZ O，等，2008. 湖南沃溪 W－Sb－Au 矿床成因的流体包裹体证据[J]. 地质学报，82(5)：641－647.

杜彦男，吴孔友，刘寅，等，2020. 断陷盆地边界断裂结构特征及物性差异定量评价：以车镇凹陷埕南断裂为例[J]. 南京大学学报(自然科学)，56(3)：405－417.

杜远生，徐亚军，2012. 华南加里东运动初探[J]. 地质科技情报，31(5)：43－49.

付胜云，石金江，杜云，2014. 湖南奥陶纪天马山组中沉积型氧化锰矿成矿地质条件[J]. 中国锰业，32(3)：13－16.

付胜云，周超，安江华，2017. 湖南沉积型锰矿床的成矿模式[J]. 地质科技情报，36(4)：145－152.

付晓飞，孙兵，王海学，等，2015. 断层分段生长定量表征及在油气成藏研究中的应用[J]. 中国矿业大学学报，44(2)：271－281.

傅昭仁，李紫金，郑大瑜，1999. 湘赣边区 NNE 向走滑造山带构造发展样式[J]. 地学前缘，6(4)：263－272.

高磊，彭劲松，2017. 湖南省平江县黄金洞矿区金塘矿段 3 号脉明金矿体特征及规律[J]. 国土资源导刊，14(2)：69－73.

高顺，2017. 湖南黄金洞金矿床地质特征及成因[J]. 世界有色金属(10)：101－106.

龚贵伦，陈广浩，戴建斌，等，2007. 湖南大新金矿床构造控矿特征及矿床成因[J]. 大地构造与成矿学，31(3)：342－347.

顾江年,宁钧陶,吴俊,2012.湘东北九岭—清水地区韧性剪切带型金矿控矿特征及找矿方向[J].华南地质与矿产,28(1):27－34.

顾雪祥,刘建明,郑明华,等,2000.湖南沃溪钨-锑-金建造矿床海底喷流热水沉积成因的组构学和地球化学证据[J].矿物岩石地球化学通报,19(4):235－238.

关义立,袁超,龙晓平,等,2013.华南地块东部早古生代的陆内造山作用:来自Ⅰ型花岗岩的启示[J].大地构造与成矿学,37(4):698－720.

郭福祥,1998.中国南方中新生代大地构造属性和南华造山带褶皱过程[J].地质学报,72(1):22－33.

郭福祥,1999.华南地台盖层褶皱及其形成时期研究[J].地质与勘探,35(4):5－7,11.

韩凤彬,常亮,蔡明海,等,2010.湘东北地区金矿成矿时代研究[J].矿床地质,29(3):563－571.

郝义,李三忠,金宠,等,2010.湘赣桂地区加里东期构造变形特征及成因分析[J].大地构造与成矿学,34(2):166－180.

贺转利,许德如,陈广浩,等,2004.湘东北燕山期陆内碰撞造山带金多金属成矿地球化学[J].矿床地质,23(1):39－51.

洪大卫,谢锡林,张季生,2002.试析杭州-诸广山-花山高 ϵ_{Nd} 值花岗岩带的地质意义[J].地质通报,21(6):348－354.

湖南省地质矿产局,1988.湖南区域地质志[M].北京:地质出版社.

湖南省地质矿产局区域地质调查所,1995.湖南省花岗岩类岩体地质图[J].湖南地质(增刊8):1－73.

湖南省地质调查院,2017.中国区域地质志·湖南志[M].北京:地质出版社.

黄诚,樊光明,姜高磊,等,2012.湘东北雁林寺金矿构造控矿特征及金成矿 ESR 测年[J].大地构造与成矿学,36(1):76－84.

黄诚,李晓峰,樊光明,等,2011.湘东北雁林寺金矿地质地球化学特征及矿床成因[J].矿物学报,32(增刊):32 -33.

黄德仁,1992.湘东铁矿床成矿条件及找矿标志[J].地质与勘探(12):19－29.

黄汲清,1945.中国主要地质构造单元[R].经济部中央地质调查所地质专报,甲种.成都:四川省国土资源资料馆.

黄建中,孙骥,周超,等,2020.江南造山带(湖南段)金矿成矿规律与资源潜力[J].地球学报,41(2):230－252.

黄满湘,1999.湖南麻阳铜矿成矿机制探讨[J].大地构造与成矿学,23(1):42－49.

黄强太,夏斌,蔡周荣,等,2010.湖南省黄金洞金矿田构造与成矿规律探讨[J].黄金,31(2):9－13.

贾宝华,彭和求,陈俊,等,2003.1∶25万长沙市幅区域地质调查报告[R].长沙:湖南省地质调查院.

贾宝华,彭和求,唐晓珊,等,2004.湘东北文家市蛇绿混杂岩带的发现及意义[J].现代地质,18(2):229－236.

贾茹,王璐,孙永河,等,2017.库车坳陷克拉苏构造带油气源断裂变换构造对油气的控制作用[J].地质科技情报,36(3):164－173.

金宠,李三忠,王岳军,等,2009.雪峰山陆内复合构造系统印支—燕山期构造穿时递进特征[J].石油与天然气,30(5):598－607.

金鑫镖,王磊,向华,等,2017.湖南桃江地区印支期辉绿岩成因:地球化学、年代学和 Sr－Nd－Pb 同位素约束[J].地质通报,36(5):750－760.

鞠培姣,赖健清,莫青云,等,2016.湖南双峰县包金山金矿成矿流体与矿床成因[J].中国有色金属学报,26(12):2625－2639.

李昌年,1992.火成岩微量元素岩石学[M].武汉:中国地质大学出版社.

李洪英,杨磊,陈剑锋,2019.湖南桃江县木瓜园钨矿床地质特征及含矿岩体成岩时代[J].吉林大学学报(地球科学版),49(5):1285－1300.

李华芹,王登红,陈富文,等,2008.湖南雪峰山地区铲子坪和大坪金矿成矿作用年代学研究[J].地质学报,82(7):900－905.

李金冬,2005. 湘东南地区中生代构造-岩浆-成矿动力学研究[D]. 北京:中国地质大学(北京).

李鹏,李建康,裴荣富,等,2017. 幕阜山复式花岗岩体多期次演化与白垩纪稀有金属成矿高峰:年代学依据[J]. 地球科学,42(10):1684-1696.

李鹏春,许德如,陈广浩,等,2005. 湘东北金井地区花岗岩成因及地球动力学暗示:岩石学、地球化学和Sr-Nd同位素制约[J]. 岩石学报,21(3):921-934.

李三忠,王涛,金宠,等,2011. 雪峰山基底隆升带及其邻区印支期陆内构造特征与成因[J]. 吉林大学学报(地球科学版),41(1):93-105.

李曙光,刘德良,陈移之,等,1993. 中国中部蓝片岩的形成时代[J]. 地质科学,28(1):21-27.

李伟,谢桂青,张志远,等,2016. 流体包裹体和C-H-O同位素对湘中古台山金矿床成因制约[J]. 岩石学报,32(11):3489-3506.

李献华,李武显,王选策,等,2009. 幔源岩浆在南岭燕山早期花岗岩形成中的作用:锆石原位Hf-O同位素制约[J]. 中国科学D辑,39(7):872-887.

李玉坤,彭建堂,邓穆昆,等,2016. 湘西合仁坪金矿床角砾岩的地质特征及形成机制[J]. 矿床地质,35(4):641-652.

梁华英,1991. 龙山金锑矿床成矿流体地球化学和矿床成因研究[J]. 地球化学(4):342-350.

梁新权,范蔚茗,王岳军,2003. 湖南中生代陆内构造变形的深部过程:煌斑岩地球化学示踪[J]. 地球学报,24(6):603-610.

林玮鹏,丘志力,董斌,等,2011. 湖南宁乡钾镁煌斑岩及相关岩石重砂锆石地球化学特征、U-Pb年龄及其地质意义[J]. 中山大学学报(自然科学版),50(3):105-111.

刘昌福,2007. 湖南双江口萤石矿矿床特征、控矿因素及找矿标志[J]. 中国矿业,16(8):96-98.

刘池洋,2005. 盆地构造动力学研究的弱点、难点及重点[J]. 地学前缘,12(3):113-124.

刘凯,毛建仁,赵希林,等,2014. 湖南紫云山岩体的地质地球化学特征及其成因意义[J]. 地质学报,88(2):208-227.

刘亮明,彭省临,吴延之,1997. 湘东北地区脉型金矿床成矿构造特征及构造成矿机制[J]. 大地构造与成矿学,21(3):197-204.

刘亮明,彭省临,吴延之,1999. 湘东北地区脉型金矿床的活化转移[J]. 中南工业大学学报,31(1):4-7.

刘鹏程,唐清国,李惠纯,2008. 湖南龙山矿区金锑矿地质特征、富集规律与找矿方向[J]. 地质与勘探,44(4):31-38.

刘锐,张利,周汉文,等,2008. 闽西北加里东期混合岩及花岗岩的成因:同变形地壳深熔作用[J]. 岩石学报,24(6):1205-1222.

刘锁旺,甘家思,李蓉川,等,1994. 江汉洞庭盆地的非对称扩张与潜在地震危险性[J]. 地壳形变与地震,14(2):56-66.

刘伟,曾佐勋,陈德立,等,2014. 湖南阳明山复式花岗岩的岩石成因:锆石U-Pb年代学、地球化学及Hf同位素约束[J]. 岩石学报,30(5):1485-1504.

刘翔,周芳春,李鹏,等,2019. 湖南仁里稀有金属矿田地质特征、成矿时代及其找矿意义[J]. 矿床地质,38(4):771-791.

刘英俊,孙承辕,马东升,1993. 江南金矿及其成矿地球化学背景[M]. 南京:南京大学出版社.

刘园园,2013. 华南三叠纪橄榄玄粗岩系列-A型花岗岩带及其地质意义[D]. 武汉:中国地质大学(武汉).

刘哲,吕延防,孙永河,等,2012. 同生断裂分段生长特征及其石油地质意义:以辽河西部凹陷鸳鸯沟断裂为例[J]. 中国矿业大学学报,41(5):793-799.

刘钟伟,陈汉中,1983. 安化县司徒铺白钨矿区地质构造特征及其控矿作用[J]. 湖南地质,2(1):5-18.

柳德荣,吴延之,1993. 醴陵市雁林寺金矿床成因探讨[J]. 湖南地质,12(4):247-251.

柳德荣,吴延之,刘石年,1994. 平江万古金矿床地球化学研究[J]. 湖南地质,13(2):83-90.

柳永军,朱文森,杜晓峰,等,2012.渤海海域辽中凹陷走滑断裂分段性及其对油气成藏的影响[J].石油天然气学报,34(7):6-10.

鲁玉龙,彭建堂,阳杰华,等,2017.湘中紫云山岩体的成因:锆石U-Pb年代学、元素地球化学及Hf-O同位素制约[J].岩石学报,33(6):1705-1728.

陆文,孙骥,周超,等.2020.湘东北雁林寺金矿床成矿物质来源及成矿流体类型[J].地球学报,41(3):384-394.

罗献林,1988.论湖南黄金洞金矿床的成因及成矿模式[J].桂林冶金地质学院学报,8(8):225-240.

罗献林,1995.湖南板溪锑矿床的成矿地质特征[J].桂林工学院学报,15(3):231-242.

骆珊,胡斌,2014.湖南省醴陵市正冲金矿地质特征与找矿标志[J].矿产与地质,28(1):46-49.

骆学全,1993.铲子坪金矿的构造成矿作用[J].湖南地质,12(3):171-176.

骆学全,1996.湖南铲子坪金矿的成矿规律及找矿标志[J].湖南地质,15(1):33-38.

马铁球,李彬,陈俊,等,2013a.1:25万株洲市幅区域地质调查报告[R].长沙:湖南省地质调查院.

马铁球,李彬,陈焰明,等,2013b.湖南南岳岩体LA-ICP-MS锆石U-Pb年龄及其地球化学特征[J].中国地质,40(6):1712-1724.

毛建仁,陶奎元,邢光福,等,1999.中国东南大陆边缘中新生代地幔柱活动的岩石学记录[J].地球学报,20(3):253-258.

毛景文,李延河,李红艳,等,1997.湖南万古金矿床地幔流体成矿的氦同位素证据[J].地质论评,43(6):646-649.

孟宪刚,冯向阳,邵兆刚,等,2001.雪峰山中段金矿区主要断裂带构造特征及其动力学[J].地球学报,22(2):117-122.

倪永进,2016.华南中部湘东钨矿的构造演化:对中生代区域构造与成矿的启示[D].北京:中国科学院大学.

欧阳玉飞,黄满湘,郑平,2008.湖南川口杨林坳钨矿床控矿因素与成矿规律研究[J].矿产与地质,22(4):282-288.

彭渤,FREI R,涂湘林,2006.湘西沃溪W-Sb-Au矿床白钨矿Nd-Sr-Pb同位素对成矿流体的示踪[J].地质学报,80(4):561-570.

彭和求,陈俊,陈渡坪,等,2002.1:25万益阳市幅区域地质调查报告[R].长沙:湖南省地质调查院.

彭和求,贾宝华,唐晓珊,2004.湘东北望湘岩体的热年代学与幕阜山隆升[J].地质科学情报,23(1):11-15.

彭建堂,1999.湖南雪峰地区金成矿演化机理探讨[J].大地构造与成矿学,23(2):144-151.

彭建堂,胡瑞忠,2001.华南锑矿带的成矿时代和成矿构造环境[J].地质地球化学,29(3):104-108.

彭能立,王先辉,杨俊,等,2017.湖南川口三角潭钨矿床中辉钼矿Re-Os同位素定年及其地质意义[J].矿床地质,36(6):1402-1414.

丘元禧,张渝昌,马文璞,1998.雪峰山陆内造山带的构造特征与演化[J].高校地质学报,44(4):432-443.

丘元禧,张渝昌,马文璞,1999.雪峰山的构造性质与演化:一个陆内造山带的形成与演化模式[J].北京:地质出版社.

饶家荣,1999.湖南原生金刚石矿深部构造地质背景及成矿预测[J].湖南地质,18(1):21-28.

饶家荣,王纪恒,曹一中,1993.湖南深部构造[J].湖南地质(增刊7):9-11,40-41.

饶家荣,肖海云,刘耀荣,等,2012.扬子、华夏古板块会聚带在湖南的位置[J].地球物理学报,55(2):484-502.

任纪舜,1984.印支运动及其在中国大地构造演化中的意义[J].中国地质科学院院报,5(2):31-44.

任纪舜,1990.论中国南部的大地构造[J].地质学报,64(4):275-288.

陕亮,庞迎春,柯贤忠,等,2019.湖南省东北部地区桃江县木瓜园钨多金属矿成岩成矿时代及其对区域成矿作用的启示[J].地质科技情报,38(1):100-112.

石红才，施小斌，杨小秋，等，2013. 江南隆起带幕阜山岩体新生代剥蚀冷却的低温热年代学证据[J]. 地球物理学报，56(6)：1945－1957.

石少华，唐分配，罗小亚，等，2016. 湖南省沉积型锰矿地质环境及成矿作用[J]. 地质与勘探，52(2)：209－219.

舒良树，2006. 华南前泥盆纪构造演化：从华夏地块到加里东期造山带[J]. 高校地质学报，12(4)：418－431.

舒良树，2012. 华南构造演化的基本特征[J]. 地质通报，31(7)：1035－1053.

舒良树，周新民，2002. 中国东南部晚中生代构造作用[J]. 地质论评，48(3)：249－260.

舒良树，周新民，邓平，等，2004. 中国东南部中、新生代盆地特征与构造演化[J]. 地质通报，23(9)：876－884.

舒良树，周新民，邓平，等，2006. 南岭构造带的基本地质特征[J]. 地质论评，52(2)：251－265.

水涛，1987. 中国东南大陆基底构造格局[J]. 中国科学 B 辑，17(4)：414－422.

宋宏邦，黄满湘，樊钟衡，等，2002. 湖南川口三角潭黑钨矿床控矿构造特征及其与成矿的关系[J]. 大地构造与成矿学，26(1)：51－54.

孙劲松，2013. 南岭成矿带重磁场特征研究[D]. 武汉：中国地质大学(武汉).

陶继华，岑涛，龙文国，等，2015. 华南印支期弱过铝质和强过铝质花岗岩中矿物化学及其岩石成因制约[J]. 地学前缘，22(2)：64－78.

万天丰，朱鸿，2002. 中国大陆及邻区中生代-新生代大地构造与环境变迁[J]. 现代地质，16(2)：107－118.

王德恭，2017. 湖南新邵龙山金锑矿床 1 号矿脉地质特征及成矿规律[J]. 矿产与地质，31(4)：720－725.

王光杰，滕吉文，张中杰，2000. 中国华南大陆及陆缘地带的大地构造基本格局[J]. 地球物理学进展，15(3)：25－43.

王海学，吕延防，付晓飞，等，2013. 裂陷盆地转换带形成演化及其控藏机理[J]. 地质科技情报，32(4)：102－110.

王建，李三忠，金宠，等，2010. 湘中地区穹盆构造：褶皱叠加期次和成因[J]. 大地构造与成矿学，34(2)：159－165.

王剑，潘桂棠，2009. 中国南方古大陆研究进展与问题评述[J]. 沉积学报，27(5)：818－825.

王凯兴，陈卫锋，陈培荣，等，2012. 湖南中部地区丫江桥和五峰仙岩体地球 LA－ICP－MS 锆石年代学、地球化学及岩石成因研究[C]//中国核学会. 全国铀矿大基地建设学术研讨会论文集. 海口：[出版者不详]：468－494.

王鹏鸣，于津海，孙涛，等，2012. 湘东新元古代沉积岩的地球化学和碎屑锆石年代学特征及其构造意义[J]. 岩石学报，28(12)：3841－3857.

王强，赵振华，简平，等，2005. 华南腹地白垩纪 A 型花岗岩类或碱性侵入岩年代学及其对华南晚中生代构造演化的制约[J]. 岩石学报，21(3)：795－808.

王淑军，谢志勇，2008. 湘东醴陵—浏阳一带金矿成矿规律及找矿[J]. 怀化学院学报，27(5)：119－122.

王先辉，陈迪，杨俊，等，2017. 1：5 万铁丝塘、草市、冠市街、樟树脚幅区域地质矿产调查报告[R]. 长沙：湖南省地质调查院.

王先辉，何江南，杨俊，等，2013. 1：25 万邵阳市幅区域地质调查报告[R]. 长沙：湖南省地质调查院.

王孝磊，周金城，邱检生，等，2003. 湖南中—新元古代火山-侵入岩地球化学及成因意义[J]. 岩石学报，19(1)：49－60.

王孝磊，周金城，邱检生，等，2004. 湘东北新元古代强过铝花岗岩的成因：年代学和地球化学证[J]. 地质论评，50(1)：65－76.

王孝磊，周金城，邱检生，等，2006. 桂北新元古代强过铝花岗岩的成因：锆石年代学和 Hf 同位素制约[J]. 岩石学报，22(2)：326－342.

文春华，张进富，肖冬贵，等，2017. 湖南省双峰县大坪铷矿地球化学特征及成矿作用[J]. 地质科技情报，36(3)：94－103.

文志林,邓腾,董国军,等,2016.湘东北万古金矿床控矿构造特征与控矿规律研究[J].大地构造与成矿学,40(2):281-294.

吴福元,李献华,杨进辉,等,2007.花岗岩成因研究的若干问题[J].岩石学报,23(6):1217-1238.

吴根耀,1997.湘鄂赣皖交界区的湖盆演化及其控制因素[J].大地构造与成矿学,21(3):251-261.

吴迎春,吴梦君,胡绪云,2016.湖南渣滓溪锑钨矿床地质特征及找矿潜力分析[J].华南地质与矿产,32(4):343-349.

夏浩东,息朝庄,邓会娟,等,2017.湘东北黄金洞金矿床成因:硫、铅同位素和流体包裹体新证据[J].黄金,38(10):19-24.

肖大涛,1989.衡山县马迹钠长石矿床地质特征及成矿规律[J].湖南地质,8(1):29-34.

肖冬贵,张进富,2014.湖南省双峰县大坪矿区铷铌钽铍多金属矿预查报告[R].长沙:湖南省地质调查院.

肖庆辉,邓晋福,马大铨,等,2002.花岗岩研究思维与方法[M].北京:地质出版社.

谢小峰,杨坤光,袁良军,2015.黔东地区"大塘坡式"锰矿研究现状及进展综述[J].贵州地质,32(3):171-176.

徐昊,文亭,2016.醴陵市正冲金矿区成矿地质特征及找矿新突破[J].国土资源导刊,13(3):8-13.

徐杰,邓起东,张玉岫,等,1991.江汉-洞庭盆地构造特征和地震活动的初步分析[J].地震地质,13(4):332-342.

徐先兵,张岳桥,贾东,等,2009.华南早中生代大地构造过程[J].中国地质,36(3):573-593.

徐政语,林舸,刘池阳,等,2004.从江汉叠合盆地构造形变特征看华南与华北陆块的拼贴过程[J].地质科学,39(2):284-295.

许德如,陈广浩,夏斌,等,2006b.湘东地区板杉铺加里东期埃达克质花岗闪长岩的成因及地质意义[J].高校地质学报,12(4):507-521.

许德如,邓腾,董国军,等,2017.湘东北连云山二云母二长花岗岩的年代学和地球化学特征:对岩浆成因和成矿地球动力学背景的启示[J].地学前缘,24(2):104-122.

许德如,贺转利,李鹏春,等,2006a.湘东北地区晚燕山期细碧质玄武岩的发现及地质意义[J].地质科学,41(2):311-332.

许德如,王力,李鹏春,等,2009.湘东北地区连云山花岗岩的成因及地球动力学暗示[J].岩石学报,25(5):1056-1078.

续海金,马昌前,钟玉芳,等,2004.湖南桃江、大神山花岗岩的锆石 SHRIMP 定年:扬子与华夏拼合的时间下限[C]//中国矿物岩石地球化学学会.2004 年全国岩石学与地球动力学研讨会论文摘要集.海口:[出版者不详]:312-314.

杨兵,2018.陆相红层型铜铅锌矿床与红层盆地热卤水成矿作用[J].中国地质,45(3):441-455.

杨帆,黄小龙,李洁,2018.华南长城岭晚白垩世斜斑玄武岩的岩浆作用过程与岩石成因制约[J].岩石学报,34(1):157-171.

杨明桂,黄水保,楼法生,等,2009.中国东南陆区岩石圈结构与大规模成矿作用[J].中国地质,36(3):528-543.

杨燮,1992.湖南沃溪金-锑-钨矿床成矿物质来源及成矿元素的共生机制[J].成都地质学院学报,19(2):20-28.

姚运生,罗登贵,刘锁旺,等,2000.江汉洞庭盆地及邻区晚中生—新生代以来的构造变形[J].大地构造与成矿学,24(2):140-145.

于玉帅,戴平云,张旺驰,等,2019.湘东丫江桥岩体时代与成因:来自 LA-ICP-MS 锆石 U-Pb 年代学、地球化学和 Lu-Hf 同位素制约[J].地质学报,93(2):394-413.

余心起,吴淦国,狄永军,等,2010.赣南东坑盆地早侏罗世侵入岩的锆石 SHRIMP 测年:兼论赣南粤北地区成岩后期构造热事件[J].岩石学报,26(12):3469-3484.

张国伟,郭安林,董云鹏,等,2011. 大陆地质与大陆构造和大陆动力学[J]. 地学前缘,18(3):1 - 12.

张国伟,郭安林,王岳军,等,2013. 中国华南大陆构造与问题[J]. 中国科学 D 辑,43(10):1553 - 1582.

张令明,王三丁,肖湘辉,等,2007. 湖南原生金刚石矿形成条件探讨[J]. 国土资源导刊,4(3):27 - 30.

张龙升,彭建堂,张东亮,等,2012. 湘西大神山印支期花岗岩的岩石学和地球化学特征[J]. 大地构造与成矿学,36(1):137 - 148.

张旗,2013. A 型花岗岩的标志和判别:兼答汪洋等对"A 型花岗岩的实质是什么"的质疑[J]. 岩石矿物学杂志,32(2):267 - 274.

张旗,王焰,潘国强,等,2008. 花岗岩源岩问题:关于花岗岩研究的思考之四[J]. 岩石学报,24(6):1193 - 1204.

张世红,蒋干清,董进,等,2008. 华南板溪群五强溪组 SHRIMP 锆石 U - Pb 年代学新结果及其构造地层意义[J]. 中国科学 D 辑,38(12):1496 - 1503.

张世民,聂高众,刘旭东,等,2005. 荥经-马边-盐津逆冲构造带断裂运动组合及地震分段特征[J]. 地震地质,27(2):221 - 233.

张文佑,1986. 中国及邻区海陆大地构造[M]. 北京:科学出版社.

张岳桥,董树文,李建华,等,2012. 华南中生代大地构造研究新进展[J]. 地球学报,33(3):257 - 279.

张岳桥,徐先兵,贾东,等,2009. 华南早中生代从印支期碰撞构造体系向燕山期俯冲构造体系转换的形变记录[J]. 地学前缘,16(1):234 - 247.

章健,2010. 华南印支期花岗岩与铀成矿:黑云母和绿泥石的制约[D]. 南京:南京大学.

赵红格,刘池阳,杨明慧,等,2000. 调节带和转换带及其在伸展区的分段作用[J]. 世界地质,19(2):105 - 111.

赵葵东,李吉人,凌洪飞,等,2013. 江西省峡江铀矿床两期印支期花岗岩的年代学、岩石地球化学和岩石成因:对华南印支期构造背景和产铀花岗岩成因的指示[J]. 岩石学报,29(12):4349 - 4361.

赵一鸣,毕承思,2000. 宁乡式沉积铁矿床的时空分布和演化[J]. 矿床地质,19(4):350 - 362.

郑晓丽,安海亭,王祖君,等,2018. 塔北哈拉哈塘地区走滑断裂分段特征及其与油气成藏的关系[J]. 浙江大学学报(理学版),45(2):219 - 225.

周芳春,李建康,刘翔,等,2019. 湖南仁里铌钽矿床矿体地球化学特征及其成因意义[J]. 地质学报,93(6):1392 - 1404.

周金城,王孝磊,邱检生,2009. 江南造山带形成过程中若干新元古代地质事件[J]. 高校地质学报,15(4):453 -459.

周金城,王孝磊,邱检生,等,2003. 南桥高度亏损 N - MORB 的发现及其地质意义[J]. 岩石矿物学杂志,22(3):211 - 216.

周琦,杜远生,袁良军,等,2016. 黔湘渝毗邻区南华纪武陵裂谷盆地结构及其对锰矿的控制作用[J]. 地球科学,41(2):177 - 188.

祝新友,王京彬,王艳丽,等,2015. 宁乡式铁矿成因新解:后生热液成因的地质与地球化学证据[J]. 矿产勘查,6(1):7 - 16.

CHAPPELL B W,WHITE A J R,1992. I - and S - type granites in the Lachlan Fold Belt[J]. Earth and Environmental Science Transactions of The Royal Society of Edinburgh,83:1 - 26.

CHU Y,LIN W,FAURE M,et al. ,2012. Phanerozoic tectonothermal events of the Xuefengshan Belt,central South China:implications from U - Pb Age and Lu - Hf determinations of granites[J]. Lithos,150:243 - 255.

CRONE A J,HALLER K M,1991. Segmentation of Basin and Range normal faults:examples from east - central Idaho and southwestern Montana,U. S. A. [J]. Journal of Structural Geology,13(2):151 - 164.

DING X,CHEN P R,CHEN W F,et al. ,2006. Single zircon LA - ICPMS U - Pb dating of Weishan granite (Hunan,South China) and its petrogenetic significance[J]. Science in China Series D:Earth Sciences,49

(8):816 - 827.

FAULDS J E ,VARGA R J,1998. The role of accommodation zones and transfer zones in the regional segmentation of extended terranes[M]//FAUIDS J E, STEWART J H. Accommodation zones and transfer zones:the regional segmentation of the basin and range province. Special Paper 323. Boulder,CO:The Geological Society of American:1 - 45.

FAURE M,SHU L S,WANG B,et al. ,2009. Intracontinental subduction:a possible mechanism for the Early Palaeozoic Orogen of SE China[J]. Terra Nova,21(5):360 - 368.

FU S L,HU R Z,YAN J,et al. ,2019. The mineralization age of the Banxi Sb deposit in Xiangzhong metallogenic province in southern China[J]. Ore Geology Reviews,112. (2019 - 07 - 23)[2020 - 08 - 17]. https://doi. org/10. 1016/j. oregeorev. 2019. 103033.

HUTTON D H W,1988. Granite emplacement mechanisms and tectonic controls:inferences from deformation studies[J]. Earth and Environmental Science Transactions of the Royal Society of Edinburgh,79(2/3):245 -255.

LAPIERRE H,JAHN B M,CHARVET J,et al. ,1997. Mesozoic felsic arc magmatism and continental olivine tholeiites in Zhejiang Province and their relationship with the tectonic activity in southeastern China[J]. Tectonophysics,274(4):321 - 338.

LI H,KONG H,ZHOU Z K,et al. ,2019. Genesis of the Banxi Sb deposit,South China:constraints from wall - rock geochemistry,fluid inclusion microthermometry,Rb - Sr geochronology,and H - O - S isotopes[J]. Ore Geology Reviews,115. (2019 - 10 - 08)[2020 - 08 - 17]. https://doi. org/10. 1016/j. oregeorev. 2019. 103162.

LI H,WU Q H,EVANS N J,et al. ,2018. Geochemistry and geochronology of the Banxi Sb deposit:implications for fluid origin and the evolution of Sb mineralization in central-western Hunan,South China[J]. Gondwana Research,55:112 - 134.

LI X H,2000. Cretaceous magmatism and lithospheric extension in Southeast China[J]. Journal of Asian Earth Sciences,18(3):293 - 305.

LI Z X,LI X H,2007. Formation of the 1300 - km - wide intracontinental orogen and postorogenic magmatic province in Mesozoic South China:a flat - slab subduction model[J]. Geology,35(2):179 - 182.

MANIAR P D,PICCOLI P M,1989. Tectonic discrimination of granitoids[J]. Geological society of America Bulletin,101:653 - 643.

MAO J R,TAKAHASHI Y,KEE W S,et al. ,2011. Characteristics and geodynamic evolution of Indosinian magmatism in South China:a case study of the Guikeng pluton[J]. Lithos,127(3/4):535 - 551.

MORLEY C K,NELSON R A,PATTON T L,et al. ,1990. Transfer zones in the East African rift system and their relevance to hydrocarbon exploration in rifts[J]. American Association of Petroleum Geologists Bulletin,74:1234 - 1253.

PEACOCK D C P,1991. Displacements and segment linkage in strike - slip fault zones[J]. Journal of Structural Geology,13(9):1025 - 1035.

PEARCE J A,HARRIS N B W,TINDLE A G,1984. Trace element discrimination diagrams for the tectonic interpretation of granitic rocks[J]. Journal of Petrology,25(4):956 - 983.

REN J Y,TAMAKI K,LI S T,et al. ,2002. Late Mesozoic and Cenozoic rifting and its dynamic setting in eastern China and adjacent areas[J]. Tectonophysics,344(3/4):175 - 205.

RONG J Y,ZHAN R B,XU H G,et al. ,2010. Expansion of the Cathaysian Oldland through the Ordovician-Silurian transition:emerging evidence and possible dynamics[J]. Science in China Series D:Earth Sciences,53(1):1 - 17.

ROSENDAHL B R,1987. Architecture of continental rifts with special reference to East Africa[J]. Annual Review of Earth and Planetary Science Letters,15:445 – 504.

SHU L S,JAHN B M,CHARVET J,et al. ,2013. Early Paleozoic depositional environment and intraplate tectono-magmatism in the Cathaysia Block (South China): evidence from stratigraphic, structural, geochemical and geochronological investigations[J]. American Journal of Science,314(1):154 – 186.

SHU X J,WANG X L,SUN T,et al. ,2013. Crustal formation in the Nanling Range,South China Block: Hf isotope evidence of zircons from Phanerozoic granitoids[J]. Journal of Asian Earth Sciences (74): 210 – 224.

SUN S S,MCDONOUGH W F,1989. Chemical and isotopic systematics of oceanic basalts: implications for mantle composition and processes. Magmatism in the Ocean Basins[J]. Geological Society London Special Publications,42(1):313 – 345.

SYLVESTER P J,1998. Post – collisional strongly peraluminous granites[J]. Lithos,45(1 – 4):29 – 44.

TRUDGILL B,CARTWRIGHT J,1994. Relay – ramp forms and normal – fault linkages,Canyonlands National Park,Utah[J]. Geological Society of America Bulletin,106(9):1143 – 1157.

UYEDA S,KANAMORI H,1979. Back – arc opening and the mode of subduction[J]. Journal of Geophysical Research,84(B3):1049 – 1061.

VALLEY J W,KINNY P D,SCHULZE D J,et al. ,1998. Zircon megacrysts from kimberlite: oxygen isotope variability among mantle melts[J]. Contributions to Mineralogy and Petrology,133(1):1 – 11.

WAN Y S,LIU D Y,WILDE S A,et al. ,2010. Evolution of the Yunkai Terrane,South China: evidence from SHRIMP zircon U – Pb dating,geochemistry and Nd isotope[J]. Journal of Asian Earth Sciences,37(2): 140 – 153.

WANG K X,CHEN P R,CHEN W F,et al. ,2012. Magma mingling and chemical diffusion in the Taojiang granitoids in the Hunan Province,China: evidences from petrography,geochronology and geochemistry[J]. Mineralogy and Petrology,106(3/4):243 – 264.

WANG K X,CHEN W F,CHEN P R,et al. ,2015. Petrogenesis and geodynamic implications of the Xiema and Ziyunshan plutons in Hunan Province, South China[J]. Journal of Asian Earth Sciences, 111(1): 919 – 935.

WANG X C,LI X H,LI W X,et al. ,2007. Ca. 825 Ma komatiitic basalts in South China: first evidence for >1500℃ mantle melts by a Rodinian mantle plume[J]. Geology,35(12):1103 – 1106.

WANG Y J,FAN W M,SUN M,et al. ,2007b. Geochronological, geochemical and geothermal constraints on petrogenesis of the Indosinian peraluminous granites in the South China Block: a case study in the Hunan Province[J]. Lithos,96(3/4):475 – 502.

WANG Y J,FAN W M,ZHAO G C,et al. ,2007a. Zircon U – Pb geochronology of gneissic rocks in the Yunkai massif and its implications on the Caledonian event in the South China Block[J]. Gondwana Research,12(4):404 – 416.

WANG Y J,ZHANG Y H,FAN W M,et al. ,2005. Structural signatures and $^{40}Ar/^{39}Ar$ geochronology of the Indosinian Xuefengshan tectonic belt, South China Block[J]. Journal of Structural Geology, 27(6): 985 – 998.

WATSON E B,HARRISON T M,1983. Zircon saturation revisited: temperature and composition effects in a variety of crustal magma types[J]. Earth and Planetary Science Letters,64(2):295 – 304.

WATSON M P,HAYWARD A B,PARKINSON D N,et al. ,1987. Plate tectonic history, basin development and petroleum source rock deposition onshore China[J]. Marine and Petroleum Geology,4(3):205 – 225.

WHALEN J B,CURRIE K L,CHAPPELL B W,1987. A – type granites: geochemical characteristics, discrimination and petrogenesis[J]. Contributions to Mineralogy and Petrology,95(4):407 - 419.

WU F Y,SUN D Y,LI H M,et al. ,2002. A - type granites in northeastern China:age and geochemical constraints on their petrogenesis[J]. Chemical Geology,187(1):143 - 173.

Yan D P,Zhou M F,Song H L,et al. 2003. Origin and tectonic significance of a Mesozoic multi - layer over - thrust system within the Yangtze Block (South China)[J]. Tectonophysics,361:239 - 254.

YIN A,HARRISON T M. 2000. Geologic evolution of the Himalayan - Tibetan orogen[J]. Annual Review of Earth and Planetary Sciences,28:211 - 280.

ZHANG F F,WANG Y J,ZHANG A M,et al. ,2012. Geochronological and geochemical constraints on the petrogenesis of Middle Paleozoic (Kwangsian) massive granites in the eastern South China Block[J]. Lithos,150:188 - 208.

ZHANG W L,WANG R C,LEI Z H,et al. ,2011. Zircon U - Pb dating confirms existence of a Caledonian scheelite - bearing aplitic vein in the Penggongmiao granite batholith,South Hunan[J]. Chinese Science Bulletin,56(19):2031 - 2036.

ZHAO K D,JIANG S Y,CHEN W F,et al. ,2013. Zircon U - Pb chronology and elemental and Sr - Nd - Hf isotope geochemistry of two Triassic A - type granites in South China:implication for petrogenesis and Indosinian transtensional tectonism[J]. Lithos,160 - 161:292 - 306.

ZHOU X M,SUN T,SHEN W Z,et al. ,2006. Petrogenesis of Mesozoic granitoids and volcanic rocks in South China:a response to tectonic evolution[J]. Episodes,29(1):26 - 33.